东北森林植物与生境丛书 | 韩士杰　总主编

东北森林植物原色图谱（上册）

主　编

曹　伟

编　者

李冀云　韩士杰　于景华　郭忠玲　王力华　王庆贵
卜　军　范春楠　王洪峰　原树生　朱彩霞　张　悦
阴黎明　何　浩　郑金萍　倪震东

科学出版社

北　京

内 容 简 介

本书介绍了东北地区主要的森林植物，详细介绍了植物中文名、拉丁名、生物学特性、花果期、生境、产地、分布及用途等信息。每个物种均配以多幅精美的彩色照片，全面地反映了东北地区森林植物的自然生长状态。全书共收录维管植物123科483属1000种（含种下等级）。

本书可供国内外从事植物分类研究的人员，以及相关科研、教学和生产部门参考，也可为广大的植物爱好者识别植物提供参考。

图书在版编目（CIP）数据

东北森林植物原色图谱：全2册 / 曹伟主编. —北京：科学出版社, 2019.3
（东北森林植物与生境丛书 / 韩士杰总主编）
ISBN 978-7-03-056201-2

Ⅰ. ①东… Ⅱ. ①曹… Ⅲ. ①森林植物–东北地区–图谱 Ⅳ. ①Q948.523-64

中国版本图书馆CIP数据核字（2017）第323113号

责任编辑：马 俊 付 聪 / 责任校对：严 娜
责任印制：肖 兴 / 书籍设计：北京美光设计制版有限公司

科学出版社 出版
北京东黄城根北街16号
邮政编码：100717
http://www.sciencep.com

北京汇瑞嘉合文化发展有限公司 印刷

科学出版社发行 各地新华书店经销

*

2019年3月第 一 版 开本：889×1194 1/16
2019年3月第一次印刷 印张：65 1/2
字数：2 140 000

定价：980.00元（全2册）

（如有印装质量问题，我社负责调换）

东北森林植物与生境丛书

编委会

总序 Foreword

我国东北林区是全球同纬度植物群落和物种极其丰富的区域之一，也是我国生态安全战略格局“两屏三带”中一个重要的地带。

长期以来，不合理的采伐和利用导致东北森林资源锐减、生境退化，制约了区域社会经济的持续发展。面对国家重大生态工程建设和自然资源资产管理、自然生态监管等重大需求，系统总结东北森林植物与生境的多年研究成果十分迫切。

国家“十一五”和“十二五”科技基础性工作专项中，列入了“东北森林植物种质资源专项调查”与“东北森林国家级保护区及毗邻区植物群落和土壤生物调查”项目。该项目由中国科学院沈阳应用生态研究所主持，东北林业大学、北华大学、中国科学院东北地理与农业生态研究所、黑龙江大学等多个单位共同承担。近百名科技人员和教师十余年历经艰苦，先后调查了大兴安岭、小兴安岭等九个山区和东北三十八个以森林生态系统为主的国家级自然保护区及其毗邻区。在此基础上最终完成“东北森林植物与生境丛书”。

该丛书包括《东北植物分布图集》《东北森林植物与生境调查方法》《东北森林植物群落结构与动态》《东北森林植被》《东北森林土壤》《东北森林土壤生物多样性》《东北森林植物原色图谱》《东北主要森林植物及其解剖图谱》，以及反映部分自然保护区森林植被与生境的著作。

“东北森林植物与生境丛书”是对东北森林树种与分布、群落结构与动态，以及土壤与土壤生物特征的长期调研资料系统分析和综合研究的成果。相信它将为东北森林资源的可持续利用和生态环境的保护提供重要的科学依据。

中国科学院院士
第三世界科学院院士
孙鸿烈

2017 年 10 月

前言 Preface

东北林区是我国最大的天然林区，主要分布在大兴安岭、小兴安岭和长白山。这里林区绵延几千里，以中温带针阔混交林为主，有红松、兴安落叶松、黄花落叶松等针叶树种，也有白桦、水曲柳等阔叶树种。东北原始森林里的树木葱郁茂密，遮天蔽日，树型挺拔高大，是非常好的建筑材料，全区森林面积占全国森林总面积的37%，东北林区的木材蓄积量超过全国总量的一半，是我国目前主要的木材供应基地之一。

本书介绍了东北地区（含内蒙古东部）森林植物123科483属1000种（含种下等级），其中，蕨类植物科的顺序按秦仁昌教授1978年的系统排列，裸子植物科的顺序按郑万钧教授1978年的中国裸子植物的系统排列，被子植物科的顺序按恩格勒1964年的系统排列，植物中文名和拉丁名主要参考《东北植物检索表》（第二版）。科内的属名与种名均按拉丁文字母顺序排列。本书详细介绍了植物中文名、拉丁名、生物学特性、花果期、生境、产地、分布及用途等信息，每个物种均配有多幅彩色照片，展示了植物的形态特征和生境。需要说明的是，植物中文名和拉丁名采用东北地区习惯用法；产地和生境均以标本为依据汇总而来，产地仅详细列出了植物在东北地区的分布情况，产地中所列地级市（盟）仅指市（盟）辖区范围，不包括地级市（盟）所辖县（县级市、旗）。为方便读者阅读，产地中县级地名均不加“县”“自治县”，自治旗均不加“自治”，省级以下地名间用顿号分开。

本书是在国家科技基础性工作专项“东北森林植物种质资源专项调查”的支持下完成。在此期间，十几个调查队的数百名科考人员踏遍东北地区的名山大川，采集了大量标本，拍摄了大量的植物形态和生境照片。中国科学院沈阳应用生态研究所、东北林业大学、北华大学、黑龙江大学和沈阳师范大学的专家们，将这些珍贵的资料进行优中选精、加工、编辑成册，全面准确的奉献给广大读者。石洪山、邵云玲、郭佳、吴雨洋等在照片整理与图书编辑中做了大量工作，特此致谢！

由于编者水平有限，书中疏漏之处在所难免，敬请广大读者批评指正，并提出宝贵意见。

总序

前言

上　　册

蕨类植物门 PTERIDOPHYTA

裸子植物门 GYMNOSPERMAE

被子植物门

ANGIOSPERMAE

下　　册

蕨类植物门
PTERIDOPHYTA

1 杉蔓石松 多穗石松

Lycopodium annotinum L.

多年生草本，植株高15-30cm。主茎长而匍匐，圆柱形，长达2m，绿色，被稀疏的叶。分枝斜升或直立，1-3回二叉分枝，稀疏，圆柱状，枝连叶径10-15mm。叶螺旋状排列，稍密集，反折或开展，线状披针形至倒披针形，长6-8mm，宽0.8-3.2mm，径5-8mm，下延，先端渐尖，不具透明发丝，边缘有锯齿（主茎的叶近全缘），革质，中脉腹面可见，背面不明显；叶无柄。孢子囊穗单生于小枝，直立，圆柱形，无柄，长2.5-4.0cm，径约5mm；孢子叶干膜质，广卵形，先端尾状，叶缘有锯齿，覆瓦状排列；孢子囊圆肾形，单生于孢子叶腋，孢子球圆四面体形，表面具网状纹饰。

生于山坡阔叶林下及林下岩石上，海拔800-1600m。

产地：黑龙江省呼玛、塔河、伊春、尚志、勃利，吉林省长白、抚松、靖宇、安图，辽宁省宽甸、桓仁，内蒙古额尔古纳、科尔沁右翼前旗、通辽。

分布：中国（黑龙江、吉林、辽宁、内蒙古、陕西、甘肃、新疆、河南、湖北、四川、云南、台湾），朝鲜半岛，日本，蒙古，俄罗斯；欧洲，北美洲。

全草入药，有祛风除湿、舒筋活血之功效，可治关节痛、跌打损伤及风湿麻木等症。

2 问荆

Equisetum arvense L.

多年生中小型草本。根状茎黑色或暗褐色，深入土中横走，匍匐生根，常具黑褐色小球茎。地上茎一年生，二型，光滑，不具硅质刺瘤。孢子茎浅褐色至深褐色，肉质，不分枝，早春先从根状茎节上伸出地面，高 5-20cm，径 2-4mm，节间具 10-14 不明显纵脊；叶鞘筒漏斗状，褐色，厚膜质，长 10-20mm，鞘齿常 2-3 合生，呈宽披针形。孢子囊球顶生，长椭圆形，长 2-4cm，径约 1cm，钝头，成熟时柄伸长至 3-6cm；孢子叶六角形，盾状着生，沿轴螺旋状排列，每孢子叶下生 6-8 枚长形孢子囊；孢子一型，6 月成熟。营养茎于孢子茎枯萎时或枯萎后从根状茎上抽生，高 15-60cm，径 1.5-3mm，髓腔径小于 1mm，占茎断面的 1/3 以下，主茎纵脊 5-15，沟中气孔带 2；叶鞘筒漏斗状，长 5-10mm，向上逐渐开阔，鞘齿黑褐色，披针形，长 1.5-2mm，离生或部分联合，具干膜质边缘，宿存；分枝不再生侧枝，枝上有纵脊 3-4，叶鞘齿 3-4，分枝基部的第一个节间明显长于该分枝着生处的茎叶鞘。

生于河边、沟旁、田间及荒地，海拔 400-500m（大兴安岭）。

产地：黑龙江省漠河、呼玛、伊春、嘉荫、北安、萝北，吉林省和龙、安图、汪清、镇赉、珲春、蛟河、抚松、集安、延吉，辽宁省抚顺、清原、沈阳、新民、本溪、凤城、鞍山、丹东、庄河、大连，内蒙古根河、额尔古纳、牙克石、扎兰屯、阿尔山、科尔沁右翼前旗、科尔沁左翼后旗、扎鲁特旗、库伦旗、翁牛特旗、敖汉旗、巴林左旗、巴林右旗、阿鲁科尔沁旗、克什克腾旗、喀喇沁旗。

分布：中国（黑龙江、吉林、辽宁、内蒙古、河北、山西，陕西、甘肃、宁夏、青海、新疆、山东、江苏、安徽、浙江、福建、河南、湖北、江西、四川、贵州、云南、西藏），朝鲜半岛，日本，俄罗斯；欧洲，北美洲。

用于保持水土，可增加土壤中有机物积累。具富集重金属的作用，可作为金的指示植物。全草入药，主治吐血、衄血、便血、倒经及咳嗽气喘等症，但对牲畜有毒。

3 水问荆 溪木贼

Equisetum fluviatile L.

多年生大型草本，高 40-60（-70）cm。根状茎暗褐色，节生褐色须根，节间中空，节上抽生出的地上茎一型，光滑，不具硅质刺瘤，经年存活，中部节间长 3-5cm，径 3-6mm，中心孔（髓腔）约占茎断面的 4/5，上部禾秆色至灰绿色，具少量纤细且短的轮生分枝，下部 1-3 节节间褐红色，具光泽。茎纵脊 14-22，脊背弧形，光滑，槽内多行气孔。叶鞘筒绿色或淡褐色，圆柱形，长 1-1.2cm，贴茎，鞘齿 14-20，长度小于鞘筒，膜质，披针形，褐色，微外张，宿存；侧枝柔软，禾秆色至灰绿色，长 5-15cm，径 0.6-1cm，鞘齿 4-7，薄革质，三角形，宿存。主茎顶生孢子囊球，棒状，先端钝，长约 1cm，径 6-8mm，初期无柄，成熟时柄伸长至 1.2-2cm；孢子 6-7 月成熟。

生于水湿地、沼泽旁，海拔约 400m（大兴安岭）。

产地：黑龙江省呼玛、密山、饶河、宝清、黑河、虎林、伊春、尚志、萝北、北安，吉林省安图、汪清、敦化、靖宇、珲春，内蒙古额尔古纳、科尔沁右翼前旗、牙克石、海拉尔、根河、阿尔山、鄂伦春旗、鄂温克旗、科尔沁左翼后旗、克什克腾旗。

分布：中国（黑龙江、吉林、内蒙古、甘肃、新疆、四川、西藏），朝鲜半岛，日本，蒙古，俄罗斯；中亚，欧洲，北美洲。

能吸收土壤中的重金属，有时会用作金属的生物检定。民间草药，用于止血及治疗溃疡和结核。

4 犬问荆

Equisetum palustre L.

中小型植物。根状茎直立或横走，黑棕色，节和根光滑或具黄棕色长毛。地上茎当年枯萎，一型，高 20-50（-60）cm，中部径 1.5-2.0mm，节间长 2-4cm，绿色，下部 1-2 节节间黑棕色，无光泽，常在基部形成丛生状；主茎有脊 4-7，脊背部弧形，光滑或有小横纹；鞘筒狭长，下部灰绿色，上部淡棕色，鞘齿 4-7，黑棕色，披针形，先端渐尖，边缘膜质，鞘背上部有一浅纵沟，宿存；侧枝较粗，长达 20cm，圆柱状至扁平状，有纵脊 4-6，光滑或有浅色小横纹，基部的第一个节间明显长于该分枝着生处主茎之叶鞘；鞘齿 4-6，披针形，薄革质，灰绿色，宿存。孢子囊球椭圆形或圆柱状，长 0.6-2.5cm，径 4-6mm，顶端钝，成熟时柄伸长，柄长 0.8-1.2cm。

生于林下湿地、沟旁及路旁，海拔 1300m 以下（长白山）。

产地：黑龙江省呼玛、伊春、哈尔滨、黑河、北安，吉林省安图、抚松、靖宇、临江、长白，辽宁省沈阳、凤城，内蒙古海拉尔、牙克石、根河、额尔古纳、鄂伦春旗、科尔沁右翼前旗、克什克腾旗。

分布：中国（黑龙江、吉林、辽宁、内蒙古、甘肃、新疆、四川、西藏），朝鲜半岛，日本，蒙古，俄罗斯；中亚，欧洲，北美洲。

全草入药，植物体含有犬问荆碱等多种生物碱和黄酮类物质，具利尿、止血之功效，主治尿路感染、小便不利及胃肠出血等症，并有治疗风湿性关节炎、痛风、动脉硬化和驱肠寄生虫的功能。

5 草问荆 节节草

Equisetum pratense Ehrh.

多年生中型草本。根状茎褐色或黑褐色，光滑，横走或直立。地上茎一年生，二型，同期从地下茎节上抽生而出，茎具明显节和节间，中部节间长 2-3cm，外径 2-2.5cm，髓腔 0.7-0.9mm，表面有纵脊 14-22，脊背密生明显硅质刺瘤；主茎叶鞘筒圆柱状漏斗形，长 5-10mm，鞘齿 10-20，膜质，披针形，长 4-6mm，背面有浅纵沟，鞘基部有一褐色环。孢子茎禾秆色，高 10-30cm，顶生孢子囊球成熟后生轮状分枝，渐变绿色，转为营养生长。营养茎禾秆色至灰绿色，高 30-60cm，轮生分枝较孢子茎多且长，中部以下无，分枝与主茎成直角，枝端常向下弧曲，叶鞘齿较主茎叶鞘齿细长，几无侧枝。孢子囊球椭圆柱形，先端钝，长 1.0-2.5cm，径 3-7mm，成熟时柄伸长至 1.5-4.5cm，孢子散落后柄宿存；孢子 5-6 月成熟。

生于林下、林缘、路旁、灌丛及杂草地，海拔 500-1000m（长白山）。

产地：黑龙江省密山、虎林、伊春、萝北、黑河、哈尔滨、呼玛、嘉荫，吉林省抚松、靖宇、临江、长白，内蒙古根河、额尔古纳、科尔沁右翼前旗、克什克腾旗、阿鲁科尔沁旗、翁牛特旗、巴林右旗。

分布：中国（黑龙江、吉林、内蒙古、河北、山西、陕西、甘肃、新疆、山东、河南、湖北、湖南），蒙古，俄罗斯，土耳其；中亚，欧洲，北美洲。

因其富含硅，民间用于金属和木制品的抛光。具富集重金属的作用，可作为金的指示植物。全草入药，有降压、抗心肌缺血及镇静、安定之功效。用于保持水土，可增加土壤中有机物积累。

6 林问荆 林木贼

Equisetum sylvaticum L.

多年生草本。根状茎黑褐色，节疏生黄褐色毛或光滑。地上茎一年生，二型，同期从地下茎节上抽生而出，茎具明显节和节间，节间中空，纵脊10-16，脊背有硅质刺瘤，叶鞘筒红褐色，每鞘齿由3-5个小齿合生而成，组成3-4枚宽裂片，膜质，外面有浅纵沟。孢子茎褐红色或禾秆色，高20-30cm，中部节间长3-4cm，径2-4mm，叶鞘筒长1-1.5cm，鞘齿长0.5-1cm，孢子散后，茎上部节上轮生绿色侧枝，转为营养生长。营养茎高30-70cm，中部节间长4.5-6cm，径2.5-5.5mm，灰绿色，中上部轮生分枝，叶鞘筒长5-8mm，鞘齿长5-8mm，轮生分枝多且长，细弱，分枝上再分侧枝，3棱，棱脊上有硅质刺瘤，鞘齿开展。顶生孢子囊球长椭圆柱形，先端钝，长1.2-2.8cm，径5-7mm，成熟时柄伸长至3.0-4.5cm；孢子叶盾形，生孢子囊6-9，孢子散落后孢子囊球枯萎；孢子4-5月成熟。

生于林间草地、山坡灌丛及草丛、林缘、林下阴湿处及路旁，海拔1200m以下（长白山）。

产地：黑龙江省呼玛、密山、饶河、宝清、黑河、虎林、伊春、尚志、萝北、北安，吉林省安图、汪清、敦化、靖宇、珲春，内蒙古额尔古纳、科尔沁右翼前旗、牙克石、海拉尔、根河、阿尔山、鄂伦春旗、鄂温克旗、科尔沁左翼后旗、克什克腾旗。

分布：中国（黑龙江、吉林、内蒙古），朝鲜半岛，日本，蒙古，俄罗斯，土耳其；中亚，欧洲，北美洲。

具富集重金属的作用，可作为金的指示植物。用于保持水土，可增加土壤中有机物积累。因其富含硅，民间用于金属和木制品的抛光。全草入药，有收敛止血、清热利尿之功效。

7 木贼 锉草

Hippochaete hyemale (L.) C. Boern.

多年生常绿草本。根状茎黑褐色，深入土中横走，节和根有黄褐色长毛。地上茎多年生，一型，单一，稀丛生，茎直立，绿色，高 30-120cm，径 5-10mm，中心孔（髓腔）明显，约占茎断面的 3/4，中部节间长 5-8cm，有纵脊 15-40，脊背宽圆形或近方形，具 2 行硅质瘤，槽内 1-2 行气孔线；叶鞘圆筒状，长 5-15mm，伏贴于茎上，顶端及基部常有一黑色环，鞘齿 16-22，黑褐色，披针形至线状钻形，较短，长 3-4mm，先端早落，脱落后形成钝头宿存，鞘背纵脊 2，地上茎不分枝或仅基部有少量直立分枝。孢子囊球顶生，长圆柱形，长 0.5-1.5cm，径 4-8mm，顶端具小尖突，无柄；孢子叶排列紧密，六角形，中央凹入；孢子 5-6 月成熟。

生于林下阴湿处、林间湿草地，海拔 500-1800m（长白山）。

产地：黑龙江省虎林、密山、伊春、尚志、穆棱，吉林省临江、汪清、安图、抚松、蛟河、长白、珲春、敦化、和龙、前郭尔罗斯、靖宇，辽宁省桓仁、本溪、宽甸、清原、彰武、凌源、岫岩，内蒙古科尔沁右翼前旗、科尔沁左翼后旗、克什克腾旗、宁城。

分布：中国（黑龙江、吉林、辽宁、内蒙古、河北、陕西、甘肃、新疆、河南、湖北、四川），朝鲜半岛，日本，俄罗斯；中亚，欧洲，北美洲。

因植株含硅多，民间用作木工和金工的磨料。全草（多用地上茎）入药，有疏风散热、止血解肌之功效，主治目赤肿痛、迎风流泪、角膜薄翳及肠风下血等症。

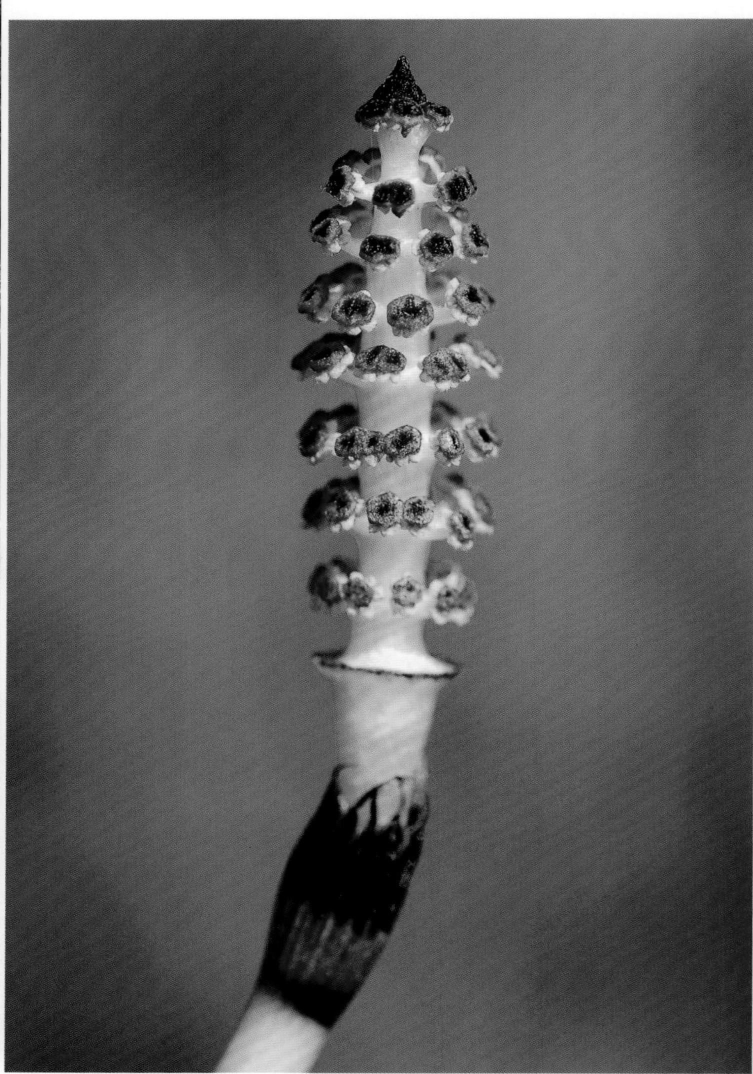

8 劲直假阴地蕨

Botrypus strictus (Underw.) Holub

多年生草本，高 40-60cm。根状茎短，具多数肉质粗根。总叶柄长 20-37cm，径 4-5mm，下部近光滑无毛，中上部被疏毛。营养叶广三角形，无柄，长 20-25cm，宽 15-34cm，3 回羽状分裂，羽片 7-10 对，对生或近对生，开展，除基部两对外无柄，基部一对最大，广倒卵形至倒卵状椭圆形，短尖头，长 13-16cm，宽 7-10cm，向基部最狭，柄长约 1cm，2 回羽状深裂，其他羽片倒卵状椭圆形至线状披针形，短尖头至渐尖头，1-2 回羽状深裂；小羽片线状披针形至长椭圆形，无柄；裂片长圆形，长 5-20mm，宽 5-7mm，钝圆头，基部与小羽轴广合生，边缘有三角形粗锯齿 5-7；叶脉羽状明显；叶薄草质，叶轴及各级羽轴上疏生白色毛。孢子叶自营养叶的基部生出，比营养叶短或近等长，1 回羽状，具柄，柄长 5-6cm。孢子囊穗长 10-17cm，宽 1-2cm，紧密复穗状，小穗长 1-1.5cm，孢子囊穗轴及小穗轴被白色长毛；孢子囊群近球形；孢子球状四面体形。

生于林下，海拔 1000m 以下。

产地：黑龙江省尚志，吉林省安图、吉林，辽宁省桓仁、本溪、宽甸、西丰、铁岭、清原、抚顺、凤城、新宾，内蒙古科尔沁左翼后旗。

分布：中国（黑龙江、吉林、辽宁、内蒙古、陕西、甘肃、河南、湖北、四川），朝鲜半岛，日本。

9 溪洞碗蕨

Dennstaedtia wilfordii (Moore) Christ

草本，高 25-55cm。根状茎细长，横走，黑色，疏被棕色节状长毛。叶 2 裂，疏生或近生；柄长约 14cm，径仅 1.5mm，基部栗黑色，被与根状茎同样的长毛，向上为红棕色或淡禾秆色，无毛，光滑，有光泽；叶片长约 27cm，宽 6-8cm，长圆状披针形，先端渐尖或尾尖，2-3 回羽状深裂；羽片 12-14 对，长 2-6cm，宽 1-2.5cm，卵状广披针形，先端渐尖或尾尖，羽柄长 3-5mm，互生，相距 2-3cm，斜向上 1-2 回羽状深裂；一回小羽片长 1-1.5cm，宽不及 1cm，长圆状卵形，基部楔形，下延，斜向上，羽状深裂或为粗锯齿状；末回羽片全缘；中脉不显，侧脉纤细明显，羽状分叉，每小裂片有小脉 1，不到达叶边，先端有明显的纺锤形水囊；叶薄草质，干后淡绿色或草绿色，通体光滑无毛；叶轴上面有沟，下面圆形，禾秆色。孢子囊群圆形，生末回羽片的腋中或上侧小裂片先端；囊群盖半盅形，淡绿色，口边多少为啮蚀状，无毛。

生于山阴坡岩石缝间、水沟旁及林下，海拔 900m 以下。

产地：黑龙江省尚志，吉林省集安、安图、长白，辽宁省西丰、新宾、桓仁、本溪、宽甸、凤城、丹东、鞍山、长海、大连。

分布：中国（黑龙江、吉林、辽宁、河北、陕西、山东、江苏、安徽、浙江、福建、湖北、江西、湖南、四川），朝鲜半岛，俄罗斯。

10 蕨 猫爪子

Pteridium aquilinum (L.) Kuhn var. **latiusculum** (Desv.) Underw. ex Heller

多年生大型蕨类植物，高达1m以上。根状茎长而横走，幼嫩部分生有棕褐色绒毛。叶远生；叶片卵状三角形或广三角形，三出状，长30-60cm，宽25-55cm，先端渐尖，3回羽状，羽片约10对，基部一对最大，卵状三角形，长20-30cm，宽25-25cm，2回羽状，小羽片与羽轴相交成锐角，末回小羽片或裂片长圆形至椭圆形，钝圆，全缘或下部有1-3对波状圆齿，边缘多少反卷，疏生柔毛，裂片叶脉羽状，侧脉2-3，两面光滑或沿小羽轴及裂片主脉疏生柔毛，背面有时也可见到少量柔毛；叶柄深禾秆色，长20-80cm，基部径3-6mm，埋在土中部分通常密生褐色毛，向上变光滑。孢子囊群线形，沿裂片边缘分布；孢子四面体形，具3裂缝，外壁具细微突起。

生于阳坡疏林下、林缘及林间草地，海拔1000m以下。

产地：黑龙江省尚志、牡丹江、哈尔滨、呼玛、北安、宁安、黑河、伊春、鹤岗，吉林省安图、抚松、和龙、汪清、临江、靖宇，辽宁省桓仁、宽甸，内蒙古额尔古纳、根河、鄂伦春旗、科尔沁右翼前旗、克什克腾旗、敖汉旗、喀喇沁旗、宁城。

分布：中国（全国广布）；遍布世界热带、亚热带、温带。

嫩茎、叶可食。根状茎含淀粉，可作凉粉、酿酒。其纤维可制缆绳。可作驱虫剂。全株入药，有安神、降压、利尿、解热及治风湿之功效，可治关节炎、高血压及脱肛等症。

11 银粉背蕨

Aleuritopteris argentea (Gmel.) Fee

草本，植株高 5-26cm。根状茎短，直立或斜升，生有全缘而带褐色狭边的亮黑色披针形鳞片。叶簇生至近生；叶柄栗褐色，有光泽，基部生有与根状茎上同样的鳞片，向上变光滑；叶片五角形，长宽近等长，长 2.5-7cm，2-3 回羽裂，羽片 3-8 对，基部一对最大，1-2 回羽状分裂，基部小羽片（裂片）多少浅裂；侧生羽片三角形，羽轴下侧的裂片较上侧裂片长，基部下侧一片最长，浅裂；裂片三角状长圆形，钝尖头，边缘有小圆齿，叶脉羽状，侧脉纤细，通常 2 分叉，不明显；叶厚纸质，表面暗绿色，无毛，背面有乳白色或淡黄色粉末。孢子囊群顶生于小脉，成熟后汇合成线形，沿叶边连续排列；假囊群盖棕褐色，厚膜质，通常呈连续线形，全缘或微波状缘。

生于石灰质山坡、石缝间，海拔 500-1500m（长白山）。

产地：黑龙江省呼玛、依兰、黑河、宁安、尚志、塔河、牡丹江、五大连池，吉林省安图、长白、靖宇、辉南、柳河、通化、敦化、和龙、汪清，辽宁省本溪、桓仁、鞍山、海城、长海、大连、建昌，内蒙古科尔沁右翼前旗、乌兰浩特、扎兰屯、额尔古纳、鄂伦春旗、克什克腾旗、巴林左旗、喀喇沁旗、宁城、扎赉特旗、科尔沁右翼中旗、科尔沁左翼后旗。

分布：中国（全国广布），朝鲜半岛，日本，蒙古，俄罗斯，印度，尼泊尔。

全草入药，有调经活血、解毒消肿、补虚止咳及止血之功效，可治月经不调、肝炎、肺结核咳嗽及吐血等症。

12 掌叶铁线蕨

Adiantum pedatum L.

草本，植株高 40-80cm。根状茎斜升，顶端连同叶柄基部密被鳞片；鳞片棕褐色，广披针形，全缘。叶簇生或近簇生；叶柄长 15-50cm，连同叶轴为栗红色；叶片广扇形，长约 30cm，宽达 40cm，叶轴二歧掌状分枝；羽片 1 回羽状，线状披针形，长达 30cm，宽约 3cm，排列成指状；小羽片三角状长圆形，基部不对称，顶端钝圆，上缘浅裂，表面绿色，背面灰绿色，两面光滑无毛，叶脉扇形分叉，伸达叶缘。孢子囊群生于由裂片顶端反折而成的囊群盖背面；囊群盖肾形或长圆形，通常彼此靠近；孢子四面体形，半透明，表面较光滑。

生于林下、林缘及灌丛，海拔 1500m 以下。

产地：黑龙江省虎林、密山、饶河、宁安、伊春、尚志、哈尔滨、嘉荫、宝清、铁力，吉林省安图、临江、抚松、长白、珲春、汪清、敦化、桦甸、蛟河，辽宁省西丰、清原、本溪、凤城、宽甸、桓仁、岫岩、丹东、庄河、鞍山、营口。

分布：中国（黑龙江、吉林、辽宁、河北、山西、陕西、甘肃、河南、四川、云南、西藏），朝鲜半岛，日本，俄罗斯，尼泊尔；北美洲。

可栽培做观赏植物。全草入药，有通淋利水、清肺止咳之功效，可治小便不利、淋症，可除湿利水、调经止痛，治血尿、风湿肿痛、痢疾、黄疸、月经不调、崩漏、肺热咳嗽及牙痛等症。

13 麦秆蹄盖蕨

Athyrium fallaciosum Milde

草本，植株高 25-45cm。根状茎斜升，顶部连同叶柄基部被深棕色狭披针形鳞片。叶簇生；叶柄长 5-7cm，细弱，禾秆色，基部棕褐色，向上为淡褐色；叶片草质，光滑无毛，倒披针形，长 20-40cm，中部宽 4-8cm，基部渐变狭，2 回羽状深裂，羽片达 20 对，互生或近对生，无柄，下部 6-7 对羽片逐渐缩小成三角形或长圆形，中部羽片长 3-4cm，深羽裂；裂片卵形或长卵形，钝圆头，边缘有粗齿，每齿有小叶脉 1，先端膨大成水囊体，几达齿端。孢子囊群半圆形、弯钩形或马蹄形，生于小脉背侧；囊群盖大，厚膜质，与囊群同型，边缘呈啮断状或具不规则缺刻；孢子肾状圆形，具周壁。

生于林下潮湿岩石上，海拔 400-1300m。

产地：吉林省安图，辽宁省庄河。

分布：中国（吉林、辽宁、河北、山西、宁夏、甘肃、陕西、河南、湖北、四川），朝鲜半岛。

可作观赏植物。

14 猴腿蹄盖蕨 东北蹄盖蕨 长白山蹄盖蕨

Athyrium multidentatum (Doll.) Ching

草本，植株高 40-100cm。根状茎短粗，直立或斜升，先端和叶柄基部密被深褐色披针形的大鳞片。叶簇生；叶长 35-120cm，叶片草质至厚草质，长圆状披针形至卵状长圆形，长 20-50cm，宽 10-40cm，3 回羽状；羽片 10 对以上，互生或近对生，长圆状披针形，有短柄，基部对称，近平截，先端渐尖至尾状渐尖，通常仅基部一对羽片缩短；小羽片长圆状披针形至长圆形或为狭披针形，近平展，基部近对称，略与羽轴合生，先端钝尖至渐尖，羽状浅裂至中裂，下部小羽片不缩短或略缩短；裂片长圆形至披针形，顶端有 2-4 个锯齿，先端内弯，有时锯齿较长尖，稀不明显，叶脉离生，侧脉单一，伸达锯齿，先端内弯，有时锯齿较长尖，稀不明显，叶脉离生，侧脉单一，伸达锯齿，背面连同叶轴及各回羽轴有污白色头垢状毛。孢子囊群生于裂片基部上侧小脉上；囊群盖线形，多少弓弯，边缘啮蚀状；孢子长圆形，不具周壁。

生于林缘、疏林下及采伐迹地，海拔 500-2000m。

产地：黑龙江省塔河、呼玛、哈尔滨、嫩江、牡丹江、桦川、尚志、密山、虎林、宁安、伊春、黑河、宝清、饶河、嘉荫，吉林省安图、抚松、临江、长白、和龙、蛟河、敦化、汪清、珲春、集安，辽宁省西丰、本溪、凤城、宽甸、桓仁、北镇、鞍山、庄河、大连，内蒙古科尔沁右翼前旗、额尔古纳、根河、牙克石、扎兰屯、扎鲁特旗、科尔沁左翼后旗、阿鲁科尔沁旗、巴林右旗、克什克腾旗、扎赉特旗、宁城。

分布：中国（黑龙江、吉林、辽宁、内蒙古、河北、山西、山东），朝鲜半岛，日本，俄罗斯。

幼叶可作山野菜。

15 中华蹄盖蕨

Athyrium sinense Rupr.

多年生蕨类植物，高 35-50cm。根状茎斜升。叶簇生；叶片长圆形，长 25-30cm，宽 13-20cm，沿羽轴下面生有污白色头垢状毛，3 回羽裂，羽片斜展；中部羽片长 7-11cm，先端长渐尖，基部平截，基部 2 对羽片略缩短，近无柄；小羽片约 20 对，长圆形，尖头，基部与羽轴合生，羽状浅裂，裂片斜上，先端内弯，密接，顶部有几个小锯齿，每齿有小脉 1；叶柄长 20-30cm，径 2-3mm，向上叶柄为褐色，连同叶轴疏生披针形小鳞片，基部黑褐色，膨大成腹凹背凸的狭纺锤形，向下明显尖削，密生披针形或卵状披针形深褐色鳞片。孢子囊群弯弓形、长圆形，稀为弯钩形，生于裂片上侧小脉的中下部；囊群盖同型，边缘啮蚀状或流苏状；孢子长圆形，外壁具细密颗粒状纹饰。

生于林下阴湿处，海拔 1600m 以下（长白山）。

产地：黑龙江省塔河、呼玛、嫩江、虎林、尚志、宁安、黑河、北安，吉林省安图、珲春、长白、抚松、靖宇、柳河、集安、蛟河、敦化、汪清，辽宁省西丰、开原、本溪、凤城、宽甸、桓仁、鞍山、营口、北镇，内蒙古额尔古纳、根河、牙克石、扎兰屯、科尔沁右翼前旗、科尔沁右翼中旗。

分布：中国（黑龙江、吉林、辽宁、内蒙古、河北、陕西、宁夏、甘肃、山东、河南），朝鲜半岛，日本。

根状茎入药，有清热解毒、杀虫及止血之功效，用于防治流感、乙脑、钩虫病、蛔虫病等症。

16 鳞毛羽节蕨

Gymnocarpium dryopteris (L.) Newm.

多年生蕨类植物，高 10-35cm。根状茎长而横走，顶端连同叶柄基部被棕褐色近全缘的卵状披针形鳞片。叶远生；叶柄长 6-25cm，纤细，禾秆色，基部以上光滑无毛；叶片五角形或五角状卵形，长宽近相等，通常为 6-17cm，三出状 3 回羽裂；羽片对生，基部一对最大，与叶片其他部分大小相等，卵状三角形，长 4.5-10cm，宽 3-7cm，具短柄，并以关节着生于叶轴，其他羽片向上渐变小，无柄，披针形至卵状披针形；小羽片长圆状披针形，稀卵状披针形，通常钝圆头；裂片长圆形，钝头，近全缘或有较浅锯齿；侧脉单一或分叉；叶草质，两面及叶轴、羽轴无腺体。孢子囊群圆形，背生于小脉上部，无囊群盖；孢子长圆形。

生于林下，海拔 1800m 以下（长白山）。

产地：黑龙江省伊春、虎林、饶河、密山、尚志、呼玛、宁安，吉林省抚松、安图、临江、通化、白山、集安、蛟河、九台、长白，辽宁省凌源，内蒙古额尔古纳、根河、牙克石、宁城、科尔沁右翼前旗、喀喇沁旗、巴林右旗。

分布：中国（黑龙江、吉林、辽宁、内蒙古、山西、陕西、新疆），日本，俄罗斯；中亚，南亚，欧洲，北美洲。

17 东北蛾眉蕨

Lunathyrium pycnosorum (Christ) Koidz.

多年生蕨类植物，高30-90cm。根状茎短，斜升至横走，先端连同叶柄基部密被浅褐色广卵形至卵状披针形鳞片。

叶簇生；叶长（30-）40-70（-87）cm；叶柄长5-25cm，径2-4mm，基部栗黑色，向上渐变为禾秆色，稀带栗红色，基部尖削，被褐棕色鳞片，向上被多数多细胞毛并疏生鳞片；叶片长圆形至长圆状披针形，长可达60cm，宽9-15cm，基部略狭缩，羽裂渐尖，2回羽状深裂；羽片18-25对，无柄，互生或仅基部羽片近对生，开展，披针形，渐尖，基部平截而对称，下部1-3对羽片渐缩短，中部羽片最长，长达8cm，宽1-2.3cm；裂片长圆形，钝圆头，近全缘或有浅钝齿，通常具4-6对单一侧脉；叶草质或略为纸质，叶轴、羽轴及裂片主脉被多数灰褐色多细胞毛。孢子囊群线形或长圆形，密集，沿侧脉上侧着生，每裂片3-6对，成熟后常彼此靠合；囊群盖与孢子囊同型，膜质，褐色至灰褐色，全缘或近全缘；孢子长圆形，外壁具褶皱。

生于沟谷林下及林缘，海拔700-1400m（长白山）。

产地：黑龙江省伊春、尚志、饶河、虎林、哈尔滨、宁安、海林、铁力、桦川，吉林省蛟河、珲春、汪清、安图、抚松、集安、长白、靖宇、辉南、柳河、敦化、和龙，辽宁省西丰、鞍山、本溪、凤城、宽甸、桓仁。

分布：中国（黑龙江、吉林、辽宁、河北、山东），朝鲜半岛，日本，俄罗斯。

根状茎及叶柄残基入药，有清热解毒、预防流感、止血、驱虫及杀虫之功效，可治痢疾等症。

18 新蹄盖蕨

Neoathyrium crenulatoserrulatum (Makino) Ching et Z. R. Wang

多年生蕨类植物，高达 1m。根状茎横走，粗壮，黑褐色，顶端及叶柄、叶轴、羽轴均疏被鳞片；鳞片披针形，全缘，淡褐色，膜质。叶近生；叶片广卵形，径 20-50cm，先端渐尖，基部圆形或浅心形，3 回羽状深裂；羽片 10-15 对，近对生或互生，下部羽片较大，长椭圆形，长 16-20cm，宽 4-7cm，先端渐尖，基部变狭，具短柄；小羽片 8-18 对，近平展，互生或近对生，披针形，长 1-4cm，宽 5-12mm，尖头，基部圆截形，近无柄；裂片长圆形，先端钝圆，基部以狭翅沿小羽轴相连，边缘有略不整齐的细锯齿，裂片羽状脉，侧脉分叉或单一；叶草质，干后近纸质，褐绿色或褐色，羽轴及小羽轴下面有灰白色的单细胞短毛及浅褐色的多细胞毛，有时还散生狭长的褐色鳞片；叶柄通常与叶片等长，褐色，下部较壮，径达 9mm。孢子囊群小，近圆形，背生于小脉中部，无盖；孢子两面体形、肾形，表面有褶皱状突起。

生于杂木林下阴湿处，常成片生长，海拔约 800m。

产地：黑龙江省尚志、虎林、牡丹江，吉林省安图、临江、通化、抚松，辽宁省凤城、本溪、桓仁、丹东。

分布：中国（黑龙江、吉林、辽宁、河南、陕西），朝鲜半岛，日本，俄罗斯。

嫩叶可食用。

19 卵果蕨 广羽金星蕨

Phegopteris polypodioides Fee

多年生蕨类植物，高 25-45cm。根状茎长而横走，径 1-2cm，先端被棕褐色鳞片；鳞片卵状披针形，膜质，疏生长缘毛。叶远生，具柄；柄显著长于叶片，禾秆色，长 15-32cm，径 1-2mm，基部密被棕褐色鳞片，向上鳞片渐稀疏，长 10-20cm，宽 8-18cm，尾尖或渐尖，2 回羽状深裂；羽片对生或近对生，开展，长圆状披针形至线状披针形，钝尖头或钝头，基部与叶轴广合生，基部一对羽片长 4-10cm，宽 1-3cm，与其上部羽片分离，其余羽片彼此以翅相连，裂片近三角形至镰状长圆形，先端钝圆，全缘或具波状浅齿，具缘毛；叶脉羽状，在叶片两面稍隆起，被灰白色针状毛，侧脉单一或分叉；叶草质，叶轴和羽轴表面被白色长毛，背面有鳞片、白色单毛或分叉毛，鳞片披针形至线状披针形，基部淡褐色，上部棕色，全缘或淡褐色有长缘毛，膜质。孢子囊群卵圆形，背生于小脉上部边缘，无囊群盖；孢子囊顶部通常有直立的针状毛。

生于林下，海拔 700-1700m（长白山）。

产地：黑龙江省尚志、饶河、伊春，吉林省安图、抚松、长白，辽宁省本溪、宽甸、凤城、桓仁。

分布：中国（黑龙江、吉林、辽宁、陕西、河南、四川、贵州、云南），朝鲜半岛，日本，俄罗斯，土耳其；中亚，南亚，欧洲，北美洲。

20 荚果蕨 黄瓜香 野鸡膀子

Matteuccia struthiopteris (L.) Todaro

多年生蕨类植物，高达 1m。根状茎短而直立，连同叶柄基部密被鳞片；鳞片披针形，膜质，棕色。叶簇生，二型。营养叶叶片倒披针形，长 40-80cm，宽 15-25cm，2 回羽状深裂；羽片 30-60 对，互生，中下部羽片逐渐缩短，基部者缩短成小耳形；中部羽片较大，线状披针形，长 9-14cm，宽 1.2-2cm，羽状深裂，裂片长圆形，钝圆头，近全缘或有浅波状圆齿，无柄；叶草质，沿叶轴、羽轴和主脉有半透明多细胞毛；叶脉羽状，裂片侧脉分叉，叶柄径达 1cm，棕褐色，上面有一纵沟槽，向基部尖削。孢子叶较短，叶片倒披针形，长 30-70cm，宽 5-10cm，1 回羽状，羽片两侧向背面反卷成荚状，包卷孢子囊群，熟时深褐色，具较长柄。孢子囊群圆形，背生于小脉上，成熟时汇合成线形；囊群盖膜质，成熟时破裂消失。

生于林下阴湿处、林缘、林间草地及灌丛，海拔 1500m 以下。

产地：黑龙江省虎林、饶河、宝清、密山、尚志、哈尔滨、伊春、穆棱、宁安，吉林省安图、抚松、临江、汪清、通化、集安、珲春、桦甸，辽宁省西丰、宽甸、桓仁、大连、庄河、本溪、丹东、鞍山，内蒙古根河、鄂伦春旗、科尔沁右翼前旗、科尔沁左翼后旗、克什克腾旗、喀喇沁旗、宁城。

分布：中国（黑龙江、吉林、辽宁、内蒙古、河北、山西、陕西、甘肃、新疆、河南、湖北、四川、云南、西藏），朝鲜半岛，日本，俄罗斯；欧洲，北美洲。

美味山野菜。在国外作为观叶植物露天栽培。根状茎入药，有清热解毒、杀虫及止血之功效，可治流行性腮腺炎、鼻出血及蛲虫病等症，预防流感和乙脑等症。

21 球子蕨

Onoclea sensibilis L. var. **interrupta** Maxim.

多年生蕨类植物，高 40-70cm。根状茎长横走，黑褐色，疏生鳞片；鳞片广卵形，长约 5mm，渐尖头，全缘或微波状缘，棕色，薄膜质。叶疏生，二型。营养叶广卵形或广卵状三角形，长宽近相等，长 13-30cm，1 回羽状；羽片 5-8 对，披针形，基部 1-2 对较大，长 8-13cm，宽 1.5-3.5cm，有短柄，边缘波状浅裂，上部无柄，基部与叶轴合生，边缘波状或近全缘；叶脉明显，网状，网眼无内藏小脉，近叶边的小脉分离；叶草质，干后暗绿色或浅棕绿色，幼时略被小鳞片，成长后光滑无毛；叶柄长 20-50cm，基部棕褐色，略呈三角形，向上深禾秆色，圆柱形，径 2-3mm，有浅纵沟，疏生鳞片。孢子叶低于营养叶，叶片强度狭缩，长 15-25cm，宽 2-4cm，2 回羽状；羽片狭线形，斜展；小羽片幼时匙形或倒长卵形，后紧缩成小球形，包被孢子囊群，彼此分离，沿羽轴排列成念珠状，成熟时开裂；叶柄长 18-45cm，较营养叶粗壮。孢子囊群圆形，生于小脉先端的囊群托上，具盖；囊群盖下位，托包着囊群，膜质。

生于湿草甸、森林地区河谷湿地，海拔 900m 以下。

产地：黑龙江省虎林、密山、伊春、尚志、宁安，吉林省安图、临江、通化、集安、蛟河、和龙、抚松、汪清、珲春，辽宁省宽甸、岫岩、桓仁、凤城、丹东、本溪、西丰、清原、长海、彰武，内蒙古科尔沁左翼后旗、扎兰屯。

分布：中国（黑龙江、吉林、辽宁、内蒙古、河北、河南），朝鲜半岛，日本，蒙古，俄罗斯。

可栽培作观赏蕨类，栽植比较容易。

22 黑水鳞毛蕨

Dryopteris amurensis (Milde) Christ

多年生蕨类植物，高 40-50cm。根状茎短，直立。叶簇生；叶柄长 20-30cm，最基部黑色，上部禾秆色，疏被披针形淡褐色鳞片；叶片五角形，长 20-23cm，宽 20-22cm，3 回羽状；羽片 5-7 对，基部一对最大，三角形，长约 10cm，宽约 8cm；小羽片 5-7 对，下侧基部一对小羽片最大，长 6-7cm，宽 2-3cm，羽状全裂，末回小羽片 5-7 对，三角状卵形，边缘羽状半裂至羽状深裂，裂片顶端和小羽片顶端具有针刺状的锐尖齿；叶纸质，干后绿色；叶轴和羽轴疏被披针形小鳞片，小羽片中脉下面具有泡状鳞片。孢子囊群大，着生于小羽片或末回小羽片的中脉两侧；囊群盖圆肾形，全缘。

生于林下，海拔 500-1500m。

产地：黑龙江省伊春，吉林省安图，辽宁省大连、宽甸。

分布：中国（黑龙江、吉林、辽宁），朝鲜半岛，日本，俄罗斯。

23 中华鳞毛蕨

Dryopteris chinensis (Baker) Koidz.

多年生蕨类植物，高25-35cm。根状茎粗短，直立，连同叶柄基部密生棕色或有时中央褐棕色的披针形鳞片。叶簇生；叶柄长10-20cm，径约2mm，禾秆色，基部以上疏生鳞片或近光滑；叶片五角形渐尖头，长等于或略长于叶柄，宽8-15cm，4回羽裂；羽片5-8对，斜展，基部一对最大，三角状披针形，长6-12cm，基部宽3-8cm，渐尖头，基部不对称，上侧靠近叶轴，下侧斜出，柄长5-10mm，3回羽裂；1回小羽片斜展，下侧较上侧大，基部一片更大，三角状披针形，长2.5-5cm，基部宽1.5-2.5cm，短渐尖头，基部近截形，柄长1.5-3mm，2回羽裂，末回小羽片或裂片三角状卵形或披针形，钝头，基部与小羽轴合生，边缘羽裂或有粗齿；末回小羽片或裂片上的叶脉羽状，侧脉分叉或单一；叶纸质，干后褐绿色，上面光滑，下面沿叶轴及羽轴有褐棕色披针形小鳞片，沿叶脉生稀疏的棕色短毛。孢子囊群生于小脉顶部，靠近叶边；囊群盖圆肾形，近全缘，宿存。

生于灌丛及阔叶林下。

产地：吉林省集安，辽宁省凤城、丹东、庄河、鞍山、大连。

分布：中国（吉林、辽宁、山东、江苏、安徽、浙江、河南、江西），朝鲜半岛，日本。

24 粗茎鳞毛蕨 野鸡膀子

Dryopteris crassirhizoma Nakai

多年生蕨类植物，高达1m。根状茎粗大，直立或斜升。叶簇生；叶柄连同根状茎密生鳞片；鳞片膜质或厚膜质，淡褐色至栗棕色，有光泽，下部鳞片一般较宽大，卵状披针形或狭披针形，长1-3cm，边缘疏生刺突，向上渐变成线形至钻形而扭曲的狭鳞片；叶轴上的鳞片明显扭卷，线形至披针形，红棕色；叶柄深禾秆色，显著短于叶片；叶长圆形至倒披针形，长50-120cm，宽15-30cm，基部狭缩，先端短渐尖，2回羽状深裂；羽片通常30对以上，无柄，线状披针形，下部羽片明显缩短，中部稍上羽片最大，长8-15cm，宽1.5-3cm，向两端羽片依次缩短，羽状深裂；裂片密接，长圆形，宽2-5mm，基部与羽轴广合生，先端圆或钝圆，边缘浅钝锯齿或近全缘；叶脉羽状，侧脉分叉，稀单一；叶厚革质至纸质，背面淡绿色，沿羽轴具长缘毛的卵状披针形鳞片，裂片两面及边缘散生扭卷的狭鳞片和鳞毛。孢子囊群圆形，通常着生于叶片背面上部1/3-1/2处，背生于小脉中下部，每裂片1-4对；囊群盖圆肾形或马蹄形，近全缘，棕色，稀带淡绿色或灰绿色，膜质，成熟时不完全覆盖孢子囊群。

生于林下、林缘及灌丛等阴湿处，海拔500-2000m。

产地：黑龙江省虎林、饶河、宝清、伊春、尚志、宁安、哈尔滨、桦川、五常、穆棱，吉林省安图、抚松、长白、蛟河、临江、汪清、集安、珲春、敦化，辽宁省凤城、本溪、岫岩、西丰、桓仁、宽甸、清原、鞍山。

分布：中国（黑龙江、吉林、辽宁、河北），朝鲜半岛，日本，俄罗斯。

根状茎及叶柄残基入药，有清热解毒、活血散瘀之功效。

25 广布鳞毛蕨

Dryopteris expansa (Presl) Fraser-Jenkins et Jermy

多年生蕨类植物，高 40-100cm。根状茎短粗，斜升或横走。叶簇生；叶柄密被鳞片，鳞片卵形至广披针形，长达 1.5cm，锐尖头，膜质，淡褐色至栗褐色，边缘淡棕色，有光泽；叶片与叶柄近等长，长圆形、卵状长圆形或近三角形，长 25-50cm，宽 12-35cm，渐尖头，基部不变狭，3 回羽状深裂；羽片 6-11 对，对生或近对生，基部羽片最大，斜三角形，具短柄，羽轴下侧小羽片显著长于上侧小羽片，其他羽片长圆状披针形，稀为长圆状卵形，具短柄，渐尖头，2 回羽状；小羽片下先出，长圆形，稀卵状长圆形，尖头，具短小柄，基部羽片下部下侧小羽片的长是整个小羽片长度的一半以上，羽状深裂；裂片长方形或长圆形，宽 2-4mm，先端齿牙具芒刺；叶草质，无毛，表面绿色，背面淡绿色，叶脉羽状，每裂片 3-4 对，不分叉。孢子囊群圆形，生于小脉顶端或上部；囊群盖圆肾形，全缘或微具缺刻；孢子广椭圆形，褐色，具极细刺瘤。

生于林下及林缘阴湿处，海拔 1800m 以下。

产地：黑龙江省伊春、尚志、黑河、五大连池，吉林省长白、靖宇、通化、柳河、敦化、安图、汪清、临江、和龙，辽宁省本溪、宽甸、桓仁，内蒙古额尔古纳、根河、牙克石、鄂伦春旗、阿尔山。

分布：中国（黑龙江、吉林、辽宁、内蒙古、河北），朝鲜半岛，日本，俄罗斯；欧洲，北美洲。

26 香鳞毛蕨

Dryopteris fragrans (L.) Schott

多年生蕨类植物，高 20-30cm，全株具香味并有黏液。根状茎短粗，直立或稍斜升。叶簇生，具柄；叶柄显著短于叶片，常为叶片长度的 1/6-1/4，连同叶轴、羽轴密被红棕色至棕褐色鳞片；鳞片广卵形（上部缩成颈状）至卵状披针形，膜质，基部心形，先端尾状渐尖，边缘具短尖齿；叶片长圆状披针形至倒披针形，长 10-24cm，宽 2.8-5cm，基部略狭缩，先端渐尖，2 回羽状全裂；羽片通常 20 对以上，互生或近对生，近无柄，披针形至广披针形，尖头；裂片狭长圆形，钝头，边缘具细锯齿。孢子囊群圆形，背生于小脉上，沿裂片中脉排成 2 行；囊群盖盾状或圆肾形，具一深缺刻，幼时完全覆盖孢子囊群，膜质，灰褐色，边缘多少有不规则缺刻，具淡黄色腺体；孢子椭圆形，表面有瘤状突起。

生于林下碎石坡及峭壁上，海拔 500-1700m。

产地：黑龙江省黑河、尚志、五大连池，吉林省安图，辽宁省大连，内蒙古牙克石、额尔古纳、根河、扎兰屯、科尔沁右翼前旗、扎赉特旗。

分布：中国（黑龙江、吉林、辽宁、内蒙古、河北、新疆），朝鲜半岛，日本，俄罗斯；欧洲，北美洲。

27 三叉耳蕨

Polystichum tripteron (Kunze) Presl

多年生蕨类植物，高 40-75cm。根状茎斜升，连同叶柄基部有褐色、膜质而近全缘的卵状披针形鳞片。叶簇生；叶柄禾秆色，长 15-31cm，向上达叶轴和羽轴疏生小鳞片，叶片三角状披针形，草质，长 25-45cm，宽 10-35cm，背面沿主脉多少有鳞片，三出羽状分裂；基部 1 对羽片特别发达，伸长，再成 1 回羽状分裂，长达 18cm，宽达 7cm，其小羽片和其他小羽片同型，等大，镰刀状披针形，长 3-4cm，基部上侧近截形，凸起呈三角状耳形，下侧楔形，先端渐尖，羽状浅裂，稀中裂，裂片近三角形，先端具刺尖，边缘有向内微弯的刺芒；叶脉羽状，离生，裂片上的小脉二叉分枝，通常伸达齿端成刺芒。孢子囊群圆形，顶生于近主脉的小脉顶端；囊群盖圆盾形，盾状着生，边缘略不整齐，易脱落。

生于林下、林缘、灌丛中阴湿处及岩石缝间，海拔 500-1300m。

产地：黑龙江省尚志、哈尔滨，吉林省蛟河、抚松、集安、临江、敦化、长白、辉南、柳河、通化、安图，辽宁省宽甸、桓仁、凤城、本溪、鞍山、庄河。

分布：中国（黑龙江、吉林、辽宁、河北、陕西、甘肃、山东、江苏、浙江、福建、安徽、河南、湖北、江西、湖南、广东、广西、四川、贵州），朝鲜半岛，日本，俄罗斯。

可入药，治内热腹痛等症。

28 乌苏里瓦韦

Lepisorus ussuriensis (Regel et Maack) Ching

多年生蕨类植物，高 10-15cm。根状茎细长，横走，径 1.2-1.5mm，密被鳞片；鳞片近革质，半透明，黑色或栗黑色，卵状披针形，长约 1mm，先端长尾状渐尖，边缘有不规则尖齿。叶疏生；叶片梭状披针形，长 4-13cm，宽 0.5-1cm，先端渐尖，基部常沿叶柄下延，全缘，干后纸质，边缘稍反卷，两面光滑无毛，主脉在叶两面隆起，小脉不明显；叶柄长 1.5-5cm，深禾秆色，光滑无毛。孢子囊群圆形，在主脉与叶边之间各排成一行，彼此疏离，成熟后也不汇合，无盖，幼时有黑褐色盾状或伞形隔丝覆盖，孢子囊具细长柄，环带明显；孢子两面体形，不具周壁，外壁具云块状纹饰。

生于岩石上及石缝间、朽木上及树皮上，海拔 700-1500m（长白山）。

产地：黑龙江省饶河、伊春、尚志、宁安，吉林省安图、临江、珲春、集安、长白、敦化、抚松、蛟河、靖宇、辉南、梅河口、桦甸，辽宁省清原、新宾、桓仁、宽甸、凤城、本溪、丹东、鞍山、盖州、庄河、大连，内蒙古通辽、科尔沁左翼后旗。

分布：中国（黑龙江、吉林、辽宁、内蒙古、河北、山东、安徽、河南），朝鲜半岛，日本，俄罗斯。

全草入药，有消肿止痛、止血、利尿及祛风清热之功效，可治风湿疼痛、跌打肿痛、月经不调、尿路感染、肾炎、肺炎、痢疾、肝炎、咽喉肿痛、疮疖肿毒、咯血及尿血等症。

29 东北多足蕨 东北水龙骨

Polypodium virginianum L.

多年生蕨类植物，附生。根状茎长，横走，径2-3mm，密被鳞片；鳞片披针形至卵状披针形，先端渐尖至尾尖，边缘疏生齿突，膜质，中央暗褐色，有光泽，边缘具淡褐色条带。叶近生或疏生；叶片披针形至长圆状披针形，长5-15cm，宽2-4cm，顶端羽裂渐尖或尾尖，羽状深裂或基部羽状全裂；叶脉不明显，侧脉顶端具水囊，不达叶边；叶纸质，光滑无毛，仅沿羽轴背面疏生小鳞片，长圆状披针形至披针形，棕褐色，网格近透明；叶柄细，长2-12cm，禾秆色，光滑无毛，基部以关节和根状茎相连。孢子囊群圆形，近两侧叶边排列，无盖，孢子囊具细长柄；孢子椭圆形至肾形，外壁具明显的波状纹饰。

生于林下腐殖层、朽木上及石缝间，海拔500-1400m。

产地：黑龙江省虎林、饶河、密山、哈尔滨、伊春、牡丹江、黑河、呼玛、五大连池，吉林省安图、临江、长白、靖宇、辉南、柳河、和龙，辽宁省桓仁、宽甸、大连，内蒙古根河、牙克石、扎兰屯、扎赉特旗、科尔沁右翼前旗。

分布：中国（黑龙江、吉林、辽宁、内蒙古、河北），朝鲜半岛，日本，蒙古，俄罗斯；北美洲。

全草入药，有解毒退热、祛风利湿、止咳止痛之功效，主治小儿高热、咳嗽气喘、尿路感染、风湿关节痛及牙痛等症，外用可治荨麻疹、跌打损伤及疮疖肿毒等症。

30 有柄石韦

Pyrrosia petiolosa (Christ) Ching

多年生小型蕨类植物，高 5-20cm。根状茎长，横走，径 1.5-3mm，密生鳞片；鳞片卵状披针形，覆瓦状排列，边缘有缘毛，老化的根状茎之鳞片棕色，缘毛不明显，通常棕褐色，有时灰棕色。叶远生，二型。营养叶叶片长圆形，短小，长 3-4.5cm，宽 1-2cm，钝尖头，基部楔形且下延，全缘，表面幼时有白色星状毛，有时毛脱落，有凹点，背面密被灰褐色星状毛；叶柄与叶片近等长或长于叶片，向上被星状鳞毛，基部被鳞片，以关节着生于根状茎上。孢子叶叶片长圆状披针形，较大，长 2-6cm，宽 0.8-2cm，向两端渐狭，常内卷成筒状，背面密被灰褐色星状鳞毛，主脉明显；叶柄一般较长，为叶片长的 1.5-2.5 倍，密被星状鳞毛。孢子囊群深棕色，圆形，成熟时汇合，布满叶背面。

生于干燥的岩石上，海拔 1800m 以下。

产地：黑龙江省密山、伊春、尚志、哈尔滨、宁安、依兰、宾县，吉林省集安、九台、抚松、临江、靖宇、长白、通化、柳河、辉南、梅河口，辽宁省西丰、法库、本溪、凤城、宽甸、丹东、北镇、凌源、鞍山、盖州、大连、普兰店，内蒙古扎鲁特旗、扎兰屯、扎赉特旗、科尔沁右翼中旗、库伦旗、敖汉旗、宁城、喀喇沁旗。

分布：中国（黑龙江、吉林、辽宁、内蒙古、河北、陕西、山东、安徽、浙江、河南、湖北、江西、西南），朝鲜半岛，俄罗斯。

全草入药，有消炎利尿、止血祛瘀及清湿除热之功效，可治急慢性肾炎、肾盂肾炎、膀胱炎、尿道炎、泌尿系结石、慢性气管炎、支气管哮喘、肺热咳嗽及功能性子宫出血等症。

31 槐叶苹

Salvinia natans (L.) All.

漂浮植物。茎有毛，横走，无根。叶 3 片轮生，有柄长约 2mm，两片漂浮水面，一片细裂如丝，在水中形成假根，密生有节的粗毛；水面叶在茎两侧紧密排列，形如槐叶；叶片长圆形，长 8-12cm，宽 5-6mm，圆钝头，基部圆形或略呈心形，全缘，表面绿色，在侧脉间有 5-9 个突起，突起上生一簇粗短毛，背面灰褐色，生有节的粗短毛。孢子囊果近圆形，外部生有有节的粗短毛，4-8 枚聚生于水下叶的基部，有大小之分；大孢子囊果小，生少数有短柄的大孢子囊，各含大孢子 1 个；小孢子囊果略大，生多数具长柄的小孢子囊，各有 64 个小孢子，呈球形或近球形。

生于稻田、池沼。

产地：黑龙江省虎林、密山、萝北、富裕，吉林省蛟河、通化、梅河口、柳河、辉南、集安、安图，辽宁省沈阳、新民、盘山，内蒙古扎赉特旗。

分布：中国（全国广布），朝鲜半岛，日本，俄罗斯，土耳其，伊朗，印度，越南；中亚，欧洲，非洲，北美洲。

可作禽畜饲料及绿肥。全草入药，煎服可治虚劳发热、湿疹等症，外敷可治丹毒疔疮、烫伤等症。

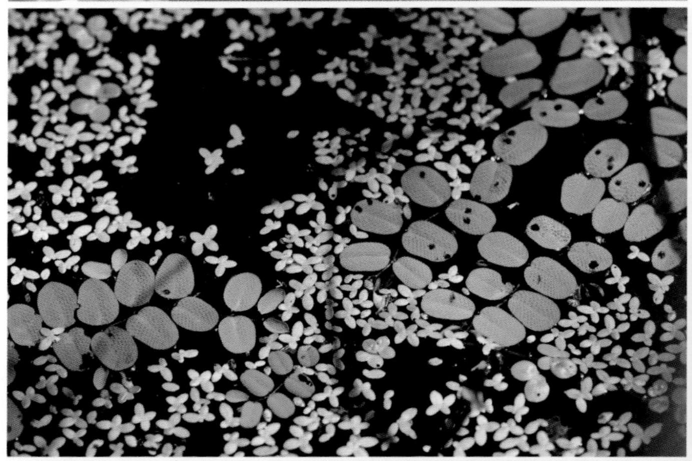

裸子植物门
GYMNOSPERMAE

32 沙松冷杉 沙松

Abies holophylla Maxim.

常绿大乔木，高达40m，胸径可达1m。树干通直圆满，幼龄树皮灰褐色，不开裂，老龄树皮灰褐色至暗褐色，浅纵裂。当年生枝灰黄色或淡黄褐色，无毛，有光泽，二、三年生枝灰色或灰褐色。冬芽卵形，有树脂。叶在枝上排成2列，斜上伸展，线形，直或稍弯，长2-4cm，宽1.5-2.5mm，先端急尖或渐尖，表面有光泽，亮绿色，背面沿中脉两侧各有一白色气孔线；横切面具2中生树脂道，皮下边缘各有一层连续排列的单细胞层，稀具不连续排列的第2层。球花单性，雌雄同株，生于叶腋；雄球花长圆形或柱状长圆形，下垂，小孢子叶多数，螺旋状着生，花粉有气囊；雌球花卵圆形至长圆形，直立，珠鳞和苞鳞螺旋排列，珠鳞腹面基部具2胚珠球。球果卵状圆柱形，长6-14cm，径3-4cm，近无梗，熟时淡黄褐色或淡褐色；中部种鳞近扇状四边形或倒三角状扇形，上部宽圆，边缘稍内曲，两侧具不规则细齿，鳞背外露部分被密短毛；苞鳞楔状倒卵形，长不及种鳞的一半，不露出种鳞，先端有伸长的刺状尖头。种子倒三角状；种翅膜质，长方状楔形；子叶5-7。花期4-5月，球果10月成熟。

生于针阔混交林及针叶林中。

产地：黑龙江省宁安、东宁、伊春、尚志、五常，吉林省临江、通化、柳河、梅河口、辉南、集安、抚松、靖宇、长白、安图、敦化、汪清、和龙、珲春，辽宁省本溪、宽甸、凤城、桓仁、清原、丹东、盖州。

分布：中国（黑龙江、吉林、辽宁），朝鲜半岛，俄罗斯。

树形优美，可作庭园绿化树种。木材轻软，耐腐力较强，可供建筑、板材、木质纤维工业等用。树皮可提制栲胶。

33 臭冷杉

Abies nephrolepis (Trautv.) Maxim.

常绿大乔木，高达 30m，胸径达 50cm。树干通直圆满，幼时树皮灰白色，通常平滑，或具浅裂纹，老时呈灰色，长条状块裂或不规则鳞片状裂。当年生小枝淡黄褐色，密被淡褐色短柔毛，二、三年生枝灰褐色或淡灰褐色，具圆形叶痕。冬芽圆球形，有树脂。叶通常排成两列，线形，直或微弯，长 1-3cm，宽约 1.5mm，表面光绿色，背面具 2 白色气孔带，大部分叶之先端凹缺，果枝和主茎上的部分叶先端尖；横切面具 2 中生树脂道，皮下细胞单层。球花单性，雌雄同株，生于叶腋。球果卵状圆柱形或近圆柱形，长 4-8cm，径 2-3.5cm，无梗，熟时紫褐色；种鳞肾形或扇状肾形，稀扇状四边形，长短于宽，上部宽圆，边缘微内曲，具不规则细齿，两侧圆或耳状，基部狭成细柄状，鳞背露出部分密被短毛；苞鳞倒卵形，长为种鳞的 3/5-4/5，很少等长，不外露或微外露。种子倒卵状三角形，微扁；种翅楔形，淡褐色或带黑色；子叶 4-5。花期 4-5 月，球果 10 月成熟。

生于针阔混交林或针叶林中、湿润平缓低湿地，海拔 300-1800m。

产地：黑龙江省汤原、伊春、饶河、虎林、密山、鸡西、鸡东、穆棱、绥芬河、东宁、牡丹江、海林、宁安、尚志，吉林省柳河、通化、辉南、集安、临江、抚松、靖宇、长白、敦化、安图、珲春、和龙，辽宁省宽甸、桓仁、本溪、盖州。

分布：中国（黑龙江、吉林、辽宁、河北、山西），朝鲜半岛，俄罗斯。

为北方优良的园林观赏和绿化树种。可作为一般建筑、板材、家具及木纤维工业原料等用材。树脂透明，折光率与玻璃相近，用于胶结光学仪器。

34 落叶松 兴安落叶松

Larix gmelini (Rupr.) Rupr.

落叶大乔木，高达35m，胸径达90cm。树干通直圆满，树皮暗褐色，老树皮暗灰色或灰褐色，鳞状纵裂，裂缝紫红色。枝有长短枝之分，当年生长枝淡黄色，有时黄褐色，纤细，径约1mm，基部常有长毛，二、三年生长枝褐色、灰褐色或灰色；短枝径2-3mm，顶端有黄白色长柔毛。冬芽近圆形或卵圆形；芽鳞暗褐色，边缘具缘毛，基部芽鳞先端具长尖头。叶在长枝上螺旋状散生，在短枝上簇生，倒披针状线形，扁平，长1.3-3cm，宽0.5-1mm，先端尖或钝尖，表面中脉不隆起，有时两侧各有1-2气孔线，背面中脉隆起，两侧各有2-3气孔线；横切面有2边生树脂道，位于两端靠近下表皮，稀中生。球花单性，雌雄同株，单生于短枝顶端，与叶同时开放。球果幼时紫红色，常带白粉，成熟时上部种鳞张开，呈杯状或为椭圆形，黄褐色，有时紫褐色，长1.2-3cm，径1-2cm；种鳞14-30，五角状卵形，长1-1.5cm，宽0.8-1cm，先端截形，微凹或圆截形，鳞背无毛，有光泽；苞鳞短于种鳞且不外露出种鳞，卵状披针形，长为种鳞的1/3-1/2，中肋延长为急尖头。种子斜圆卵形，连翅长约1cm，灰白色，具淡褐色斑纹；种翅中下部宽，先端偏斜；子叶4-7，针形。花期5-6月，球果9-10月成熟。

喜光性强，生于土层厚、肥润、排水良好的缓坡及丘陵地，海拔300-1700m。

产地：黑龙江省呼玛、嫩江、黑河、牡丹江、宁安、海林、嘉荫、汤原、伊春、绥棱，吉林省安图、敦化，内蒙古额尔古纳、根河、牙克石、鄂伦春旗、莫力达瓦达斡尔旗、阿荣旗、扎兰屯、阿尔山、翁牛特旗、克什克腾旗。

分布：中国（黑龙江、吉林、内蒙古），俄罗斯。

为东北地区北部重要造林树种。木材致密坚硬，耐腐力和抗压力强，纤维含量多，可作工艺用材和造纸纤维用材。树干可提取树脂。树皮可提制栲胶。

35 长白落叶松 黄花落叶松 黄花松

Larix olgensis A. Henry

落叶大乔木，高达 30m，胸径达 1m。树干通直圆满，树皮纵裂成长鳞片，灰色或灰褐色，脱落后内皮紫红色。枝有长短枝之分，小枝不下垂；当年生长枝稍有光泽，淡红褐色或淡褐色，密生长毛或短毛，或散生长毛至无毛，但基部通常具毛；二、三年生长枝灰色或暗灰褐色，径 2-3mm；短枝深灰色，顶端密生淡褐色柔毛。冬芽卵圆形或微呈圆锥形，淡紫褐色；芽鳞膜质，边缘有束状睫毛，基部芽鳞三角状卵形。叶在长枝上螺旋状散生，在短枝上簇生，倒披针状条形，扁平，长 1-2.5cm，宽约 1mm，先端钝或微尖，中脉表面平，背面凸起，每侧各有 2-5 气孔线；横切面有 2 边生树脂道，位于两端，靠近下表皮，稀中生。球花单性，雌雄同株，单生于短枝顶端，与叶同时开放。球果长卵圆形或卵圆形，长 1.5-4cm，径 1-2cm，幼时淡红色或紫红色，熟时褐色带紫色；种鳞 16-40，微张开，广卵形略呈四方状或近方圆形，长 0.9-1.2cm，宽约 1cm，先端圆截或微凹，干后微反曲，背面及上部边缘有或密或疏的细小瘤状突起或短毛，稀近光滑；苞鳞暗紫褐色，不外露出种鳞，长 4-7mm，中部稍收缩，中肋向上延长成尾状尖头。种子近倒卵圆形，长 3-4mm，径 2mm，淡黄白色或近白色，具不规则紫斑；种翅长 5-6mm，先端钝尖，中下部较宽；子叶 5-7。花期 5 月，球果 9-10 月成熟。

生于湿润山坡、沼泽地，在气候湿寒、土壤湿润的灰棕色森林土地带分布普遍，于沼泽地形成大片黄花松甸子纯林，在潮湿低山坡组成针阔混交林，海拔 1900m 以下。

产地：黑龙江省尚志、海林、牡丹江、宁安、饶河、虎林、伊春、嘉荫、哈尔滨、密山，吉林省安图、和龙、临江、通化、柳河、梅河口、辉南、抚松、靖宇、长白、珲春、敦化、长春，辽宁省抚顺、本溪。

分布：中国（黑龙江、吉林、辽宁），朝鲜半岛，俄罗斯。

为重要造林树种，也可用作庭园绿化。木材耐腐力强，可作建筑、电杆、家具、造纸纤维等用材。树干可提取树脂。树皮可提制栲胶。

36 红皮云杉 红皮臭

Picea koraiensis Nakai

常绿大乔木，高达30m，胸径达1m。树干通直圆满，树皮灰褐色或淡红褐色，成不规则薄片状脱落，落痕红褐色。小枝上有显著叶枕；当年生枝黄褐色或淡红褐色，无白粉，有较密短毛或毛较疏，稀近无毛；二、三年生枝淡黄褐色或暗褐色。冬芽圆锥形，淡褐黄色或淡红褐色，微具树脂；上部芽鳞微向外反曲，小枝基部宿存芽鳞，明显向外反曲。叶四棱状线形，长1-2.2cm，宽约1.5mm，辐射排列，侧枝上面叶直上伸展，下面及两侧叶从两侧向上弯伸，先端尖，四面均有气孔线，表面两侧各3-8，背面两侧各3-5；横切截面四方形，边生树脂道2，有时1。球果长卵圆柱形或卵圆柱形，长5-8cm，径2.2-3.5cm，成熟前绿色，成熟后黄褐色；种鳞倒卵形或三角状倒卵形，长1-1.8cm，宽0.8-1.5cm，先端钝圆，具微齿，基部宽楔形，鳞背露出部分有光泽，平滑，无明显条纹；苞鳞线状，长约5mm。种子歪倒卵圆形，长约4mm，灰黑褐色；种翅倒卵状长圆形，宽约2mm，淡褐色；子叶6-9。花期5-6月，球果9-10月成熟。

生于沟谷、河边及溪流旁，海拔1600m以下。

产地：黑龙江省塔河、呼玛、尚志、伊春、勃利、汤原、嫩江、黑河，吉林省柳河、通化、集安、靖宇、抚松、辉南、长白、临江、安图、和龙、汪清，辽宁省宽甸、桓仁、沈阳、盖州、彰武，内蒙古根河、额尔古纳。

分布：中国（黑龙江、吉林、辽宁、内蒙古），朝鲜半岛，俄罗斯。

为重要造林树种和园林绿化树种。木材轻软，耐腐力较弱，可作建筑、航空、造船、纤维和乐器等材料。树干可提取树脂。树皮可提制栲胶。叶可提取芳香油。

37 赤松 日本赤松 辽东赤松

Pinus densiflora Sieb. et Zucc.

乔木，高达 40m，胸径达 1.5m。下部树皮常灰褐色或黄褐色，龟纵裂，上部树皮红褐色或黄褐色，成不规则鳞片脱落。一年生枝淡黄褐色，被白粉，无毛。冬芽暗红褐色，微具树脂；芽鳞线状披针形，先端微反卷，边缘具淡黄色丝。叶 2 针一束，长 5-12cm，径约 1mm，两面均有气孔线，边缘有细锯齿，横切面半圆形，树脂道边生 4-8，稀中生。球花单性，雌雄同株。一年生小球果种鳞先端有短刺，卵球形，淡褐紫色或褐黄色，直立或稍倾斜；球果成熟时暗黄褐色或褐灰色；种鳞张开，脱落或宿存树上 2-3 年，卵形或卵状圆锥形，长 2.5-5.5cm，径 2-4.5cm，有短梗，斜下垂，种鳞较薄，鳞盾扁菱形或不规则扁五角形，通常平坦，横脊稍突起，纵脊不明显；鳞脐平或微隆起，具脱落短刺。种子长 4-7mm，连翅长 1.5-2cm，翅为种子长的 3-4 倍。花期 5 月，球果次年 9-10 月成熟。

生于裸露石质山坡、山脊，海拔 800m 以下。

产地：黑龙江省宁安、东宁、鸡西、鸡东、绥芬河、密山，吉林省安图、集安、蛟河、汪清、通化、长白、和龙、九台、敦化，辽宁省丹东、宽甸、凤城、岫岩、东港、桓仁、本溪、庄河、长海、大连、普兰店、西丰、清原、盖州、营口、新宾。

分布：中国（黑龙江、吉林、辽宁、山东、江苏），朝鲜半岛，日本，俄罗斯。

为常绿观赏树种。木材质轻、较坚韧，供建筑、造纸等用。树干可采松脂，提取松香及松节油。种子可榨油。松针可提取芳香油。

38 红松 果松

Pinus koraiensis Sieb.

常绿大乔木，高达 50m，胸径达 1m 以上。树干通直圆满，幼树树皮灰褐色，近光滑，大树树皮带红褐色，鳞块状不规则开裂，落痕红褐色。枝有长短枝之分，轮生，近平展，树干上部常分叉；当年生枝密被绣黄色或红褐色毛；二、三年生枝暗灰紫色。冬芽明显，淡红褐色；芽鳞多数，覆瓦状排列。针叶 5 针一束，着生于不发育的短枝顶端，长 5-12cm，径 1.5-1.8mm，深绿色，边缘具明显细锯齿，两腹面各具 6-8 蓝灰色气孔线，背面通常无；横切面近三角形或扇状三角形，皮下细胞单层，中生树脂道 3，稀 5-6，位于 3 个角部；叶鞘早落。球花单性，雌雄同株。球果卵圆形或柱状长卵圆形，长 8-15cm，径 6-8cm，梗长 1-1.5cm，成熟后种鳞不开裂或微张开，种子不脱落；种鳞菱形，先端微向外反曲；鳞盾黄褐色或微带灰绿色；鳞脐不明显，顶生，无刺尖。种子大，无翅，倒卵状三角形，长 1.2-1.6cm，径 7-10mm；子叶 13-16。花期 6 月，球果次年 9-10 月成熟。

生于温寒多雨、相对湿度较高、排水良好的土壤上，海拔 1400m 以下。

产地：黑龙江省伊春、饶河、汤原，吉林省临江、抚松、长白、安图、敦化、九台，辽宁省宽甸、凤城、丹东、桓仁、本溪、新宾、鞍山。

分布：中国（黑龙江、吉林、辽宁），朝鲜半岛，日本，俄罗斯。

为重要造林树种和园林绿化树种。木材耐腐、不变形，可作建筑、家具、纤维和铸造木型等材料。木材及树根可提取松节油。树皮可提制栲胶。种子可食或榨油食用。花粉可作营养保健品。

39 偃松 爬地松

Pinus pumila (Pall.) Regel

常绿灌木，高 3-6m，径达 15cm。树干通常伏卧状，全干可蜿蜒长达 10m 或更长，基部多分枝，生于山顶则近直立丛生状，树皮灰褐色，裂成片状脱落。当年生枝褐色，密被柔毛；二、三年生枝暗红褐色。冬芽圆锥状卵圆形，红褐色，先端尖，微被树脂。叶 5 针一束，长 4-6（-8）cm，径约 1mm，表面无气孔线，背面每侧有灰白色气孔线 3-6，边缘锯齿不明显或近全缘，中心有 1 维管束，边生树脂道 2，位于近背面；叶鞘早落。球花单性，雌雄同株。球果圆锥状卵圆形或卵形，长 3-6cm，径 2.5-3.5cm，直立，成熟时淡紫褐色或红褐色，成熟后种鳞不张开或微张开，种子不脱落；种鳞近广菱形或斜方状广倒卵形；鳞盾广三角形，上部圆，背部厚隆起，边缘微向外反曲，下部底边近截形；鳞脐明显，紫黑色，顶生，先端具突尖，微反曲。种子三角状倒卵圆形，微扁，无翅，长 7-10mm，径 5-7mm，周边微棱脊，暗褐色。花期 6-7 月，球果次年 9 月成熟。

生于低海拔处为灌木状，高海拔山顶处则伏卧地面匍匐生长，海拔 1000-2000m。

产地：黑龙江省呼玛、尚志、海林、伊春、黑河，吉林省抚松、长白、临江、安图，内蒙古额尔古纳、根河、牙克石、鄂伦春旗、阿尔山、科尔沁右翼前旗。

分布：中国（黑龙江、吉林、内蒙古），朝鲜半岛，日本，俄罗斯。

可作庭园或盆栽观赏树种。对水土保持有积极作用。木材可作家具或薪炭材。木材及根可提取松节油。种子富含油脂，食用或作工业用油。顶芽可入药治肺病。

40 长白松 美人松 长白赤松

Pinus sylvestriformis (Taken.) T. Wang et Cheng

常绿大乔木，高达30m，胸径30-70cm。树干通直圆满，下部树皮暗褐色，粗糙，龟裂，中上部树皮金黄色或棕黄色，鳞状薄片开裂剥落。当年生枝淡褐色或黄色，稀有白粉；二、三年生枝灰褐色。冬芽红褐色，微具树脂。叶2针一束，长5-8cm，径1-1.5mm，较粗硬；横切面半圆形，维管束2，相互间距较大，树脂道边生5-9；叶鞘宿存。球花单性，雌雄同株。当年生小球果近球形，具短梗，下垂；次年成熟球果卵状圆锥形，长4-6cm，径3-4.5cm；种鳞张开，长圆状卵圆形或长卵圆形，背部深紫褐色；鳞盾黄褐色或灰褐色，扁菱形或不规则五角形，隆起，球果基部鳞盾隆起向后反曲，横脊明显，纵脊不明显或稍明显；鳞脐瘤状突起，具易脱落短刺。种子长卵圆形或三角状卵圆形，长4-5mm，宽2-3mm，褐色；种翅宽约7mm，淡褐色或黄褐色，有关节，有少数褐色条纹。花期5-6月，球果次年8月成熟。

生于低海拔处及山坡林中，海拔700-1600m。

产地：吉林省安图。

分布：中国（吉林）。

用作行道树或园林观赏。

41 油松

Pinus tabulaeformis Carr.

常绿大乔木，高达 30m，胸径达 1m。树皮下部灰褐色，裂成不规则较厚的鳞块，裂缝，上部树皮红褐色。当年生枝粗壮，黄褐色，无毛，幼时微被白粉。冬芽长圆柱形，顶端尖，微具树脂；芽鳞红褐色。叶 2 针一束，长 10-15cm，稀 20cm，径 1.3-1.5mm，暗绿色，较粗硬，不扭曲，边缘有细齿，两面均有气孔线；横切面半圆形，树脂道边生 3-8，稀 11，多数位于背面，腹面 1-2，角部和背部偶有中生；叶鞘初呈淡褐色，后为淡黑褐色，宿存，有环纹。球花单性，雌雄同株。当年生小球果卵球形，绿色或黄绿色；次年球果卵形或卵圆形，长 4-7cm，有短梗，与枝近成直角，成熟后黄褐色，常宿存几年不落；中部种鳞近长圆状倒卵形，长 1.5-2cm，宽 1.2-1.6cm；鳞盾肥厚，有光泽，扁菱形或扁菱状多角形，横脊明显，近无纵脊；鳞脐明显，有刺尖。种子卵圆形或长卵圆形，连翅长 1.5-2cm，径 4-5mm；子叶 8-12。花期 4-5 月，球果次年 10 月成熟。

生于林中土层厚、排水良好处，海拔 1000m 以下。

产地：辽宁省大连、瓦房店、庄河、盖州、鞍山、本溪、新宾、清原、抚顺、开原、铁岭、沈阳、彰武、桓仁、凤城、丹东、建平、建昌、凌源、北镇、绥中，内蒙古克什克腾旗、宁城、翁牛特旗、喀喇沁旗。

分布：中国（辽宁、内蒙古、河北、山西、陕西、甘肃、青海、山东、河南、四川）。

木材材质较硬，耐腐力强，供建筑、造船、家具及木纤维工业等用材。树皮可提制栲胶。树干富含树脂，可提取松香和松节油。松节油、松针、松花粉等均可供药用。

42 西伯利亚刺柏

Juniperus sibirica Burgsd.

常绿匍匐或直立灌木，高30-100cm。树皮薄，暗灰紫褐色，纵条状不规则浅裂。小枝密，粗壮，径约2mm，当年生枝红褐色或紫褐色，二、三年生枝灰色。冬芽小，显著，红褐色。刺叶3叶轮生，斜伸，稍呈镰状弯曲，披针形或椭圆状披针形，长5-10mm，宽1-1.5mm，先端急尖或锐尖头，表面稍凹，中间有1粉白色气孔带，背面凸，具棱脊，质薄；横切面近扁平。球花单性，雌雄异株。果实浆果状圆球形或近球形，径5-7mm，熟时黑褐色，被白粉；种鳞3，合生，肉质；苞鳞与种鳞合生，仅顶端尖头分离，成熟时顶端微张开，通常有种子3粒，间或1-2粒。种子卵圆形，无翅，长约5mm，褐色，坚硬，顶端尖，有棱角，基部有树脂槽。花期5-6月，球果次年10月成熟。

生于高海拔碎石块山顶及亚高山矮曲林中，海拔1000-2200m（长白山）。

产地：黑龙江省尚志、海林、塔河、呼玛、黑河，吉林省抚松、长白、安图，内蒙古根河、额尔古纳、牙克石、阿尔山、鄂伦春旗。

分布：中国（黑龙江、吉林、内蒙古、新疆、西藏），朝鲜半岛，日本，蒙古，俄罗斯，阿富汗；中亚，欧洲。

为高山水土保持树种，也可作观赏树种及做成盆景供观赏。

43 侧柏 香柏 扁柏

Platycladus orientalis (L.) Franco

常绿乔木，高达20m，胸径可达1m，有时为灌木状。树皮暗灰褐色，纵裂，成薄片剥离。生鳞叶的小枝细，绿色，向下直展或斜展，扁平，排成一平面，两面同形，均为绿色，二年生枝绿褐色，微扁，渐变为红褐色，并呈圆柱形。冬芽极小，不明显，与小枝同色。叶鳞形，交叉对生，长1-3mm，先端微钝，小枝中央叶露出部分呈三角形，背面中央有条状腺槽，侧叶船形，先端微内曲，背部有钝脊，尖头的下方有腺点。球花单性，雌雄同株，生于小枝顶端。球果近卵圆形，长1-2cm；种鳞4对，成熟前近肉质，蓝绿色，被白粉，成熟后木质化，开裂，红褐色，顶部一对种鳞狭长，近柱状，顶端有向上的尖头，中间两对种鳞卵形、椭圆形至长圆形，顶端下方有一外曲的小尖头，各有种子1-2粒，下部一对很小，长约2mm，稀退化而不显著。种子长卵形或近椭圆形，长6-8mm，顶端稍尖，基部圆形，灰褐色至紫褐色，稍有3棱，无翅或有极窄翅；子叶2，发芽时出土。花期4月，球果10月成熟。

生于向阳山坡。

产地：辽宁省北镇、朝阳、喀左。

分布：中国（辽宁、河北、山西、陕西、甘肃、山东、江苏、浙江、福建、河南、湖北、湖南、四川、贵州、云南）。

为水土保持树种，也可作园林绿化树种。木材极耐腐，可作建筑和家具等用材。叶、枝和种子均能入药，有收敛止血、利尿健胃、解毒散瘀及安神滋补之功效。

44 兴安圆柏 兴安桧

Sabina davurica (Pall.) Antoine

匍匐灌木，多分枝，密生。树皮暗紫褐色至暗灰褐色，薄片状剥落。当年生枝绿色，老枝红褐色。芽极小，不明显。叶二型，幼树几乎全为刺叶，老树枝条上鳞叶和刺叶兼有；刺叶交互对生，斜展，狭披针形或线状披针形，长3-6mm，先端渐尖，稀急尖，表面凹下，有宽白色气孔带，背面拱形，有钝脊，近基部处有腺体；鳞叶交互对生，排列紧密，菱状卵形，长1-2mm，钝头，叶背中部有椭圆形微凹的腺体。雄球花生于幼枝顶端，卵圆形，长4-5mm，雄蕊6-8对；雌球花着生于小枝顶端。球果常呈不规则球形，长4-6mm，径6-8mm，顶端平截或叉状，熟时紫蓝色，被白粉。种子1-4粒，扁卵形，有3条棱脊，长3-4mm，宽1-3mm，黄褐色或淡红褐色。花期6月，球果9-10月成熟。

生于向阳石质山坡、亚高山带矮曲林中，海拔约2000m（长白山）。

产地：黑龙江省塔河、呼玛、孙吴、五大连池、伊春、密山，吉林省集安、通化、长白、安图、汪清、龙井，内蒙古额尔古纳、根河、鄂伦春旗、牙克石、科尔沁右翼前旗、克什克腾旗。

分布：中国（黑龙江、吉林、内蒙古），朝鲜半岛，蒙古，俄罗斯。

为山地水土保持树种，也可栽培作庭园观赏树种。

被子植物门

ANGIOSPERMAE

45 胡桃楸 核桃楸 山核桃

Juglans mandshurica Maxim.

落叶大乔木，高达20m，胸径达60cm以上。树皮灰色或暗灰色，浅纵裂。枝条粗壮，扩展，灰色，髓心薄片状，黑褐色，小枝被短茸毛。顶芽大，被黄褐色毛，腋芽较小，常叠生。奇数羽状复叶，叶长40-60cm，生于萌发枝上的长达80cm；小叶9-23，对生，纸质，椭圆形或卵状椭圆形，长6-16（-25）cm，宽2-7cm，先端尖至渐尖，基部心形至近圆形或楔形，边缘有细锯齿，表面暗绿色，初被短柔毛，后除中脉外无毛，背面色淡，密被短伏毛和星状毛，侧脉12-20对；小叶无柄，复叶柄长9-14cm，基部膨大，与叶轴同被星状毛和短柔毛；叶痕似猴脸形。花单性，雌雄同株；雄柔荑花序腋生，长10-30cm，下垂，先叶开放，具短梗，苞片顶端钝，小苞片2，花被片3-4，绿色，雄蕊12-14，稀更多，花药长约1mm，黄色；雌穗状花序顶生，直立，有花4-10，与叶同时开放，花序轴被短柔毛，花被片4，披针形或线状披针形，被绒毛及腺毛，柱头红色。核果卵球形或长卵球形，长4-7cm，径3-4cm，顶端尖，外果皮绿色，密被带褐色腺毛；果壳长3-5cm，表面有纵棱8，其中2条较显著，各棱间有不规则的深刻沟，不易开裂，顶端尖，内果皮壁内具多数不规则空隙，隔膜内亦具2空隙。花期5-6月，果期8-9月。

生于山坡阔叶林中，海拔800m以下。

产地：黑龙江省哈尔滨、宁安，吉林省安图、抚松、桦甸，辽宁省西丰、抚顺、本溪、辽阳、新宾、清原、开原、铁岭、鞍山、凤城、宽甸、桓仁、丹东、庄河、岫岩、北镇、绥中、建昌、凌源、大连，内蒙古科尔沁左翼后旗、喀喇沁旗、宁城。

分布：中国（黑龙江、吉林、辽宁、内蒙古、河北、山西、山东、河南），朝鲜半岛，俄罗斯。

木材材质优良，是建筑、家具、机械、军工等重要用材。种仁富含油脂，营养丰富，可食用。枝、叶、皮可制农用驱虫剂。树皮和果实外果皮入药，可治肝病等症。

46 枫杨

Pterocarya stenoptera DC.

落叶大乔木，高达 20-30m，胸径达 1m 以上。树皮幼时灰褐色，平滑，老时暗灰色，深纵裂。小枝圆柱形，灰褐色，髓心薄片状，疏毛或近光滑，具灰黄色皮孔。芽长卵形，裸露，具短柄，密被锈褐色腺体。偶数羽状复叶（顶端小叶不发育），稀为奇数羽状复叶，长 7-16cm，稀更长；小叶 8（-11）-18（-25），对生，纸质，长椭圆形或椭圆状披针形，长 5-10cm，宽 1.5-3cm，先端稍钝或稍尖，基部歪斜，边缘有细锯齿，表面暗绿色，被小瘤状突起，沿中脉及侧脉被星状毛，背面色淡，沿脉被短柔毛，侧脉 12-14 对，脉腋被簇毛；小叶柄长 1-2mm，复叶柄长 2-4cm，叶轴具狭翅或近无翅。花单性，雌雄同株；雄柔荑花序 3-5，生于二年生枝叶腋，长 5-10cm，被银白色丝状长毛，花被片 13，仅发育 2-3，雄蕊 5-10（-12）；雌柔荑花序顶生，长 10-15cm，被银白色丝状长毛，雌花无梗，单生，左右各具 1 小苞片，后发育成果翅，花被片 4。果序长达 40cm，下垂，果序轴常宿存毛；小坚果球状椭圆形，长 6-7mm，宽 4-5mm；果翅长圆形或线状长圆形，长 10-20mm，宽 4-6mm，具平行脉。花期 4-5 月，果期 6-9 月。

生于河边。

产地：辽宁省大连、庄河、普兰店、丹东、东港、岫岩、宽甸、本溪、沈阳、盖州。

分布：中国（辽宁、河北、山西、山东、河南、江西、湖南、湖北、陕西、安徽、江苏、浙江、福建、广东、广西、四川、贵州、云南、台湾），朝鲜半岛。

常栽植作庭园树或行道树。枝、干、皮纤维含量高。树皮和根皮可提制栲胶。果实可作饲料，种子可榨油。植株各部位均可入药，但枝、叶有小毒，树皮有大毒，使用需注意。

47 山杨

Populus davidiana Dode

落叶乔木，高达25m，胸径60cm。树皮光滑，灰绿色或灰白色，老树基部粗糙，黑色。小枝向上斜生，光滑，灰褐色；萌枝被柔毛。芽卵形，叶芽先端尖，无毛，花芽先端钝，微有黏质。单叶互生，三角状卵形或近圆形，长宽近相等，长3-6cm，先端钝尖或短渐尖，基部圆形、截形或浅心形，边缘有浅波状齿；萌枝叶大，三角状卵形，背面被柔毛；叶柄侧扁，长2-6cm。花单性，雌雄异株，先叶开放，花序轴被毛；苞片掌状裂，密被缘毛；花盘浅杯状；雄花雄蕊5-12，花药紫红色；雌花子房圆锥形，柱头2，带红色。蒴果卵状圆锥形，长5mm，2瓣裂，有短梗。花期4-5月，果期5-6月。

生于山坡杨桦林中，海拔1400m以下。

产地：黑龙江省呼玛、五大连池、哈尔滨、尚志、伊春、饶河、萝北、黑河，吉林省蛟河、桦甸、安图、长春、抚松、和龙、临江，辽宁省西丰、庄河、凤城、盖州、鞍山、清原、桓仁、沈阳，内蒙古牙克石、海拉尔、根河、科尔沁右翼前旗、扎兰屯、扎鲁特旗、额尔古纳。

分布：中国（黑龙江、吉林、辽宁、内蒙古、河北、北京、山西、陕西、甘肃、宁夏、青海、新疆、山东、江苏、河南、安徽、湖北、湖南、四川、贵州、云南、西藏），朝鲜半岛，日本，俄罗斯。

为绿化造林及观赏树种。木材可造纸，制造家具及用具。

48 香杨

Populus koreana Rehd.

落叶乔木，高达 30m，胸径 1-1.5m。树皮幼时灰绿色，老时暗灰色，具深沟裂。小枝粗壮，圆柱形，带黄褐色，无毛，初有黏性，有香气。芽大，长卵形或长圆锥形，先端渐尖，栗色或淡红褐色，有黏性及香气。单叶互生；萌枝叶及长枝叶卵状椭圆形或倒卵状披针形，叶柄短；短枝叶倒卵状长圆形或椭圆状披针形，长 4-12cm，宽 3-5cm，先端尖或钝，不扭曲，基部圆形或广楔形，边缘具腺状圆锯齿，表面有皱纹，背面带白色或稍呈粉红色，两面均无毛，叶柄无毛，长 2-3cm。花单性，雌雄异株，先叶开放；雄花序下垂，长 3.5-5cm，雄花苞片近圆形或肾形，雄蕊 10-30，花药暗紫色；雌花序长 3.5cm，直立，雌花无柄，子房卵状圆锥形，生于杯状花盘内，柱头 2 裂。果序长 10-15cm；蒴果卵形，4 瓣裂。花期 4-5 月，果期 5-6 月。

生于山坡林下、溪流旁，海拔 1750m 以下。

产地：黑龙江省哈尔滨、尚志、伊春、黑河、海林，吉林省柳河、梅河口、辉南、集安、靖宇、长白、安图、磐石、抚松、和龙、临江、通化、珲春、汪清，辽宁省桓仁、宽甸，内蒙古额尔古纳。

分布：中国（黑龙江、吉林、辽宁、内蒙古、河北），朝鲜半岛，日本，俄罗斯。

为绿化观赏树种。木材轻软，可用于制作家具、用具、胶合板、造纸等。

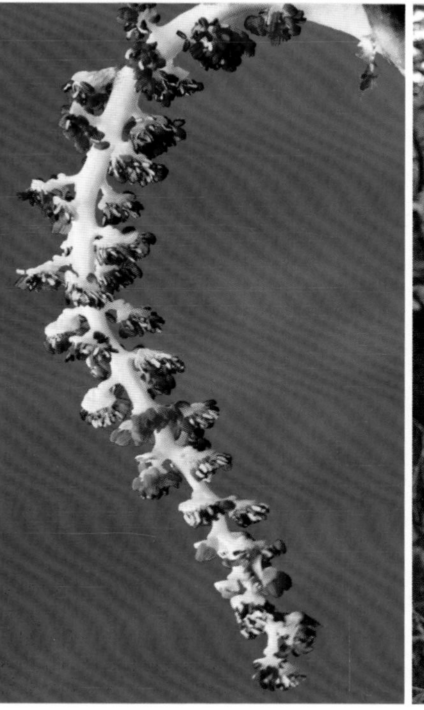

49 大青杨

Populus ussuriensis Kom.

落叶乔木，高达 30m，胸径 1-2m。树皮幼时灰绿色，较光滑，老时暗灰色，纵沟裂。幼枝灰绿色，被短柔毛，有棱，横断面近方形。芽圆锥形，先端渐尖，有黏质。单叶互生，椭圆形、广椭圆形至近圆形，长 5-12cm，宽 3-7（-9）cm，先端短突尖，常扭曲，基部楔形、圆形或微心形，边缘具圆齿，密生缘毛，表面绿色，背面带白色，两面沿脉被毛；叶柄长 1-3cm，密被白色长毛；萌枝及长枝叶较大，叶面及叶柄被疏毛。花单性，雌雄异株，先叶开放；花序长 8-12cm，花序轴密被毛；苞片倒卵形，先端细丝裂，被白色长毛；雄花雄蕊 20-30；雌花子房圆锥形，生于杯状花盘内，柱头 3 裂，每裂又 3 裂。蒴果卵形，长 6-7mm，无毛，近无柄，3-4 瓣裂。花期 4-5 月，果期 5-6 月。

生于林中、沟谷及溪流边，海拔 1000m 以下。

产地：黑龙江省哈尔滨、尚志、伊春、饶河、黑河、五大连池，吉林省安图、临江、抚松、汪清、和龙、集安，辽宁省本溪、凤城、桓仁、盖州，内蒙古牙克石、扎兰屯。

分布：中国（黑龙江、吉林、辽宁、内蒙古），朝鲜半岛，俄罗斯。

为东部山地森林更新主要树种之一。木材轻软，耐朽力强，可供建筑、船只、造纸、火柴杆等用。

50 旱柳

Salix matsudana Koidz.

落叶乔木，高达 18m，胸径达 80cm。树皮暗灰黑色，纵沟裂。大枝斜上；小枝细长，直立或斜展，浅褐黄色或带绿色，后褐色，无毛，幼枝有毛。芽先端锐尖，被短柔毛。单叶互生，披针形，长 5-10cm，宽 1-1.5cm，先端长渐尖，基部狭圆形或圆楔形，边缘有细腺锯齿，表面绿色，无毛，有光泽，背面苍白色；叶柄短，被柔毛；托叶披针形或缺。花单性，雌雄异株，与叶同时开放；苞片卵形，黄绿色，先端钝，基部多少被短毛；花序轴被长毛；雄花序圆柱形，长 1.5-2.5cm，径 6-8mm，雄花雄蕊 2，花丝离生，基部有毛，花药黄色，有背、腹腺各 1；雌花序长 2cm，径 4mm，基部有小叶 3-4，花序梗短，雌花子房近无柄，长椭圆形，无毛，花柱 1mm，柱头卵形，2-4 裂，有背、腹腺各 1。果序长达 3cm；蒴果卵形，长 3mm，宽 1.5mm，先端渐尖，2 瓣裂。花期 4 月，果期 4（-5）月。

生于水边、河滩地、沟旁及路旁，海拔 700m 以下。

产地：黑龙江省哈尔滨、尚志、杜尔伯特、泰来、萝北、孙吴、嘉荫，吉林省双辽、桦甸、汪清、敦化，辽宁省抚顺、大连、丹东、沈阳、盖州、鞍山、西丰、清原、宽甸、桓仁、凤城、本溪，内蒙古扎兰屯。

分布：中国（黑龙江、吉林、辽宁、内蒙古、河北、山西、陕西、甘肃、宁夏、青海、新疆、山东、江苏、安徽、浙江、河南、湖北、江西、广东、广西、四川、云南），朝鲜半岛，日本。

为早春蜜源树种。亦可作固沙保土、四旁绿化及薪炭树种。木材轻软，可作建筑、器具、造纸、人造棉、火药等用材。细枝可编筐。

51 五蕊柳

Salix pentandra L.

落叶灌木或小乔木，高 1-5m。树皮灰色或灰褐色，一年生枝褐绿色、灰绿色或灰棕色，无毛，有光泽。芽卵形、披针形或长圆状披针形，发黏，有光泽。叶互生，革质，广披针形、卵状长圆形或椭圆状披针形，长 3-13cm，宽 2-4cm，先端渐尖，基部钝或楔形，边缘腺锯齿，表面深绿色，有光泽，背面色淡，无毛；叶柄长 0.2-1.4cm，无毛，先端有腺点；托叶长圆形或广卵形，或脱落。花单性，雌雄异株；雄花序长 2-4(-7)cm，径 1cm，密花，雄花苞片绿色，披针形或长圆形，长 2.5mm，先端钝，有背、腹腺各 1，腹腺较小，2-3 裂，雄蕊（5-）6-9（-12），花丝离生，不等长，至中部被毛；雌花序长 2-6cm，苞片花后脱落，腺腺 1，2 裂或 2 全裂；子房近无柄，卵状圆锥形，无毛，花柱明显，柱头 2 裂。蒴果卵状圆锥形，长达 9mm，无毛，有光泽。花期 6 月，果期 8-9 月。

生于溪流旁、山涧边，海拔 1600m 以下。

产地：黑龙江省黑河、呼玛、伊春、萝北、嘉荫、集贤、汤原、饶河、绥芬河，吉林省安图、和龙、长白，内蒙古牙克石、海拉尔、根河、科尔沁右翼前旗、克什克腾旗、巴林右旗、喀喇沁旗、额尔古纳、鄂伦春旗、阿尔山。

分布：中国（黑龙江、吉林、内蒙古、河北、新疆），朝鲜半岛，蒙古，俄罗斯；欧洲。

因开花期较晚，为晚期蜜源树种。木材可制小农具，或作柴薪用。树皮及叶含鞣质，可提制栲胶。

52 大黄柳

Salix raddeana Laksch.

落叶灌木或乔木，高 0.5-7m。树皮暗褐色，纵沟裂。当年生枝被灰色长柔毛，后渐无毛，二、三年生枝暗红色或红褐色。芽广卵形，长 8mm，宽 4mm，暗褐色，先端急尖或锐尖。叶互生，革质，倒卵状圆形、近圆形或椭圆形，长 3.5-12cm，宽 3-6cm，先端短渐尖，基部楔形或近圆形，全缘或边缘具不整齐的圆齿，表面暗绿色，有明显皱纹，密被灰色绒毛；叶柄长 1-1.5cm，密被短毛。花单性，雌雄异株，先叶开放；苞片卵状椭圆形，近黑色或上部黑色，两面密被长柔毛，有腹腺 1；雄花无梗，花序轴被毛，雄花雄蕊 2，花丝离生，纤细，无毛或基部疏被毛，花药黄色；雌花序有短梗，子房长圆锥形，被毛，子房柄长 2-2.5mm，花柱长 1mm，柱头 4 裂，稀 2 裂。果序长达 7-8cm，径达 2cm，有短梗；蒴果长达 1cm，2 瓣裂。花期 4 月中旬，果期 5 月上旬、中旬。

生于山坡林中，海拔 1900m 以下。

产地：黑龙江省哈尔滨、汤原、饶河、尚志、虎林、伊春、萝北、海林、呼玛、嘉荫，吉林省敦化、临江、抚松、安图、蛟河、桦甸、汪清、珲春、和龙、长白、柳河、集安，辽宁省盖州、本溪、凤城、鞍山、岫岩、北镇、桓仁、彰武、抚顺、沈阳、海城、北票，内蒙古额尔古纳、牙克石、科尔沁右翼前旗、鄂伦春旗、喀喇沁旗、根河、阿尔山、巴林右旗。

分布：中国（黑龙江、吉林、辽宁、内蒙古），朝鲜半岛，俄罗斯。

为早春蜜源植物。树皮可提制栲胶。

53 蒿柳

Salix schwerinii Wolf

灌木或小乔木，高达10m。树皮灰绿色。枝无毛或被极短的短柔毛，幼枝被灰色短柔毛或无毛。芽卵状长圆形，紧贴枝上，带黄色或微赤褐色，被毛。叶互生，线状披针形，长15-20cm，宽0.5-1.5（-2）cm，中部以下最宽，先端渐尖或急尖，基部狭楔形，全缘或微波状，反卷，表面暗绿色，无毛或稍被短柔毛，背面密被丝状毛，有银色光泽；叶柄长0.5-1.2cm，被丝状毛；托叶较柄短，狭披针形或镰刀形，先端长渐尖，边缘有齿。花单性，雌雄异株，先叶开放或与叶同时开放；苞片浅褐色，先端黑色，两面疏被柔毛，有腹腺1，雄花序长圆状卵形，长2-3cm，宽1.5cm，雄花雄蕊2，花丝离生，稀基部合生，花药黄色；雌花序圆柱形，长3-4cm，雌花子房卵形或卵状圆锥形，近无柄，被丝状毛，花柱长达2mm，柱头2裂或近全缘。果序长达6cm；蒴果长圆形，长4mm，宽1.5mm，被灰色短柔毛。花期4-5月，果期5-6月。

生于山坡灌丛、溪流旁，海拔1400m以下。

产地：黑龙江省哈尔滨、富锦、五大连池、方正、虎林、饶河、尚志、伊春、黑河、密山、萝北、宝清、呼玛，吉林省安图、抚松、长白、蛟河、双辽、扶余、珲春、通化、集安、敦化、临江、桦甸，辽宁省西丰、桓仁、新宾、沈阳、抚顺、鞍山、海城、盖州、普兰店、大连、本溪、宽甸、凤城、丹东、东港、岫岩、庄河，内蒙古根河、额尔古纳、扎鲁特旗、扎兰屯、海拉尔、牙克石、克什克腾旗、喀喇沁旗、阿尔山、巴林右旗、宁城、科尔沁右翼前旗、鄂伦春旗。

分布：中国（黑龙江、吉林、辽宁、内蒙古、河北），朝鲜半岛，日本，蒙古，俄罗斯。

为早春蜜源植物，可栽植于庭院供绿化观赏。可作薪炭材。枝条可供编筐。

54 谷柳

Salix taraikensis Kimura

灌木或小乔木，高 3-5m。树皮暗褐色；小枝无毛，栗褐色。芽卵圆形，黄褐色，无毛。叶互生，椭圆状卵形或椭圆状倒卵形，长 6-10cm，宽 4-5cm，先端急尖或钝，基部圆形或广楔形，全缘；萌枝叶或小枝上部叶有齿，表面绿色，背面苍白色，两面无毛或幼叶稍被短毛；叶柄长 5-7mm，无毛；托叶肾形或扁卵形，边缘具齿。花单性，雌雄异株，与叶同时开放或稍先于叶开放；花序有短梗，基部具数小叶，花序轴疏被长毛；苞片椭圆状倒卵形，先端褐色或近黑色，具腹腺 1；雄花雄蕊 2，花丝离生，无毛；雌花子房狭圆锥形，被毛，子房柄长 2mm，花柱短，柱头 2 裂。蒴果长圆锥形，长 7mm，被毛，2 瓣裂。花期 4 月下旬，果期 5 月至 6 月上旬。

生于山坡路旁，海拔 1700m 以下。

产地：黑龙江省哈尔滨、尚志、伊春、穆棱、萝北、塔河、黑河、宝清、宁安、呼玛、嫩江，吉林省临江、抚松、敦化、安图、蛟河、桦甸、汪清、和龙、靖宇，辽宁省清原、宽甸、凤城、东港、丹东、本溪、抚顺、沈阳、铁岭、北镇、北票、凌源、鞍山、盖州、西丰、桓仁，内蒙古额尔古纳、根河、牙克石、海拉尔、霍林郭勒、扎鲁特旗、通辽、科尔沁右翼前旗、扎兰屯、克什克腾旗、宁城、阿尔山。

分布：中国（黑龙江、吉林、辽宁、内蒙古、新疆），朝鲜半岛，日本，俄罗斯。

为早春蜜源植物，可栽植于庭院供绿化观赏。可作薪炭材。

55 日本赤杨

Alnus japonica (Thunb.) Steud.

乔木，高达 20m，通常高 6-10m。树皮暗灰褐色，平滑，稍粗糙。枝暗灰色或灰褐色，微具纵棱，有明显皮孔，小枝淡灰绿色，常带赤色，无毛或稍被柔毛，有时具腺点。芽长椭圆形，赤褐色，有黏质，有光泽，具短柄或近无柄。叶较薄，椭圆形至椭圆状披针形，长 5-12(-15)cm，基部楔形或广楔形，稀圆形，先端渐尖，边缘尖锯齿，表面暗绿色，稍具光泽，嫩时稍有毛或有腺，背面淡绿色，有或无毛，脉腋常被长毛，有时有腺，侧脉 7-11 对；叶柄长（1-）1.5-3（-4）cm，嫩时稍被短毛或有腺。花单性，雌雄同株，花先于叶开放；雄花序 2-5，近总状排列，下垂；雌花序长椭圆状，2-8，近总状排列。果穗卵形或广椭圆形，长 1-2cm，穗梗较粗壮，长约 1cm，嫩时有黏质；小坚果长椭圆形，扁薄，有狭翅，翅宽约为果宽的 1/4。

生于河边、溪流旁，海拔 500m 以下。

产地：吉林省珲春，辽宁省岫岩、丹东、瓦房店、大连、营口、庄河、普兰店、盖州。

分布：中国（吉林、辽宁、河北、山东、安徽、江苏），朝鲜半岛，日本，俄罗斯。

可用作低湿地、堤坝等处的造林树种，又为蜜源植物。木材供箱板及一般用材。

56 水冬瓜赤杨　水冬瓜　辽东桤木

Alnus sibirica Fisch. et Turcz.

落叶乔木，高 5-15（-20）m。树皮灰褐色或黑褐色，光滑或浅纵裂。枝暗灰色，具条棱，无毛，小枝粗壮，褐色或淡紫褐色，具条棱，密被短柔毛，稀无毛。芽有柄，卵形或长卵形，暗褐色或带紫色，稍有光泽，有黏质；芽鳞 2，疏被长毛。单叶互生，近圆形，长 3.5-11cm，宽 3-10cm，先端钝，基部圆形或广楔形，边缘具波状缺刻，缺刻间具不规则粗锯齿，侧脉 5-10 对；叶柄长 1.5-5.5cm；两面初被长毛，后渐脱落，近无毛。花单性，雌雄同株；雄花序 2-5，集生于枝端，雄花花被片 4，雄蕊 4；雌花序 2-9，集生于枝端，成圆锥花序，雌花无花被片，子房广卵形，花柱极短，柱头 2。果序 2-9，排列成总状或圆锥状，近无梗，椭圆形或近球形。花期 4-5 月，果期 8-10 月。

生于河边湿地、林中湿地，海拔 1400m 以下。

产地：黑龙江省勃利、宁安、饶河、呼玛、尚志、伊春，吉林省安图、抚松、长春、和龙、九台，辽宁省普兰店、庄河，内蒙古额尔古纳、根河、鄂伦春旗、鄂温克旗、牙克石。

分布：中国（黑龙江、吉林、辽宁、内蒙古、山东），朝鲜半岛，日本，俄罗斯。

材质较坚实，可作建筑、家具、农具等用材。

57 坚桦

Betula chinensis Maxim.

小乔木或呈灌木状，高 1-6m。树皮暗灰色或黑灰色，较粗糙，不剥裂。嫩枝密被淡灰色长毛，老枝暗灰色，果枝赤褐色，无毛。芽近卵形，淡赤褐色，长约 0.5cm，被疏或密长毛。叶片卵形或广卵形，长 1.5-5（-6）cm，宽 1-3.5（-5）cm，基部圆形或广楔形，先端急尖或钝头，表面深绿色，沿中脉稍被短毛，嫩时密被毛，背面淡绿色带苍白色，沿脉有长柔毛，侧脉 6-8（-10）对，边缘有重锯齿；叶柄较短，长 2-6（-8）mm，被长毛。花序梗甚短，近无梗。果穗卵形，直立。果苞下部楔形，上部 3 裂，具缘毛，中裂片披针形或卵状披针形，伸长，两侧裂片三角形或长卵形，斜上伸展，长为中裂片 1/3-1/2；小坚果倒卵圆形，果近无翅，先端被柔毛，顶端具宿存花柱。花期 5-6 月，果期 9-10 月。

生于山脊、干旱山坡或多石地，海拔 800m 以下。

产地：辽宁省清原、抚顺、新宾、本溪、桓仁、宽甸、鞍山、大连、盖州、凤城、岫岩、庄河、北票、朝阳、建平、凌源、建昌、丹东，内蒙古宁城、敖汉旗。

分布：中国（辽宁、内蒙古、河北、山西、陕西、甘肃、山东、河南），朝鲜半岛。

木材坚重、致密。心材赤褐色，边材淡黄白色，纹理通直，刨平后有光泽，可作车辆、器具、家具、农具、机械等用材。树皮可作染料。

58 风桦 硕桦 黄桦

Betula costata Trautv.

落叶乔木，高达 30m，胸径 1.5m。树皮黄褐色，纸状剥裂。枝红褐色，无毛，具多数白色皮孔，小枝绿褐色，被毛。芽狭卵形，长 5-8mm，先端尖，无毛，有黏质。单叶互生，卵形或长卵形，长 2.5-7cm，宽 1.5-4cm，先端长渐尖，稍呈尾状，基部圆形、截形或近心形，边缘具细尖重锯齿，表面无毛或稍被微毛，背面沿脉被长毛，脉腋簇生毛，侧脉 9-16 对；叶柄长 0.8-1.5cm。花单性，雌雄同株；雄花序生于枝端，直立；雌花序单生于叶腋，斜生；花序梗长不及 1cm。果序长椭圆形，长 1.5-2.5cm，直立或下垂；果苞 3 裂，中裂片长椭圆形，先端钝尖，侧裂片长为中裂片的 1/3，斜展，基部楔形，具缘毛；小坚果倒卵形，长 2.5mm，膜质，翅宽与果宽近相等。花期 5 月，果期 9 月。

生于山坡杂木林中，海拔 1400m 以下。

产地：黑龙江省伊春、饶河、海林、尚志，吉林省敦化、汪清、安图、抚松、临江、长白，辽宁省清原、新宾、抚顺、本溪、鞍山、桓仁、宽甸、凤城、岫岩，内蒙古宁城、喀喇沁旗。

分布：中国（黑龙江、吉林、辽宁、内蒙古、河北），朝鲜半岛，俄罗斯。

树形、树干、枝叶美观，可作庭院绿化树种。木材较松，干后易裂，用作板材或支柱用材。

59 黑桦 棘皮桦

Betula dayurica Pall.

落叶乔木，高 5-20m，胸径达 60cm。幼树树皮灰白色，光滑，老树暗灰褐色或黑褐色，龟裂，小块状剥裂。枝红褐色或暗褐色，无毛，皮孔多数，乳白色，小枝红褐色，密生腺点，无毛或被短毛。芽卵形，长 2-5mm，先端尖，边缘有缘毛。单叶互生，卵形、广卵形、菱状卵形或长圆形，长 2.5-7（-8）cm，宽 2-5cm，先端渐尖，基部广楔形或近圆形，边缘具不整齐尖锯齿，表面绿色，稍有光泽，无毛，背面具腺点，近无毛，沿脉及脉腋被毛，侧脉 6-8 对；叶柄长 0.5-1.2cm，被毛或无毛。花单性，雌雄同株；雄花序下垂；雌花序较轻，圆柱形，直立；花序梗长 0.5-1.2cm。果序单生于短枝上，圆柱形，长 2-2.5cm，宽 1cm，直立或下垂；果苞 3 裂，中裂片较长，长卵形，先端钝，侧裂片长为中裂片的 1/2，先端钝圆，平展；小坚果卵形，长 2.5mm，具狭翅。花期 5 月，果期 9 月。

生于低山向阳山坡、杂木林中，海拔 800m 以下。

产地：黑龙江省漠河、呼玛、五大连池、嫩江、伊春、饶河、密山、嘉荫、汤原、鸡西、绥芬河、宁安，吉林省安图、临江、汪清、九台、吉林，辽宁省清原、抚顺、新宾、本溪、桓仁、宽甸、凤城、岫岩、开原、北镇、义县、盖州，内蒙古鄂伦春旗、根河、额尔古纳、牙克石、扎兰屯、科尔沁右翼前旗、扎鲁特旗、翁牛特旗、巴林左旗、巴林右旗、林西、克什克腾旗、喀喇沁旗、宁城、阿尔山、阿荣旗、阿鲁科尔沁旗。

分布：中国（黑龙江、吉林、辽宁、内蒙古、河北、山西），朝鲜半岛，日本，蒙古，俄罗斯。

为蜜源植物。木材坚韧细致，可作建筑、车厢、家具、胶合板等用材。树皮含鞣质，可提制栲胶。种子可榨油。

60 岳桦

Betula ermanii Cham.

落叶乔木，高 10-20m，有时丛生状。树皮灰白色，纸状大片剥裂。小枝绿褐色，被长毛及腺点，二年生枝褐色，果枝带红色，无毛，皮孔多数，白色。芽倒卵形或椭圆形，长 5-8mm，密被灰白色绒毛，稀微被毛。单叶互生，质稍薄，广卵形、卵状椭圆形或卵形，长 2-7cm，宽 1.5-4.5cm，先端长渐尖，基部圆形或截形，边缘具不整齐锐尖重锯齿或微带浅裂，表面稍被毛，背面沿脉被长毛及腺点，侧脉 8-11 对；叶柄长 0.5-2cm，初密被毛，后渐脱落，疏被毛。花单性，雌雄同株；雄花序 2-4，生于上年生枝端，翌年春季，先叶开放，下垂，苞鳞多数，每苞鳞有雄花 2 朵，花被片 4，雄蕊 4；雌花序单生于叶腋，苞鳞多数，每苞鳞有雌花 1 朵，无花被片，子房广卵形，花柱 2；花序梗长 3-5mm。果序单生，椭圆形，长 1.5-3cm，径 0.8-1.5cm；果苞 3 裂，中裂片长，侧裂片斜上或平展，长为中裂片的 1/13，具缘毛；小坚果倒卵形，翅宽为果宽的 1/3-1/2。花期 5-6 月，果期 8-9 月。

生于林中、亚高山矮曲林带，海拔 1100-2100m。

产地：黑龙江省呼玛、伊春、海林、尚志，吉林省安图、长白、抚松、敦化、汪清，辽宁省新宾、本溪、桓仁、宽甸，内蒙古额尔古纳、根河、阿尔山、巴林右旗、牙克石、科尔沁右翼前旗。

分布：中国（黑龙江、吉林、辽宁、内蒙古），朝鲜半岛，日本，俄罗斯。

材质较坚硬，可供建筑、家具、枕木等用。

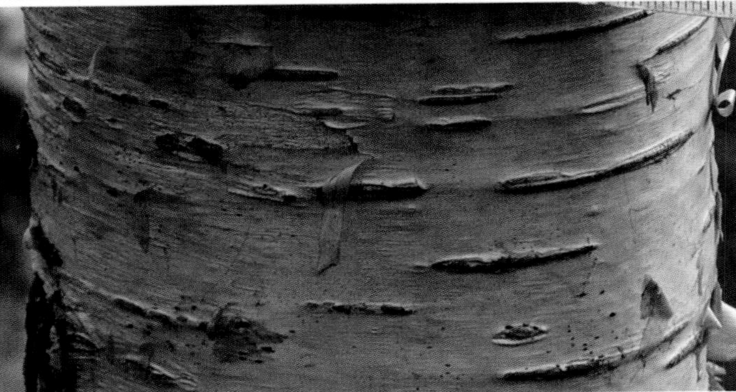

61 柴桦

Betula fruticosa Pall.

丛生灌木，高 0.5-2.5m。树皮灰褐色。小枝锈褐色，被短柔毛及腺点，老枝暗紫色，有时为黑色。芽卵圆形，长 2-3mm，先端锐尖，浅褐色，被毛。叶卵形或长卵形，质较薄，长 1.5-4.5cm，宽 1-3.5cm，先端锐尖，基部圆形，边缘有细钝锯齿，表面暗绿色，无毛，背面粉白色，无毛或脉微被毛，无腺点或稍有不明显腺点，叶脉 4-7 对；叶柄长 2-10mm，无毛或稀被毛。果序单生于短枝上，长圆形，长 1-2cm，宽 5-8mm，直立或倾斜；果序梗长 3-5mm；果苞 3 裂，中裂片长圆状披针形，侧裂片微开展或开展，长为中裂片的 1/2 或稍短；小坚果长圆形，翅宽为果宽的 1/3-1/2。花期 6 月，果熟期 8-9 月。

生于沼泽，海拔 1100m 以下。

产地：黑龙江省呼玛、黑河、伊春、五大连池、虎林、饶河、穆棱、萝北、鹤岗，吉林省安图、敦化，辽宁省本溪，内蒙古额尔古纳、根河、牙克石、扎兰屯、鄂伦春旗、科尔沁右翼前旗、阿尔山、克什克腾旗。

分布：中国（黑龙江、吉林、辽宁、内蒙古），朝鲜半岛，俄罗斯。

可作北方水湿地绿化树种。

62 白桦

Betula platyphylla Suk.

落叶乔木，高约20m，胸径50-80cm。树皮白色，具白粉，光滑，无光泽，通常不剥裂，人工将外层皮剥去，内层红褐色，皮纸状分层剥裂。枝红褐色，无毛，具腺点，小枝红褐色，有圆形皮孔及腺点。芽卵形，先端尖，芽鳞有缘毛。单叶互生，广卵形或三角状广卵形，长2.5-9cm，宽2-5.5cm，先端渐尖，基部截形、广楔形或楔形，边缘有整齐重锯齿，表面绿色，有光泽，背面色淡，有或无腺点，两面无毛或仅基部稍被毛，侧脉5-8对。花单性，雌雄同株；雄花序成对生于枝端，下垂；雌花序单生于叶脉，不下垂；花序梗长1-2cm。果序圆柱形，长2-4cm，径0.8-1cm，下垂；果苞3裂，中裂片卵形，较小，侧裂片近圆形，平展；小坚果，椭圆形或卵形，果翅与果等宽或稍宽。花期5-6月，果期7-8月。

生于杂木林中，海拔1000m以下。

产地：黑龙江省密山、呼玛、哈尔滨、伊春、海林、桦南、牡丹江、五大连池、虎林、萝北、宁安、尚志，吉林省临江、抚松、安图、蛟河、敦化、汪清、珲春、长白，辽宁省桓仁、宽甸，内蒙古牙克石、科尔沁右翼前旗、翁牛特旗、根河、额尔古纳、喀喇沁旗、林西、扎鲁特旗、阿荣旗、阿尔山、鄂伦春旗、鄂温克旗、阿鲁科尔沁旗、扎兰屯、克什克腾旗、巴林右旗、宁城。

分布：中国（黑龙江、吉林、辽宁、内蒙古、河北、山西、陕西、宁夏、甘肃、青海、河南、四川、云南、西藏），朝鲜半岛，日本，蒙古，俄罗斯。

为优良的观赏绿化树种。木材坚硬，有弹性，纹理直，结构细，易腐朽、翘裂，主要为胶合板用材，亦可供造纸、枕木、箱板、建筑、火柴杆等用。可提取桦皮油和提制栲胶。早春时可收集汁液制饮料或酿酒。种子可榨油，作肥皂原料。

63 千金榆 千金鹅耳枥

Carpinus cordata Blume

落叶乔木，高达20m，胸径达70cm。树皮灰褐色，常带黄色，菱状浅裂。小枝橘黄色或淡褐色，老枝灰色，具明显皮孔。顶芽较大，纺锤形，芽鳞多数，黄褐色。单叶互生，质薄，卵状椭圆形或倒卵状椭圆形，长6-12cm，宽3-6（-8）cm，先端短尾状渐尖，基部歪心形，边缘具不整齐锐尖重锯齿，两面无毛，有时仅背面沿脉被微毛，侧脉（8-）15-20对，近平行；叶柄长1-2cm，被细毛或无毛。花单性，雌雄同株，与叶同时开放；雄花序生于上年生枝端，下垂，长5-6cm，苞片紫红色，卵状披针形，被白色缘毛，雄花无花被片，雄蕊约10；雌花序单生于当年生枝端，有长梗，直立或下垂，苞鳞内具雌花2朵，花被片与子房贴生，子房下位，花柱短，柱头2。果序较紧密圆筒状，长5-10cm，梗长2-3cm；果苞卵形，长2.5cm，宽不及1cm，具明显脉纹，中部以下两侧向内卷折，上部边缘有疏锯齿，先端锐尖；小坚果椭圆形，长5mm，宽3mm，藏于果苞基部。花期5-6月，果期8-9月。

生于针阔混交林或杂木林中，海拔900m以下。

产地：黑龙江省宁安、尚志，吉林省和龙、安图、通化、抚松、临江、靖宇、柳河、集安、辉南、敦化、汪清，辽宁省抚顺、新宾、本溪、桓仁、凤城、宽甸、岫岩、庄河、海城、盖州、西丰、清原、鞍山。

分布：中国（黑龙江、吉林、辽宁、河北、山西、陕西、甘肃、山东），朝鲜半岛，日本，俄罗斯。

木材坚硬致密，供工具、农具、家具等用材。种子可榨油，作肥皂原料或润滑油。树皮可提制栲胶。

64 榛 平榛 榛子

Corylus heterophylla Fisch. ex Bess.

落叶灌木或小乔木，高 1-3m。树皮灰褐色或暗褐色。当年生枝黄褐色，密被锈褐色毛，老枝无毛，皮孔明显。芽卵形或广卵形，芽鳞暗赤褐色，有缘毛。单叶互生，质较薄，广卵形、倒广卵形或近圆形，长 4-10cm，宽 3-9cm，先端近截形，微凹入，基部圆形或近心形，边缘有不整齐锯齿，常具小裂片，表面无毛或近无毛，背面沿脉被短毛，两面粗糙，侧脉 5-7 对；叶柄长 1-2cm，被短毛，早落；托叶小。花单性，雌雄同株；雄花序 2-3，生于上年生枝端，下垂，雄花无花被片，雄蕊 8，花药黄色，微带红色；雌花 1-4 朵，无柄，簇生于枝端或雄花序下方，子房平滑，花柱 2，鲜红色。坚果近球形，径 1-1.5cm，先端平截，外包有绿色叶状总苞；总苞钟状，具脉纹，密被腺毛及刺毛，先端有不整齐浅裂片。花期 4-5 月，果期 8-10 月。

生于向阳坡地、林缘，海拔 1000m 以下。

产地：黑龙江省哈尔滨、呼玛、尚志、饶河、宁安、黑河、萝北、密山、伊春、集贤，吉林省安图、珲春、吉林、集安、抚松、汪清、通化，辽宁省康平、昌图、法库、开原、铁岭、沈阳、抚顺、新宾、本溪、桓仁、海城、宽甸、凤城、西丰、清原、岫岩、丹东、瓦房店、庄河、普兰店、大连、北镇、朝阳、义县、锦州、建平、喀左、凌源、建昌、绥中、鞍山、阜新，内蒙古额尔古纳、科尔沁左翼后旗、喀喇沁旗、阿荣旗、阿尔山、鄂伦春旗、牙克石、宁城、扎赉特旗、科尔沁右翼前旗。

分布：中国（黑龙江、吉林、辽宁、内蒙古、河北、山西、陕西），朝鲜半岛，日本，蒙古，俄罗斯。

木材坚硬细密，可制手杖、伞柄。树皮、叶及总苞均含鞣质，可提制栲胶。种仁美味可食及制作糕点，含油量高，可榨油，供食用。

65 毛榛

Corylus mandshurica Maxim. et Rupr.

落叶灌木，高 3-4m。树皮灰褐色，具龟裂纹。当年生枝黄褐色，被淡褐色柔毛，老枝灰褐色，无毛，具浅褐色皮孔。芽卵形，褐色，先端钝，芽鳞密被灰色柔毛。单叶互生，质较薄，倒卵状广椭圆形或广椭圆形，长 5-10cm，宽 4-9cm，先端渐尖或急尖，基部圆形或微心形，边缘具重锯齿或中上部有浅裂片，表面疏被毛，背面沿脉毛显著，侧脉 6-7 对；叶柄长 1-2cm，被长毛。花单性，雌雄同株；雄花序 2-3（-4），腋生，淡灰褐色，圆柱形；雌花序 2-4，腋生于雄花序上方。坚果簇生，稀单生，卵状球形，径 1cm，先端尖，表面被毛；总苞管状，长 4-5（-6）cm，密被刺毛，先端具尖细小裂片。花期 5 月，果期 9-10 月。

生于低山地的林内或灌丛中，海拔 1500m 以下。

产地：黑龙江省伊春、黑河、虎林、宝清、哈尔滨、尚志、饶河，吉林省敦化、珲春、临江、长白、和龙、安图、抚松、汪清，辽宁省抚顺、新宾、本溪、桓仁、宽甸、凤城、北镇、朝阳、建平、西丰、清原、鞍山、凌源、建昌，内蒙古喀喇沁旗、宁城。

分布：中国（黑龙江、吉林、辽宁、内蒙古、河北、山西、陕西、甘肃、山东、四川），朝鲜半岛，日本，俄罗斯。

可作庭院绿化树种。木材坚硬细密，可制手杖、伞柄。种仁美味可食及制作糕点，含油量高，可榨油，供食用。

66 板栗 栗

Castanea mollissima Blume

落叶乔木，高 20m，胸径 1m；幼树生长缓慢，有时呈灌木状。树皮深灰色，老时灰黑色，不规则深纵裂。枝浅灰褐色，通常有纵沟，皮孔圆形，灰黄色，小枝绿色或绿褐色，有时带红色，被绒毛。芽卵形，深褐色，芽鳞被短柔毛。单叶互生，长椭圆形或长椭圆状披针形，长 8-18cm，宽 4-7cm，先端渐尖，基部心形或近截形，边缘具芒状粗锯齿，表面深绿色，有光泽，背面被灰白色星状绒毛；叶柄长 1-2cm，密被毛。花单性，雌雄同株；雄花序直立，雄花花被片 6 深裂，雄蕊 10，花丝长，伸出；雌花通常 3 朵，集生于雄花序下部，外具针刺状总苞，连刺径 4-8cm，子房下位，花柱 5-9。坚果 2-3，椭圆形，果脐小，不占坚果全部基底，生于密被针刺壳斗内，成熟时开裂。花期 5-6 月，果期 9-10 月。

生于肥沃湿润、排水良好、富含有机质的土壤上。

产地：吉林省集安，辽宁省海城、盖州、丹东、庄河、瓦房店、大连等地大量引种栽培。

分布：中国（吉林、辽宁、华北*、华东、华中、华南、西南），朝鲜半岛。

木材坚硬，强韧，耐磨，耐腐朽，为重要军工用材，以及车、船、家具等用材。树皮、壳斗富含丹宁，可提制栲胶。叶可饲养柞蚕。果实为著名干果，俗称“栗子”，味甘美，可炒食或制作糕点。

* 本书华北地区含内蒙古中部。

67 麻栎

Quercus acutissima Carr.

落叶乔木，通常高约 10m，可达 20m。树皮暗灰褐色，深纵裂，裂缝带灰白色。小枝黄褐色，嫩时密被细毛，枝暗青褐色，有明显淡黄色皮孔。芽圆锥形，先端锐尖，灰褐色，芽鳞广卵形，被毛。叶革质，长椭圆状披针形或长椭圆形，长 8-20cm，宽 2-6cm，基部圆形或广楔形，先端渐尖，常不对称，边缘具刺芒状锯齿，侧脉（11-）16-18 对，表面光绿色，背面色淡，无毛或仅脉腋有毛；叶柄长 2-3cm，具柔毛。花单性，雌雄同株；雄柔荑花序下垂，花被片 5 裂，雄蕊 4，稀较多；雌花 1-3 朵，腋生于二年生枝上，子房 3 室，具 3 裂柱头。坚果球形或卵球形，淡褐色或淡黄褐色，约有 2/3 部分坐落于杯状壳斗内；壳斗鳞片披针形，开展，仅壳斗下部的鳞片先端反曲，鳞片外被灰白色密毛。花期 4 月下旬，果期 9 月。

生于低山缓坡土层深厚肥沃处，海拔 500m 以下。

产地：吉林省集安，辽宁省海城、盖州、庄河、大连、丹东、长海。

分布：中国（吉林、辽宁、河北、山西、陕西、甘肃、河南、湖北、湖南、山东、江苏、福建、安徽、浙江、贵州、海南、广西、云南），朝鲜半岛，日本，印度，越南。

边材灰白色，心材淡褐色，木材坚硬，纹理较粗，耐磨抗朽，但易开裂，可供车、船、器具、枕木等用。树皮、壳斗可提取单宁。叶可饲养柞蚕。果可作饲料。

68 槲栎

Quercus aliena Blume

落叶乔木，高达25m，胸径达1m。树皮暗灰色，呈深纵裂。小枝无毛，黄褐色，枝暗褐色，具圆形隆起的淡褐色皮孔。芽卵形，红褐色，芽鳞有缘毛。单叶互生，革质，倒卵形或椭圆状倒卵形，长10-25cm，宽5-15cm，先端短渐尖或急尖，基部楔形或圆形，边缘具波状钝齿，表面绿色，背面密被灰色星状毛，侧脉11-18对；叶柄长1.5-2.5cm，无毛。花单性，雌雄同株；雄花序下垂，单一或数花序集生，雄花花被片6裂，雄蕊10；雌花单生或2-3朵簇生，子房3室，花柱3。坚果卵球形，径1-1.8cm，下部1/2生于杯状壳斗内；壳斗鳞片短，卵状披针形，暗褐色，被灰色绒毛，紧贴壳斗。花期5月，果期9月。

生于向阳坡地、杂木林内。

产地：辽宁省丹东、东港、庄河、大连、兴城、绥中。

分布：中国（辽宁、河北、山西、陕西、甘肃、山东、江苏、安徽、浙江、福建、河南、湖北、江西、湖南、广东、广西、四川、贵州、云南、台湾），朝鲜半岛，日本。

木材坚韧，较易劈裂，可供车船、家具等用。树皮木栓发达，可制软木塞、软木板及隔音板，有比重小、弹性强、不导电、不透水、不透气、耐酸碱、防震、隔音等特点，为国防工业、轻工业及建筑等的重要木材原料。

69 槲树

Quercus dentata Thunb.

落叶乔木，高达 25m，或灌木状。树皮暗灰褐色，粗糙，深沟裂。小枝粗壮，具纵沟，密被黄褐色绒毛，枝灰色，被毛。芽卵形或长卵形，芽鳞赤褐色，密被绒毛。叶倒卵状椭圆形、广倒卵形或倒卵形，长 10-20（-30）cm，宽 6-15（-20）cm，基部耳形，稀楔形，先端圆或钝，边缘有 4-10（-12）对波状裂，侧脉（4-）6-12 对，表面深绿色，初被毛，后沿脉被毛，背面密被黄褐色绒毛；叶柄长 0.5cm 以下，被绒毛。花单性，雌雄同株；雄柔荑花序下垂，数序集生于新枝叶腋，花被片 7-8 裂，雄蕊 8-10；雌花数朵集生于新枝顶端，稀单生，子房 3 室，柱头 3。坚果近球形或卵圆形，约 1/2 部分坐落于杯状壳斗内；壳斗鳞片线状披针形，反曲，棕红色，被白色毛。花期 5-6 月，果期 9-10 月。

生于阳坡杂木林中，海拔 350-800m。

产地：黑龙江省宁安，吉林省磐石、珲春、通化、长白，辽宁省铁岭、清原、抚顺、新宾、本溪、桓仁、宽甸、凤城、岫岩、鞍山、西丰、普兰店、长海、绥中、丹东、瓦房店、庄河、大连、沈阳、北镇、北票、义县、朝阳、建平、凌源、喀左、建昌。

分布：中国（黑龙江、吉林、辽宁、河北、山西、陕西、甘肃、山东、江苏、安徽、浙江、河南、湖北、湖南、四川、贵州、云南、台湾），朝鲜半岛，日本，俄罗斯。

边材近白色，心材污黄褐色，木材坚硬，耐磨，抗朽，可供车、船、器具、家具、枕木等用。树皮、壳斗可提取单宁。坚果可提取淀粉或供饲料用。

70 辽东栎

Quercus liaotungensis Koidz.

落叶乔木，高 10-15m。树皮暗灰褐色，老时灰黑色，深纵裂。小枝褐色，无毛，枝较粗壮，灰褐色，皮孔圆形，淡黄褐色。芽卵形，褐色，芽鳞有缘毛。单叶互生，质薄，倒卵状椭圆形，长 5-18cm，宽 5-10cm，先端钝，基部楔形，边缘有 5-7 对波状浅裂成缺刻状齿，表面绿色，背面色淡，无毛或沿脉疏被毛，侧脉 5-7 对；叶柄短，长 3-8mm。花单性，雌雄同株；雄花序下垂，雄花数朵簇生，花被片 6-7 裂，雄蕊 8-10；雌花 1-3 朵簇生，花被片 6 裂。坚果卵形或卵状椭圆形，径 1-1.3cm，下部约 1/3 生于浅杯状壳斗内；鳞片扁平，紧贴壳斗。花期 4 月末至 5 月，果期 9-10 月。

生于向阳山坡杂木林内，海拔 800m 以下。

产地：黑龙江省穆棱、宁安、东宁，吉林省长春、东丰、吉林，辽宁省铁岭、清原、沈阳、抚顺、新宾、本溪、桓仁、宽甸、凤城、岫岩、丹东、西丰、法库、北镇、凌源、建平、建昌、鞍山、大连、阜新，内蒙古额尔古纳、科尔沁右翼前旗、扎鲁特旗、翁牛特旗、宁城、科尔沁左翼后旗、克什克腾旗。

分布：中国（黑龙江、吉林、辽宁、内蒙古、河北、山西、陕西、山东、青海、甘肃、宁夏、四川），朝鲜半岛。

木材坚硬，强韧，抗磨，耐腐朽，较易开裂，可供车船、建筑、桥梁、家具等用。树皮、壳斗含丹宁，可提制栲胶。叶可饲养柞蚕。果可作饲料或提取淀粉。枝材供薪炭用或培养木耳等食用菌。

71 蒙古栎 柞树

Quercus mongolica Fisch. ex Turcz.

落叶乔木，高达30m。树皮灰褐色，老时灰黑色，深沟裂。小枝青褐色或紫色，皮孔淡褐色，无毛，枝栗褐色或带青色。芽长卵形，芽鳞褐色，边缘有缘毛。单叶互生，倒卵形或长椭圆形，长16-20cm，宽4-10cm，先端钝或短渐尖，基部歪楔形，边缘有7-10对波状钝齿，表面绿色，无毛，嫩时沿脉被毛，背面色淡，无毛或沿脉被毛，侧脉7-11对；叶柄长2-8mm。花单性，雌雄同株；雄花序细长，下垂，雄花花被片6-7裂，雄蕊8；雌花1-3朵簇生，花被片6浅裂。坚果长椭圆形，径1.3-2cm，下部1/3生于杯状壳斗内；壳斗径1.5-1.8cm，壳斗鳞片呈疣状突起，密被灰白色毛。花期4月末至6月初，果期9-10月。

生于向阳山坡林中，海拔1000m以下。

产地：黑龙江省鹤岗、虎林、哈尔滨、依兰、萝北、宁安、呼玛、黑河、密山、伊春、尚志，吉林省安图、抚松、临江、和龙、九台、汪清、珲春、蛟河、集安，辽宁省铁岭、清原、沈阳、抚顺、新宾、本溪、桓仁、宽甸、凤城、岫岩、丹东、庄河、大连、义县、鞍山、法库、绥中、西丰、盖州、北镇、北票、朝阳、建平、建昌，内蒙古科尔沁左翼后旗、鄂伦春旗、阿荣旗、扎兰屯、额尔古纳、科尔沁右翼前旗、科尔沁右翼中旗、阿尔山、阿鲁科尔沁旗、巴林左旗、巴林右旗、林西、喀喇沁旗、扎赉特旗、扎鲁特旗、克什克腾旗、翁牛特旗、宁城。

分布：中国（黑龙江、吉林、辽宁、内蒙古、河北、山东、河南），朝鲜半岛，日本，蒙古，俄罗斯。

木材坚硬，强韧，抗磨，耐腐朽，较易开裂，可供车船、建筑、桥梁、家具等用。树皮、壳斗含丹宁，可提制栲胶。叶可饲养柞蚕。果可作饲料或提取淀粉。枝材供薪炭用或培养木耳等食用菌。

72 栓皮栎

Quercus variabilis Blume

落叶乔木，高达25m，胸径1m以上。树皮黑褐色，深纵裂，裂缝带黑色，木栓层发达，柔软。小枝淡黄褐色，初被柔毛，后渐脱落，枝暗褐色或带灰紫色，皮孔小点状，黄褐色。芽圆锥形，褐色，芽鳞有缘毛。单叶互生，长椭圆状披针形或长椭圆形，长8-15cm，宽3-5（-6）cm，先端渐尖，基部圆形或广楔形，边缘具刺芒状锯齿，表面绿色，初被毛，背面灰白色，密被星状毛，侧脉11-18对；叶柄长0.5-2.5cm。花单性，雌雄同株；雄花序下垂，腋生于当年生枝下部，花被片2-3裂，雄花5朵；雌花单生于枝上部，子房3室，花柱3。坚果近球形，径1.5cm，下部1/2生于杯状壳斗内；壳斗鳞片钻形或线形，密被毛，反卷。花期5月，果期9月。

生于向阳坡地、杂木林内。

产地：辽宁省丹东、东港、庄河、大连、兴城、绥中。

分布：中国（辽宁、河北、山西、陕西、甘肃、山东、江苏、安徽、浙江、福建、河南、湖北、江西、湖南、广东、广西、四川、贵州、云南、台湾），朝鲜半岛，日本。

木材坚韧，较易劈裂，可供车船、家具等用。树皮木栓发达，可制软木塞、软木板及隔音板，有比重小、弹性强、不导电、不透水、不透气、耐酸碱、防震、隔音等特点，为国防工业、轻工业及建筑等的重要木材原料。

73 小叶朴 黑弹树

Celtis bungeana Blume

落叶乔木，高达15m，胸径30-60cm。树皮灰色或暗灰色，平滑。当年生枝淡褐色或带绿色，无毛或微被短柔毛，二年生枝灰褐色。芽卵形，芽鳞棕色，有缘毛。单叶互生，厚纸质或近革质，卵形至卵状披针形，长3-9cm，宽2-5cm，先端尖至渐尖，基部广楔形至圆形，稍偏斜，边缘中部以上具疏粗锯齿，或一侧具齿另一侧全缘，稀两侧近全缘，表面绿色，有光泽，背面色淡，两面均无毛，网脉明显，背面沿脉被柔毛；叶柄长5-10mm，上面有沟，沟中被短柔毛，后渐脱落。花杂性或单性，与叶同时开放；聚伞花序，雄花2-4朵，生于当年生枝基部，花梗长约4mm，花被片4深裂，径约5mm，裂片倒卵状椭圆形，先端钝，膜质，雄蕊4，与花被片裂片对生，花丝长约4mm，花药卵球形，黄色；雌花或两性花单生于当年生枝的上部叶腋，花梗长约7mm，无毛，花被片同雄花，雌蕊4，子房无柄，卵形，花柱自基部2裂，柱头披针形，密被毛。核果球形，径6-7mm，无毛，成熟后蓝黑色，果梗比叶柄长。种子近球形，径4-5mm，表面近光滑。花期4-5月，果期9-10月。

生于路旁、山坡、灌丛及林边，海拔700m以下。

产地：吉林省前郭尔罗斯，辽宁省本溪、盖州、瓦房店、大连、凌源、彰武、建昌、北镇、义县、沈阳、法库、鞍山、凤城、葫芦岛、北票，内蒙古宁城、翁牛特旗、赤峰、乌兰浩特、库伦旗、科尔沁左翼后旗。

分布：中国（吉林、辽宁、内蒙古、河北、山西、陕西、宁夏、甘肃、青海、山东、江苏、安徽、浙江、河南、湖北、江西、湖南、贵州、云南、西藏），朝鲜半岛。

可作绿化观赏树种。木材坚硬，可供建筑、家具等用。茎皮纤维可用作造纸或人造棉原料。

74 大叶朴

Celtis koraiensis Nakai

落叶乔木，高达 15m。树皮暗灰色或灰色，浅微裂。当年生枝红褐色，无毛，散生淡褐色皮孔。芽卵球形，长约 3.5mm，芽鳞红褐色，内层鳞片被棕色短柔毛。单叶互生，厚纸质，广椭圆形、倒卵状椭圆形或广倒卵形，长 5-12cm，宽 2.5-7cm（萌枝上者更大），先端平截或圆形，具尾状长尖，基部斜截形至微心形，边缘有粗锯齿，齿先端内弯且尖，表面深绿色，背面色淡，两面均无毛，叶脉明显，沿中脉或被疏毛，脉腋处有簇毛；叶柄长 5-15mm，被灰白色短柔毛。核果单生于叶腋，近球形，径 9-12mm，成熟后暗橙色至深褐色，梗长约 2cm，疏被柔毛。种子卵状椭圆形，长约 8mm，径约 6mm，暗灰褐色，表面具明显网孔状凹陷。花期 4-5 月，果期 9-10 月。

生于山坡、沟谷及杂木林中。

产地：辽宁省沈阳、鞍山、义县、北镇、大连、本溪。

分布：中国（辽宁、河北、山西、陕西、甘肃、山东、江苏、安徽、河南），朝鲜半岛。

可作绿化观赏树种。木材坚硬，可供建筑、家具等用。茎皮纤维用作造纸或人造棉原料。

75 刺榆

Hemiptelea davidii (Hance) Planch.

落叶小乔木或灌木，高达10m。树皮暗灰色或褐灰色，不规则条状深裂。当年生枝灰褐色或紫红褐色，坚硬，被短柔毛，皮孔明显，老枝灰褐色，无毛，具棘刺，刺长1-10cm。芽卵圆形，常3个聚生于叶腋，芽鳞疏被短柔毛。单叶互生，椭圆形或长椭圆形，长2-7cm，宽1-3cm，先端急尖或稍钝，基部广楔形、圆形或微心形，稍偏斜，边缘具整齐粗锯齿，表面绿色，有圆点状突起，背面色淡，无毛，侧脉8-12对，明显，排列整齐，斜出至齿尖；托叶长圆形，长约3mm，先端微带红色，两面疏被柔毛，早落；叶柄短，长3-5mm，被短柔毛。花杂性，单生或2-4朵簇生于当年生枝叶腋，与叶同时开放；萼片4-5浅裂，宿存；雄蕊4。小坚果斜卵圆形，两侧扁，长5-7mm，黄绿色，背侧具狭翅，先端渐狭，呈二喙状尖，一长一短，形似鸡头，萼宿存；果梗纤细，长2-4mm，无毛。花期5月，果期9-10月。

生于村旁路边及山坡次生林中，海拔400m以下。

产地：吉林省长白、靖宇、集安、辉南、通化、磐石，辽宁省彰武、葫芦岛、沈阳、鞍山、法库、普兰店、盖州、瓦房店、大连、丹东、凤城、庄河、本溪，内蒙古科尔沁左翼后旗。

分布：中国（吉林、辽宁、内蒙古、河北、山西、陕西、甘肃、山东、江苏、安徽、浙江、河南、湖北、江西、湖南、广西），朝鲜半岛。

可作绿化观赏树种及固沙树种。木材坚硬，细致，可制农具及器具等。树皮纤维可代麻用。嫩叶用作饲料。

76 黑榆 东北黑榆

Ulmus davidiana Planch.

落叶乔木，高达15m，胸径60-70cm。树皮浅灰色或灰色，不规则沟裂。当年生枝褐色，被柔毛，二年生枝灰褐色，无毛，萌枝及幼树小枝有时具向四周膨大的不规则纵裂的木栓层。芽小，卵球形，芽鳞背面及边缘被毛。单叶互生，革质，倒卵形或倒卵状椭圆形，稀椭圆形或长圆形，长4-9cm，宽1.5-4cm（萌枝上者更大），先端渐尖至近尾状尖，基部偏斜，一边楔形至圆形，一边耳状或近圆形，表面绿色，不粗糙，无毛，背面色淡，边缘有不整齐的重锯齿，每侧7-17；托叶早落；叶柄长5-10mm，密被毛。花两性，先叶开放，簇生成聚伞花序；花被片4裂，长约3mm，宽约2mm，绿色；雄蕊4，长约为花被片的2倍，花丝稍带紫色，花药紫红色；子房绿色，扁平，花柱2裂，柱头2，有毛。翅果倒卵形，长10-19mm，宽7-14mm，先端微凹，基部楔形；果梗长2mm，被毛。种子位于翅果中上部，上端接近缺口，花被片宿存，种子成熟时棕色，果翅黄白色。花期4-5月，果期5-6月。

生于山坡、沟谷及路旁，海拔500m以下。

产地：吉林省桦甸、双辽、蛟河，辽宁省鞍山、盖州、凤城、沈阳。

分布：中国（吉林、辽宁、河北、山西、陕西、河南），朝鲜半岛。

可作造林树种。木材纹理通直，花纹美丽，为家具、室内装修、车辆、造船等用材。

77 春榆 山榆 白皮榆

Ulmus japonica (Rehd.) Sarg.

落叶乔木，高达30m。树皮暗灰色或灰白色，粗糙，不规则纵沟裂，表层剥落。小枝褐色，密被灰白色短柔毛，幼树枝条直展，老树枝条先端下垂，有时木栓质发达成为瘤状。芽广卵形，被短柔毛。单叶互生，革质，倒卵状椭圆形或广倒卵形，稀卵状椭圆形，长4-12cm，宽3-7.5cm，先端突尖或近尾状，基部偏斜，一边楔形，一边耳状，表面绿色，粗糙，疏被短硬毛，背面带灰绿色，被短柔毛，沿脉较密，边缘有重锯齿；托叶早落；叶柄长6-8mm，密被灰白色短柔毛。花两性，先叶开放，簇生为束状聚伞花序，深紫色；花被片钟形，4浅裂，中部以下绿色，先端稍带褐色，长约3mm，宽约2mm；雄蕊4，长约为花被片的2倍，花药紫红色；子房绿色，扁平，花柱2裂，柱头2，有毛。翅果倒卵形，长12-14mm，宽8-10mm，先端圆形，微凹，无毛，仅凹陷处被毛。种子位于中上部，果翅膜质。花期4-5月，果期5-6月。

生于河谷及河边，海拔800m以下。

产地：黑龙江省呼玛、哈尔滨、嘉荫，吉林省抚松、靖宇、临江、长白、蛟河、桦甸、安图，辽宁省盖州、清原、鞍山、本溪、凤城、沈阳，内蒙古宁城、喀喇沁旗、根河、翁牛特旗、额尔古纳、巴林右旗、克什克腾旗、牙克石、扎兰屯、科尔沁左翼后旗。

分布：中国（黑龙江、吉林、辽宁、内蒙古、河北、山西、陕西、甘肃、青海、山东、浙江、河南、湖北、安徽），朝鲜半岛，日本，俄罗斯。

木材可用于制造家具、车、船及地板等。

78 裂叶榆

Ulmus laciniata (Trautv.) Mayr.

落叶大乔木，高达 27m，胸径达 50cm。树皮浅灰褐色，浅纵裂，裂片较短，常翘起，呈薄片状剥落。当年生枝黄褐色或带绿色，初被疏毛，后变无毛，老枝灰褐色至红褐色。芽较大，卵球形或椭圆形，先端钝。单叶互生，厚纸质，倒卵形或倒卵状长圆形，长 5-13cm，宽 3.5-8.5cm（萌枝上者更大），先端不规则 3-7 裂，裂片狭三角形，先端渐尖或尾状，基部斜狭楔形，边缘锯齿，表面暗绿色，散生短粗毛，背面色淡，密被短柔毛，脉腋常具簇生毛；托叶早落；叶柄长 2-5mm，密被毛。花两性，先叶开放，聚伞花序；花梗长 3-4mm；花被片钟形，长和宽各 3-4mm，绿色，先端 5-6 裂，裂片先端平截，边缘有缘毛，背面基部被长柔毛；雄蕊 5-6，伸出花被片，花药紫红色；子房绿色，花柱短，柱头 2 裂。翅果卵状椭圆形或椭圆形，扁平，长 1.5-2cm，宽 1.1-1.3cm，先端圆形或微凹；果梗长 3-5mm，被疏毛。种子位于中部或稍下，仅柱头面被毛，花被片宿存。花期 4-5 月，果期 5-6 月。

生于杂木林中、溪流旁，海拔 1000m 以下。

产地：小兴安岭、张广才岭、长白山、龙岗山、千山、辽西山地、三江平原、松嫩平原、辽河平原。

分布：中国（黑龙江、吉林、辽宁、内蒙古、河北、山西、河南），朝鲜半岛，日本，俄罗斯。

为重要造林树种，也可在绿化中孤植或丛植，用作庭荫树。木材可供建筑、家具、车辆和农具等用。树皮纤维可代麻用。

79 大果榆 黄榆

Ulmus macrocarpa Hance

落叶乔木或灌木状，高达20m，胸径达40cm。树皮灰黑色，浅纵裂。幼树小枝常有对生且扁平的木栓质翅，当年生枝褐绿色或褐色，幼时疏被毛，后无毛，老枝暗褐色，散生椭圆形皮孔。芽卵圆形或近球形，芽鳞暗棕色，边缘被灰白色短硬毛。单叶互生，革质，广倒卵形、倒卵形或倒卵状椭圆形，长5-10.5cm，宽3-7cm，中上部最宽（萌枝上者更大），先端短尖至尾尖，基部渐狭至圆，两面均粗糙，表面暗绿色，密被短硬毛，背面绿色，密被短糙毛，边缘有重锯

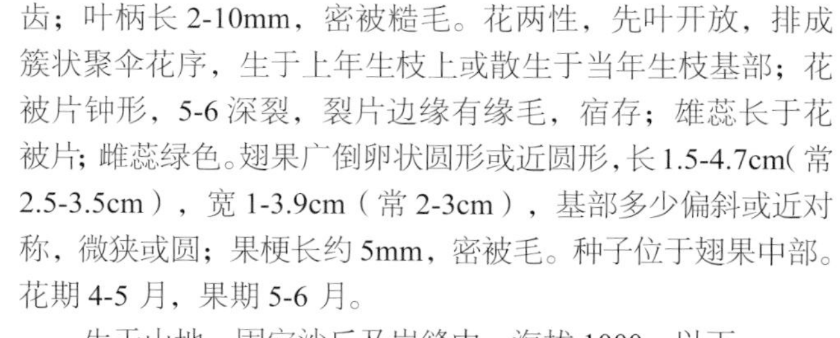

齿；叶柄长2-10mm，密被糙毛。花两性，先叶开放，排成簇状聚伞花序，生于上年生枝上或散生于当年生枝基部；花被片钟形，5-6深裂，裂片边缘有缘毛，宿存；雄蕊长于花被片；雌蕊绿色。翅果广倒卵状圆形或近圆形，长1.5-4.7cm（常2.5-3.5cm），宽1-3.9cm（常2-3cm），基部多少偏斜或近对称，微狭或圆；果梗长约5mm，密被毛。种子位于翅果中部。花期4-5月，果期5-6月。

生于山地、固定沙丘及岩缝中，海拔1000m以下。

产地：黑龙江省哈尔滨、嘉荫、饶河、尚志，吉林省安图、抚松、辉南、靖宇、长白、梅河口、临江、扶余、前郭尔罗斯、通榆，辽宁省本溪、阜新、鞍山、北镇、长海、大连、彰武、盖州、开原、沈阳、瓦房店、西丰，内蒙古额尔古纳、牙克石、满洲里、科尔沁右翼前旗、科尔沁右翼中旗、通辽、扎鲁特旗、科尔沁左翼后旗。

分布：中国（黑龙江、吉林、辽宁、内蒙古、河北、山西、陕西、甘肃、青海、山东、江苏、安徽、河南），朝鲜半岛，蒙古，俄罗斯。

可作水土保持及绿化树种。木材韧性和耐磨性好，可作车辆、地板及纺织工业用材。

80 葎草 拉拉藤

Humulus scandens (Lour.) Merr.

一年生缠绕草本，长可达4m。茎、枝、叶柄均具倒钩刺，缠绕他物或平卧地面；茎多分枝，淡绿色，强韧，表面具棱线6，棱上有双叉小钩刺，全株被短柔毛。叶对生，肾状五角形，径7-10cm，通常掌状5裂，稀3或7裂，裂片纸质，卵形至卵状披针形，长3-10cm，宽1-3cm，先端渐尖或急尖，基部心形，表面深绿色，散生刚毛，背面色淡，疏生淡黄色油点，脉上有刚毛，两面均粗糙，边缘具齿；托叶披针形，密被刚毛和细短毛；叶柄长3-14cm，具6棱线，密被双叉小钩刺，较细弱。花单性，雌雄异株，通常群生；雄花成圆锥花序，腋生或顶生，花序梗长可达12cm，小花多数，黄绿色，花被片5，披针形，长3-3.5mm，先端渐尖，外侧生疏毛及腺点，雄蕊5，与花被片对生，近等长，花丝极短，花药大，长圆形，长约2cm；穗状花序，腋生，径约1cm，下垂，花序梗长2-8cm，苞片卵状披针形，长约6mm，绿色，外侧具透明刺毛及黄色小腺点，边缘有缘毛，每苞片内具雌花2朵，花被片1，膜质全缘，紧贴子房，子房1，卵状，顶端突起，花柱2，羽状，早落。瘦果扁球形或卵圆形，长5mm，径3-5mm，褐黄色，表面有纵条纹和云状花纹及腺点，密被绒毛，成熟后渐脱落，外皮坚硬。单株结种子数极多。花期7-8月，果期9-10月。

生于沟旁、路旁、荒地及人家附近，海拔500m以下。

产地：黑龙江省哈尔滨、宁安，吉林省安图、九台，辽宁省鞍山、北镇、本溪、海城、桓仁、凌源、清原、沈阳、西丰、庄河，内蒙古牙克石、突泉、科尔沁右翼前旗、扎鲁特旗、科尔沁左翼后旗、宁城。

分布：中国（黑龙江、吉林、辽宁、内蒙古），朝鲜半岛，日本，俄罗斯。

茎皮纤维可造纸及纺织用。全草入药，有消热解毒、利尿消肿之功效。

81 桑 家桑

Morus alba L.

落叶乔木或灌木，高 3-10m，或更高，胸径达 50cm。树皮厚，灰褐色，老时不规则浅纵裂。小枝细，灰褐色，初被短柔毛，当年生枝暗绿色，密被短柔毛，枝折断后有乳汁流出。芽卵圆形，黄色或红褐色，芽鳞覆瓦状排列，灰褐色。单叶互生，纸质，卵状椭圆形或广卵形，长 6-16cm，宽 3-6cm，先端锐尖或短渐尖，有时稍钝，基部圆形或近心形，边缘有粗锯齿或呈不规则分裂，表面绿色，平滑，背面沿脉被短柔毛，脉腋有簇毛；托叶披针形，早落；叶柄长 1.5-5.5cm，具柔毛。花单性，雌雄异株或同株，穗状花序腋生；雄花序长 1-3cm，密被细毛，下垂，花序梗长 5-8cm，雄花径约 3mm，花被片 4，广椭圆形，绿色，雄蕊 4，中央有不育雌蕊；雌花序长 1-2cm，被毛，花序梗长 5-10mm，被柔毛，雌花径约 2mm，花被片倒卵形，先端圆钝，外侧及边缘有毛，两侧紧抱子房，果期肉质，无花柱或花柱极短，柱头 2 裂，反卷，宿存。聚花果（俗称椹果）卵圆形，长 1-2.5cm，浅红色至暗红色，有时白色，成熟时红色或暗紫红色；果梗有短柔毛。种子小，种皮薄。花期 4-5 月，果期 6-7 月。

生于山坡疏林中，海拔 500m 以下。

产地：黑龙江省哈尔滨，吉林省大安、东丰、双辽、和龙、珲春，辽宁省凌源、黑山、彰武、法库、沈阳、普兰店、鞍山、本溪、凤城、宽甸、庄河、大连、长海、桓仁，内蒙古科尔沁左翼后旗、乌兰浩特、科尔沁右翼中旗。

分布：中国（黑龙江、吉林、辽宁、内蒙古），朝鲜半岛，日本，蒙古，俄罗斯，土耳其；中亚，欧洲。

木材可作家具、乐器等。树皮可造纸。果实可生食或酿酒。桑叶可饲养蚕。桑叶入药，有散风热、清肝明目之功效。根皮入药（桑白皮），有泻肺、利水之功效。桑枝入药，有祛风湿、利关节之功效。果实（桑椹）入药，有补肝益肾、养血生津之功效。

82 三裂苎麻

Boehmeria tricuspis (Hance) Makino

多年生草本，高 50-80cm。茎丛生，分枝或不分枝，红褐色，具钝 4 棱，基部光滑，上部疏被短伏毛。叶对生，薄草质，卵形或广卵形，长 7-14cm，宽 3-10cm，先端 3 裂，具 3-5 骤尖，中央裂片长尾状骤尖，基部广楔形至截形，边缘有不整齐粗锯齿，表面具明显点泡状钟乳体，两面被稀疏伏毛，基出 3 脉；叶柄长 1-8cm，通常带红色。花单性，雌雄同株或异株；花序穗状，腋生，细长，同株者雄花序生于下部，雌花序生于上部；雄花细小，径约 1.5mm，淡黄白色，梗长 0.5-2mm，花被片 4-5，雄蕊 4-5；雌花簇生于上部叶腋，径约 3mm，花淡红色，集成小球状，花被片管状，花柱丝状，长达 2mm，宿存。瘦果倒卵形，长 0.5-1mm，上部被细柔毛，基部有短梗。花期 7-8 月，果期 8-9 月。

生于路旁、沟旁及林下，海拔 500m 以下。

产地：黑龙江省宁安、东宁，吉林省辉南、和龙，辽宁省新宾、宽甸、桓仁。

分布：中国（黑龙江、吉林、辽宁、河北、陕西、甘肃、安徽、湖北、江西、四川），朝鲜半岛，日本。

茎皮纤维坚韧，可供织麻布、拧绳索用。

83 蝎子草

Girardinia cuspidata Wedd.

一年生草本，高 30-100cm。茎直立，具条棱，禾秆色或紫红色，伏生糙硬毛及螫毛，螫毛直而开展，长达 6mm。叶互生，卵圆形，长 4-17cm，宽 3-10cm，先端渐尖或尾状尖，基部圆形或近截形，边缘有 8-13 枚缺刻状大齿牙，表面深绿色，密布小球状钟乳体，背面色淡，两面伏生糙硬毛，背面主脉上疏生螫毛；托叶合生，三角状锥形，早落；叶柄细弱，长(2-)5-6(-12)cm，伏生糙硬毛及螫毛。花单性，雌雄同株；花序腋生，单一或分枝，具总梗，比叶短，分枝稀疏，伏生糙硬毛及稀疏直立的螫毛；雄花序生于茎下部，长 1-2cm，雄花花被片 4 深裂，被糙硬毛，雄蕊 4；雌花序为穗状二歧聚伞花序，生于茎上部，花序轴伏生糙硬毛及螫毛，雌花花被片 2 裂，上端花被片椭圆形，顶端具不甚明显的 3 齿，背部呈龙骨状，伏生糙硬毛，下端花被片线形面小，果熟时上端花被片包着瘦果基部。瘦果广卵形，着生于果序一侧，长约 2mm，宽约 1.5mm，双凸镜状，熟时灰褐色，有不规则的疣点。花期 7-8 月，果期 8-9 月。

生于山坡阔叶林下岩石间，海拔约 450m。

产地：吉林省集安、通化、辉南、和龙，辽宁省清原、鞍山、凤城、宽甸、岫岩、朝阳，内蒙古科尔沁右翼前旗、扎兰屯、科尔沁右翼中旗、扎赉特旗。

分布：中国(吉林、辽宁、内蒙古、河北、陕西、河南)，朝鲜半岛，俄罗斯。

茎皮纤维可制绳索或供编织用。

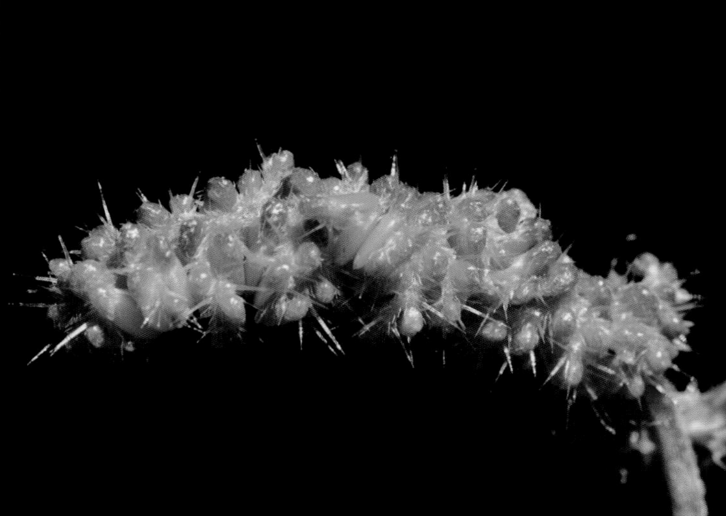

84 珠芽艾麻 蝥麻子

Laportea bulbifera (Sieb. et Zucc.) Wedd.

多年生草本，高 40-80cm。根多数，纺锤状，深红褐色。茎直立，有棱，被短毛或疏生螫毛。叶互生，卵形、椭圆形、卵状披针形或长圆状披针形，长 8-13cm，宽 3-6cm，先端锐尖或渐尖，基部圆形或广楔形，边缘有钝锯齿，表面深绿色，伏生短毛，脉上毛较多，密布点状钟乳体，背面淡绿色，毛较少，主脉上生有短毛及长螫毛；叶柄长 3-6（-8.5）cm，被短毛及螫毛；通常于叶腋生有 1-3 个褐色肉质卵状球形珠芽，径达 5mm。花单性，雌雄同株；雄花序圆锥状，无总梗，生于茎上部叶腋，呈水平状开展，长 2-4cm，雄花梗短而扁，花被片 4-5，绿白色，卵圆形，雄蕊 4-5，与花被片对生并超出，退化子房杯状，半透明；雌花序圆锥状，近顶生，具总梗，长 11-15cm，斜上，向一侧分出短枝，分枝扁，被短毛及螫毛，雌花有短梗，花梗扁平稍具翼，花被片 4，淡绿色，背生 2 裂片花后显著增大，长约 2mm，斜圆状倒卵形，钝头，背面被短毛，花柱侧生，由基部下弯，被短毛，宿存。瘦果扁平圆状倒卵形，有短梗，连梗长 2.5-3mm，宽约 2.5mm，淡黄色。花期 7-8 月，果期 8-9 月。

生于林下或林缘稍湿地，海拔 1100m 以下。

产地：黑龙江省尚志、五常、海林、密山、虎林、饶河，吉林省抚松、蛟河、集安、靖宇、敦化、长白、安图、临江、桦甸、磐石、永吉、舒兰，辽宁省凤城、本溪、清原、桓仁、宽甸、新宾、西丰、丹东、大连。

分布：中国（黑龙江、吉林、辽宁、河北、山西、陕西、甘肃、安徽、浙江、福建、河南、湖北、江西、湖南、广东、广西、四川、贵州、云南、西藏），朝鲜半岛，日本，俄罗斯，印度，斯里兰卡，印度尼西亚。

茎皮纤维可供纺织用。

85 山冷水花

Pilea japonica (Maxim.) Hand.-Mazz.

一年生草本，高 5-25cm。茎肉质，细弱无毛，直立或斜升，单一或分枝。叶对生，茎顶及分枝顶端叶密集近轮生，卵形、三角状卵形、菱状卵形或卵状披针形，长 1-2.5（-4）cm，宽 7-15mm，基部楔形至近截形，先端锐尖至尾状渐尖，边缘散生短毛，中部以上具粗钝锯齿，表面散生短毛及短棒状钟乳体，背面无毛及锈色斑点，基出 3 脉，侧脉 2-3（-5）对，茎下部叶常全缘；托叶膜质，三角形或长圆形，下部者早落；叶柄细，长 0.5-2（-5）cm。花单性，雌雄同株，常混生；聚伞花序腋生，花序梗长 0.3-2cm，数个小团伞花序排成松散的聚伞花序或紧缩成头状，花序轴无毛；苞片线形；雄花有梗，花被片 5，覆瓦状排列，合生至中部，外面近先端处常有 1 短角突，雄蕊 5，与花被片对生，退化雌蕊明显，长圆锥状；雌花有梗，花被片 5，近等大，长圆状披针形，疏被短毛，其中 2 枚背面常有龙骨状突起，退化雄蕊 5，鳞片状，通常由中部向内折叠，子房卵形，柱头画笔状。瘦果卵形，长约 1mm，稍压扁，表面平滑，无褐色斑点，宿存花被片与果近等长。花期 7-8 月，果期 8-9 月。

生于山地阔叶林下的苔藓地上、山顶岩石背阴处及裂缝间、树干残株上。

产地：辽宁省本溪、桓仁、新宾、凤城。

分布：中国（辽宁、河北），朝鲜半岛，日本，俄罗斯。

全草入药，有清热解毒、渗湿利尿之功效。

86 矮冷水花

Pilea peploides (Gaudich.) Hook. et Arn.

一年生草本，高 3.5-15cm，全株无毛。茎细弱，单一或分枝。茎下部叶对生，茎顶端叶密集成假轮状，圆菱形或菱状扇形，长 0.4-1.6cm，宽 0.5-2cm，先端钝尖或钝圆，基部广楔形或近圆形，全缘或于边缘基部或中部以上有微波状齿，表面生有近于横向排列的短棒状钟乳体，背面具锈褐色斑点，基出 3 脉；叶柄长 0.2-2cm。花单性，雌雄同株，淡绿色，排成密集的伞房状，腋生，具总梗，比叶柄短；雌雄花混生，雄花较小，花被片 4，雄蕊 4，雌花花被片 2，其中 1 片大，广倒披针形，略比瘦果短，具钟乳体。瘦果卵形，小，黄褐色，平滑，稍呈双凸面镜状。花期 7-8 月，果期 8-9 月。

生于山坡阴湿地、湿润岩石缝间及河谷湿草甸子上。

产地：辽宁省新民、凤城、宽甸、清原、大连。

分布：中国（辽宁、浙江、福建、江西、湖南、广东、广西、贵州、台湾），朝鲜半岛，日本，俄罗斯，印度，印度尼西亚；大洋洲，南美洲。

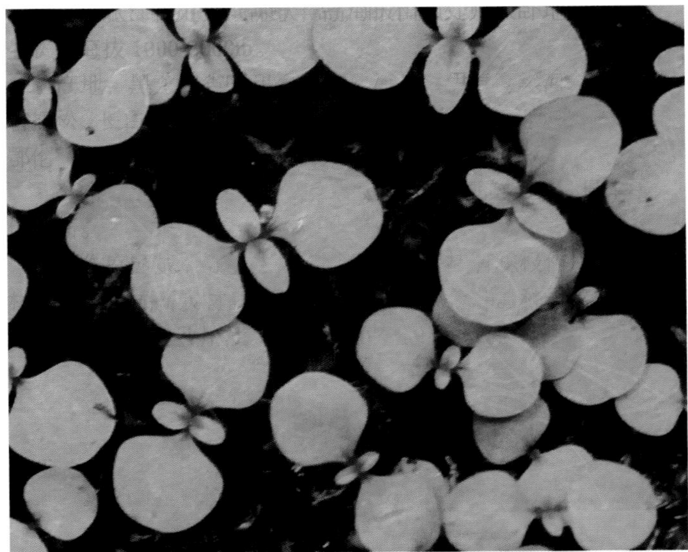

87 狭叶荨麻

Urtica angustifolia Fisch. ex Hornem.

多年生草本，高 50-150cm。根状茎匍匐；茎直立，具钝棱，有螫毛。分枝或不分枝。叶对生，披针形至披针状线形，稀狭卵形，长 4-15cm，宽 1.3-2.5（-3.5）cm，先端长渐尖或锐尖，基部圆形，稀浅心形，边缘有粗齿牙或锯齿，表面深绿色，表面粗糙，被伏毛和缘毛，背面沿脉疏被毛，背面色淡，基出 3 脉，沿脉上稍被短毛；托叶膜质，离生，线形；叶柄长 5-20mm，被螫毛。花单性，雌雄异株；花序狭长圆锥状，生有伏毛及螫毛，花簇生，苞片膜质；雄花近无梗，花被片 4 深裂，裂片椭圆形，内凹，背面被短毛及螫毛，雄蕊 4，花药大，退化子房杯状，半透明；雌花较小，无梗，花被片 4，椭圆形至长圆形，背面有螫毛，子房长圆形，柱头画笔状，背生花被片 2，广椭圆形花后增大。瘦果广椭圆状卵形，黄色，长约 1mm，包被于宿存花被片内，短于花被片。花期 7-8 月，果期 8-9 月。

生于灌丛、林下及林缘湿地，海拔 1000m 以下。

产地：黑龙江省呼玛、塔河、宝清、宁安、哈尔滨、尚志、密山、饶河、伊春、黑河，吉林省抚松、临江、磐石、桦甸、九台、和龙、安图、汪清、珲春，辽宁省沈阳、鞍山、宽甸、桓仁、大连、西丰、凌源、瓦房店、本溪、清原、凤城，内蒙古海拉尔、根河、鄂温克旗、扎兰屯、鄂伦春旗、额尔古纳、巴林右旗、扎鲁特旗、牙克石、扎赉特旗、科尔沁右翼中旗、科尔沁左翼后旗、克什克腾旗、宁城、科尔沁右翼前旗。

分布：中国（黑龙江、吉林、辽宁、内蒙古、河北、山西、青海、山东），朝鲜半岛，日本，蒙古，俄罗斯。

茎皮纤维可作编织品和纸张原料。茎叶含鞣质，可提制栲胶。幼嫩茎叶可食。全草入药，有催吐泻下、祛风定惊及解毒之功效。

88 麻叶荨麻

Urtica cannabina L.

多年生草本，高 70-150cm。根状茎匍匐；茎直立，通常不分枝，有棱，伏被短毛及少数螫毛，节部螫毛较多。叶对生，掌状 3 全裂，裂片再成缺刻状羽状深裂，表面深绿色，疏被短伏毛或近无毛，密布小颗粒状钟乳体，背面色淡，叶脉隆起，伏生短毛及螫毛；托叶离生，广线形，长 7-10mm，具短毛，后渐脱落；叶柄细长，长（2-）3-8cm，具短毛或无毛。花单性，雌雄同株或异株，同株者雄花序生于下方；聚伞花序腋生于茎顶叶腋间，花簇生，被短伏毛及螫毛；苞片膜质，透明，背部密被毛；雄花径约 2mm，花被片 4 深裂，裂片广椭圆状卵形，先端尖，略呈盔状，半透明，雄蕊 4；雌花花被片 4，基部 1/3 合生，椭圆形，背面被短毛及 1-3 蓝绿色透明螫毛，背生花被片大，广椭圆形，花后增大，长达 2.5mm，包着瘦果，侧生花被片小。瘦果广椭圆状卵形，稍扁，长约 2mm，表面多少带褐色斑点。花期 7-8 月，果期 8-9 月。

生于干山坡及路旁，海拔约 700m。

产地：黑龙江省肇东，辽宁省沈阳、北镇，内蒙古海拉尔、牙克石、新巴尔虎右旗、新巴尔虎左旗、额尔古纳、赤峰、鄂伦春旗、扎兰屯、科尔沁右翼中旗、科尔沁右翼前旗、扎赉特旗、科尔沁左翼后旗、扎鲁特旗、通辽、克什克腾旗、宁城、巴林右旗、阿鲁科尔沁旗、翁牛特旗。

分布：中国（黑龙江、辽宁、内蒙古、河北、山西、陕西、甘肃、新疆、四川），蒙古，俄罗斯，伊朗；中亚，欧洲。

茎皮纤维可用于纺织工业。全草入药，主治风湿、糖尿病等症，也能解虫、蛇咬伤之毒。

89 宽叶荨麻

Urtica laetevirens Maxim.

多年生草本，高 40-100cm，全株淡绿色。茎直立，单一或由叶腋生有短枝，具钝棱，被短毛或无毛，疏被螫毛。叶对生，广卵形或卵形，长 4-9cm，宽 2.5-6cm，先端锐尖或尾状尖，基部广楔形或近心形，边缘有大而疏锐尖锯齿，有缘毛，基出 3 脉，背面脉隆起，两面被短毛，密布短棒状钟乳体；托叶离生，线状披针形；叶柄长 2-3cm，被短毛及螫毛。花单性，雌雄同株；雄花序长，生于茎上部或短枝上部叶腋，雄花花被片 4 深裂，裂片椭圆形，背部被短毛，雄蕊 4，与花被片裂片对生，花丝比花被片长，花药大，黄色；雌花序短，生于雄花序下方叶腋或短枝下部叶腋，花簇断续着生，雌花花被片 4，侧生花被片 2，背生花被片 2，花后增大，广卵形，背部及边缘被长毛，与瘦果等长，包着瘦果，退化子房杯状，半透明。瘦果，卵形，长达 1.5mm。花期 7-8 月，果期 8-9 月。

生于林下阴湿处、峭壁下、岩石裂缝间、林缘、沟谷及溪流旁，海拔 900m 以下。

产地：黑龙江省尚志、饶河、伊春，吉林省临江、安图、汪清、靖宇、长白、抚松，辽宁省清原、西丰、鞍山、新宾、凤城、宽甸、桓仁、庄河，内蒙古扎兰屯。

分布：中国（黑龙江、吉林、辽宁、内蒙古、河北、山西、陕西、甘肃、青海、山东、安徽、河南、湖北、湖南、四川、云南、西藏），朝鲜半岛，日本，俄罗斯。

茎皮纤维供纺织及制绳索用。全草入药，主治风湿、糖尿病等症，并能解虫、蛇咬伤之毒。

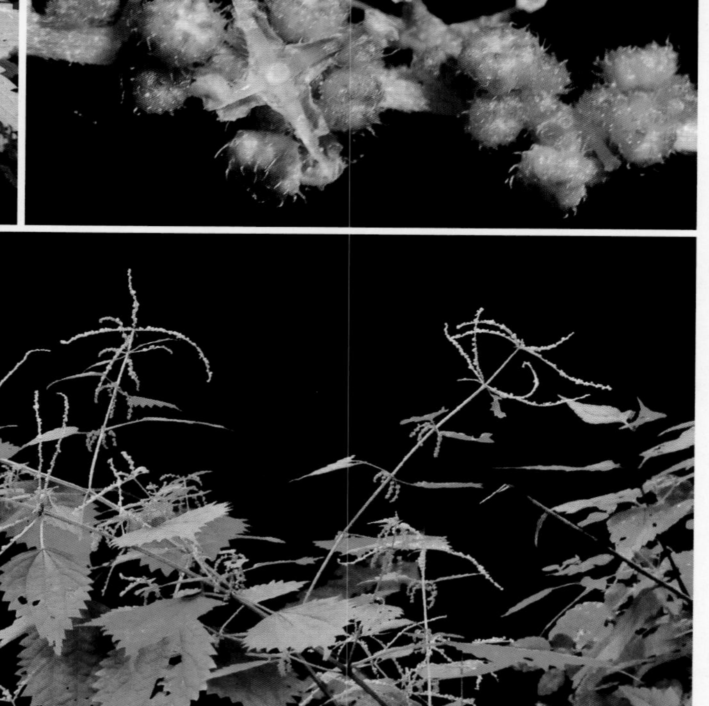

90 欧荨麻

Urtica urens L.

多年生草本，高达60cm。茎直立，丛生，单一或分枝，具棱，密被短毛及螫毛。叶对生，广椭圆状卵形，稀卵形，长6-8cm，宽5-6cm，先端渐尖或锐尖，基部圆形，边缘有大锯齿，两面及边缘被短毛及少数螫毛，密布短棒状钟乳体，背面脉隆起；托叶离生，线状披针形；叶柄长2-3cm，被短毛及螫毛。花单性，雌雄同株，雌雄花混生于同一花序上，花序密穗状，成对腋生，有时花序上只见雌花或雄花，花轴被毛；苞片广椭圆形，被毛；雄花扁球状，中间凹入，花被片4深裂，裂片椭圆形，背部有毛，顶端有宽膜质边，雄蕊4，花药大，黄色；雌花花被片4，背部及边缘有毛，侧生者短小，背生者2枚包着子房，花后增大与子房同形，子房长圆形，柱头画笔状，退化子房杯状。瘦果卵形至广卵形，长约1.5mm，稍扁平。花期（5-）6-7月，果期（6-）7-8月。

生于庭院附近、杂草地及路旁。

产地：辽宁省清原、桓仁、鞍山。

分布：中国（辽宁、青海、新疆、西藏），俄罗斯，土耳其；欧洲，非洲。

茎皮纤维可用于纺织工业。

91 百蕊草 珍珠草

Thesium chinense Turcz.

多年生半寄生柔弱草本，高15-30cm，全株多少被白粉，无毛。根有吸器，常附着于其他植物的根上，具主轴，下部分歧。茎直立或近直立，纤细，圆柱形，具棱，基部多分枝，绿色或带粉白色。叶互生，质稍厚，无柄，线形，长1.5-3cm，宽1-1.5mm，先端渐尖或急尖，具软骨质顶尖，全缘，中脉1条，明显。花两性，绿白色，单一，集生于分枝上，形成圆锥花序，花梗比花短，斜出；苞片1，通常比花长3-4倍，小苞片2，线形，比花长或近等长，苞片与小苞片先端具软骨质尖，边缘粗糙；花筒状钟形，长2.5-3mm，上部5裂，裂片先端锐尖内弯，花筒部与子房合生；雄蕊5，生于花被片裂片基部或近花被片筒喉部；花柱短，不超出雄蕊。果梗长1-2mm；坚果椭圆状球形，长2-2.3mm，径约2mm，黄绿色，表面具纵脉棱，与横生或斜生的侧脉结成网状脉雕纹，花被片裂片宿存。花期5-6月，果期6-7月。

生于干草地、林缘及山坡灌丛，海拔500m以下。

产地：黑龙江省伊春、密山、呼玛、黑河，吉林省前郭尔罗斯、通化、磐石，辽宁省沈阳、抚顺、鞍山、法库、营口、凤城、丹东、东港、大连、盖州、长海、昌图、建昌、锦州、义县、开原、新宾、铁岭，内蒙古克什克腾旗、科尔沁左翼后旗、科尔沁右翼前旗、扎兰屯、科尔沁右翼中旗、奈曼旗。

分布：中国（黑龙江、吉林、辽宁、内蒙古、河北、山西、陕西、甘肃、江苏、河南、江西、湖北、广东、广西、云南），朝鲜半岛，日本，俄罗斯。

全草入药，有清热解毒、消肿之功效，可治感冒发热、扁桃体炎、咽喉炎、支气管炎、肺炎、乳腺炎及疖肿等症。

92 槲寄生 冬青

Viscum coloratum (Kom.) Nakai

半寄生性灌木，高0.3-0.8m。茎、枝均圆柱状，二歧或三歧、稀多歧分枝，节稍膨大；小枝节间长5-10cm，径3-5mm，干后具不规则皱纹。叶对生，稀3枚轮生，厚革质或革质，长椭圆形至椭圆状披针形，长3-7cm，宽0.7-1.5（-2）cm，先端圆形或圆钝，基部渐狭，基出3-5脉；叶柄短。花单性，雌雄异株，花序顶生或腋生；雄花序聚伞状，总花梗无或长达5mm，总苞船形，长5-7mm，有花3朵，中央花具苞片2或无，雄花花蕾时卵球形，长3-4mm，萼片4，卵形，花药椭圆形，长2.5-3mm；雌花序聚伞式穗状，总花梗长2-3mm或无，有花3-5朵，顶生花苞片2或无，交叉对生，苞片1，广三角形，长约1.5mm；雌花花蕾时长卵球形，长约2mm，花托卵球形，萼片4，三角形，长约1mm，柱头乳头状。果球形，径6-8mm，花柱宿存，成熟时淡黄色或橙红色，果皮平滑。花期4-5月，果期9-11月。

寄生于杨树、柳树、梨树、榆树等的树枝上，海拔900m以下。

产地：黑龙江省萝北、伊春、汤原，吉林省桦甸、临江、抚松、靖宇、长白、安图，辽宁省沈阳、鞍山、本溪、岫岩、盖州、开原、新宾、瓦房店、桓仁，内蒙古科尔沁右翼前旗、扎赉特旗、扎兰屯、宁城。

分布：中国（黑龙江、吉林、辽宁、内蒙古、陕西、甘肃、青海、江苏、湖北、湖南、四川、云南、台湾），朝鲜半岛，日本，俄罗斯。

全株入药，有补肝肾、除风湿及强筋骨之功效，内用可治风湿痹痛、腰膝酸软及胎动不安等症，外用可治冻伤。

93 卷茎蓼

Fallopia convolvulus (L.) A. Löve

一年生草本，长 1-1.5m。茎缠绕，具纵棱，基部分枝。单叶互生，卵形或心形，长 2-6cm，宽 1.5-4cm，先端渐尖，基部心形，两面无毛，背面沿叶脉具小突起，全缘；托叶鞘膜质，长 3-4mm，偏斜，无缘毛；叶柄长 1.5-5cm，沿棱具小突起。总状花序，腋生或顶生；花两性，稀疏，下部间断，有时成花簇，生于叶腋；苞片长卵形，先端尖，每苞片有花 2-4 朵；花梗细弱，比苞片长，中上部具关节；花被片 5 深裂，淡绿色，边缘白色，花被片裂片长椭圆形，外面 3 片背部具龙骨状突起或狭翅，花后稍增大；雄蕊 8，比花被片短；花柱 3，极短，柱头头状。瘦果，椭圆形，具 3 棱，长 3-3.5mm，黑色，密被小颗粒，无光泽，包于宿存花被片内。花期 5-8 月，果期 6-9 月。

生于沟旁、湿草地及耕地旁，海拔 700m 以下。

产地：黑龙江省伊春、哈尔滨、呼玛、宝清，吉林省安图、吉林、双辽、大安、汪清，辽宁省彰武、铁岭、抚顺、瓦房店、大连，内蒙古额尔古纳、牙克石、海拉尔、陈巴尔虎旗、鄂温克旗、喀喇沁旗、宁城、敖汉旗、新巴尔虎左旗、巴林右旗、克什克腾旗、阿鲁科尔沁旗、科尔沁左翼后旗、科尔沁右翼前旗、科尔沁右翼中旗。

分布：中国（黑龙江、吉林、辽宁、内蒙古、河北、新疆、山东、江苏、安徽、湖北、四川、贵州、云南、西藏、台湾），朝鲜半岛，日本，蒙古，俄罗斯，伊朗，阿富汗，巴基斯坦，印度，菲律宾；中亚，欧洲，非洲，北美洲。

94 狐尾蓼

Polygonum alopecuroides Turcz. ex Bess.

多年生草本。根状茎肥厚，径 1-2cm，弯曲；茎直立，高 50-90cm，不分枝，无毛。叶纸质，基生叶狭长圆形或长圆状披针形，长 10-15cm，宽 1-2cm，先端渐尖，基部楔形，下延至柄成翅，全缘，表面绿色，背面灰绿色，两面无毛或背面被短柔毛，叶柄长 10-20cm；茎生叶 5-6，披针形或狭披针形，先端渐尖，基部近圆形或微心形，近无柄；托叶鞘筒状，膜质，下部绿色，上部褐色，开裂至中部，无缘毛。花穗顶生，紧密，长 4-7cm，径约 1cm；苞片广椭圆形，具尾状尖，苞内具花 2-3 朵；花梗细弱，比苞片长；花被片 5 深裂，白色或淡红色；雄蕊 8；花柱 3，离生，柱头头状。坚果长卵形，有 3 棱，褐色，有光泽，包于宿存花被片内。花期 6-7 月，果期 7-8 月。

生于山坡湿草地及塔头甸子。

产地：黑龙江省北安、黑河、鹤岗、呼玛、集贤、哈尔滨，吉林省安图，辽宁省法库、阜新，内蒙古额尔古纳、扎鲁特旗、牙克石、阿鲁科尔沁旗、巴林右旗、克什克腾旗、敖汉旗、赤峰、宁城、鄂温克旗、科尔沁右翼前旗、阿荣旗、扎兰屯、陈巴尔虎旗。

分布：中国（黑龙江、吉林、辽宁、内蒙古），朝鲜半岛，俄罗斯。

95 萹蓄蓼

Polygonum aviculare L.

一年生草本，高 10-40cm。茎伏卧或直立，微有棱。枝直立。叶片大小多变化，狭椭圆形、长圆形、长圆状倒卵形、线状披针形或线形，长 5-20mm，宽 1.5-5mm，钝头或微锐尖，灰绿色，叶基部具关节；叶柄短；托叶鞘宽，短锐尖，褐色，有少数脉，通常为 2 裂，后多裂，小枝上的托叶鞘透明膜质，淡白色，有光泽，脉不明显。花 1-5 朵簇生于叶腋；花被片淡绿色，中裂或浅裂，裂片有白色或蔷薇色的狭边，向基部收缩。坚果三棱形，黑色或褐色，有不明显的线纹和小点，无光泽，长 2（-3）mm，比花被片长。花期 4-8 月，果期 6-9 月。

生于荒地、路旁及河边沙地，海拔 600m 以下。

产地：黑龙江省塔河、黑河、富裕、尚志、呼玛、伊春、哈尔滨、密山、安达，吉林省双辽、通榆、安图、和龙、汪清、珲春、抚松、靖宇、临江、长白，辽宁省庄河、清原、沈阳、西丰、开原、法库、丹东、凌源，内蒙古额尔古纳、牙克石、科尔沁右翼前旗、阿尔山、新巴尔虎右旗、扎鲁特旗、克什克腾旗。

分布：中国（全国广布），遍布北半球温带。

全草入药，称“萹蓄”，有清热、利尿之功效，与其他中药配用，可治尿道炎、膀胱炎、急性肾炎及疥癣疮疡等症。

96 稀花蓼

Polygonum dissitiflorum Hemsl.

一年生草本，高 70-100cm。茎直立或下部平卧，分枝，具稀疏的倒生刺，通常疏被星状毛。叶卵状椭圆形，长 4-14cm，宽 3-7cm，先端渐尖，基部戟形或心形，边缘有短缘毛，表面绿色，疏被星状毛及棘毛，背面淡绿色，疏被星状毛，沿中脉有倒生刺；叶柄长 2-5cm，通常被星状毛及倒生刺；托叶鞘膜质，长 0.6-1.5cm，偏斜，有短缘毛。花穗圆锥状，顶生或腋生，花稀疏，间断，花穗梗细，密被紫红色腺毛；苞片漏斗状，长 2.5-3mm，绿色，有缘毛，苞片内具花 1-2 朵；花梗与苞片近等长；花被片 5 深裂，淡红色；雄蕊 7-8，比花被片短；花柱 3，中下部合生。坚果近球形，先端微具 3 棱，暗褐色，包于宿存花被片内。花期 6-8 月，果期 7-9 月。

生于河边、林下阴湿地，海拔 500m 以下。

产地：黑龙江省尚志、哈尔滨，吉林省安图，辽宁省西丰、桓仁、本溪、岫岩、新宾、凤城、鞍山。

分布：中国（黑龙江、吉林、辽宁、河北、山西、陕西、甘肃、浙江、河南、湖北、湖南、四川、贵州），朝鲜半岛，俄罗斯。

全草入药，具有清热解毒、利湿之功效，主治急慢性肝炎、小便淋痛及毒蛇咬伤等症。

97 分叉蓼

Polygonum divaricatum L.

多年生草本，高达 1m。茎叉状分枝，疏散开展，外观轮廓呈球状。叶长圆状线形或长圆形，长 5-12cm，宽 5-20mm，先端锐尖或微钝，通常无毛，基部渐狭，边缘常有缘毛；叶柄极短或无；托叶鞘膜质，斜形，常无毛，在茎中下部多破碎脱落。花穗圆锥状，疏散开展；苞片膜质，内具花 2-3 朵；花梗末端有关节，长 2-2.5mm；花被片白色，5 深裂，裂片有脉，果期稍增大；雄蕊（7-）8；花柱 3，柱头头状。坚果卵状菱形或圆菱形，稀长圆状菱形、三棱形，长 5-6（-7）mm，较花被片长约一倍。花期 6-7 月，果期 8-9 月。

生于山坡草地，海拔 1200m 以下。

产地：黑龙江省大庆、肇东、黑河、克山、伊春、萝北、哈尔滨、安达、漠河、宁安、尚志、齐齐哈尔、依兰、汤原、富裕、呼玛，吉林省镇赉、双辽、吉林、汪清、安图，辽宁省凌源、建平、葫芦岛、锦州、彰武、阜新、丹东、凤城、北镇、西丰、辽阳、鞍山、大连、桓仁、本溪，内蒙古鄂温克旗、牙克石、海拉尔、满洲里、额尔古纳、鄂伦春旗、科尔沁右翼前旗、赤峰、敖汉旗、喀喇沁旗、宁城、翁牛特旗、乌兰浩特、克什克腾旗、巴林右旗、巴林左旗、阿鲁科尔沁旗、阿荣旗、新巴尔虎左旗、扎鲁特旗、科尔沁左翼后旗。

分布：中国（黑龙江、吉林、辽宁、内蒙古、河北、山西、山东），朝鲜半岛，蒙古，俄罗斯。

全草入药，有清热、消积、散瘿及止泻之功效。其根部也可入药，有祛寒、温肾之功效。

98 水蓼

Polygonum hydropiper L.

一年生草本，高 30-80cm。茎红紫色，节常膨大，且具须根，直立或倾斜，单一或分枝，无毛，基部节上生根。叶披针形，长 3-7cm，宽 5-15mm，先端渐尖，基部狭楔形，两面有黑褐色腺点，有辣味；叶柄短；托叶鞘圆筒形，长约 1cm，膜质，疏被短伏毛，上缘有短缘毛。花穗细长，下部常间断，长 4-7cm，腋生或顶生，花疏生；苞片钟形，有腺点，多少有缘毛，花通常 3-5 朵集生于苞内；花梗比苞片长；花被片淡绿色或粉红色，4-5 裂，密被紫红色腺点；雄蕊 6(-8)；花柱 2-3 裂。坚果一面平一面凸，稀近三棱形，暗褐色，有粗点。花果期 7-8 月。

生于水边及路旁湿草地，海拔 1100m 以下。

产地：黑龙江省哈尔滨、尚志、虎林、萝北、孙吴、伊春、依兰，吉林省安图、蛟河、吉林、和龙、抚松、长白，辽宁省凌源、彰武、西丰、新民、沈阳、新宾、本溪、岫岩、凤城、桓仁、大连，内蒙古额尔古纳、宁城、科尔沁左翼后旗、陈巴尔虎旗、鄂温克旗、海拉尔、科尔沁右翼中旗、扎兰屯、鄂伦春旗、翁牛特旗、科尔沁右翼前旗、巴林右旗、克什克腾旗、喀喇沁旗。

分布：中国(黑龙江、吉林、辽宁、内蒙古、河北、山西、陕西、甘肃、江苏、浙江、福建、河南、湖北、广东、广西、云南、西藏)，朝鲜半岛，日本，俄罗斯，土耳其，伊朗，印度，印度尼西亚；中亚，欧洲，北美洲。

99 酸模叶蓼

Polygonum lapathifolium L.

一年生草本，高20-120cm。茎上升或直立，多分枝。叶披针形、长圆形或长圆状椭圆形，长6-11cm，宽1-2cm，先端渐尖，基部楔形，表面绿色，中部常有新月形黑斑（活植物更明显），背面有腺点，中脉和边缘有硬刺毛；叶柄较短，有硬刺毛；托叶鞘筒状较宽，先端截形，无毛。花穗圆锥状，顶生或腋生，圆柱形，密花，长4-6cm，近直立；花序梗长，侧生者较短，密被腺点；苞片漏斗状，上缘斜形，被疏缘毛，内有数花；花被片粉红色或淡绿色，长约3mm，常4裂，有腺点，外侧2裂片有明显突起的脉；花柱2，基部合生，向外弯曲。坚果圆卵形，扁平，微有棱，长2.5-3mm，褐黑色，有光泽，外被宿存的花被片。花果期8月。

生于荒地、沟旁及湿草地，海拔800m以下。

产地：黑龙江省汤原、伊春、尚志、塔河、呼玛、勃利、虎林、密山、哈尔滨、逊克，吉林省安图、珲春、和龙、镇赉、九台、大安、敦化、蛟河、临江、抚松、通化、汪清，辽宁省西丰、铁岭、新宾、海城、营口、大连、普兰店、凌源、建平、沈阳、本溪、宽甸、桓仁、清原、绥中、彰武、锦州、盖州、新民，内蒙古额尔古纳、新巴尔虎右旗、新巴尔虎左旗、扎兰屯、阿尔山、扎鲁特旗、克什克腾旗、海拉尔、翁牛特旗。

分布：中国（黑龙江、吉林、辽宁、内蒙古、河北、山西、山东、安徽、湖北、广东、西藏），朝鲜半岛，日本，蒙古，俄罗斯，土耳其，伊朗；南亚，欧洲，北美洲。

全草入药，有利湿解毒、散瘀消肿及止痒之功效。果实为利尿药，主治水肿、疮毒等症，外用可敷治疮肿、蛇毒等症。

100 耳叶蓼

Polygonum manshuriense V. Petr. ex Kom.

多年生草本，高 60-80cm。根状茎短而粗，近块茎状，黑色。茎直立，单一。叶草质，长圆形或披针形，长约 15cm，宽 2-3cm，先端渐尖，基部楔形，下延至柄，全缘或微波状，背面灰蓝色，无毛；茎中、上部叶无柄，三角状披针形，大小变化较大，基部抱茎，叶耳明显；托叶鞘锈色，膜质，管状，较长，先端斜形，茎上部者浅绿色；基生叶具长柄，长约 15cm。花穗多单一，顶生，圆柱形，长 4-7.5cm；苞片棕色，膜质，椭圆形或长圆形，先端略呈尾状尖；花被片 5 深裂，粉红色或白色；雄蕊 8；花柱 3，细长。坚果卵形，有 3 棱，浅棕色，有光泽，先端尖。花期 6-7 月，果期 8-9 月。

生于山坡湿草地、沟边，海拔 500-1500m。

产地：黑龙江省伊春、尚志、密山、集贤、海林、萝北、宁安、宝清、黑河，吉林省临江、抚松、安图，辽宁省凤城、丹东、凌源、法库、北票、清原，内蒙古牙克石、额尔古纳、宁城、科尔沁右翼前旗、阿尔山、突泉、喀喇沁旗、敖汉旗。

分布：中国（黑龙江、吉林、辽宁、内蒙古），朝鲜半岛，俄罗斯。

根状茎入药，内用可治肝炎、细菌性痢疾、肠炎、慢性气管炎、痔疮出血及子宫出血，外用可治口腔炎、牙龈炎及痈疖肿毒等症。

101 头状蓼

Polygonum nepalense Meisn.

一年生草本，高 60cm。茎直立或倾斜，通常分枝，无毛。叶卵形或三角状卵形、卵状披针形，长 2-4cm，宽 1.5-3cm，先端短尖，稀渐尖，基部楔形，下延至柄，基部扩大成耳状，全缘，背面密生黄色腺点，沿脉被疏伏毛或无毛，边缘微波状；托叶鞘筒状，平截形，淡褐色，膜质；茎下部的叶柄较长，上部近无柄，抱茎。花穗头状，下面有叶状总苞，总苞基部及茎节下面有腺毛；小苞片卵状椭圆形，通常无毛，长 2-3mm，内有花 1 朵；花被片筒状或钟状，长 2-3mm，白色或粉红色，通常 4 裂，裂片钝圆；雄蕊 5-6，花药黑紫色；花柱细长，上部 2 裂，柱头头状。坚果卵形，径约 2mm，先端微尖，双凸面镜形，包于宿存的花被片内。花果期 8 月至 10 月上旬。

生于水边湿地，海拔 1100m 以下。

产地：黑龙江省尚志，吉林省抚松、蛟河、安图、长白，辽宁省宽甸、桓仁、本溪、凤城、庄河、岫岩、大连、普兰店、清原，内蒙古突泉、巴林右旗、宁城。

分布：中国（黑龙江、吉林、辽宁、内蒙古、河北、山西、陕西、甘肃、江苏、安徽、浙江、福建、广东、四川、云南），朝鲜半岛，日本，俄罗斯，伊朗；中亚，南亚，非洲。

102 倒根蓼

Polygonum ochotense V. Petr. ex Kom.

多年生草本，高 15-40cm。根状茎粗壮，弯曲，黑褐色。茎直立，无毛。基生叶近革质，卵状披针形或长圆状披针形，长 5-8cm，宽 1.5-3cm，先端渐尖，基部圆形或微心形，微下延至柄，表面绿色，无毛，背面密被灰白色短柔毛，边缘反卷；茎生叶较小，卵状披针形，具短柄，上部叶抱茎；叶柄长 6-10cm；托叶鞘筒状，膜质，被短柔毛，下部绿色，上部褐色，开裂至中部，无缘毛。花穗短穗状，长 2-3cm，径 1-1.5cm，紧密；苞片膜质，褐色，先端长渐尖，具芒尖；花梗细弱，顶端具关节；花被片淡红色，5 深裂；雄蕊 8，比花被片长，花药紫色；花柱 3，细长，伸出花被片，柱头头状。坚果长卵形，有 3 棱，褐色，有光泽，包于宿存的花被片内。花期 7-8 月，果期 8-9 月。

生于高山冻原，海拔 2300-2600m。

产地：吉林省长白、抚松、安图。

分布：中国（吉林），朝鲜半岛，俄罗斯。

根状茎入药，有清热、解毒及收敛之功效。

103 东方蓼 水红花子

Polygonum orientale L.

一年生草本，高达2m。茎粗壮，直立，有分枝，多少被密毛或伏毛。叶广椭圆形、稀近圆形或卵状披针形，长10-20cm，宽6-12cm，先端锐尖，基部圆形，稀微心形或微楔形，两面被疏长毛及暗色小点，网状脉明显凸出；托叶鞘围绕茎节有细长毛，先端常有绿色叶状向外平展的绿色圈，茎上部托叶鞘为干膜质状的画筒，有长缘毛，常破裂成片；叶柄明显。花穗生于枝端或叶腋，长2-7cm，常下弯，具稠密的花；花梗长，有毛；苞片托叶鞘状，外被疏长毛，内无毛，广卵形；花两性，花被片粉红色或白色，5深裂，裂片椭圆形；雄蕊7，超出花被片，花盘分裂成数个腺状；子房上位；花柱2，基部合生，柱头头状。坚果近圆形，扁平，中部凹下，黑色，有光泽，包于花被片内。花果期8-9月。

生于荒地、沟旁，海拔500m以下。

产地：黑龙江省呼玛、尚志、牡丹江、密山、齐齐哈尔、哈尔滨、虎林，吉林省安图、和龙、珲春、通榆、抚松、靖宇、长白、临江、吉林，辽宁省西丰、铁岭、北镇、新民、沈阳、新宾、凤城、丹东、盖州、桓仁、普兰店、营口、大连、抚顺、辽阳，内蒙古科尔沁左翼后旗、科尔沁右翼前旗、敖汉旗。

分布：中国（黑龙江、吉林、辽宁、内蒙古、河北、陕西、新疆、江苏、广东、云南），朝鲜半岛，日本，俄罗斯，菲律宾，印度；中亚，欧洲，大洋洲。

104 太平洋蓼

Polygonum pacificum V. Petr. ex Kom.

多年生草本，高 30-100cm。根状茎肥厚，常弯曲成钩状，黑色，横切面微红色；茎每 1-3 着生于根状茎上，不分枝，直立，细弱，禾秆色或褐绿色，有光泽。叶近革质，长圆状卵形或卵状三角形，长约 12cm，宽 4-6cm，先端渐狭或短尖，基部微心形或圆截形，脉明显，全缘；茎下部叶柄较短，叶片卵形或长圆状披针形，基部微心形或圆形；茎上部叶无柄，抱茎，叶耳发达，上部 1-2 节无叶，仅具托叶鞘或丝状小叶；基生叶有长柄，长可达 20cm，上部多少有翼；托叶鞘膜质，筒状，锈褐色，长达 7cm，枯后撕裂残存于根状茎上，茎上部者褐绿色，上部锈色，膜质。花穗单一，顶生，圆柱形，花密生；苞片膜质，锈色，广椭圆形，先端尾状尖，苞片内具花 1-3 朵；花被片粉红色，5 裂；雄蕊 8，花药粉红色；花柱 3，柱头头状。坚果广卵形，有 3 棱，棕黑色，有光泽，先端尖。花果期 7-9 月。

生于沟谷、林缘、湿地及山坡草地，海拔 600m 以下。

产地：黑龙江省尚志、伊春、穆棱、宁安，吉林省汪清、敦化，辽宁省喀左、本溪、桓仁、宽甸，内蒙古宁城、翁牛特旗。

分布：中国（黑龙江、吉林、辽宁、内蒙古、河北），朝鲜半岛，俄罗斯。

105 穿叶蓼

Polygonum perfoliatum L.

多年生蔓性草本。茎有棱，带红褐色，有倒生刺，长约2m，无毛。叶质薄，近正三角形，底边长3-8cm，高2-5cm，先端微尖，基部截形或微心形，全缘，表面绿色，无毛，背面沿脉有倒生刺；叶柄长2-8cm，无毛，有倒生刺，微盾状着生；托叶鞘叶状，近圆形，径2-3cm，穿茎。花穗顶生或生于茎上部叶腋，通常包于鞘内，长1-3cm，花多数；苞片无毛，苞片内具花2-4朵；花被片5裂，裂片白色或粉红色，果期增大，肉质，蓝色；雄蕊8；花柱3，中下部合生。坚果球形，径约3mm，黑色，有光泽，包于宿存花被片内。生于湿草地、河边、路旁。

产地：黑龙江省密山、虎林、伊春、宁安、尚志、哈尔滨、黑河、宝清，吉林省蛟河、安图、珲春，辽宁省西丰、北镇、本溪、桓仁、丹东、岫岩、新宾、宽甸、清原、鞍山、大连、长海，内蒙古科尔沁左翼后旗、扎兰屯、科尔沁右翼前旗、宁城。

分布：中国（黑龙江、吉林、辽宁、内蒙古、河北、陕西、甘肃、山东、江苏、浙江、福建、河南、安徽、江西、湖北、湖南、广东、广西、海南、四川、贵州、云南、西藏、台湾），朝鲜半岛，日本，俄罗斯，土耳其，伊朗；南亚，北美洲。

全草入药，有败毒抗癌、消炎退肿及除水祛湿之功效。

106 桃叶蓼

Polygonum persicaria L.

一年生草本，高 40-80cm。茎下部斜卧，上部直立或全株直立，单一或分枝。叶披针形或线状披针形，长 4-10cm，宽 5-20mm，先端长渐尖，基部楔形，两面平滑或被疏毛，中脉与边缘具硬刺毛；托叶鞘紧包着茎，疏被伏毛，上部有长缘毛；茎下部叶有柄，上部叶近无柄。花穗圆锥状，顶生或腋生；花序梗微有腺毛；花穗密花，长 1.5-5cm，直立；苞片漏斗状，红紫色，先端斜形，疏被缘毛；花被片粉红色或白色，5 深裂，长约 3mm；雄蕊 5-7，通常 6；花柱 2（-3）。坚果广卵形，两侧扁平或稍凸，稀近三棱形，黑褐色，有光泽。花果期 6-9 月。

生于水湿地，海拔 1700m 以下。

产地：黑龙江省伊春、依兰、呼玛，吉林省安图、通化、珲春、镇赉、抚松、临江、长白、和龙，辽宁省庄河、普兰店、西丰、北镇、宽甸、本溪，内蒙古科尔沁左翼后旗、鄂温克旗、牙克石、科尔沁右翼前旗、科尔沁右翼中旗、扎赉特旗、新巴尔虎左旗、满洲里、克什克腾旗、宁城。

分布：中国（黑龙江、吉林、辽宁、内蒙古、广西、四川、贵州、华北、西北*、华中），朝鲜半岛，日本，俄罗斯；中亚，欧洲，非洲，北美洲。

全草入药，有发汗除湿、消食止泻之功效。

* 本书西北地区含内蒙古西部。

107 长尾叶蓼

Polygonum posumbu Buch.-Hamilt. ex D. Don

一年生草本，高30-50cm。茎基部横卧或上升，再直立，平滑，有纵沟。叶质薄，广披针形，长4-9cm，宽1.5-3cm，先端尾状尖，基部狭楔形，两面近平滑或沿脉被疏伏毛，边缘有缘毛；叶柄短；托叶鞘平滑或沿脉有伏硬毛，上缘有长缘毛，毛常比托叶鞘长。花穗单一或多数，形成稀疏的圆锥花序；花序梗细；花穗细长，线形，长3-8cm，间断，下部更明显；苞片漏斗状，微紫红色，先端斜形，边缘有长缘毛，内具花1-4朵；花梗平滑无毛，比苞片长得多；花被片紫红色，无腺点；雄蕊比花被片短；花柱3。坚果三棱形，长约2mm，黑色，有光泽，包于宿存的花被片内。花果期7-9月。

生于山坡灌丛中，海拔1100m以下。

产地：黑龙江省哈尔滨，吉林省珲春、安图、抚松，辽宁省宽甸、桓仁、大连、本溪、凤城、丹东。

分布：中国（黑龙江、吉林、辽宁、陕西、甘肃、江苏、河南、湖北、江西、湖南、广东、四川、云南），朝鲜半岛，日本，俄罗斯，马来西亚；南亚。

108 箭叶蓼

Polygonum sieboldii Meisn.

一年生草本。茎细长，蔓生或半直立，长约 1m，有 4 棱，沿棱有倒生刺，无毛。叶质较薄，长卵状披针形或长圆状披针形，长 5-10cm，宽 1.5-2.5cm，先端锐尖或微钝，基部深凹缺，具卵状三角形的叶耳，呈箭头形，两面无毛，仅背面沿中脉有倒生刺；叶柄长 2cm，棱上有倒生刺；托叶鞘长 5-10mm，膜质，无毛，斜形。花穗头状，顶生，通常成对，密花，梗平滑无毛；苞片长卵形，锐尖；花被片 5 裂，白色或粉红色，长约 3mm；雄蕊 8；花柱 3，下部合生。坚果卵形，有 3 棱，长约 3mm，黑色。花果期 8-9 月。

生于山路旁、水边，海拔 1000m 以下。

产地：黑龙江省饶河、密山、虎林、桦川、鸡西、尚志、伊春、萝北、呼玛，吉林省九台、敦化、安图、抚松、集安、和龙、汪清、珲春、蛟河、长白，辽宁省凌源、沈阳、鞍山、本溪、宽甸、桓仁、彰武、葫芦岛、西丰、北镇、清原、凤城、岫岩、庄河、普兰店、大连，内蒙古科尔沁左翼后旗、牙克石、扎兰屯、鄂温克旗、鄂伦春旗、科尔沁右翼前旗、扎赉特旗、巴林右旗、喀喇沁旗、宁城、敖汉旗。

分布：中国（黑龙江、吉林、辽宁、内蒙古、河北、陕西、甘肃、山东、江苏、浙江、河南、湖北、四川、贵州、云南、台湾），朝鲜半岛，日本，俄罗斯。

109 戟叶蓼

Polygonum thunbergii Sieb. et Zucc.

一年生草本。茎直立或上升，四棱形，沿棱有倒生刺，下部有时伏卧，具细长的匍匐枝。叶戟形，长 3-9cm；茎中部叶卵形，宽约 3.5cm，先端渐尖，下方两侧具叶耳，卵状三角形，钝圆，基部截形或微心形，边缘有短缘毛，表面疏被伏毛，背面沿脉被伏毛，叶柄长 5-40mm，具狭翅及刺毛；茎上部叶近无柄；托叶鞘斜圆筒形，膜质，具脉纹，先端有缘毛，或具向外反卷的叶状边。花穗聚伞状，顶生或腋生，有花 5-10 朵或稍多；花穗梗被腺毛及短毛；苞片绿色，被毛；花梗短；花被片 5 裂，白色或粉红色。坚果卵圆形，有 3 棱，黄褐色，平滑，包于宿存的花被片内。花期 6-9 月，果期 7-10 月。

生于湿草地及水边，海拔 1400m 以下。

产地：黑龙江省依兰、尚志、宁安、伊春，吉林省集安、桦甸、磐石、舒兰、安图、抚松、蛟河、通化、吉林、九台、长春、长白、和龙、汪清、珲春，辽宁省西丰、沈阳、鞍山、营口、桓仁、本溪、清原、抚顺、宽甸、岫岩、普兰店、大连、凤城，内蒙古科尔沁左翼后旗、扎兰屯、新巴尔虎左旗。

分布：中国（黑龙江、吉林、辽宁、内蒙古、河北、陕西、甘肃、山东、江苏、湖北、四川、贵州、云南、西藏、台湾、华南），朝鲜半岛，日本，俄罗斯。

全草入药，具有清热解毒、止泻之功效，主治毒蛇咬伤、泻痢等症。

110 香蓼

Polygonum viscosum Buch.-Hamilt. ex D. Don

一年生草本，高达1m以上。茎直立，下部倾斜，匍匐生根，密被长毛。叶披针形或广披针形，长5-13cm，宽1-3cm，沿中脉有长毛，其余部分被短伏毛，基部下延至柄成狭翼，被长毛；托叶鞘圆筒形，长约1cm，较宽，被长毛，上缘有缘毛。花穗圆柱形，长3-5cm，径3-5（-8）mm；花序轴密被长毛及腺毛；苞片微紫绿色，疏被长毛和腺点；花有短梗；花被片紫红色或粉红色；雄蕊8；花柱3。坚果卵状三棱形，黑褐色，有光泽。花果期8-9月。

生于荒地、水边草地，海拔约200m。

产地：黑龙江省尚志，吉林省敦化、蛟河、吉林、安图、通化、集安，辽宁省新宾、桓仁、本溪、凤城、大连、庄河、清原、沈阳、辽阳、鞍山。

分布：中国（黑龙江、吉林、辽宁、河北、江苏、浙江、福建、河南、湖北、江西、广东、贵州、云南、台湾），朝鲜半岛，日本，俄罗斯，印度。

叶片含有辛辣的挥发油。有理气除湿，健胃消食的药用价值。

111 珠芽蓼

Polygonum viviparum L.

草本。茎直立，高 15-60cm，不分枝，通常 2-4 条自根状茎发出。基生叶长圆形或卵状披针形，长 3-10cm，宽 0.5-3cm，先端尖或渐尖，基部圆形、近心形或楔形，两面无毛，边缘脉端增厚，反卷，叶柄长；茎生叶较小，披针形，近无柄；托叶鞘筒状，膜质，下部绿色，上部褐色，偏斜，开裂，无缘毛。花穗顶生，紧密，下部生珠芽；苞片卵形，膜质，内具花 1-2 朵；花梗细弱；花被片 5 深裂，白色或淡红色，花被片椭圆形，长 2-3mm；雄蕊 8，花丝不等长；花柱 3，下部合生，柱头头状。坚果卵形，具 3 棱，深褐色，有光泽，长约 2mm，包于宿存花被片内。花期 5-7 月，果期 7-9 月。

生于高山冻原、山坡阔叶林下及岩石间，海拔 1400-2600m。

产地：黑龙江省海林，吉林省抚松、安图、长白，内蒙古额尔古纳、根河、扎兰屯、阿尔山、克什克腾旗、巴林右旗、宁城、牙克石、科尔沁右翼前旗。

分布：中国（黑龙江、吉林、内蒙古、河北、山西、陕西、甘肃、青海、新疆、河南、湖北、四川、西藏），朝鲜半岛，日本，蒙古，俄罗斯，哈萨克斯坦，印度；欧洲，北美洲。

为家畜的良质饲料。根状茎可入药，有清热解毒、散瘀止血之功效。

112 酸模

Rumex acetosa L.

多年生草本，高 60-110cm。茎直立，通常单一，径 3-5（-8）mm。叶卵状长圆形，长 2.5-11cm，宽 1.5-3.5cm，先端钝或尖，基部箭形，有时近戟形，全缘或微波状缘；茎上部叶较狭小，无柄，披针形；基生叶及茎下部叶有长柄；托叶鞘筒状，膜质，长 1-2cm，后破碎。圆锥花序，顶生，分枝稀疏，纤细而弯曲；花单性，雌雄异株，每节数花簇生，花梗中部有关节，花被片 6；雄花花被片直立，椭圆形，2 轮排列，外花被片较小，雄蕊 6，花丝极短，花药大，长约 2mm；雌花外花被片反折向下，紧贴花梗，内花被片花后增大，近圆形，径约 3mm，基部心形，全缘，具网纹，子房 1 室，柱头画笔状，紫红色。坚果三棱形，两端尖，长约 2mm，宽约 1mm，暗褐色，有光泽，包于宿存的花被片内。花期 6-7 月，果期 7-8 月。

生于林缘、路旁及山坡湿草地，海拔 2100m 以下。

产地：黑龙江省五常、延寿、方正、海林、宁安、牡丹江、东宁、林口、密山、鸡西、集贤、宝清、桦南、勃利、虎林、饶河、汤原、伊春、嫩江、黑河、呼玛、尚志，吉林省安图、磐石、抚松、桦甸、汪清，辽宁省西丰、开原、昌图、沈阳、北镇、宽甸、本溪、丹东、营口、鞍山、大连、清原、凤城、桓仁、新宾，内蒙古额尔古纳、根河、阿尔山、海拉尔、牙克石、陈巴尔虎旗、鄂伦春旗、鄂温克旗、新巴尔虎右旗、扎赉特旗、阿鲁科尔沁旗、克什克腾旗、喀喇沁旗、宁城、科尔沁右翼前旗、科尔沁右翼中旗、乌兰浩特、科尔沁左翼后旗、巴林右旗。

分布：中国（黑龙江、吉林、辽宁、内蒙古、河北、山西、陕西、新疆、江苏、浙江、湖北、四川、云南、台湾），朝鲜半岛，日本，俄罗斯，哈萨克斯坦；欧洲，北美洲。

叶可食。全草入药，对治疗皮肤病、疥癣等症有效。

113 洋铁酸模 洋铁叶

Rumex patientia L. var. **callosus** Fr. Schmidt ex Maxim.

多年生草本，高 70-120cm。根圆锥形。茎粗壮直立，有沟槽。叶卵状披针形，长约 20cm，宽 7cm 以上，先端渐狭，锐尖或钝，基部微心形或圆形，边缘皱波状；茎上部叶披针形至线状披针形，基部近楔形；基生叶和茎下部叶叶柄粗壮，半圆柱形，长 4-8cm，茎上部叶柄渐短；托叶鞘膜质，微浅褐色，常破碎脱落。花两性，多花簇生，近轮状，构成大型圆锥花序，下部常间有少数小叶片；花被片 6，外花被片果期微向下反折；内花被片 3，卵形或椭圆形，无瘤，果期增大为圆心形或广心形，长 5-6mm，宽 5-7mm，基部浅心形，全缘或下部微有齿，膜质，棕褐色，网脉纹突起，皆具小瘤，瘤大小多变化。坚果卵形，有 3 棱，先端渐尖，棕褐色，有光泽。花期 6-9 月，果期 10 月。

生于草甸、河边及湖边湿地。

产地：黑龙江省嘉荫、哈尔滨，吉林省长春、安图，辽宁省沈阳、盖州、大连、桓仁、葫芦岛、瓦房店、新民、庄河、清原、本溪，内蒙古克什克腾旗。

分布：中国（黑龙江、吉林、辽宁、内蒙古、河北），朝鲜半岛，俄罗斯。

根含鞣质，可提制栲胶。

114 兴安鹅不食

Arenaria capillaris Poiret

多年生草本，植株密丛生，垫状，高 10-20cm。根木质，粗而多头，带黑褐色或灰褐色，微具皱纹。茎直立，纤细无毛。基生叶簇生，狭线状锥形，长 2.5-6cm，成对抱合而稍连生，先端渐尖，边缘稍内卷，两面鲜绿色，无毛，背面具隆起的粗脉 1；茎生叶对生，长 0.5-2.5cm，基部抱茎而稍连生。聚伞花序顶生；花梗纤细，直立，长 1-2cm，通常无毛；苞小，卵状披针形，边缘宽膜质，渐尖；萼片长卵形或椭圆状卵形，长 4-5mm，先端带急尖，边缘宽膜质，背部具凸起的中脉 1，无毛；花瓣白色，匙形，长 7-8mm，先端圆或微凹；雄蕊 10，比花瓣短，花丝基部合生；子房近无柄，花柱 3。蒴果卵状椭圆形，长 5-6mm，3 瓣裂，每裂瓣再次 2 裂，具多数种子。种子近卵形，褐色，两面稍扁，边缘具疣状突起。花期 6-7 月，果期 7-8 月。

生于多石质干山坡及山顶，海拔 400-1000m。

产地：内蒙古科尔沁右翼前旗、科尔沁左翼后旗、满洲里、牙克石、根河、额尔古纳、鄂温克旗、阿尔山、通辽、巴林右旗、克什克腾旗、扎赉特旗、扎鲁特旗、林西。

分布：中国（内蒙古），蒙古，俄罗斯。

115 毛轴鹅不食

Arenaria juncea M. Bieb.

多年生草本，高 20-60cm。主根粗大，纺锤形或圆锥形，径 2cm，褐色或黑褐色，多头。茎直立，丛生，基部无毛，上部被多细胞腺毛。基生叶簇生，狭线形，较刚硬，长 12-30cm，宽约 1mm，先端渐尖，基部加宽抱合成束状，边缘疏被细齿状短毛，有时内卷，两面绿色，具脉 1；茎生叶对生，向上渐短，长 2-12cm，先端尖，基部加宽，合成短鞘包茎。伞房状聚伞花序，顶生，密被腺毛；花梗长 1-3cm，直立，果期长达 20cm；苞小，卵状披针形，密被腺毛，边缘膜质；萼片 5，卵形或卵状披针形，先端渐尖，边缘膜质，背部被腺毛，稀无毛，具脉 3；花瓣 5，白色，长倒卵形，先端圆，向基部渐狭，比萼片长；雄蕊 10，花丝基部稍合生；花柱 3。蒴果卵形，6 瓣裂，裂片向外反曲。种子多数，近歪卵形或扁卵形，黑褐色，有钝瘤状突起。花期 7-8 月，果期 8-9 月。

生于干山坡、河边草地及草甸，海拔 1300m 以下。

产地：黑龙江省伊春、宁安、依兰、宝清、虎林、饶河、萝北、北安、富裕、嫩江、黑河、呼玛，辽宁省法库，内蒙古根河、额尔古纳、牙克石、陈巴尔虎旗、扎赉特旗、海拉尔、鄂温克旗、鄂伦春旗、阿尔山、通辽、科尔沁右翼前旗、翁牛特旗、巴林右旗、巴林左旗、喀喇沁旗、宁城、扎鲁特旗。

分布：中国（黑龙江、辽宁、内蒙古、河北、山西、陕西、甘肃、宁夏、新疆），朝鲜半岛，日本，蒙古，俄罗斯。

根入药，有清热凉血之功效。

种内变化：光轴鹅不食（无毛老牛筋）（*Arenaria juncea* M. Bieb. var. *glabra* Regel）茎基部无淡褐色长而硬的枯萎叶茎，茎上部、花序、苞及萼片均无毛，梗较细，萼片及花瓣较短，花序为圆锥状聚伞形。

116 鹅不食草

Arenaria serpyllifolia L.

一年生草本，高10-20cm。根须根状，细长。茎簇生，直立，叉状分枝，密被白色弯曲短毛。叶无柄，卵形，长3-7mm，宽2-3mm，先端稍尖，基部稍圆，边缘有缘毛，两面疏被短柔毛及腺点，通常有弧形脉5-7，茎最下部的2-3对叶小，倒卵状匙形。花单生于茎上部叶腋或茎端，呈聚伞花序；花梗纤细，直立，密被弯曲短毛，长6-10mm；萼片5，卵状披针形，长3-4mm，先端渐尖，有明显3脉，表面被柔毛，具白色的宽膜质边；花瓣5，白色，倒卵形或卵状披针形，长为萼片的1/3-1/2，先端钝，全缘；雄蕊10；子房卵形，光滑无毛，花柱3，线形。蒴果卵形，比萼片稍长，3瓣裂，每瓣片再2裂。种子多数，细小，肾形或圆肾形，淡褐色至黑色，表面具条状突起。花期5-6月，果期6-7月。

生于多石质山坡、路旁及荒地，海拔300m以下。

产地：辽宁省大连、丹东。

分布：中国（全国广布），朝鲜半岛，日本，俄罗斯，土耳其；中亚，欧洲。

全草入药，具有清热明目、解毒之功效，主治肺结核、急性结膜炎、结石病、睑腺炎及咽喉痛等症。

117 毛蕊卷耳

Cerastium pauciflorum Stev. ex Ser. var. **oxalidiflorum** (Makino) Ohwi

多年生草本，高 35-60cm，全株被毛。根状茎稍斜生，通常由下部节抽生出数茎而成丛生状；茎单一，下部被稍开展毛，上部被短腺毛，有时下部叶腋生出不育枝。茎下部叶较小，倒披针形；中部叶渐大，广披针形或卵状披针形，长 3-8cm，宽 1-2.4cm，先端尖或稍钝，基部楔形，两面及边缘均被毛，中脉明显；上部叶较小。花较少，通常 7-10 朵，于茎顶成二歧聚伞花序；花梗密被短腺毛；苞小，草质，淡绿色，被腺毛；萼片 5，卵圆形至长卵形；花瓣 5，白色，倒披针状长圆形，全缘或微凹，长为萼片的 1.5-2 倍，基部边缘有缘毛；雄蕊 10，花丝下部疏被长毛；花柱 5。蒴果圆筒形，长为萼的 2-3 倍，10 齿裂。种子卵圆形，稍扁，表面被疣状突起。花期 5-7 月，果期 7-8 月。

生于林下、林缘及河边湿草地，海拔 800m 以下。

产地：黑龙江省黑河、密山、虎林、饶河、富锦、哈尔滨、尚志、伊春，吉林省临江、蛟河，辽宁省抚顺、清原、新宾、西丰、本溪。

分布：中国（黑龙江、吉林、辽宁），朝鲜半岛，日本，俄罗斯。

118 石竹

Dianthus chinensis L.

多年生草本，高 30-75cm，全株无毛。茎单一或簇生，直立，无毛，上部分枝。叶平展，稍下倾，线状披针形，长 3-6cm，先端渐尖，基部渐狭，全缘或有细小齿，两面无毛，灰绿色，主脉 3-5，中脉明显。花单一或 2-3 朵簇生成稀疏的聚伞花序，花径 2.5-3.5cm；花梗长 1-3cm；苞片 4-6，卵形，先端长渐尖，边缘膜质，有缘毛；花萼圆筒状，长达 2cm，先端 5 裂，裂片披针形，直立，常带紫色；花瓣 5，近三角形，先端齿状裂，鲜红色、粉红色、紫红色或白色，下部具长爪，长 1.6-1.8cm，喉部具暗色彩圈，疏被须毛；雄蕊 10，花药蓝色；子房长圆形，花柱线形。蒴果长圆筒形，与萼近等长，长约 2.5cm，先端 4 齿裂。种子卵形或倒卵形，长约 2.5mm，灰黑色，边缘具狭翅。花期 6 月上旬至 9 月，果期 7 月下旬至 10 月。

生于草甸、灌丛、林缘、疏林下及火烧迹地，海拔 1700m 以下。

产地：黑龙江省伊春、黑河、孙吴、宁安、北安、尚志、宝清、虎林、哈尔滨、饶河、富锦、密山、绥芬河、大庆、嘉荫、萝北，吉林省安图、和龙、敦化、吉林、珲春、汪清、蛟河、临江，辽宁省北镇、盖州、普兰店、瓦房店、绥中、岫岩、丹东、本溪、喀左、桓仁、庄河、西丰、沈阳、凤城、锦州、葫芦岛、建平、鞍山、凌源、兴城、大连、铁岭、清原、法库，内蒙古额尔古纳、鄂伦春旗、陈巴尔虎旗、牙克石、阿荣旗、科尔沁右翼前旗、科尔沁右翼中旗、阿尔山、宁城、克什克腾旗、翁牛特旗、巴林右旗、赤峰。

分布：中国（全国广布），朝鲜半岛。

为观赏花卉。花的浸膏或净油可配制高级香精。根或全草入药，具有清热利尿、破血通经及散瘀消肿之功效。

种内变化：火红石竹［*Dianthus chinensis* L. f. *ignescens*（Nakai）Kitag.］植株较矮，分枝较少，瓣片火红色。

119 瞿麦

Dianthus superbus L.

多年生草本，高50-60cm，有时更高。茎丛生，直立，绿色，无毛，上部分枝。叶线状披针形，长5-10cm，宽3-5mm，先端锐尖，基部合生成鞘状，中脉明显，绿色，有时带粉绿色。花1-2朵，顶生或腋生；苞片2-3对，倒卵形，长6-10mm，约为花萼的1/4，宽4-5mm，先端长尖；花萼圆筒形，长2.5-3cm，径3-6mm，常染紫红色晕；萼齿披针形，长4-5mm；花瓣长4-5cm，爪长1.5-3cm，包于萼筒内，瓣片广倒卵形，流苏状深裂至中部或中部以上，裂片再次细裂成狭线形或丝状小裂片；雄蕊和花柱微外露。蒴果圆筒形，与宿存萼等长或微长，先端4裂。种子扁卵圆形，长约2mm，黑色，有光泽。花期6-9月，果期8-10月。

生于山坡草地、草甸及林下，海拔1900m以下。

产地：黑龙江省呼玛，吉林省抚松、安图，内蒙古陈巴尔虎旗、克什克腾旗、翁牛特旗、阿尔山、新巴尔虎左旗、鄂温克旗、扎兰屯、科尔沁右翼前旗、阿鲁科尔沁旗、巴林左旗、巴林右旗、扎鲁特旗、科尔沁左翼后旗、喀喇沁旗、宁城。

分布：中国（黑龙江、吉林、内蒙古、河北、青海、新疆、山东、江苏、浙江、河南、湖北、江西、四川、贵州），朝鲜半岛，日本，蒙古，俄罗斯，哈萨克斯坦；欧洲。

全草入药，有清热、利尿、破血及通经之功效。

120 浅裂剪秋萝

Lychnis cognata Maxim.

多年生草本，高 25-90cm，全株疏被弯曲长毛。根多数，纺锤形，肉质。茎直立，中空，单一或上部分枝。叶长圆状披针形、长圆形或长圆状卵形，长 3-11cm，宽 1.5-4.5cm，先端渐尖，基部楔形或圆楔形，边缘及脉有硬毛，两面疏被硬毛，无柄或有短柄。伞房花序或聚伞花序顶生，有花 3-5（-7）朵或单生于上部叶腋；花梗长 0.5-1.2cm，被短柔毛；苞片 2，披针形，被毛；花萼筒状棍棒形，长 2-3cm，具 10 脉，无毛，稀疏被长毛；萼齿三角形，锐尖，花后上部膨大；花瓣 5，橙红色或淡红色，2 浅裂或微凹，先端有齿或全缘，两侧基部各有 1 丝状小裂片，爪部稍长于萼或近等长，爪与花瓣间具 2 鳞片状附属物，暗红色，稍厚；雄蕊 10；子房棍棒形，花柱 5。蒴果长卵形，5 瓣裂，裂片先端反卷。种子圆肾形，熟时黑褐色，表面被疣状突起。花期 7-9 月，果期 8-9 月。

生于路旁、灌丛、草甸及林下，海拔 1000m 以下。

产地：黑龙江省伊春、尚志，吉林省和龙、汪清、安图、抚松、蛟河、临江，辽宁省西丰、清原、铁岭、庄河、宽甸、桓仁、新宾、本溪、岫岩、鞍山，内蒙古克什克腾旗、宁城、喀喇沁旗。

分布：中国（黑龙江、吉林、辽宁、内蒙古、河北、山西、山东），朝鲜半岛，俄罗斯。

121 大花剪秋萝

Lychnis fulgens Fisch.

多年生草本，高（25-）50-80cm，全株被弯曲长柔毛。根纺锤形，肉质。茎直立，中空，单一或上部稍分枝。叶卵形、椭圆形或卵状长圆形，长3.5-10cm，宽1.5-4cm，先端渐尖，基部圆形，两面及边缘被硬毛，近无柄。二歧聚伞花序，顶生，有花2-3朵或更多，花径3.5-5cm；花梗长5-15mm，密被长柔毛；苞片2，长圆状披针形；花萼筒状棍棒形，长1.5-2.5cm，具10脉，被白色长柔毛，沿脉显著；萼齿三角形，先端锐尖，花后上部膨大；花瓣5，径约3.5cm，2深裂，先端稍有细齿，裂片基部两侧各具1丝状小裂片，爪与花瓣间具2鳞片状附属物，稍肉质；雄蕊10；子房棍棒形，花柱5。蒴果长卵形，长12-14mm，5瓣裂，裂片先端反卷。种子圆肾形，长约1.2mm，熟时黑褐色，表面被疣状突起。花期6-7月，果期8-9月。

生于草甸、林缘、灌丛及林下，海拔1600m以下。

产地：黑龙江省呼玛、黑河、萝北、嫩江、虎林、密山、宁安、孙吴、饶河、富锦、集贤、哈尔滨、尚志、伊春、鹤岗，吉林省安图、抚松、汪清、敦化、舒兰、蛟河、珲春，辽宁省开原、清原、新宾、桓仁、本溪、宽甸、凤城、凌源，内蒙古扎兰屯、额尔古纳、鄂伦春旗、牙克石、莫力达瓦达斡尔旗。

分布：中国（黑龙江、吉林、辽宁、内蒙古、河北、山西、四川、云南），朝鲜半岛，日本，俄罗斯。

122 鹅肠菜

Malachium aquaticum (L.) Fries

二年生或多年生草本，高 20-80cm。茎下部伏卧，无毛，上部直立，二歧分枝，被腺毛及长毛，秋季由基部生出多数不育枝。叶椭圆状卵形或长圆状卵形，稀卵形，长 2-6cm，宽 1-2cm，先端急尖，基部圆形或近心形，两面无毛，中脉明显；茎下部叶有柄，长 2cm，具狭翅，有缘毛；茎中上部叶无柄。二歧聚伞花序顶生，较开展；花梗长 1-2cm，密被腺毛，花后下弯；苞叶状，较小，绿色，边缘有腺毛；萼片卵状披针形或长卵形，先端钝，边缘狭膜质，背部被腺毛，脉不明显；花瓣白色，2 深裂，裂片长圆形，先端尖；雄蕊 10，花丝向基部渐加宽；子房广椭圆形，花柱 5。蒴果卵圆形，5 瓣裂，每瓣再 2 裂。种子多数，肾圆形，表面被钝疣状突起，近边缘的突起较大，小突起的基部呈放射状。花期（5-）6-8（-9）月，果期 6-9 月。

生于山坡湿草地、林缘、河边砂砾地及田边，海拔 500m 以下。

产地：黑龙江省哈尔滨、尚志，吉林省临江、通化、舒兰、九台、桦甸、抚松、安图、靖宇、长白，辽宁省清原、凤城、本溪、桓仁、凌源、新宾、普兰店、庄河、东港、大连、丹东、抚顺、沈阳、鞍山。

分布：中国（全国广布），朝鲜半岛，日本，俄罗斯；中亚，欧洲，非洲。

全草可作饲料。嫩茎叶煮熟浸去苦味可食。全草入药，可清热解毒、活血化瘀、祛风、表寒。

123 光萼女娄菜 坚硬女娄菜

Melandrium firmum (Sieb. et Zucc.) Rohrb.

多年生草本，高50-100cm，全株无毛。茎单一或簇生，直立，较粗壮。叶卵状披针形、倒披针形、长圆形或披针形，长4-10cm，宽8-30mm，先端短渐尖，基部渐狭，稍抱茎，边缘有缘毛，中脉明显，有柄。总状聚伞花序，顶生或生上部叶腋，似轮生状；花梗长短不一，直立，被短柔毛；苞片披针形，先端长渐尖，边缘有缘毛；萼筒状，长7-9mm，具10脉，无毛，果期膨大；萼齿狭三角形，先端长渐尖，边缘膜质，有缘毛；花瓣白色，稀稍带粉紫色，先端2裂，喉部具2鳞片，基部具狭爪；雄蕊短于花瓣，花丝细长；子房长椭圆形，花柱3。蒴果长卵形，长8-11mm，先端6齿裂，有短柄。种子小，肾形，黑褐色，表面被尖疣状突起。花期7-8月，果期8-9月。

生于山坡草地、草甸、林下、林缘及河边，海拔1000m以下。

产地：黑龙江省宁安、萝北、黑河、哈尔滨、虎林、饶河、依兰、尚志、伊春，吉林省吉林、蛟河、珲春、和龙、汪清、安图、抚松、通化、集安、长白，辽宁省宽甸、本溪、凤城、庄河、瓦房店、凌源、丹东、桓仁、清原、西丰、铁岭、沈阳、鞍山、大连、长海、普兰店，内蒙古科尔沁左翼后旗、额尔古纳、鄂伦春旗、科尔沁右翼前旗、敖汉旗、喀喇沁旗、宁城。

分布：中国（黑龙江、吉林、辽宁、内蒙古、河北、山西、浙江、四川、西藏），朝鲜半岛，日本，俄罗斯。

124 石米努草

Minuartia laricina (L.) Mattf.

多年生草本，丛生，高 10-30cm。主茎伏卧，多分枝，分枝上升，无毛或被微细的短绒毛。叶线状锥形，长 8-17mm，宽 0.5-1（-1.5）mm，先端渐尖，基部无柄，合生成短鞘状，具 1 脉，两面无毛，边缘和基部疏被缘毛，叶腋具不育短枝。聚伞花序顶生；花 1-5（-9）朵；花梗长 7-20mm；苞片披针形，先端锐尖，边缘狭膜质；萼片长圆状披针形或狭卵形，先端钝或稍钝，背面无毛，具 3 脉，边缘膜质；花瓣白色，倒卵状长圆形、倒卵状椭圆形或近长圆形，比萼长，先端圆钝或有时微缺；雄蕊 10；子房长卵形，花柱 3，先端卷曲。蒴果长圆状圆锥形，3 瓣裂。种子略扁平，近卵形，边缘具流苏状篦齿，表面有突起。花期 7-8 月，果期 7 月下旬至 9 月初。

生于林下岩石上、林缘及山顶，海拔约 800m（大兴安岭）。

产地：黑龙江省呼玛、黑河，吉林省安图，内蒙古根河、额尔古纳、牙克石、鄂伦春旗、阿尔山、科尔沁右翼前旗、莫力达瓦达斡尔旗。

分布：中国（黑龙江、吉林、内蒙古、河北、山西），朝鲜半岛，俄罗斯。

125 莫石竹

Moehringia lateriflora (L.) Fenzl

多年生草本，高 5-25cm。根状茎细长，匍匐；茎直立，细弱，单一或分枝，稍被柔毛。叶椭圆形、长圆形或长圆状披针形，长 1-3cm，宽 3-10mm，先端钝或稍尖，基部狭，边缘有缘毛，具 1 或 3 脉，两面微被小突起或短毛，近无柄。聚伞状花序顶生或腋生；花 1-2（-3）朵，径约 7mm；花梗细，长 1-4cm，被短毛；苞片针状，膜质；萼片椭圆形，顶端钝，全缘，长 2-3mm，无毛，边缘膜质，有不明显的 1 或 3 脉；花瓣白色，长圆状倒卵形，比萼长，先端钝圆；雄蕊 10；子房广卵形，花柱 3。蒴果卵形，3 瓣裂，裂片再 2 裂。种子肾状椭圆形，有光泽，种脐旁具白色种阜。花期 6 月，果期 7-8 月。

生于林下、林缘、灌丛及河边湿草地，海拔约 900m。

产地：黑龙江省呼玛、密山、黑河、富锦、虎林、饶河、哈尔滨、伊春、嘉荫，吉林省安图、临江、吉林、抚松、靖宇、蛟河、磐石、柳河，辽宁省凤城、本溪、新宾、桓仁、昌图，内蒙古鄂温克旗、扎兰屯、科尔沁右翼前旗、海拉尔、根河、额尔古纳、巴林右旗、巴林左旗、鄂伦春旗、阿尔山、牙克石、科尔沁左翼后旗、扎赉特旗、克什克腾旗。

分布：中国（黑龙江、吉林、辽宁、内蒙古、河北、山西、宁夏），朝鲜半岛，日本，蒙古，俄罗斯，哈萨克斯坦，土耳其；欧洲，北美洲。

126 蔓假繁缕

Pseudostellaria davidii (Franch.) Pax

多年生草本，高 8-25cm。块根纺锤形。初生茎细，上升或伏卧，有 1 列毛，叉状分枝，花后枝端变细如鞭状的匍匐枝，长 60-80cm，生有小形叶，中部节间很长，有时节处生根。茎下部叶 1-2 对，长圆形或匙形，长 1.5-2.5cm，宽 3-9mm，具带翼的柄；中部叶卵圆形或长卵形，长 2-3cm，宽 2cm，先端尖或锐尖，基部圆楔形或近圆形，被柔毛，有翼状短柄。花两型，普通花顶生或腋生，花梗细而长，具 1 列毛，萼片 5，披针形，边缘稍膜质，边缘及背部被长柔毛，花瓣 5，白色，长圆状披针形，先端锐尖，比萼片长近 1 倍，雄蕊 10，花柱 3，稀 2；闭锁花 1-2 朵，生于茎基部，小花梗长 1-1.5cm，萼片 4，披针形，被毛，无花瓣，无雄蕊，子房卵圆形。蒴果近球形，成熟时 3 裂。种子圆肾形，被乳头状突起。花期 4-5 月，果期 6-7 月。

生于混交林下湿草地及林缘，海拔 900m 以下。

产地：黑龙江省伊春、尚志、哈尔滨，吉林省临江、敦化、桦甸、安图、通化、柳河，辽宁省本溪、凤城、宽甸、庄河、普兰店、瓦房店、桓仁、新宾、西丰、凌源、建昌、绥中、鞍山，内蒙古赤峰、巴林右旗、宁城。

分布：中国（黑龙江、吉林、辽宁、内蒙古、河北、山西、陕西、甘肃、青海、新疆、山东、浙江、河南、安徽、四川、云南、西藏），朝鲜半岛，蒙古，俄罗斯。

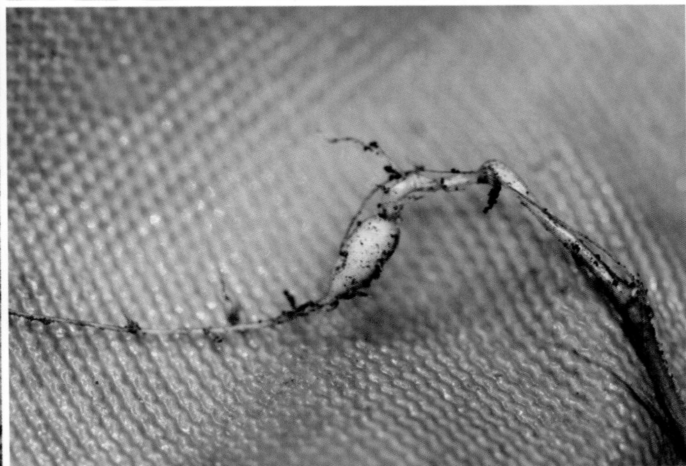

127 孩儿参 异叶假繁缕

Pseudostellaria heterophylla (Miq.) Pax

多年生草本，高 10-20cm。块根长纺锤形。茎直立，单一，基部通常深紫色，方形，上部绿色，有 2 列短柔毛。叶异型，茎下部叶线状披针形，长 3-4cm，宽 4-8mm，先端尖，基部楔形，通常 3-5 对，接近地面的 1 对最小；中部叶较大，具短柄；上部叶卵形、菱形或卵状披针形；2 对顶生叶集成轮生状，花后增大，长 2.5-6cm，宽 1.2-3.5cm，先端渐尖，基部广楔形，无毛，全缘。花两型，普通花腋生 1-3 朵或组成聚伞花序，花梗细长，花期直立，花后下垂，萼片 5，狭披针形，边缘膜质，基部及背部被短柔毛，花瓣 5，白色，长椭圆状卵形或长圆形，先端常具 2-3 齿或全缘，雄蕊 10，子房广卵形，花柱 3；闭锁花小，生于下部叶腋，花梗细，淡紫色，被白色疏毛，萼片 4，卵形，先端锐尖，边缘白膜质，无花瓣，雄蕊 2，子房卵形，花柱 3。蒴果卵圆形，萼宿存。种子近于长圆状肾形，表面被乳头状突起。花期 4-5 月，果期 5-6 月。

生于山坡杂木林或柞木林下、林下岩石旁及灌丛，海拔 500m 以下。

产地：吉林省集安、长白、抚松、靖宇、临江，辽宁省丹东、东港、庄河、岫岩、凤城、本溪、宽甸、鞍山、大连、桓仁、瓦房店、北镇、普兰店，内蒙古巴林右旗。

分布：中国（吉林、辽宁、内蒙古、河北、陕西、山东、江苏、安徽、浙江、河南、湖北、湖南、四川），朝鲜半岛，日本。

块根入药，有滋养壮力、补气生津及健脾之功效，主治肺虚咳嗽、脾虚泄泻、心悸、口渴、食欲不振、肝炎、神经衰弱、小儿病后体弱无力、自汗、盗汗、胃口不好及大便稀等症。

128 森林假繁缕

Pseudostellaria sylvatica (Maxim.) Pax

多年生草本，高 14-28cm。块根纺锤形，通常几个连生。茎直立，单一或簇生，近四棱形，被 1 列毛。茎下部叶线形，上部叶线状披针形、长圆状线形或狭披针形，长 3-9cm，宽 2-7mm，先端长尾状尖，基部渐狭，近基部边缘稍有毛，中脉明显，背面粉绿色；叶无柄。花两型，普通花单生于茎顶端叶腋或成二歧聚伞花序，花梗细长，长 1-2.5cm，萼片 5，披针形，绿色，先端锐尖，背部和边缘稍被柔毛，花瓣 5，白色，倒卵形，稍长于萼片，先端 2 浅裂，基部稍狭，雄蕊 10 或 8，子房卵圆形，花柱 3 或 2；闭锁花生于茎下部叶腋或短枝顶端，萼片线形，先端锐尖，边缘白膜质，背部及边缘具柔毛，无花瓣。蒴果广椭圆形，3 瓣裂。种子圆肾形，稍扁，具乳头状突起。花期 5-6 月，果期 6-7 月。

生于林下及高山林缘草地，海拔 1800m 以下。

产地：黑龙江省饶河、伊春、尚志，吉林省安图、抚松，辽宁省宽甸、桓仁、凤城。

分布：中国（黑龙江、吉林、辽宁、河北、陕西、甘肃、新疆、河南、湖北、四川、云南、西藏），朝鲜半岛，日本，俄罗斯。

129 旱麦瓶草

Silene jenisseensis Willd.

多年生草本，高 20-50cm。根粗壮，木质。茎丛生，直立或上升，无毛或仅下部被短粗毛，不分枝。基生叶丛生，狭披针形或倒披针状线形，长 7-13cm，宽 2-7mm，先端急尖或渐尖，基部狭边缘有缘毛，中脉明显；茎生叶线状披针形，较小。总状或狭圆锥花序；花梗长 4-18mm，无毛；苞片卵形或披针形，先端渐尖，基部微合生，边缘宽膜质，有短缘毛；萼筒状，长 8-10mm，果期膨大，无毛，具 10 条脉，先端具网结，有时带紫色；萼齿卵形，先端稍钝，边缘宽膜质，有短缘毛；雌雄蕊柄长约 3mm，被短毛；花瓣白色或淡黄色，比萼长，先端 2 裂，爪与瓣片间具 2 椭圆形鳞片状附属物；雄蕊稍超出花冠；子房长圆形，花柱 3，超出花冠。蒴果卵形，长 6-7mm，6 齿裂，裂片外弯。种子肾形，长 1-1.2mm，成熟时灰黄褐色，表面被线形微突起，背面具槽。花期 7-9 月，果期 8-9 月。

生于岳桦林缘、岩石上，海拔 2100m 以下。

产地：黑龙江省海林、伊春、萝北、密山、宝清、依兰、尚志、安达、哈尔滨、杜尔伯特，吉林省安图、桦甸、乾安、前郭尔罗斯、镇赉、长白、抚松，辽宁省宽甸、本溪、北镇、彰武，内蒙古根河、牙克石、海拉尔、鄂温克旗、翁牛特旗、科尔沁左翼后旗、扎鲁特旗、克什克腾旗、喀喇沁旗、宁城、鄂伦春旗、陈巴尔虎旗、新巴尔虎左旗、新巴尔虎右旗、科尔沁右翼前旗、阿尔山、科尔沁右翼中旗、巴林右旗、额尔古纳、赤峰。

分布：中国（黑龙江、吉林、辽宁、内蒙古、河北、山西、新疆、山东），朝鲜半岛，蒙古，俄罗斯。

根入药，可治阴虚潮热、久疟及小儿疳热等症。

130 长柱麦瓶草

Silene macrostyla Maxim.

多年生草本，高 50-100cm。根木质。茎单一或丛生，直立或上升，上部分枝，基部疏被倒生短毛，上部无毛。叶披针形或倒披针形，长 4-6cm，宽 5-13cm，先端渐尖，基部楔形，边缘有缘毛。圆锥花序顶生；花多数，密生，轮生状；苞片线状披针形，边缘膜质，有缘毛；萼广钟形，长 6-7cm，有时带紫堇色，有 10 条脉；萼齿广三角形，先端急尖，边缘宽膜质，有缘毛或无毛；雌雄蕊柄长 1-1.5mm，被毛；花瓣白色，楔形，2 浅裂，裂片稍叉开，长约 1.2cm；雄蕊超出花冠；子房长圆筒形，花柱 3，明显超出花冠。蒴果卵形，长 5.5-6.5mm，6 齿裂。种子肾形，黑褐色，背部有浅槽，背面被线形微突起。花期 7-8 月，果期 8-9 月。

生于干山坡草地、杂木林下及湿草地，海拔 800m 以下。

产地：黑龙江省伊春、嘉荫、萝北、虎林、饶河、哈尔滨，吉林省吉林、珲春、和龙、汪清、长白、安图，辽宁省西丰、铁岭、桓仁、大连、普兰店。

分布：中国（黑龙江、吉林、辽宁），朝鲜半岛，俄罗斯。

根入药，可治阴虚发热、劳热骨蒸及盗汗等症。

131 毛萼麦瓶草

Silene repens Patr.

多年生草本，高 15-50cm，全株被短柔毛。根状茎细长，匍匐；茎疏丛生或单生，不分枝或稀分枝。叶线状披针形、披针形、倒披针形或长圆状披针形，长 2-7cm，宽 3-10（-12）mm，先端渐尖，基部楔形，边缘基部有缘毛，两面被柔毛，中脉明显。聚伞花状圆锥花序，顶生，通常有花 3 朵，稀 1-5 朵；小花梗长 3-8mm；苞片披针形；花萼筒状棍棒形，长 11-15mm，径 3-4.5mm，常带紫色，被柔毛；萼齿广卵形，先端钝，边缘膜质，有缘毛；雌雄蕊柄被短柔毛，长 4-8mm；花瓣白色，稀黄白色，倒卵形，2 浅裂或中裂；爪与花瓣间具 2 鳞片状附属物；雄蕊稍超出花冠；花柱 3。蒴果卵形，长 6-8mm，比宿存萼短。种子肾形，长约 1mm，黑褐色。花期 6-8 月，果期 7-9 月。

生于多石质干山坡、林下及山顶岩石壁上，海拔 2300m 以下。

产地：黑龙江省宁安、呼玛、黑河、孙吴、嘉荫、萝北、虎林、饶河、密山、富锦、勃利、集贤、鹤岗、伊春、哈尔滨、尚志，吉林省桦甸、珲春、汪清、安图、抚松、临江、长白，辽宁省丹东、法库、西丰、凌源、彰武，内蒙古新巴尔虎右旗、新巴尔虎左旗、满洲里、海拉尔、鄂温克旗、鄂伦春旗、根河、额尔古纳、牙克石、扎赉特旗、扎兰屯、科尔沁左翼后旗、科尔沁左翼中旗、科尔沁右翼前旗、科尔沁右翼中旗、乌兰浩特、阿尔山、奈曼旗、巴林左旗、巴林右旗、扎鲁特旗、翁牛特旗、宁城、克什克腾旗、喀喇沁旗。

分布：中国（黑龙江、吉林、辽宁、内蒙古、河北、山西、新疆、四川、西藏），朝鲜半岛，日本，蒙古，俄罗斯；中亚，欧洲。

132 狗筋麦瓶草

Silene vulgaris (Moench) Garcke

多年生草本，高40-90cm，全株灰绿色，无毛。根多数，细纺锤形。茎直立，从生，上部分枝。叶披针形至卵状披针形，长5-8cm，宽1-2.5cm。茎下部叶先端急尖或渐尖，基部渐狭成短柄，边缘具刺状微齿，中脉明显；茎上部叶基部抱茎。聚伞花序顶生；花梗下垂；萼筒广卵形，长14-16mm，宽7-10mm，膜质，膨大成囊泡状，无毛；萼齿三角形，先端急尖，具20条脉；花瓣白色，平展，长15-17mm，2深裂几达基部；雄蕊超出花冠；子房卵形，长约3mm，花柱3，超出花冠。蒴果近球形，径约8mm，6齿裂，平滑有光泽。种子肾形，黑褐色，表面被乳头状突起。花期6-8月，果期7-9月。

生于草甸、河边草地、沟谷、灌丛、撂荒地及田间，海拔800m以下。

产地：黑龙江省呼玛、黑河、孙吴、逊克，内蒙古牙克石、根河、额尔古纳、鄂伦春旗、鄂温克旗、阿尔山、扎赉特旗。

分布：中国（黑龙江、内蒙古），蒙古，俄罗斯，哈萨克斯坦，土耳其，伊朗，尼泊尔，印度；欧洲，非洲。

幼嫩植株可作野菜食用。根富含皂甙，可代替肥皂用。可入药，治妇女病、丹毒及祛痰等症。

133 林繁缕

Stellaria bungeana Fenzl var. **stubendorfii** (Regel) Y. C. Chu

多年生草本，高 50-80cm。茎上升或直立，单一或分枝，被 1 列多细胞柔毛。叶卵形、卵状长圆形或卵状披针形，长 4-8cm，宽 2-3（-4）cm，先端渐尖，基部近心形、圆形或楔形，两面近无毛，边缘有缘毛；茎下部叶有短柄，中上部叶无柄。聚伞花序顶生；苞片卵形，草质，有缘毛；花梗长 10-30mm，密被腺毛；萼片 5，狭卵状长圆形至卵状披针形，先端稍钝，被软毛，中脉不明显；花瓣 5，2 深裂几达基部；雄蕊 10；花柱 3。蒴果卵圆形，6 瓣裂，微长于宿存萼。种子扁肾形，密生疣状小凸起。花期 4-6 月，果期 7-8 月。

生于山地针阔混交林及针叶林下、林缘灌丛间，海拔约 400m。

产地：黑龙江省嘉荫，吉林省临江、桦甸、舒兰、汪清。

分布：中国（黑龙江、吉林），朝鲜半岛。

134 垂梗繁缕

Stellaria radians L.

多年生草本，高 40-60cm，植株浅黄绿色，被绒毛，上部较密。根细，匍匐，有分枝。茎直立或斜升，具棱，上部分枝少。叶平展，广披针形或长椭圆状披针形，长 3-12cm，宽 1-3cm，先端渐尖或长渐尖，背面毛较密，中脉极明显，全缘。二歧聚伞花序顶生；花梗长 1.5-4cm，花后下垂，被短柔毛；苞片草质；萼片椭圆形或长圆状椭圆形，先端钝，背部被柔毛，内侧边缘膜质；花瓣白色，不整齐，5-7 中裂或更深，裂片近线形；雄蕊 10；子房广椭圆状卵形，花柱 3，柱头棒状，被毛。蒴果卵圆形，比萼稍长或长出半倍，有光泽。种子肾形，表面具蜂巢状小窝。花期 6-9 月，果期 7-9 月。

生于沟旁、河边、沼泽旁踏头上、林下、林缘及灌丛，海拔 1200m 以下。

产地：黑龙江省漠河、呼玛、黑河、宁安、密山、富裕、虎林、饶河、宝清、桦川、尚志、哈尔滨、伊春、佳木斯，吉林省珲春、汪清、和龙、安图、抚松、靖宇、敦化、磐石、蛟河，辽宁省桓仁、丹东、凤城、本溪，内蒙古海拉尔、根河、额尔古纳、扎赉特旗、牙克石、科尔沁右翼前旗、鄂伦春旗、莫力达瓦达斡尔旗、陈巴尔虎旗、扎鲁特旗、阿尔山、新巴尔虎左旗、扎兰屯。

分布：中国（黑龙江、吉林、辽宁、内蒙古、河北），朝鲜半岛，日本，蒙古，俄罗斯。

135 轴藜

Axyris amaranthoides L.

一年生草本，高20-80cm。茎直立，粗壮，幼时密被星状毛，后渐脱落，中部以上分枝，斜升。叶互生，披针形或卵状披针形，长3-7cm，宽0.5-1.3cm，先端急尖或渐尖，基部楔形，全缘，两面被星状伏毛后渐脱落，有短柄。花单性，雌雄同株，苞片较小，狭披针形或狭倒卵形，长约1cm，宽2-3cm，边缘内卷；雄花无梗，簇生于茎或枝顶，排列成穗状花序，花被片3，雄蕊3；雌花数朵集生于枝下部叶腋，花被片3，白色，膜质，被星状毛，果期增大，包围果实。胞果直立，长椭圆形或倒卵形，长1-3mm，灰黑色，顶端有一冠状附属物。花期7-9月，果期8-9月。

生于山坡湿草地、路旁及河边，海拔900m以下。

产地：黑龙江省绥芬河、饶河、密山、尚志、哈尔滨、呼玛、安达、伊春，吉林省安图、临江、和龙、汪清、吉林、蛟河，辽宁省建昌、西丰、新宾、宽甸、本溪、庄河、营口、鞍山、海城，内蒙古海拉尔、根河、科尔沁左翼后旗、鄂伦春旗、牙克石、扎兰屯、满洲里、敖汉旗、新巴尔虎左旗、科尔沁右翼中旗、巴林右旗、翁牛特旗、科尔沁右翼前旗、阿尔山、额尔古纳、扎鲁特旗、阿鲁科尔沁旗、克什克腾旗、喀喇沁旗。

分布：中国（黑龙江、吉林、辽宁、内蒙古、河北、山西、陕西、甘肃、青海、新疆），朝鲜半岛，日本，蒙古，俄罗斯；中亚。

136 藜 灰菜

Chenopodium album L.

一年生草本，高 60-120cm。茎直立，粗壮，多分枝，有棱和绿色或紫红色的条纹。枝上升或开展。叶菱状卵形至披针形，长 3-6cm，宽 2.5-5cm，先端急尖或微钝，基部广楔形，边缘常有不整齐的锯齿，背面灰绿色，有白粉，有长柄。花两性，黄绿色，数朵集成团伞花簇，多数花簇排成腋生或顶生的圆锥状花序；花被片 5，广卵形或椭圆形，背部中央具纵隆脊，先端钝或微凹，边缘膜质；雄蕊 5；柱头 2。胞果完全包于花被片内或顶端稍露；果皮膜质。种子横生，双凸面镜形，径 1.2-1.5mm，有光泽。花果期 5-10 月。

生于河边低湿地、路旁、田边、荒地及人家附近，海拔 600m 以下。

产地：黑龙江省密山、安达、萝北、尚志、虎林、克山、杜尔伯特、呼玛、哈尔滨、伊春，吉林省镇赉、扶余、双辽、通榆、永吉、和龙、安图、敦化、珲春、抚松、靖宇，辽宁省抚顺、开原、沈阳、海城、大连、桓仁、本溪、凌源、清原、鞍山、葫芦岛、西丰、辽阳，内蒙古海拉尔、额尔古纳、阿尔山、赤峰、翁牛特旗、克什克腾旗。

分布：中国（全国广布），世界热带及温带。

种子榨油，可供食用和工业用。幼苗可作蔬菜用，茎叶可喂家畜。全草入药，有止泻痢、止痒之功效。

137 灰绿藜

Chenopodium glaucum L.

一年生草本，高 10-35cm。茎自基部分枝，分枝匍匐或上升，无毛。叶有短柄，柄长 3-4mm；叶近肉质，长圆状卵形至披针形，长 2-4cm，宽 6-20mm，先端钝，基部渐狭，边缘有波状齿，表面深绿色，背面灰白色或淡紫色，有白粉，中脉明显，黄绿色。花两性，有时有雌性花，通常聚成团伞花序，分枝上排列成间断的穗状花序或圆锥花序；花被片 3-4 深裂，裂片狭长圆形，稍肥厚，先端钝，内曲，边缘白色膜质；雄蕊 1-2；柱头 2，极短。胞果伸出花被片外；果皮膜质，黄白色。种子横生，扁球形，红褐色。花期 6-9 月，果期 7-10 月。

生于河边、荒地、耕地旁及人家附近，海拔 700m 以下。

产地：黑龙江省北安、宁安、哈尔滨、安达、肇东、伊春，吉林省双辽、镇赉、和龙、安图、汪清、珲春、抚松、靖宇、临江，辽宁省大连、建昌、盖州、沈阳、北镇、建平、清原、宽甸、本溪、长海、瓦房店，内蒙古牙克石、陈巴尔虎旗、鄂温克旗、海拉尔、额尔古纳、翁牛特旗、科尔沁右翼中旗、新巴尔虎右旗、科尔沁左翼后旗、宁城、克什克腾旗。

分布：中国（全国广布），南北半球温带。

幼嫩茎叶可作蔬菜，亦为牲畜的良好饲料。茎叶可提取皂素。

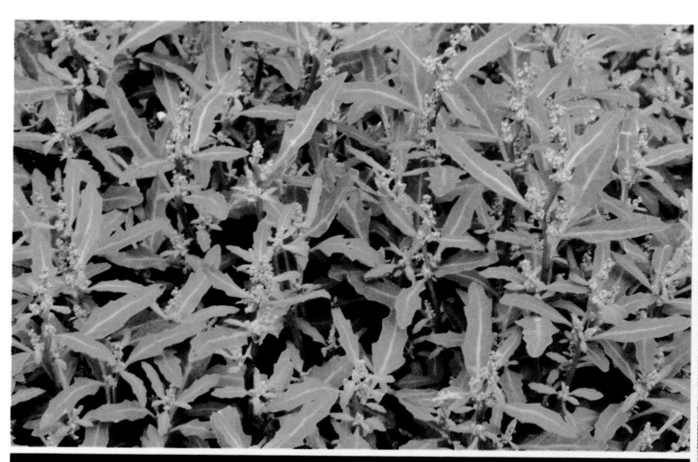

138 大叶藜 杂配藜

Chenopodium hybridum L.

一年生草本，高 40-120cm。茎直立，粗壮，单一或分枝，具淡黄色或紫色条棱。枝条细长，斜升。叶质薄，广卵形或三角状卵形，长 6-15cm，宽 5-12cm，先端急尖或渐尖，基部微心形或近圆形，边缘为浅裂片状疏锐齿，有柄长 2-7cm。花两性兼有雌性，通常聚成团伞花序，于分枝上排成圆锥花序，顶生或腋生；花被片 5，卵形，先端钝，基部合生，边缘膜质，背部具纵隆脊；雄蕊 5；柱头 2，细小。胞果双凸面镜形；果皮膜质。种子横生，黑色，无光泽，表面具明显的深洼点，径约 2mm。花期 8-9 月，果期 9-10 月。

生于路边、荒地、水边、林缘、灌丛及人家附近。

产地：黑龙江省伊春、肇东、哈尔滨，吉林省临江、蛟河、桦甸、安图、珲春，辽宁省沈阳、法库、丹东、清原、鞍山、大连，内蒙古科尔沁左翼后旗、根河、科尔沁左翼中旗、牙克石、鄂伦春旗、科尔沁右翼前旗。

分布：中国（全国广布），原产欧洲和西亚。

可食用或作饲料。种子可榨油及酿酒。地上部分入药，有调经、止血之功效。

139 小藜

Chenopodium serotinum L.

一年生草本，高20-50cm。茎单一或多分枝，直立，有条棱。叶卵状长圆形或长圆形，长2.5-5cm，宽1-3.5cm，通常3浅裂，中裂片较长，两侧边缘近平行，具不规则的波状齿或全缘，侧裂片中部以下有齿或无齿，先端钝或急尖，基部楔形。花两性，数朵集成团伞花序，于分枝顶端排成圆锥花序；花被片近球形，5深裂，裂片广卵形，内弯，背面有微纵隆脊，有白粉；雄蕊5，花期外伸；柱头2，丝状。胞果包在花被片内；果皮膜质，与种子贴生。种子双凸面镜状，径约1mm，黑色，有光泽，边缘微钝，表面具六角形细洼。花果期5-7月。

生于荒地、沟谷、河岸及湖岸湿地。

产地：黑龙江省哈尔滨、大庆、伊春，辽宁省沈阳、桓仁、本溪、营口、大连、北镇，内蒙古海拉尔。

分布：中国（全国广布），俄罗斯，伊朗，土耳其，日本；中亚，欧洲。

140 地肤 扫帚菜

Kochia scoparia (L.) Schrad.

一年生草本，高 50-100cm。茎直立，圆柱状，多分枝。分枝斜上，呈扫帚状，绿色或带红色，有多数条棱，被短柔毛。叶互生，线状披针形或条状披针形，长 2-5cm，宽 3-7mm，先端渐尖，基部渐狭成柄，边缘疏被缘毛，两面被短柔毛，通常有主脉 3；茎上部叶较小，无柄，1 脉。花两性或雌性，通常单生或 2 朵生于叶腋，形成稀穗状花序；花被片 5，基部合生，果期背部横生三角形翅状附属物；雄蕊 5；花柱极短，柱头 2，线形，紫褐色。胞果扁球形；果皮膜质。种子横生。花期 6-9 月，果期 7-10 月。

生于荒地、路旁、田边及人家附近，海拔 1000m 以下。

产地：黑龙江省哈尔滨、泰来、齐齐哈尔、萝北，吉林省镇赉、安图、抚松、靖宇、临江、长白、和龙，辽宁省抚顺、铁岭、大连、葫芦岛、锦州、彰武、丹东、新民、普兰店、沈阳、西丰、新宾，内蒙古新巴尔虎右旗、乌兰浩特。

分布：中国（全国广布），朝鲜半岛，日本，蒙古，俄罗斯，土耳其，伊朗；中亚，欧洲。

幼苗可作蔬菜。为常用中草药，有清湿热、利尿之功效。

141 猪毛菜

Salsola collina Pall.

一年生草本，高 20-100cm。茎基部分枝，分枝多数开展，茎及枝绿色，有条纹，近无毛。叶肉质，丝状圆柱形，长 2-5cm，宽 0.5-1.5mm，先端有刺状尖，基部扩展下延，稍抱茎，边缘膜质。花两性，多数排列于茎枝顶端，成细长穗状；苞片卵形，顶部延伸，有刺状尖，边缘膜质，背部有白色隆脊，小苞片狭披针形，顶端有刺状尖，苞片及小苞片与花序轴紧贴；花被片卵状披针形，膜质，顶端尖，果期变硬，自背面中上部生鸡冠状突起，花被片在突起以上部分，近革质，先端膜质，向中央折曲成平面，紧贴果实，有时在中央聚集成小圆锥体；雄蕊 5，花药黄色；花柱细，柱头 2 裂，线状。胞果近球形；果皮膜质。种子横生或斜生。花期 7-9 月，果期 8-10 月。

生于路边、荒地及田间，海拔 800m 以下。

产地：黑龙江省齐齐哈尔、肇源、肇东、安达、富裕、哈尔滨，吉林省通榆、镇赉、安图、延吉，辽宁省西丰、开原、阜新、建平、锦州、沈阳、抚顺、大连、建昌、葫芦岛、盖州、庄河、长海、新宾、新民、本溪、铁岭，内蒙古科尔沁左翼后旗、克什克腾旗、根河、额尔古纳、满洲里、海拉尔、新巴尔虎右旗、翁牛特旗。

分布：中国（黑龙江、吉林、辽宁、内蒙古、河北、山西、陕西、宁夏、甘肃、青海、新疆、山东、江苏、河南、四川、云南、西藏），朝鲜半岛，蒙古，俄罗斯。

嫩茎、叶可供食用。全草入药，有降低血压之功效。

142 凹头苋 野苋

Amaranthus lividus L.

一年生草本，高 10-30cm，全株无毛。茎匍匐，上升，基部分枝，淡绿色或紫红色。叶卵形或菱状卵形，长 1.5-4.5cm，宽 1-3cm，先端凹陷，有 1 芒尖，基部广宽楔形，全缘或微波状缘；叶柄长 1-3.5cm。花簇生于叶腋，生于茎顶和枝端者形成直立穗状花序或圆锥花序；苞片及小苞片长圆形，长不及 1mm；花被片长圆形或披针形，长 1.2-1.5mm，淡绿色，先端急尖，边缘内曲，背部有 1 隆起中脉；雄蕊 3，比花被片稍短；柱头 3 或 2，果熟时脱落。胞果扁卵形，长 3mm，表面稍有皱缩，不开裂。种子扁圆形，黑色至黑褐色，有光泽，边缘锐。花期 7-8 月，果期 8-9 月。

生于荒地、路旁及人家附近，海拔 300m 以下。

产地：黑龙江省哈尔滨、萝北、大庆、安达、黑河，吉林省吉林、汪清，辽宁省丹东、沈阳。

分布：中国（黑龙江、吉林、辽宁）；南美洲。

茎叶可作猪饲料。全草入药，有止痛、收敛、利尿及解热之功效。种子入药，有明目、利大小便及祛寒热之功效。鲜根入药，有清热解毒之功效。

143 反枝苋

Amaranthus retroflexus L.

一年生草本，高20-80cm。茎直立，粗壮，单一或分枝，淡绿色，有时具带紫色条纹，稍具钝棱，密被短柔毛。叶菱状卵形或椭圆状卵形，长5-12cm，宽2-5cm，先端微凹，具小芒尖，基部楔形，全缘或波状缘，两面和边缘被柔毛；叶柄长1.5-5.5cm，淡绿色，有时淡紫色，被柔毛。花单性或杂性，集成顶生和腋生的圆锥花序；苞片和小苞片干膜质，钻形；花被片5，膜质；雄蕊5，超出花被片；雌花柱头3，内侧有小齿。胞果扁球形，长约1.5mm，环状横裂，薄膜质，淡绿色，包裹在宿存花被片内。种子近球形，径1mm，棕色或黑色，边缘钝。花期7-8月，果期8-9月。

生于荒地、耕地旁及人家附近，海拔600m以下。

产地：黑龙江省哈尔滨、萝北、齐齐哈尔，吉林省安图、和龙、通榆、镇赉，辽宁省大连、沈阳、鞍山、北镇、建平、凌源、开原、盘锦、桓仁、西丰、彰武，内蒙古额尔古纳、海拉尔、科尔沁右翼前旗、科尔沁右翼中旗、扎鲁特旗。

分布：中国（黑龙江、吉林、辽宁、内蒙古、河北、山西、陕西、宁夏、甘肃、新疆、山东、河南）；南美洲。

嫩茎叶为野菜，也可作家畜饲料。全草入药，可治腹泻、痢疾及痔疮肿痛出血等症。

144 天女木兰 天女花

Magnolia sieboldii K. Koch

落叶小乔木，高达 10m。小枝细长，淡灰褐色。芽大，长约 1cm，径约 3mm，暗紫褐色，被长绒毛。叶广倒卵形或倒卵状圆形，长 6-15cm，宽 4-10cm，先端短突尖，基部圆形或广楔形，全缘，表面绿色，背面粉白色，被短柔毛，侧脉 6-8 对。花单生于枝顶，后叶开放，芳香，径 8-10cm；花梗细长；花被片 9，倒卵形或倒卵状长圆形，白色；雄蕊多数，紫红色，花药内向开裂；心皮少数，披针形。聚合果卵形，长 5-7cm，宽约 2cm，红色，先端尖。种子橙黄色，近圆形，径 6mm，有棱。花期 6 月，果期 9-10 月。

生于半阴坡杂木林中，海拔 1000m 以下。

产地：吉林省集安、临江、通化，辽宁省本溪、宽甸、桓仁、岫岩、凤城、海城、普兰店、丹东、大连、庄河。

分布：中国（吉林、辽宁、河北、安徽、江西、湖南、福建、广西），朝鲜半岛，日本。

花色美丽，芳香，可作庭院观赏树种。木材可制农具。花可制浸膏。叶含芳香油。

145 五味子

Schisandra chinensis (Turcz.) Baill.

木质藤本，长达 8m，全株无毛。幼枝红褐色，老枝灰褐色，稍有棱。长枝叶互生，短枝叶簇生，叶广椭圆形、倒卵形或卵形，长 5-7（-10）cm，宽 2.5-5cm，先端急尖或渐尖，基部楔形，边缘有腺齿，近基部全缘，表面无毛，稍有光泽，背面淡绿色，有时灰白色，幼时沿脉被短柔毛，侧脉 3-7 对；叶柄长 1-3.5cm。花单性，雌雄同株或异株；雄花多生于枝条基部或下部，雌花生于中上部，单生或 2-4 花簇生于叶腋；花梗细，长 1.5-2.5cm；花被片 6-9，长圆形或椭圆状长圆形，乳白色；雄蕊 5；雌蕊群椭圆形，长 2-4mm，心皮 17-40，子房卵形或卵状椭圆形，柱头鸡冠状。聚合果长 2-8cm，果梗长 2-6cm；浆果近球形，径 8-10mm，红色，肉质，外果皮具腺点。种子 1-2 粒，肾形，淡褐色，种皮光滑，种脐凹入。花期 5 月，果期 8-9 月。

生于阔叶林或针阔混交林中、沟谷及溪流旁，海拔 1200m 以下。

产地：黑龙江省尚志、宁安、伊春、密山、勃利、嫩江、黑河、嘉荫、饶河、虎林、哈尔滨、呼玛，吉林省汪清、桦甸、蛟河、敦化、吉林、临江、抚松、安图、长白、靖宇、和龙，辽宁省本溪、凤城、宽甸、桓仁、新宾、清原、建昌、兴城、北镇、鞍山、沈阳、瓦房店、义县、开原、岫岩、丹东、西丰、海城、盖州、大连、抚顺、庄河，内蒙古科尔沁左翼后旗、巴林右旗、宁城、敖汉旗、牙克石、鄂伦春旗、科尔沁右翼前旗、扎赉特旗、突泉、喀喇沁旗。

分布：中国（黑龙江、吉林、辽宁、内蒙古、河北、山西、宁夏、甘肃、山东、湖北、江西、湖南、四川），朝鲜半岛，日本，俄罗斯。

果实入药，主治咳喘、自汗、盗汗、遗精、久泻及神经衰弱等症。

146 三桠乌药

Lindera obtusiloba Blume

落叶灌木或小乔木，高 3-10m。树皮黑棕色。老枝渐多木栓质皮孔、褐斑及纵裂。芽卵形或卵球形，外鳞片 3，革质，内鳞片 3，被淡棕黄色绢毛。叶卵圆形至扁圆形，长 4-12cm，宽与长近相等，先端锐尖或稍钝，基部近圆形或心形，稀广楔形，全缘或 3 裂，裂片卵状三角形，表面绿色，初被短毛，后无毛，背面灰绿色，被棕黄色柔毛，有时无毛，基出 3 脉隆起，稍带红褐色；叶柄长 1-2.5（-3）cm。花单性，雌雄同株；花序无总花梗，簇生，花梗密被绢毛；花黄色，先叶开放；雄花花被片 6，长椭圆形，外面背脊部被长柔毛，里面无毛，能育雄蕊 9，第三轮花丝基部着生 2 广肾形腺体，有长柄，退化雌蕊长椭圆形；雌花花被片 6，长椭圆形，长 2.5mm，宽 1mm，外面背脊部被长柔毛，里面无毛，退化雄蕊线形，第三轮花丝基部有 2 具柄腺体，子房椭圆形，无毛，花柱长不及 1mm，柱头盘状。浆果近球形，成熟时红色，后变紫黑色，干时黑褐色。花期 4 月，果期 8-9 月。

生于沟谷、山坡阔叶林中，海拔 500m 以下。

产地：辽宁省庄河、大连、普兰店、丹东、长海、东港、岫岩。

分布：中国（辽宁、陕西、甘肃、山东、江苏、安徽、浙江、福建、河南、湖北、江西、湖南、四川、西藏），朝鲜半岛，日本。

木材致密，供细木工用。种仁可榨油，供制肥皂、润滑油等。枝叶含芳香油，供制化妆品、香皂及香精等。树皮入药，有舒筋活血之功效，主治跌打损伤、瘀血肿痛等症。

147 两色乌头

Aconitum alboviolaceum Kom.

多年生草本。根圆柱形，长 10-15cm。茎缠绕，长 1-2.5m，疏被短柔毛或近无毛。叶五角状肾形，长 6.5-9.5（-18）cm，宽 9.5-17（-25）cm，基部心形，3 中裂，中裂片倒卵状菱形，先端钝或微尖，侧裂片再 2 浅裂，边缘具粗齿，两面疏被短毛；基生叶及茎下部叶有长柄，茎上部叶柄渐短。总状花序长 6-14cm，有花 3-8 朵；花序轴及花梗密被腺毛；苞片线形，长 3-3.5mm；上萼片白色，高盔状，高 1.5-2.5cm，中部稍缢缩，侧萼片 2，紫色或淡紫色，下萼片 2，紫色或淡紫色；花瓣 2，有长爪，距细，比唇长，螺旋状弯曲；雄蕊多数；心皮 3，子房疏被毛。蓇葖果直立，长约 1.2cm。种子倒圆锥状三角形，长约 2.5mm，生横狭翅。花期 8-9 月，果期 9-10 月。

生于阔叶林下、林缘及灌丛，海拔 1500m 以下。

产地：黑龙江省伊春、宁安，吉林省抚松、安图、汪清、和龙、敦化、长白、通化，辽宁省清原、本溪、宽甸、桓仁、岫岩、凤城、东港、庄河。

分布：中国（黑龙江、吉林、辽宁、河北），朝鲜半岛，俄罗斯。

民间用于止痛。

148 细叶黄乌头

Aconitum barbatum Pers.

多年生草本，高 55-90cm。根为直根，暗褐色。茎下部被伸展毛，上部被反曲而紧贴的短毛。基生叶 2-4，肾形或圆肾形，长 4-8.5cm，宽 7-20cm，3 全裂，中裂片 3 深裂，广菱形，终裂片狭披针形至线形，表面疏被短毛，背面被长柔毛；叶柄长 13-30cm，被伸展的短柔毛，基部具鞘。顶生总状花序长 13-20cm，花密集，轴及花梗密被短柔毛；苞片线形，着生在花梗基部或中下部，被毛；花梗直立，长 0.2-1cm；萼片黄色，密被短柔毛，上萼片圆筒形，高 1.3-1.7cm，径 3-8mm，侧萼片倒卵状，圆形，下萼片近长圆形，不等大；花瓣无毛，距短头状；花丝全缘，无毛或有短毛；心皮 3，密被毛至近无毛。蓇葖果长 9-12mm。种子长约 2mm，具膜质小鳞片。花期 7-8 月，果期 8-9 月。

生于林下、林缘，海拔 900m 以下。

产地：黑龙江省呼玛，内蒙古额尔古纳、根河、阿尔山、鄂伦春旗、牙克石。

分布：中国（黑龙江、内蒙古），蒙古，俄罗斯。

149 黄花乌头

Aconitum coreanum (H. Lév.) Rapaics

多年生草本，高30-100cm。块根倒卵球形，长约2.8cm。茎直立，下部无毛，上部被短毛。叶密集，基生叶及茎下部叶花期枯萎，中部叶具稍长柄，茎中部叶掌状，3-5全裂，长4.2-6.4cm，宽3.2-6.4cm，裂片细裂，小裂片线形，干时边缘稍反卷，两面几无毛；叶柄长1.5-4.5cm。总状花序单一或下部分枝，多花，花序轴及花梗密被短毛；苞片线形；萼片5，上萼片船状盔形，高1.5-2cm，中部以下稍缢缩，侧萼片歪倒卵形，下萼片长圆形或卵形；花瓣2，无毛，距极短；花丝疏被微毛；心皮3，密被细柔毛。蓇葖果长1-2cm，被柔毛。种子椭圆形，具3棱，表面稍皱，沿棱具狭翅。花期8-9月，果期9月。

生于山坡草地、灌丛及疏林下，海拔800m以下。

产地：黑龙江省哈尔滨、宁安、密山、庆安，吉林省九台、长春、辽源、四平、吉林、永吉、东丰、集安，辽宁省抚顺、本溪、新民、新宾、清原、西丰、开原、辽阳、鞍山、海城、盖州、营口、瓦房店、普兰店、大连、庄河、岫岩、桓仁、宽甸、凤城、丹东、北镇、义县、建平、建昌、凌源，内蒙古敖汉旗。

分布：中国（黑龙江、吉林、辽宁、内蒙古、河北），朝鲜半岛。

块根有毒，经炮制后可入药，可治腰膝关节冷痛、头痛、风湿、口眼歪斜及冻疮等症。

150 吉林乌头

Aconitum kirinense Nakai

多年生草本，高 80-120cm。根为直根，暗褐色。茎单一或分枝，下部疏被长柔毛，上部被短卷毛。分枝，疏生 2-6 叶。基生叶约 2，与茎下部叶均具长柄；叶掌状，3-5 深裂，长 12-17cm，宽 20-24cm，3 深裂，中裂片广菱形，侧裂片 2-3，中裂至深裂，裂片再 2-3 浅裂，表面被短曲的伏毛，背面沿脉疏被长柔毛或近无毛；叶柄长 20-30cm，疏被伸展的柔毛或近无毛。总状花序顶生，轴及花梗密被短卷毛；花多数密生，红色或淡红色；上萼片圆筒形，高 1.4-1.8cm，侧萼片广倒卵形，下萼片长圆形；花瓣无毛，有长爪，距短头状；雄蕊多数；心皮 3。蓇葖果长 1-1.2cm，无毛。种子三棱形，有横翅。7-9 月开花，9 月结果。

生于山坡草地、林下，海拔 1600m 以下。

产地：黑龙江省宁安、密山、鸡东、伊春、黑河、虎林、饶河、萝北、嘉荫，吉林省汪清、珲春、敦化、安图、长白，辽宁省西丰、新宾、本溪、凤城、宽甸、桓仁、北镇。

分布：中国（黑龙江、吉林、辽宁），俄罗斯。

可入药，有祛风除湿、散寒止痛之功效，主治风寒湿痹、手足拘挛、心腹冷痛、痈疮肿痛及牙痛等症。

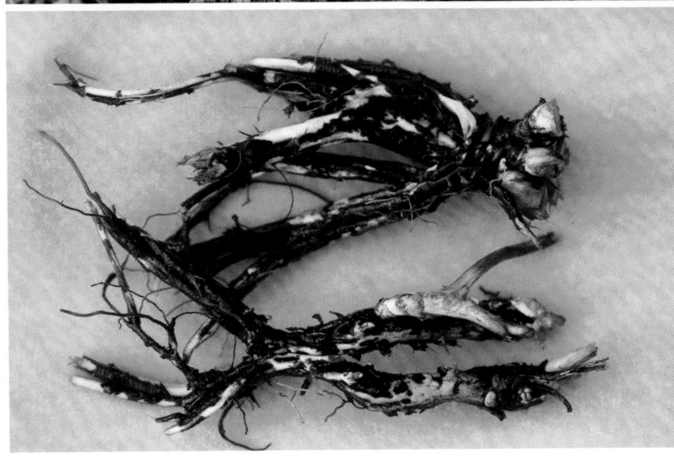

151 辽东乌头

Aconitum liaotungense Nakai

多年生草本，高约70cm。块根倒卵形。茎直立，稍呈"之"字形弯曲，下部无毛，中上部被短伏毛。基生叶花期枯萎；叶柄长2-4cm；叶近革质，近圆形，长5-10cm，宽5-12cm，表面绿色，背面色淡，掌状3全裂，中裂片菱形，宽3-4cm，基部楔形，3裂，小裂片具缺刻状齿，侧裂片2深裂。总状花序或圆锥花序，花密集，花轴及花梗密被柔毛；花梗长2-4cm；小苞片线状披针形，长约5mm，被短伏毛；花萼蓝紫色，外面被短伏毛；上萼片盔状圆锥形，长约2cm，喙下弯曲，侧萼片近圆形，径约1.5cm，下萼片不等大，长圆形或倒卵状长圆形，长约1.5cm，宽3-5mm；花瓣稍弓状弯曲，瓣片宽约3mm，距稍长，向下弯曲；雄蕊多数；心皮3，稀4-5，无毛或疏被长毛。蓇葖果长约2cm，宽约5mm。花期8月，果期9月。

生于湿草地、山坡草地及岩石间。

产地：辽宁省大连、瓦房店、绥中、庄河、普兰店、朝阳、凌源、建昌、建平。

分布：中国（辽宁）。

152 细叶乌头

Aconitum macrorhynchum Turcz.

多年生草本，高 68-100cm。块根胡萝卜形，长 1.2-2.8cm，径 5-10mm。茎圆柱形，径 2-3mm，上部多分枝或不分枝，下部近无毛，上部疏被短柔毛。基生叶及茎下部叶花期枯萎；叶近革质，圆卵形，长 5.5-10cm，宽 6-12cm，3 全裂，裂片羽状分裂，小裂片线形，宽 1-3mm，干时稍反卷，两面疏被短毛；叶柄与叶片近等长。总状花序顶生，有花 5-15 朵；花梗向上弯曲，长 0.5-1.5cm；苞片线形；萼片蓝紫色，外面疏被短柔毛，上萼片高盔形，高 1.5-1.9cm，下缘长 1.3-1.7cm，侧萼片圆倒卵形，长 1.1-1.4cm，下萼片长圆柱披针形或椭圆形；花瓣距长约 1mm，向后弯曲；花丝全缘或有 2 小齿，疏被短毛；心皮 5（-8），被毛。蓇葖果长圆形，长 1-1.3cm，疏被毛。种子长约 2.8mm，沿纵棱生狭翅，只在一面密生横膜翅。花期 8-9 月。

生于沟边、林下、沼泽地及山地草甸，海拔 1200m 以下。

产地：黑龙江省饶河、虎林、穆棱、密山、嘉荫、萝北、宁安、漠河、伊春、呼玛，吉林省蛟河、敦化、汪清，内蒙古额尔古纳、扎兰屯、根河、鄂伦春旗、牙克石、科尔沁右翼前旗、阿尔山。

分布：中国（黑龙江、吉林、内蒙古），俄罗斯。

可入药，有祛风散寒、止痛消肿及通经活络之功效，主治风湿性关节炎、半身不遂、肠胃虚寒痛及牙痛等症。

153 高山乌头

Aconitum monanthum Nakai

多年生草本，高 14-30cm。块根倒圆锥形，长 1.5-2.5cm，径约 4mm。茎单一或分枝，无毛。基生叶 1-2，无毛，有长柄；叶肾状五角形，长 2.5-3.5cm，宽 4-6.5cm，3 全裂，中裂片菱形或广菱形，羽状 3 裂，裂片披针状线形或狭披针形，侧裂片斜扇形，2 深裂；叶柄长 5-20cm。花单生或数花于茎顶形成聚伞花序；花梗长达 5cm，无毛；苞片 3 裂或线形；花萼紫色，无毛，上萼片盔形，侧萼片长 1-1.9cm；花瓣无毛，瓣片大，长约 10mm，距长约 1.5mm，向后弯曲；雄蕊无毛，花丝全缘或在上部有 2 小齿；心皮 3，无毛。蓇葖果长约 1.8cm。种子长约 3mm，三棱形，密生横膜翅。花期 7-8 月，果期 8-9 月。

生于高山冻原或火山灰陡坡上、岳桦林或针叶林林下及林缘，海拔 1400-2500m（长白山）。

产地：吉林省安图、长白，辽宁省桓仁。

分布：中国（吉林、辽宁），朝鲜半岛。

块根入药，主治头痛、腰膝关节冷痛、口眼歪斜、冻疮、风寒湿痹、坐骨神经痛及腹中寒痛等症，但要谨慎服用，本种植物含乌头碱，易导致中毒。

154 白山乌头

Aconitum paishanense Kitag.

多年生草本，高达1m。根为直根，近圆柱形。茎近直立，疏被短卷毛，长30-40cm。基生叶圆状肾形或肾状五角形，长7-13cm，宽10-20cm，基部心形，3深裂，中裂片近菱形，侧裂片较宽，不等2-3裂，裂片上缘具不整齐的缺刻状齿，表面被伏毛，沿脉毛较密，背面沿脉被长毛或近无毛；茎生叶与基生叶相似，但叶较小；基生叶有长柄，茎生叶柄渐短。顶生总状花序，花序轴及花梗密被短卷毛；花序轴下部苞片叶状，3裂，中上部苞片线形；萼片黄色，外面被短柔毛，上萼片圆筒形，高13-20mm，喙向下弯，基部喙面宽约1cm，侧萼片圆形或倒卵形，下萼片长圆形；花瓣具线形的爪，距呈螺旋状弯曲，唇较短，长约3mm；雄蕊无毛，花丝中下部加宽，无齿；心皮3。蓇葖果无毛或疏被毛。种子椭圆形，黑色，具膜质鳞片。花期7月，果期9月。

生于林下、林缘，海拔1400m（长白山）。

产地：黑龙江省伊春、海林、尚志，吉林省敦化、抚松、安图、和龙，辽宁省宽甸。

分布：中国（黑龙江、吉林、辽宁、河北），朝鲜半岛，俄罗斯。

155 长白乌头

Aconitum villosum Rchb. subsp. **tschangbaischanense** (S. H. Li et Y. H. Huang) S. H. Li

多年生草本，高达 1m。块根倒圆锥状纺锤形，长 2.5-3.5cm，径 6-7mm。茎直立，单一或上部分枝，下部无毛，中部以上疏被短柔毛。茎下部叶花期枯萎，茎中部叶有稍长柄；叶近革质，肾状五角形，长 7-10cm，宽 10-12cm，基部心形，3 全裂，裂片 2 回羽状分裂，小裂片线形，宽 2-4mm，先端渐尖，全缘，表面沿脉被短柔毛，背面无毛；叶柄比叶片稍短，无毛。总状花序顶生或腋生，顶生花 7-14 朵，长 11-14.5cm，轴被反短柔毛；花梗长 2-5.5cm，密被柔毛；苞片线状披针形；萼片蓝色，外面疏被短柔毛，上萼片高盔形或盔形，高 1.5-2cm，侧萼片倒卵状圆形，下萼片长圆状披针形、长圆形至椭圆形；花瓣无毛，瓣片长约 10mm，宽约 3.5cm，距长约 1.5mm，向后弯曲；雄蕊无毛；心皮 5，疏被短毛或无毛。蓇葖果长约 1.5cm。种子近三棱形，具横皱褶。

生于针阔混交林或岳桦林林缘、高山冻原。

产地：吉林省安图、临江、抚松、长白。

分布：中国（吉林），朝鲜半岛。

可入药，有祛风散寒、除湿止痛及麻醉杀虫之功效，可治神经痛、风湿性关节炎、手足拘挛、跌打损伤、心腹冷痛及痈疽疔疮等症。

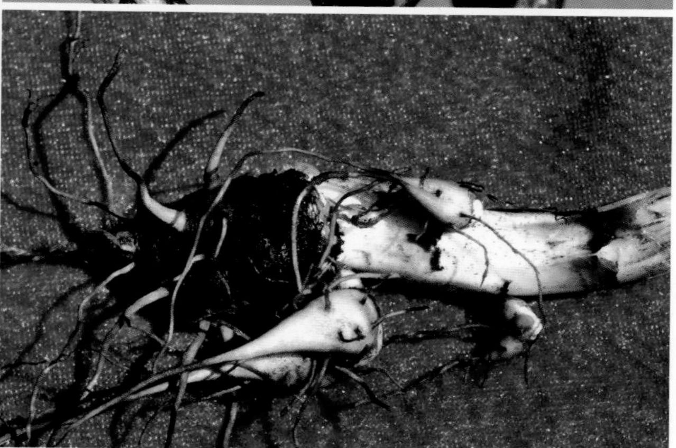

156 蔓乌头

Aconitum volubile Pall. ex Koelle

多年生草本。块根纺锤形，长约 1.5cm。茎缠绕，长约 2m，无毛或上部疏被短柔毛。茎中部叶有长柄或稍长柄；叶坚纸质，五角形，长 7-9cm，宽 8-10cm，基部心形，3 全裂，中裂片菱状卵形，先端渐尖，基部楔形，侧裂片 2 深裂，表面疏被短柔毛，背面无毛或几无毛，裂片羽状深裂，小裂片线形或线状披针形；叶柄长 2-15cm。总状花序顶生或腋生，轴和花梗密被淡黄色短柔毛；苞片线形；萼片蓝紫色，外面被伸展的短柔毛，上萼片高盔形，高 1.8-2.7cm，中部稍缢缩，侧萼片近圆形，下萼片长圆形或扇形；花瓣无毛，距头状，向后弯曲；雄蕊无毛，花丝全缘；心皮 5，被毛。蓇葖果长 1.5-1.7cm。种子狭倒金字塔形，长约 2.5mm，密生横膜翅。花期 8-9 月，果期 9 月。

生于山坡草地、灌丛及疏林下，海拔 800m 以下。

产地：黑龙江省哈尔滨、宁安、密山、庆安，吉林省九台、长春、辽源、四平、吉林、永吉、东丰、集安，辽宁省抚顺、本溪、新民、新宾、清原、西丰、开原、辽阳、鞍山、海城、盖州、营口、瓦房店、普兰店、大连、庄河、岫岩、桓仁、宽甸、凤城、丹东、北镇、义县、建平、建昌、凌源，内蒙古敖汉旗。

分布：中国（黑龙江、吉林、辽宁、内蒙古、河北），朝鲜半岛。

块根有毒，经炮制后可入药，治腰膝关节冷痛、头痛、风湿、口眼歪斜及冻疮等症。

种内变化：宽叶蔓乌头（*Aconitum volubile* Pall. ex Koelle var. *latisectum* Regel）叶 3 全裂，裂片较宽，有柄，中裂片菱形或菱状卵形。

157 类叶升麻

Actaea asiatica Hara

多年生草本，高30-80cm。根状茎横走，生多数细长的根；茎圆柱形，径4-6（-9）mm，微具纵棱，下部无毛，中部以上被白色短柔毛，不分枝。叶3回三出羽状复叶，具长柄；顶生小叶卵形至广卵状菱形，长4-8.5cm，宽3-8cm，通常3裂，边缘有锐锯齿；侧生小叶卵形至斜卵形，表面近无毛，背面沿脉疏被毛；叶柄长10-17cm，茎上部叶柄渐短。总状花序长2.5-4（-6）cm，果期伸长，花轴及花梗密被白色或灰色短柔毛；花梗长5-8mm；苞片线状披针形，长约2mm；萼片4，倒卵形；花瓣匙形，长2-2.5mm，下部渐狭成爪；雄蕊多数，花丝丝状，长3-5mm；心皮与花瓣近等长。果序长5-17cm；果梗径约1mm；浆果近球形，紫黑色，径约6mm。种子卵形，有3棱，深褐色。花期5-6月，果期7-9月。

生于林下及林缘，海拔1800m以下。

产地：黑龙江省伊春、尚志、哈尔滨、嘉荫，吉林省吉林、安图、和龙、蛟河、临江、抚松、集安，辽宁省本溪、西丰、清原、凤城、岫岩、大连、宽甸、桓仁、鞍山、庄河，内蒙古阿尔山。

分布：中国（黑龙江、吉林、辽宁、内蒙古、河北、山西、陕西、甘肃、青海、湖北、四川、云南、西藏），朝鲜半岛，日本，俄罗斯。

根状茎在民间供药用。茎、叶可作土农药。

158 侧金盏花

Adonis amurensis Regel et Radde

多年生草本，高达 30cm。根状茎短粗，具多数须根；茎单一或分枝，基部被淡褐色膜质鳞片。叶三角形，长达 7.5cm，宽达 9cm，3 回羽状全裂，小裂片狭卵形至披针形，具短尖；叶柄长达 6.5cm。花单生于茎顶，径约 3cm；萼片约 9，黄色，长圆形或倒卵状长圆形，与花瓣近等长；花瓣约 13，黄色，长圆形或倒卵状长圆形，长 1.2-2.2cm，宽 3-8mm，先端钝圆，具不整齐的小齿牙；雄蕊多数，长约 3mm，无毛；心皮多数，子房被微柔毛，花柱长约 0.8mm，向外弯曲，柱头小，球形。聚合果近球状，瘦果倒卵状球形，长 4-5mm，被短柔毛，宿存花柱弯曲。花期 4-5 月，果期 5-6 月。

生于林下、林缘腐殖质多的湿润土壤上，海拔 900m 以下。

产地：黑龙江省哈尔滨、呼玛、汤原、海林、伊春、尚志、宁安、铁力、东宁、通河，吉林省安图，辽宁省西丰、新宾、鞍山、本溪、凤城、宽甸、桓仁、丹东、开原。

分布：中国（黑龙江、吉林、辽宁、河北），朝鲜半岛，日本，俄罗斯。

可入药，主治充血性心力衰竭、强心性水肿及心房纤维颤动等症。

159 辽吉侧金盏花

Adonis ramosa Franch.

多年生草本，高 4-20cm。根状茎长约 1.5cm，径约 5mm。茎单一或分枝，无毛或上部疏被短柔毛。基部和茎下部叶鳞片状，卵形或披针形，长 7-17mm；茎中上部叶无柄或近无柄，叶广菱形，宽 4-8cm，2-3 回羽状全裂，小裂片披针形或线状披针形，宽约 1mm，先端尖。花单生于茎或分枝顶端，径 2.5-4cm；萼片 5，灰紫色，广卵形、菱状广卵形或广菱形，长 7-10mm，宽 6-9mm，先端钝圆，有时急尖，全缘或具 1-2 小齿，有短缘毛；花瓣 13，黄色，长圆状倒披针形，长 12-20mm，宽 3.5-7mm；雄蕊长约 4mm，花药长圆形，长约 1mm；心皮近无毛，花柱长约 0.8mm。花期 3-4 月。

生于山坡草地。

产地：吉林省辉南，辽宁省凤城、桓仁、丹东。

分布：中国（吉林、辽宁），朝鲜半岛、日本、俄罗斯。

160 黑水银莲花

Anemone amurensis (Korsh.) Kom.

多年生草本，高 20-25cm。根状茎横走，顶部被淡褐色膜质鳞片。基生叶 1-2，有长柄，叶三角形，宽 2.5-5cm，三出复叶，小叶羽状分裂，中裂片近菱形，侧裂片歪卵形至歪卵状披针形，2 深裂，表面近无毛或沿脉疏被柔毛，背面无毛；小叶柄长 1.5-2cm。总苞与基生叶相似，苞片 3，有短柄；花葶细弱，下部无毛，上部被柔毛；萼片 6-8（-10），花瓣状，白色，长圆形或倒卵状长圆形，长 1.3-1.5cm，宽 4.4-5.5mm，先端圆，无毛；雄蕊多数；心皮约 10，密被柔毛。瘦果卵形，花柱宿存。花期 5 月，果期 6-7 月。

生于林下，海拔 900m 以下。

产地：黑龙江省伊春、尚志、哈尔滨、铁力，吉林省临江、蛟河、桦甸、安图、柳河，辽宁省本溪、桓仁、宽甸、凤城。

分布：中国（黑龙江、吉林、辽宁），朝鲜半岛，俄罗斯。

可入药，有发汗、增强肾及肝功能之功效。

161 毛果银莲花

Anemone baicalensis Turcz.

多年生草本，高10-30cm。根状茎细长。基生叶1-2，肾状圆形或肾状五角形，长4-6cm，宽4-9cm，被长柔毛，叶柄长8-20cm，3全裂，中裂片卵状菱形，基部狭，楔形，上部3浅裂，小裂片具缺刻状齿牙，侧裂片2深裂，边缘具缺刻状齿牙，表面绿色，被伏毛，背面灰绿色，疏被伏毛。总苞与基生叶相似，较小；花葶被长柔毛；总苞片3，3深裂，裂片菱形，长1.5-4cm，不等大；花径1.5-2.5cm；萼片5，花瓣状，白色，倒卵形，长10-15mm，宽6-9mm，大小不等，被伏毛或近基部稍被长毛；雄蕊多数，比萼片短，花丝细丝状，花药椭圆形；心皮7-16，子房密被柔毛，花柱短，柱头近头状。花期6月。

生于林下，海拔1000m以下。

产地：黑龙江省尚志、伊春，吉林省安图、敦化、柳河、临江、抚松、汪清、通化、蛟河，辽宁省本溪、凤城、宽甸、桓仁。

分布：中国（黑龙江、吉林、辽宁、陕西、甘肃、四川），俄罗斯。

162 二歧银莲花 草玉梅

Anemone dichotoma L.

多年生草本，高35-60cm。根状茎横走，细长。茎直立，通常上部二叉状分裂，基部被数枚膜质鳞片。基生叶花期枯萎；茎生叶位于茎上部分枝处，对生，3深裂，裂片长圆形至长圆状披针形，长4-7cm，宽1-2cm，中下部全缘，表面无毛，背面及边缘被伏毛。总苞2，扇形，两面被伏毛，3深裂，裂片狭楔形，总苞与茎生叶同形，通常两面被伏毛，自总苞间抽出花梗；花梗长约7cm，密被伏毛；花径2-3.8cm；萼片（4-）5-6（-7），花瓣状，椭圆形、广椭圆形或倒卵形，外面稍带淡紫红色，被短伏毛，里面白色，无毛；心皮多数，近无毛。聚合果近球形，径约1.2cm；瘦果狭卵形，长5-7mm，宽2-2.5mm。花期6月，果期6-7月。

生于山坡林间湿草地，海拔900m以下。

产地：黑龙江省哈尔滨、伊春、逊克、呼玛、密山、宁安、黑河、虎林、饶河、嘉荫、萝北，吉林省磐石、敦化，内蒙古海拉尔、根河、额尔古纳、牙克石、扎兰屯、鄂伦春旗、阿尔山、科尔沁右翼前旗、扎赉特旗、鄂温克旗。

分布：中国（黑龙江、吉林、内蒙古），朝鲜半岛，蒙古，俄罗斯。

早春观赏植物，可用于林地荫生园的花境和自然式栽培及盆植。

163 多被银莲花

Anemone raddeana Regel

多年生草本，高 10-30cm。根状茎横走，圆柱形，长 2-3cm，径 3-7mm。基生叶 1，三出复叶；小叶广卵形或近圆形，3 深裂，裂片椭圆状倒卵形或倒卵形，基部广楔形，先端再 2-3 浅裂或不裂，边缘具缺刻状圆齿，两面无毛；叶柄长 9-15cm，被疏柔毛。总苞 3，长圆形或狭倒卵形，花单一，径 2.5-3.5cm；萼片 9-15，花瓣状，白色，长圆形至线形，长 1.2-1.9cm，宽 2.2-6mm，先端圆或钝，无毛；雄蕊长 4-8mm，花丝丝状，花药椭圆形，长约 0.6mm，先端圆形；心皮约 30，子房密被柔毛，花柱稍弯。花期 4-5 月，果期 6 月。

生于阔叶林下，海拔 900m 以下。

产地：黑龙江省尚志、哈尔滨、伊春，吉林省临江、桦甸、安图，辽宁省西丰、本溪、鞍山、绥中、瓦房店、丹东、桓仁、凤城、宽甸、庄河。

分布：中国（黑龙江、吉林、辽宁、山东），朝鲜半岛，俄罗斯。

可用于林地荫生园花境和自然式栽培。根状茎入药，名为“两头尖”，有祛风寒、消肿之功效，可治风湿性腰腿痛、关节炎、伤风感冒、疮疖、痈毒及金疮等症。

164 小银莲花 细茎银莲花

Anemone rossii S. Moore

多年生草本，高 10-30cm。根状茎圆柱形，长 2-3cm，径 3-4mm。基生叶 1，有长柄，近圆形，长 2-3cm，宽约 4cm，柄长 8-20cm，3 全裂，中裂片倒卵形，3 中裂至深裂，小裂片具 2-3 缺刻状齿牙，侧裂片不等 2 深裂，具缺刻状齿牙，表面被稀疏伏毛，背面无毛。总苞似基生叶，较小；花葶纤细，上部被柔毛；总苞 3；花径约 2cm；萼片 5-7，花瓣状，白色，椭圆形或狭倒卵形，长 8-12mm，宽 4-7mm，无毛或疏被柔毛；雄蕊多数，长约 3mm，花丝细线形，花药长圆形；心皮 7-8，子房密被白色长柔毛，花柱短。花期 5-6 月，果期 7 月。

生于阔叶林下，海拔 900m 以下。

产地：吉林省桦甸、安图、柳河，辽宁省新宾、桓仁、凤城。

分布：中国（吉林、辽宁），朝鲜半岛。

165 大花银莲花

Anemone silvestris L.

多年生草本，高 18-50cm。根状茎横走或直升，长达 3cm，径 2-2.5mm。基生叶 3-9，有长柄，叶心状五角形，长 2-5.2cm，宽 2.5-8cm，3 全裂，中裂片菱形或倒卵状菱形，侧裂片斜扇形，2 深裂，表面近无毛，背面沿脉疏被短柔毛；叶柄长 4-21cm，有柔毛。花单一，径 3.5-6cm；花梗长 5.5-24cm；苞片 3，有柄，长 0.6-3cm，稍不等大，似基生叶，但较小，基部截形或圆形，被短柔毛；萼片 5（-6），花瓣状，白色，倒卵形，长 1.5-2cm，宽 1-1.4cm，被绢状短柔毛；雄蕊长约 4mm，花药椭圆形，先端有小短尖头，花丝丝形，花托近球形，与雄蕊等长；心皮多数，长约 1mm，子房密被短柔毛，柱头球形，无柄。聚合果径约 1cm；瘦果长约 2mm，有短柄，密被长绵毛。花期 5-6 月。

生于林下湿草地，海拔 800m 以下。

产地：黑龙江省黑河，内蒙古海拉尔、牙克石、额尔古纳、阿尔山、陈巴尔虎旗、科尔沁右翼前旗、克什克腾旗、巴林右旗、鄂温克旗、宁城、喀喇沁旗。

分布：中国（黑龙江、内蒙古、河北、新疆），蒙古，俄罗斯；欧洲。

166 大叶银莲花

Anemone udensis Trautv. et Mey.

多年生草本，高 20-30cm。根状茎横走，细长，径约 1mm。基生叶 1，3 全裂，裂片倒卵形或近圆形，长约 4.5cm，宽 3.5-4.5cm，有长柄。花葶被柔毛；总苞片 3，稍不等大，有柄（长 1.5-2.5cm），五角形，长 2.5-5.5cm，宽 5-7cm，基部浅心形，3 全裂，中裂片有短柄，菱状倒卵形，不明显 3 浅裂，有浅锯齿，侧裂片较小，斜椭圆形，表面无毛，背面疏被柔毛；花梗 1，长 5.5-9.8cm，无毛；萼片 5，花瓣状，白色，倒卵形或卵形，长 1-1.8cm，宽 0.5-1.3cm，先端圆形或微凹；雄蕊长 4-6mm，花药椭圆形，长约 0.8mm，花丝丝形；心皮约 11，比雄蕊稍短，心皮密被柔毛，花柱无毛，柱头小。花期 6 月。

生于针阔混交林下、林缘及灌丛。

产地：黑龙江省伊春、尚志、饶河、穆棱、东宁、嘉荫。

分布：中国（黑龙江），俄罗斯。

167 阴地银莲花

Anemone umbrosa C. A. Mey.

多年生草本，高 15-25cm。根状茎横走，细长，径约 1mm。基生叶无，有时 1，鸟趾状 5 全裂，有长柄；无茎生叶。花葶细，近无毛；总苞片 3，有柄，三角形或五角形，长 2-4.2cm，宽 2.2-5.5cm，3 全裂，中裂片无柄，菱形，3 浅裂，边缘有疏锯齿，侧裂片不等 2 浅裂；花 1 或 2 朵；花梗长 3.5-6cm，被柔毛；萼片 5，花瓣状，白色，椭圆形或卵状椭圆形，长 7-12mm，宽 4-7mm，先端圆或钝，被短柔毛；雄蕊多数，花丝丝形，花药椭圆形，长约 0.7mm，先端圆形；心皮约 11，子房密被柔毛，花柱短。花期 5-6 月，果期 6-7 月。

生于阔叶林下、河谷湿地及灌丛，海拔约 600m。

产地：吉林省桦甸、蛟河、安图、临江、抚松，辽宁省西丰、清原、凤城、本溪、桓仁、宽甸、丹东、鞍山。

分布：中国（吉林、辽宁），朝鲜半岛，俄罗斯。

168 尖萼耧斗菜

Aquilegia oxysepala Trautv. et Mey.

多年生草本，高40-80cm。根状茎，圆柱形，黑褐色；茎直立，单一，上部多分枝。基生叶2回三出复叶长达2.5cm，楔状倒卵形，长2-6cm，宽1.8-5cm，3浅裂或3深裂，小叶柄长1-2mm, 侧生小叶歪卵形，不等的2-3裂，叶柄长10-20cm，被开展的白色柔毛或无毛，基部变宽呈鞘状；茎生叶与基生叶相似，叶柄向上渐短。聚伞花序，花3-5朵；苞片3全裂，先端钝；萼片5，紫色，稍开展，狭卵形，长2.5-3.1cm，宽8-12mm，先端急尖；花瓣5，瓣片黄白色，长1-1.3cm，宽7-9mm，先端近截形，距长1.5-2cm，末端螺旋状弯曲，疏被毛；雄蕊多数，与瓣片近等长，花药黑色，长1.5-2mm；心皮5，被白色短柔毛。蓇葖果长2.5-3cm。种子黑色，长约2mm。花期5-6月，果期7-8月。

生于林下、林缘及山坡草地，海拔1500m以下。

产地：黑龙江省尚志、哈尔滨、伊春、呼玛、铁力，吉林省吉林、临江、磐石、抚松、珲春、安图、桦甸、汪清，辽宁省本溪、抚顺、凤城、宽甸、桓仁、西丰、清原，内蒙古鄂伦春旗、牙克石。

分布：中国（黑龙江、吉林、辽宁、内蒙古），朝鲜半岛，俄罗斯。

种子含脂肪15%，可供榨油用。全草入药，可治妇女病。

169 耧斗菜

Aquilegia viridiflora Pall.

多年生草本，高 15-50cm。根圆柱形。茎直立，上部多分枝，被短柔毛和腺毛。基生叶为 2 回三出复叶，小叶具 1-6mm 的短柄，楔状倒卵形，长 3.5-4.5cm，宽 3.5-5cm，3 裂，裂片常具 2-3 圆齿，表面绿色，无毛，背面淡绿色至粉绿色，疏被短柔毛或近无毛，叶柄长达 18cm，疏被柔毛或无毛，基部有鞘；茎生叶较小。单歧聚伞花序，花 3-7 朵；花梗长 2-7cm；苞片 3 全裂；萼片 5，黄绿色，卵形，先端微钝，被柔毛；花瓣 5，黄绿色，瓣片顶端近截形，距长 1.2-1.8cm，直或稍弯；雄蕊多数，长达 2cm；退化雄蕊膜质，线状长椭圆形，长 7-8mm；子房密被腺毛，花柱与子房近等长。蓇葖果长 2-2.5cm，宿存花柱弯曲。种子黑色，有光泽，狭倒卵形，长约 2mm，具微凸起的纵棱。花期 5-6 月，果期 7 月。

生于山坡湿草地、疏林下，海拔 900m 以下。

产地：黑龙江省哈尔滨、伊春、尚志、呼玛、黑河，吉林省临江、安图，辽宁省铁岭、大连、长海，内蒙古海拉尔、满洲里、额尔古纳、阿尔山、根河、科尔沁右翼前旗、牙克石、扎赉特旗、巴林左旗、巴林右旗、翁牛特旗、宁城、克什克腾旗、赤峰。

分布：中国（黑龙江、吉林、辽宁、内蒙古、河北、山西、陕西、甘肃、宁夏、青海、山东），蒙古，俄罗斯。

170 华北耧斗菜

Aquilegia yabeana Kitag.

多年生草本，高达60cm。根圆柱形，粗壮，暗褐色。茎直立，圆柱形，稍具棱线，下部无毛，上部被稀疏短柔毛和腺毛。基生叶多数，有长柄，1-2回三出复叶，中央小叶倒卵状菱形，长3-6cm，宽2.5-5cm，3裂，侧生小叶菱状卵形至歪卵形，2浅裂，表面绿色，无毛，背面灰白色，疏被短柔毛，稀近无毛，有长柄；茎生叶形似基生叶，较小，三出复叶，下部叶具长柄，上部叶近无柄。聚伞花序有数花，下垂；苞片披针形或长圆形，全缘，两面及边缘被腺毛或近无毛；花梗长，密被腺毛；萼片5，淡紫色至紫色，长圆状披针形至狭卵形，先端渐尖，外面及边缘稍被毛；花瓣紫色，瓣片长1.1-1.5cm，先端圆状截形，外面及边缘稍被毛或无毛，距钩状弯曲，长约1.6cm；雄蕊多数，不超出花瓣，花药黄色，退化雄蕊白色，膜质，边缘皱波状；心皮5，子房密被短腺毛。蓇葖果长1.5-2.5cm，具明显的脉纹，疏被柔毛。种子小，近卵球形，长约2mm，黑色，有光泽，种皮上有点状皱褶。花期6-7月，果期7-9月。

生于山坡林缘、沟谷及岩石缝间。

产地：辽宁省凌源、喀左，内蒙古宁城、喀喇沁旗、翁牛特旗。

分布：中国（辽宁、内蒙古、河北、山西、陕西、四川）。

根含糖类，可作饴糖或酿酒。种子含油，可供工业用。全草入药，可治月经不调、产后瘀血过多、痛经、瘰疬、疮疖、泄泻及蛇咬伤等症。

171 白花驴蹄草

Caltha natans Pall.

多年生草本，沉水或在沼泽匍匐，全体无毛。茎长 20-50cm，径 2-4mm，分枝，节上生不定根。叶质薄，浮于水面，心状肾形或心形，长 1-2cm，宽 1.5-2.4cm，先端圆形，基部深心形，全缘或微波状圆齿或中部以下具浅圆齿；叶柄长 2.5-7cm，基部具膜质鞘。单歧聚伞花序生于茎或分枝顶端；花小，径约 5mm；萼片 5，白色或带粉红色，倒卵形，长约 3mm，宽约 2mm，先端圆形；雄蕊长约 2mm，花药椭圆形，长约 0.5mm，花丝狭线形；心皮（10-）20-30，无柄，花柱极短。蓇葖果狭椭圆形，长约 5mm。种子椭圆球形，长约 0.7mm，近光滑。花期 6-7 月，果期 7-8 月。

生于湿草甸、河边湿地及浅水中，海拔 600-1300m。

产地：黑龙江省伊春、北安、呼玛，内蒙古根河、额尔古纳、牙克石、鄂伦春旗、科尔沁右翼前旗、扎赉特旗、克什克腾旗。

分布：中国（黑龙江、内蒙古），朝鲜半岛，蒙古，俄罗斯。

根及叶入药，有清热利湿、解毒之功效，可治中暑、尿路感染、烧烫伤及毒蛇咬伤等症。

172 薄叶驴蹄草

Caltha palustris L. var. **membranacea** Turcz.

多年生草本，高(10-)20-48cm，全株无毛。茎直立或上升，单一或上部分枝。基生叶丛生，近膜质；圆肾形或心形，长（1.2-）2.5-5cm，宽（2-）3-9cm，先端钝圆，基部深心形或基部2裂片互相覆压，边缘具明显的齿牙，叶柄长（4-）7-24cm；茎生叶通常向上逐渐变小。单歧聚伞花序生于茎或分枝顶部；苞片三角状心形，边缘有齿牙；花梗长（1.5-）2-10cm；萼片5，黄色，倒卵形或狭倒卵形，长1-1.8（-2.5）cm，宽0.6-1.2（-1.5）cm，先端钝圆；雄蕊长4.5-7（-9）mm，花药长圆形，长1-1.6mm，花丝狭线形；心皮（5-）7-12，与雄蕊近等长，无柄，花柱短。蓇葖果长约1cm，宽约3mm，具横脉，喙长约1mm。种子狭卵球形，长1.5-2mm，黑色，有光泽，有少数纵皱纹。花期5-6月，果期7月。

生于阔叶林下、湿草地及溪流旁，海拔1000m以下。

产地：黑龙江省尚志、黑河、呼玛、伊春、海林、汤原、密山、勃利，吉林省安图、临江、通化、汪清、蛟河、抚松，辽宁省本溪、丹东、凤城、桓仁、宽甸，内蒙古根河、牙克石、阿尔山、额尔古纳、科尔沁右翼前旗。

分布：中国（黑龙江、吉林、辽宁、内蒙古），朝鲜半岛，日本，俄罗斯。

可作园林地被植物。

173 驴蹄草

Caltha palustris L. var. **sibirica** Regel

多年生草本，高（10-）20-48cm。茎直立或上升，单一或上部分枝，无毛。基生叶丛生，质稍厚，圆肾形，长（1.2-）2.5-5cm，宽（2-）3-9cm，先端圆形，基部深心形或基部二裂片互相覆压，边缘具三角形小齿牙，叶柄长（4-）7-24cm；茎生叶向上渐小，圆肾形或三角状心形，叶柄较短，基部具膜质鞘，或无柄。单歧聚伞花序生于茎或分枝顶端；苞片三角状心形，边缘有齿；花梗长（1.5-）2-10cm；萼片5，黄色，倒卵形或狭倒卵形，长1-1.8（-2.5）cm，宽0.6-1.2（-1.5）cm，先端钝圆；雄蕊长4.5-7（-9）mm，花药长圆形，长1-1.6mm，花丝狭线形；心皮（5-）7-12，与雄蕊近等长，无柄，花柱短。蓇葖果长约1cm，宽约3mm，具横脉，喙长约1mm。种子狭卵球形，长1.5-2mm，黑色，有光泽，有少数纵皱纹。花期5-9月，7月开始结果。

生于湿草甸、河边湿地、沟谷、溪流边及浅水中，海拔900m以下。

产地：黑龙江省哈尔滨、呼玛、伊春、尚志，吉林省安图、临江、蛟河、桦甸、靖宇、敦化、柳河，辽宁省本溪、凤城，内蒙古海拉尔、科尔沁左翼后旗、科尔沁右翼前旗、科尔沁右翼中旗、鄂温克旗、额尔古纳、根河、通辽、阿尔山、牙克石、扎赉特旗、克什克腾旗、翁牛特旗、喀喇沁旗。

分布：中国（黑龙江、吉林、辽宁、内蒙古、山东），朝鲜半岛，蒙古，俄罗斯。

全草入药，有祛风、散寒之功效。

174 兴安升麻

Cimicifuga dahurica (Turcz.) Maxim.

多年生草本，高达1-2m。根状茎粗壮，黑色；茎直立，单一，粗壮，无毛或微被毛。叶2-3回三出复叶或三出复叶，顶生小叶广菱形，长5-10cm，宽3.5-9cm，3深裂，基部微心形或圆形，边缘有锯齿，侧生小叶长椭圆状卵形，稍斜，表面无毛，背面沿脉疏被柔毛。花单性，雌雄异株；花序复总状，雄株花序大，长达30cm，具分枝7-20及以上，雌株花序稍小，分枝也少，轴和花梗被灰色腺毛和短毛；苞片钻形，渐尖；萼片广椭圆形至广倒卵形，长3-3.5mm，退化雄蕊二深裂，先端有两个乳白色的空花药；花药长约1mm，花丝丝形，长4-5mm；心皮4-7，疏被灰色柔毛或近无毛，无柄或有短柄。蓇葖果长7-8mm，宽4mm，先端近截形，被白色柔毛。种子3-4粒，椭圆形，长约3mm，褐色。花期7-8（-9）月，果期8-9月。

生于林下及林缘，海拔900m以下。

产地：黑龙江省呼玛、宁安、饶河、逊克、尚志、伊春、黑河，吉林省安图、通化、抚松、汪清、蛟河、临江，辽宁省抚顺、清原、本溪、桓仁、鞍山、凌源、建昌，内蒙古根河、牙克石、额尔古纳、扎鲁特旗、扎赉特旗、鄂伦春旗、科尔沁右翼前旗、科尔沁右翼中旗、阿鲁科尔沁旗、巴林左旗、巴林右旗、克什克腾旗、喀喇沁旗、敖汉旗、宁城。

分布：中国（黑龙江、吉林、辽宁、内蒙古、河北、山西），朝鲜半岛，蒙古，俄罗斯。

根状茎可入药，称“升麻”，可治麻疹、斑疹不透及胃火牙痛等症。

175 大三叶升麻

Cimicifuga heracleifolia Kom.

多年生草本，高达 1m。根状茎粗壮，黑色；茎直立，单一，无毛。叶近革质，茎下部叶 1-2 回三出复叶，顶生小叶倒卵形至倒卵状椭圆形，长 6-12cm，宽 4-9cm，上部 3 浅裂，先端渐尖，边缘有粗齿，侧生小叶通常斜卵形，比顶生小叶小，无毛或背面沿脉疏被白色柔毛，叶柄长达 20cm，无毛；茎上部叶 1 回三出复叶。复总状花序，花轴和花梗密被短毛；花梗长 2-4mm；萼片黄白色，倒卵状圆形至广椭圆形，长 3-4mm，宽 2.5-3mm；雄蕊多数，花丝丝形，花药黄色，退化雄蕊椭圆形，顶部白色，近膜质，全缘；心皮 3-5，有短柄，无毛。蓇葖果长 5-6mm，宽 3-4mm，下部有长约 1mm 的细柄。种子通常 2 粒，长约 3mm，四周生膜质的鳞翅。花期 8-9 月，果期 9-10 月。

生于林下、山坡草地及灌丛，海拔约 300m。

产地：黑龙江省密山、萝北、嘉荫，吉林省集安，辽宁省抚顺、本溪、清原、丹东、岫岩、庄河、大连、普兰店。

分布：中国（黑龙江、吉林、辽宁），朝鲜半岛，俄罗斯。

根状茎入药，称“升麻”，可治麻疹、斑疹不透及胃火牙痛等症。

176 单穗升麻

Cimicifuga simplex Wormsk.

多年生草本，高 1-1.5m。根状茎粗壮，横走，黑色；茎直立，单一，无毛。茎下部叶 2-3 回三出羽状复叶，顶生小叶广披针形至菱形，长 4.5-8.5cm，宽 2-5.5cm，3 深裂至浅裂或不分裂，边缘有锯齿，侧生小叶通常无柄，狭斜卵形，比顶生小叶小，表面无毛，背面沿脉疏被白色长柔毛，叶柄长达 26cm；茎上部叶较小，1-2 回三出复叶。总状花序长达 35cm，不分枝或基部有少数短分枝；花梗及花轴密被灰色腺毛及柔毛；苞片钻形；萼片广椭圆形，长约 4mm；雄蕊多数，花丝狭线形，花药黄白色，长约 1mm，中央有 1 脉，退化雄蕊椭圆形至广椭圆形，先端膜质，2 浅裂；心皮 2-7，密被灰色短绒毛，有柄，果期延长。蓇葖果长 7-9mm，宽 4-5mm，被短柔毛，下面具长达 5mm 的柄。种子 4-8 粒，椭圆形，长约 3.5mm，四周被膜质翼状鳞翅。花期 7-8 月，果期 8-9 月。

生于林下、林缘、草甸及河边湿草地，海拔 1900m 以下。

产地：黑龙江省伊春、密山、虎林、尚志、桦川、呼玛、海林、孙吴、宁安、勃利，吉林省蛟河、抚松、和龙、安图、敦化、长白，辽宁省本溪、桓仁、宽甸、清原、岫岩、庄河、西丰、新宾，内蒙古根河、扎鲁特旗、阿尔山、鄂温克旗、牙克石、科尔沁右翼前旗、克什克腾旗、喀喇沁旗、额尔古纳、鄂伦春旗。

分布：中国（黑龙江、吉林、辽宁、内蒙古、河北、陕西、甘肃、四川），朝鲜半岛，日本，蒙古，俄罗斯。

根状茎入药，有驱风寒、清热解毒之功效。

177 林地铁线莲

Clematis brevicaudata DC.

多年生草质藤本。茎细弱，具较明显细棱，疏被短毛或近无毛。叶羽状复叶或1-2回三出复叶，通常2-3对小叶，小叶长卵形、卵形至广卵状披针形或披针形，长（1-）1.5-6cm，宽0.7-3.5cm，先端渐尖或长渐尖，基部圆形、截形至浅心形，有时楔形，边缘疏具粗锯齿或齿牙，有时3裂，两面近无毛或疏被短柔毛；叶柄长2-5cm，小叶有柄。圆锥状聚伞花序腋生或顶生，常比叶短；花梗长1-1.5cm，被短柔毛；花径1.5-2cm；萼片4，开展，白色，狭倒卵形，长约8mm，两面均被短柔毛；雄蕊多数，花丝扁平，花药黄色；心皮多数，花柱被长绢毛。瘦果卵形，长约3mm，宽约2mm，密被柔毛，宿存花柱长1.5-2（-3）cm。花期8-9月，果期9-10月。

生于山坡灌丛、林缘及林下。

产地：黑龙江省尚志、依兰、孙吴、哈尔滨、伊春，吉林省蛟河、扶余、前郭尔罗斯、长白、安图，辽宁省抚顺、桓仁、鞍山、建平、喀左、新民、海城、营口、瓦房店、大连、庄河、朝阳、凌源、建昌，内蒙古鄂伦春旗、鄂温克旗、科尔沁右翼中旗、科尔沁右翼前旗、扎赉特旗、敖汉旗、科尔沁左翼后旗、喀喇沁旗、林西、巴林右旗、翁牛特旗、阿鲁科尔沁旗、克什克腾旗。

分布：中国（黑龙江、吉林、辽宁、内蒙古、河北、山西、陕西、甘肃、宁夏、青海、江苏、浙江、河南、湖南、四川、云南、西藏），朝鲜半岛，日本，蒙古，俄罗斯。

藤茎入药，有清热利尿、通乳、消食及通便之功效，主治尿道感染、尿频、尿道痛、心烦尿赤、口舌生疮、腹中胀满、大便秘结及乳汁不通等症。

178 褐毛铁线莲

Clematis fusca Turcz.

多年生草质藤本。根棕黄色，须根多数，细长。茎细弱，长达2m，常缠绕，疏被毛或近无毛，节部毛较密。叶羽状复叶，小叶5-9，卵圆形、广卵圆形至卵状披针形，长4-9cm，宽2-5cm，先端渐尖，基部圆形或心形，全缘或边缘2-3裂，两面近无毛或仅背面沿脉疏被柔毛；基部小叶柄弯曲，顶部小叶柄卷曲成卷须状，稍被柔毛，叶柄长2.5-9.5cm。聚伞花序腋生；花梗短或长达3cm，被黄褐色柔毛，中部生一对叶状苞片；花钟状，下垂，径1.5-2cm；萼片4（-5），卵圆形或卵状长椭圆形，长2-3cm，宽0.7-1.2cm，被紧贴褐色短柔毛；雄蕊多数，较萼片短，花丝线形，褐色，花药线形，先端有尖头状突起；子房被短柔毛，花柱被绢毛。瘦果扁平，棕色，广倒卵形，长达7mm，宽5mm，边缘增厚，被稀疏短柔毛，宿存花柱长达3cm，被开展的黄色柔毛。花期6-7（-8）月，果期（7-）8-9月。

生于山坡草地、灌丛及林缘，海拔1700m以下。

产地：黑龙江省伊春、哈尔滨、方正、穆棱、宁安、萝北、集贤、密山、虎林、饶河、尚志、黑河、嫩江、嘉荫，吉林省长春、蛟河、抚松、靖宇、汪清、安图、珲春、敦化，辽宁省本溪、开原、桓仁、辽阳、铁岭、瓦房店、大连、庄河、岫岩、凤城、清原、义县、北镇、凌源，内蒙古鄂伦春旗、扎兰屯、阿荣旗、扎赉特旗。

分布：中国（黑龙江、吉林、辽宁、内蒙古），朝鲜半岛，日本，俄罗斯。

种内变化：紫花铁线莲（*Clematis fusca* Turcz. var. *violacea* Maxim.）花梗及萼片无毛或近无毛，萼片暗紫红色。

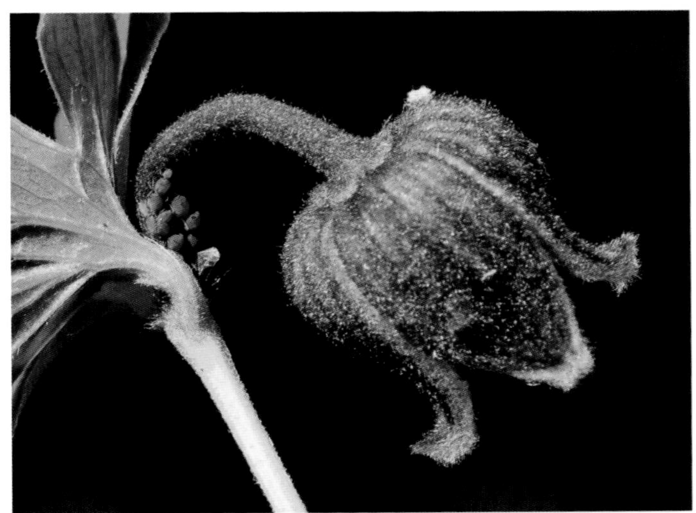

179 大叶铁线莲

Clematis heracleifolia DC.

多年生草本，高达 1m。粗大主要根木质化，棕黄色。茎直立，坚硬，具细棱，被短柔毛。叶对生，三出复叶，长达 30cm，顶生小叶广卵形，长宽均 6-13cm，近无毛，先端 3 浅裂，边缘有粗锯齿，齿尖有短尖头，表面暗绿色，近无毛，背面被柔毛，小叶具长柄，侧生小叶较小，近无柄；叶柄长 4.5-10cm，被毛。花序腋生或顶生；花排列成 2-3 轮；花梗长 1.5-2cm；花萼管状，长约 1.5cm；萼片 4，蓝色，长约 2cm，上部向外弯曲，被白色短柔毛；无花瓣；雄蕊多数，被短柔毛，花丝线形。瘦果倒卵形，扁，长约 4mm，羽毛状花柱长达 2.8cm。花期 6-7（-8）月，果期（7-）8-9 月。

生于山坡灌丛、阔叶林下及沟谷，海拔 600m 以下。

产地：辽宁省铁岭、沈阳、长海、庄河、岫岩、本溪、凤城、宽甸、丹东、朝阳、喀左、法库、大连，内蒙古敖汉旗。

分布：中国（辽宁、内蒙古、河北、山西、陕西、山东、江苏、安徽、浙江、河南、湖北、湖南），朝鲜半岛，日本。

种子油可作油漆用。全草及根入药，有祛风除湿、解毒消肿之功效，可治风湿关节痛、结核性溃疡等症。

180 棉团铁线莲

Clematis hexapetala Pall.

多年生草本，高 30-100cm。茎直立，圆柱形，疏被柔毛，后变无毛。叶近革质，1-2 回羽状深裂，裂片线状披针形、长椭圆状披针形至椭圆形或线形，长 1.5-10cm，宽 0.1-2cm，先端锐尖或凸尖，有时钝，全缘，两面或沿脉疏被长柔毛或近无毛，网脉突出。总状花序或复聚伞花序顶生，有时花单生；花径 2.5-5cm；萼片 4-8，通常 6，白色，长椭圆形或狭倒卵形，长 1-2.5cm，宽 0.3-1（-1.5）cm，密生绵毛，花蕾时像棉球；雄蕊多数，花丝细长，无毛。瘦果倒卵形，扁平，密被柔毛，宿存花柱长 1.5-3cm，被灰白色长柔毛。花期 6-8 月，果期 7-9 月。

生于山坡草地、林缘，海拔 800m 以下。

产地：黑龙江省宁安、呼玛、密山、肇东、肇源、安达、大庆、哈尔滨、嫩江、克山、嘉荫、黑河，吉林省汪清、通榆、吉林、九台，辽宁省抚顺、开原、沈阳、昌图、西丰、法库、本溪、鞍山、大连、普兰店、瓦房店、长海、北镇、义县、彰武、葫芦岛、兴城、绥中、建平、建昌、凌源，内蒙古额尔古纳、鄂伦春旗、阿荣旗、海拉尔、满洲里、科尔沁右翼中旗、鄂温克旗、牙克石、陈巴尔虎旗、新巴尔虎左旗、科尔沁右翼前旗、阿尔山、科尔沁左翼后旗、奈曼旗、扎赉特旗、扎鲁特旗、通辽、翁牛特旗、克什克腾旗、赤峰、乌兰浩特、阿鲁科尔沁旗、巴林左旗、巴林右旗、喀喇沁旗、宁城、敖汉旗。

分布：中国（黑龙江、吉林、辽宁、内蒙古、河北、山西、陕西、甘肃），朝鲜半岛，蒙古，俄罗斯。

可作农药，对马铃薯疫病和红蜘蛛有良好的防治作用。根入药，有解热、镇痛、利尿及通经之功效，可治风湿症、水肿、神经痛及痔疮肿痛等症。

181 黄花铁线莲

Clematis intricata Bunge

多年生草质藤本。茎纤细，多分枝，有细棱，近无毛或疏被短毛。叶1-2回三出羽状复叶，2-3全裂，裂片线状披针形、披针形或狭卵形，长1-4.5cm，宽0.2-1.5cm，先端渐尖，基部楔形，全缘或有少数齿牙，两侧裂片较短，下部常2-3浅裂，小叶有柄。聚伞花序腋生，通常为3花，有时单花；花序梗较粗，长1.2-3.5cm，有时极短，疏被柔毛，中间花梗无小苞片，侧生花梗下部有2片对生的小苞片；苞片叶状，较大，全缘或2-3浅裂至全裂；萼片4，黄色，狭卵形或长圆形，长1.2-2.2cm，宽4-6mm，先端尖，两面无毛，边缘被短绒毛；雄蕊比萼片短，花丝线形，被短柔毛，花药无毛。瘦果卵形至椭圆状卵形，扁，长2-3.5mm，边缘增厚，被柔毛，宿存花柱长3.5-5mm，被长柔毛。花期6-7月，果期8-9月。

生于山坡草地、路旁。

产地：辽宁省本溪、宽甸、桓仁、凌源。

分布：中国（辽宁、河北、山西、陕西、甘肃、青海）。

全草入药，可治慢性风湿性关节炎等症。

182 朝鲜铁线莲

Clematis koreana Kom.

半灌木或近木质藤本。茎圆柱形，具细棱，节间长，节部膨大。叶1-2回三出复叶，小叶广卵形、卵形、歪卵形或近圆形，长3.5-8cm，宽2-6cm，先端短尖或渐尖，基部近心形或心形，不分裂或2-3浅裂至深裂，边缘具粗大齿牙，两面被白色柔毛；叶柄长3-6cm，小叶柄长1-3cm。花单一，腋生或顶生；花梗粗壮，长8-11cm，疏被柔毛或无毛；萼片4，淡黄色，卵状披针形至广披针形，长1.7cm，宽约5mm，先端渐尖，外面被白色柔毛；雄蕊多数，被柔毛，退化雄蕊花瓣状，线形，中上部加宽，先端稍尖，被柔毛，比萼片短。瘦果多数，歪倒卵形，长约4mm，宽约2mm，稍被毛，褐色，宿存花柱长约5cm，被灰白色长柔毛。花期5月，果期7月。

生于针阔混交林下，海拔800m以下。

产地：吉林省抚松、安图，辽宁省本溪、宽甸、桓仁、庄河、清原。

分布：中国（吉林、辽宁），朝鲜半岛。

183 辣蓼铁线莲

Clematis mandshurica Rupr.

多年生草质藤本，长达1m。茎圆柱形，上升，具细肋棱，节部密被白毛，其余无毛或近无毛。叶近革质，1回羽状复叶，小叶5-7，稀3，小叶卵形、长卵形或披针状卵形，先端渐尖或锐尖全缘，表面无毛，网脉明显，背面近无毛或沿脉被硬毛。圆锥花序，花序梗、花梗近无毛或稍被短柔毛；萼片4-5，白色，长圆形至倒卵状长圆形，先端稍尖，基部渐狭，除边缘被绒毛外，其余无毛或稍被短柔毛；雄蕊多数，心皮多数，被伏毛。瘦果近卵形，背腹扁平，宿存花柱弯曲，被羽毛。花期6-8月，果期7-9月。

生于山坡草地、灌丛、林缘及林下，海拔800m以下。

产地：黑龙江省哈尔滨、绥芬河、集贤、嫩江、鸡西、密山、虎林、穆棱、黑河、富锦、宁安、萝北、伊春、逊克、嘉荫、鹤岗，吉林省安图、靖宇、和龙、汪清、珲春、桦甸、通化、长春、吉林，辽宁省铁岭、本溪、沈阳、抚顺、西丰、清原、昌图、鞍山、凤城、宽甸、桓仁、丹东、庄河、长海、大连、北镇、锦州、瓦房店、开原、法库，内蒙古莫力达瓦达斡尔旗、乌兰浩特。

分布：中国（黑龙江、吉林、辽宁、内蒙古），朝鲜半岛，俄罗斯。

叶有抑菌作用，可作农药。种子油可制肥皂。根入药，有镇痛、利尿之功效，可治风湿性关节炎、半身不遂、水肿、神经痛、偏头痛及面神经麻痹等症。

184 半钟铁线莲

Clematis ochotensis (Pall.) Poir.

木质藤本。茎圆柱形，无毛，当年生枝基部及叶腋有宿存的芽鳞，鳞片披针形，先端尖，表面密被白色柔毛，后无毛。叶 1-2 回三出复叶，小叶 3-9，狭卵状披针形至卵状椭圆形，长 3-7cm，宽 1.5-3cm，先端钝尖，基部楔形至近圆形，全缘或上部边缘有粗齿牙，侧生小叶常偏斜，主脉微被柔毛，其余无毛；叶柄长 3-6cm，小叶柄短，疏被柔毛。花单生于当年生枝端，钟状，径 3-3.5cm；萼片 4，淡蓝色，长椭圆形至狭倒卵形，长 2.2-4cm，宽 1-2cm，两面近无毛，边缘密被白色绒毛；退化雄蕊长约为萼片之半或更短，先端圆形，宽 2-4mm，边缘被白色绒毛，花丝线形，中部较宽，边缘被毛。瘦果倒卵形，长 4-5mm，宽 3-4mm，棕红色，微被淡黄色短柔毛，宿存花柱长 4-4.5cm。花期 5-6 月，果期 7-8 月。

生于灌丛、林缘，海拔 1100-1800m（长白山）。

产地：黑龙江省哈尔滨、伊春、呼玛，吉林省安图、敦化，内蒙古牙克石、阿尔山、宁城、克什克腾旗。

分布：中国（黑龙江、吉林、内蒙古、河北、山西），朝鲜半岛，日本，俄罗斯。

185 大花铁线莲

Clematis patens Morr. et Decne.

多年生草质藤本，长达 1m。茎圆柱形，稍带紫红色，疏被柔毛或近无毛，节部多毛。叶三出或羽状复叶，小叶 3-5，卵形或狭卵形，长 3-7cm，宽 2-5cm，先端渐尖，基部圆形或微心形，表面沿脉被短柔毛，背面疏被柔毛，全缘，有缘毛；顶生小叶柄较长，被柔毛，通常弯曲或卷曲缠绕于他物，侧生小叶柄较短。花大，径 7-13cm，淡黄色或带白色，单生于茎顶或枝端；花梗粗壮，长 7-10cm，疏被长柔毛；萼片 8（-10），倒卵形或椭圆状倒卵形，长 3.5-6cm，宽 2-3cm，中上部最宽，具 3 条明显的中脉及侧脉，脉间被白色长柔毛及短伏毛，形成黄白色纵带；雄蕊多数，无毛，花丝线形，花药黄色。瘦果菱状倒卵形或倒三角形，长约 6mm，宽约 5mm，暗褐色，疏被短柔毛，宿存花柱弯曲，被灰白色长柔毛。花期 5-6 月，果期 6-7 月。

生于路旁、岩石旁、山坡草地及灌丛，海拔 500m 以下。

产地：辽宁省丹东、东港、凤城、宽甸、本溪、普兰店、大连、庄河。

分布：中国（辽宁、山东），朝鲜半岛，日本。

186 齿叶铁线莲

Clematis serratifolia Rehd.

多年生草质藤本。茎细长，带紫褐色，有明显纵条纹，无毛或疏被毛。叶2回三出复叶，小叶广披针形，卵状披针形或卵状长圆形，长3-6（-8）cm，宽1-2.5（-3）cm，先端长渐尖，顶生小叶片基部为不对称的圆楔形，边缘有不整齐的锯齿状齿牙，两面无毛；叶柄长4-6cm。聚伞花序腋生，有3花，有时两侧花芽不发育，而成单花腋生；花梗细长，疏被长毛，近顶部毛较密，后脱落；苞片小，叶状，长圆状披针形或披针形，全缘或有数个齿牙；萼片4，黄色，卵状长圆形或椭圆状披针形，长1.2-2.5cm，宽0.6-0.8（-1）cm，先端尖，常成钩状弯曲，外面边缘被绒毛；雄蕊多数，花丝扁平，边缘及内面被柔毛，花药长圆形，无毛。瘦果椭圆形，长约3mm，两端稍尖，被柔毛，宿存花柱长约3cm，被长柔毛。花期8月，果期9-10月。

生于林下、林缘、路旁及河床卵石地，海拔1400m以下。

产地：黑龙江省东宁、尚志，吉林省抚松、汪清、珲春、和龙、安图、敦化、长白、临江、集安，辽宁省抚顺、本溪、丹东、岫岩、桓仁、凤城、凌源、新宾、清原、西丰、宽甸、庄河。

分布：中国（黑龙江、吉林、辽宁），朝鲜半岛，俄罗斯。

187 翠雀

Delphinium grandiflorum L.

多年生草本，高35-65cm，全株伏被灰白色卷毛。茎直立，单一或分枝。基生叶和茎下部叶具长柄，叶圆肾形，掌状3全裂，裂片细裂，小裂片线形，宽0.6-2.5mm，先端渐尖，全缘，两面疏被短毛或近无毛；基生叶及茎下部叶柄长达10cm，中上部叶渐短至无柄。总状花序顶生，有花3-15朵；下部苞片叶状，其他苞片线形；花梗长1.5-3.8cm，花轴及花梗被反曲的微柔毛；萼片5，蓝色或蓝紫色，长1-2cm，上萼片基部伸长成距，距长1.7-2（-2.3）cm；花瓣2，有距；退化雄蕊2，瓣片广倒卵形，先端微凹，有黄色髯毛，雄蕊多数；心皮3，子房密被贴伏的短柔毛。蓇葖果长1.4-1.9cm。种子倒卵状四面体形，长约2mm，具膜质翅。花期6-10月，8-9月开始结果。

生于山坡草地、湿草甸，海拔800m以下。

产地：黑龙江省呼玛、鸡西、大庆、黑河、杜尔伯特、齐齐哈尔、安达，吉林省通榆、洮南、大安、吉林，辽宁省宽甸、桓仁、法库、康平、彰武、朝阳、建平、建昌、凌源、大连，内蒙古根河、额尔古纳、鄂伦春旗、海拉尔、陈巴尔虎旗、新巴尔虎左旗、克什克腾旗、科尔沁右翼前旗、科尔沁右翼中旗、扎赉特旗、突泉、鄂温克旗、科尔沁左翼后旗、扎鲁特旗、通辽、阿鲁科尔沁旗、翁牛特旗、巴林左旗、巴林右旗、喀喇沁旗、宁城、敖汉旗、库伦旗、林西、扎兰屯、牙克石、莫力达瓦达斡尔旗、赤峰。

分布：中国（黑龙江、吉林、辽宁、内蒙古、河北、山西、四川、云南），蒙古，俄罗斯。

茎叶浸汁可杀虫。全草煎水含漱，可治牙痛等症。

188 宽苞翠雀

Delphinium maackianum Regel

多年生草本，高达 1.5m。茎直立，圆柱形，被伸展的白毛或近无毛。茎下部叶圆状肾形，长 8-10cm，宽 14-18cm，掌状 5 深裂达 2/3 处，中裂片菱形或菱状楔形，3 浅裂，中上部边缘有齿牙，侧裂片斜扇形，不等 2 深裂，两面被少数短毛；茎上部叶较小，掌状 3-5 深裂，无毛；茎下部叶柄长约 10cm，茎上部叶柄渐短。总状花序顶生，狭长；花多数，花轴及花梗密被开展的黄色腺毛；花梗长 1.3-3.8cm；基部苞片叶状，其他苞片带蓝紫色，长圆状倒卵形至倒卵形或船形，长 5-11mm，无毛；萼片 5，紫蓝色，卵形或长圆状倒卵形，长 1-1.4cm，无毛，距钻形，长 1.6-1.7cm，被短腺毛；花瓣黑褐色，无毛；瓣片与爪等长，卵形，2 浅裂，顶部疏被缘毛，腹面有黄色髯毛；退化雄蕊黑褐色，雄蕊多数；心皮 3，无毛。蓇葖果长约 1.4cm。种子具膜质鳞片状横翅。花期 7-8 月，果期 9 月。

生于灌丛、林缘及林下，海拔约 600m。

产地：黑龙江省密山、伊春、宁安、萝北、虎林、穆棱，吉林省安图、汪清、珲春，辽宁省新宾、桓仁。

分布：中国（黑龙江、吉林、辽宁），朝鲜半岛，俄罗斯。

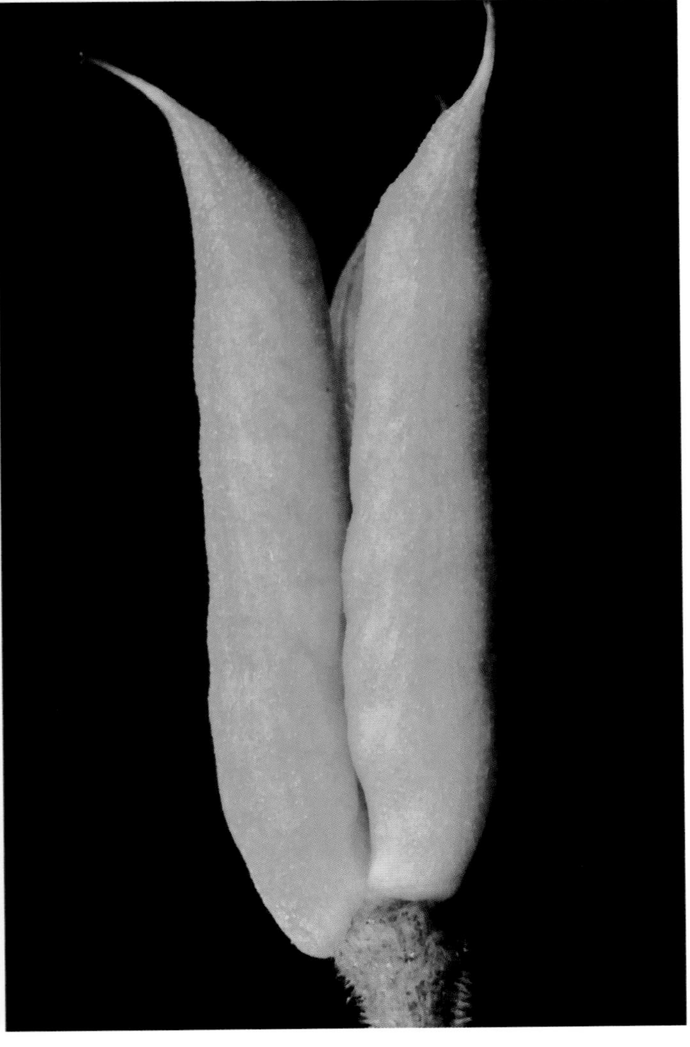

189 拟扁果草

Enemion raddeanum Regel

多年生草本，高 20-40cm。茎直立，不分枝，下部疏被长柔毛，后近无毛。基生叶 1，质薄，1-2 回三出复叶，小叶卵形，3 全裂，中裂片菱形，3 浅裂，侧裂片不等 2 浅裂，较小，表面绿色，无毛，背面灰绿色；茎生叶 1，生于茎上部，与基生叶同形；基生叶有长柄，小叶有柄，茎生叶柄较短。伞形花序顶生或腋生，有花 1-8 朵；花白色，径 1-1.5cm，无毛；总苞片 3，叶状，卵状菱形，近无柄；花梗等长，长 0.7-3cm；萼片 5，花瓣状，椭圆形，长 4-6mm，先端微钝；雄蕊花丝上部棍棒状，花药黄色；心皮 3-5，花柱微内弯。蓇葖果斜卵状椭圆形，长约 8mm，宽约 3mm，表面有凸起的斜脉，无毛，宿存花柱长约 2mm，微内弯。种子 2 粒，卵形至椭圆形，长约 1.5mm，褐色，表面具横细皱纹。花期 5 月，果期 6 月。

生于杂木林下，海拔 300-900m。

产地：黑龙江省伊春、尚志、嘉荫，吉林省蛟河、临江、抚松、安图、舒兰、通化，辽宁省凤城、宽甸、本溪、桓仁。

分布：中国（黑龙江、吉林、辽宁），朝鲜半岛，日本，俄罗斯。

190 菟葵

Eranthis stellata Maxim.

多年生草本，高 10-20cm。根状茎球形，径 0.9-1.1cm。基生叶 1 或无，无茎生叶。花葶柔弱，无毛；总苞叶状，掌状 5 深裂，裂片近菱形，2-3 深裂，小裂片再 2-3 裂，或羽状分裂，裂片披针形至线状披针形，先端稍尖或全缘；花梗微被柔毛；花单一，顶生，白色，径 1.6-2cm；萼片 5，卵形，长约 1cm，宽 2.2-5mm，先端微钝，无毛；花瓣约 10，楔形，长 3.5-5mm，基部渐狭成短柄，先端 2 裂，裂片钝圆，裂片先端具一金黄色附属物，具柄；雄蕊多数，长约 7mm；心皮 3-7。蓇葖果微被柔毛，具短柄。种子暗紫色，近球形，径约 1.6mm，种皮表面有皱纹。花期 4-5 月，果期 5 月。

生于杂木林下、林缘及红松林采伐迹地，海拔 900m 以下。

产地：黑龙江省伊春、尚志、哈尔滨、汤原，吉林省安图、临江、舒兰，辽宁省鞍山、庄河、桓仁、宽甸、凤城、开原、本溪。

分布：中国（黑龙江、吉林、辽宁），朝鲜半岛，俄罗斯。

191 獐耳细辛

Hepatica asiatica Nakai

多年生草本，高 10-20cm。根状茎短，须根多数，暗褐色。基生叶 2 至多数，幼时密被白色开展长毛，老时毛逐渐稀疏或近无毛，叶三角状广卵形，长 3-6.5cm，宽 4-9cm，基部深心形，先端 3 浅裂至中裂，裂片广卵形，全缘，先端稍钝，表面绿色，被伏毛，背面带紫色，被白色长柔毛；叶柄长 8-15cm。花葶 1-6，密被开展的白色长柔毛；花单一，顶生；苞片 3，狭卵形，长 8-12mm，宽 3-6mm，先端稍尖，全缘，表面无毛，背面稍带紫色，被长柔毛；萼片 6-11，白色，线状长圆形，长 8-14mm，宽 3-6mm，两面无毛；雄蕊多数，长 2-6mm；子房密被长柔毛。瘦果着生在肥大突起的花托上，卵球形，长约 4mm，密被白色长柔毛，花柱宿存。花期 4-5 月，果期 5-6 月。

生于多石质山坡、杂木林下，海拔约 700m。

产地：辽宁省本溪、凤城、宽甸、桓仁、东港。

分布：中国（辽宁、河南、浙江、安徽），朝鲜半岛，俄罗斯。

192 朝鲜白头翁

Pulsatilla cernua (Thunb.) Bercht. et Opiz.

多年生草本，高 14-28cm。根状茎长达 10cm，径 5-7mm。基生叶 4-6，有长柄，叶卵形，长 3-7.8cm，宽 4.4-6.5cm，基部浅心形，3 全裂，中裂片有细长柄，五角状广卵形，又 3 全裂，2 回裂片 2 深裂，小裂片披针形或狭卵形，宽 1.5-2.2mm，侧裂片无柄，表面近无毛，背面密被柔毛；叶柄长 4.5-14cm，密被柔毛。总苞近钟形，长 3-4.5cm，筒长 0.8-1.2cm，裂片线形，全缘或上部有 3 小裂片，背面密被柔毛；花梗长 2.5-6cm，密被柔毛，雄蕊长约为萼片之半。聚合果径 6-8cm；瘦果倒卵状长圆形，长约 3mm，被短柔毛，宿存花柱长约 4cm，被开展的长柔毛。花期 4-5 月，果期 5-6 月。

生于山坡草地、灌丛及路旁，海拔 700m 以下。

产地：黑龙江省虎林、饶河、萝北、伊春，吉林省蛟河、安图、抚松、长春，辽宁省沈阳、西丰、本溪、桓仁、宽甸、凤城、丹东、普兰店、瓦房店、大连、东港，内蒙古科尔沁右翼前旗、扎赉特旗、赤峰、喀喇沁旗。

分布：中国（黑龙江、吉林、辽宁、内蒙古），朝鲜半岛，日本，蒙古，俄罗斯。

可作杀虫防病农药。根状茎入药，可治阿米巴痢疾、疟疾、金疮、外痔肿痛、小儿白秃及妇女闭经等症。

193 兴安白头翁

Pulsatilla dahurica (Fisch.) Spreng.

多年生草本，高25-40cm。根状茎长达16cm，径5-7mm。基生叶7-9，有长柄，叶卵形，长4.5-7.5cm，宽3-6cm，基部近截形，2回3全裂，1回中裂片3全裂，具长柄，2回中裂片3裂，小裂片楔状线形，宽2-7mm，疏具齿牙或浅裂，2回侧裂片2或3不等深裂，1回侧裂片较小，具短柄，不等3裂；叶柄长2.8-15cm。花葶花期顶部稍弯或下垂，疏被白柔毛；总苞钟形，长4-5cm，管部长1.2-1.4cm；花梗长约7.5cm；花蓝紫色，不开展；萼片6，狭卵形，长约2cm，密被短柔毛。聚合果径约10cm；瘦果长约3mm，宿存花柱长5-5.8cm，稍弯曲，密被白色羽毛。花期5-6月，果期6-7月。

生于灌丛、林间草地及石砾地，海拔700m以下。

产地：黑龙江省伊春、哈尔滨、尚志、黑河、呼玛，吉林省安图、汪清，内蒙古额尔古纳、扎兰屯、鄂伦春旗、科尔沁右翼前旗、扎赉特旗。

分布：中国（黑龙江、吉林、内蒙古），朝鲜半岛，俄罗斯。

为早春观赏植物。根状茎入药，主治阿米巴痢疾等症。

194 回回蒜毛茛 回回蒜

Ranunculus chinensis Bunge

一年生草本，高20-70cm。须根多数簇生。茎直立粗壮，多分枝，与叶柄均密被开展的淡黄色糙毛。叶三出复叶，广卵形至三角形，长3-8（-12）cm，小叶2-3深裂，裂片倒披针状楔形，宽5-10mm，上部有不等的粗齿、缺刻或2-3裂，先端尖，两面被糙毛，小叶柄长1-2cm，被开展的糙毛；上部叶较小，3全裂，裂片有粗齿牙或再分裂，叶柄较短；基生叶及茎下部叶柄长达12cm。花疏生于花序上；花梗被糙毛；花径6-12mm；萼片5，狭卵形，长3-5mm，被柔毛；花瓣5，广卵圆形，与萼片近等长或稍长，黄色，基部有短爪；花药长约1mm；花托果期伸长，圆柱形，长达1cm，密被短毛。聚合果长圆形，径5-10mm；瘦果扁平，长3-3.5mm，宽约2mm，无毛，边缘有宽约0.2mm的棱，喙极短，长0.1-0.2mm。花期5-8月，果期6-9月。

生于路旁湿草地、沟谷溪流旁、河滩草甸及沼泽草甸，海拔900m以下。

产地：黑龙江省呼玛、密山、佳木斯、萝北、伊春、哈尔滨，吉林省安图、桦甸、珲春、汪清、集安、磐石、靖宇、双辽、临江、长春、白城，辽宁省本溪、沈阳、西丰、彰武、北镇、凌源、鞍山、大连、庄河、岫岩、桓仁、宽甸、清原、瓦房店、兴城、绥中，内蒙古扎鲁特旗、科尔沁右翼中旗、科尔沁左翼后旗、科尔沁左翼中旗、乌兰浩特、扎赉特旗、阿鲁科尔沁旗、额尔古纳、鄂伦春旗、扎兰屯、科尔沁右翼前旗、赤峰、巴林右旗、喀喇沁旗、宁城、敖汉旗。

分布：中国（黑龙江、吉林、辽宁、内蒙古、河北、山西、陕西、甘肃、青海、新疆、山东、江苏、安徽、浙江、河南、湖北、江西、湖南、广东、广西、四川、贵州、云南、西藏），朝鲜半岛，日本，蒙古，俄罗斯，印度；中亚。

全草入药，有消炎、退肿、截疟及杀虫之功效。

195 圆叶碱毛茛

Ranunculus cymbalaria Pursh

多年生草本，高 7-12cm。匍匐茎细长，横走，节处生根和叶。叶柄长 2-12cm，稍有毛；叶基生，纸质，近圆形、肾形或广卵形，长 0.5-2.5cm，宽稍大于长，基部圆心形、截形或广楔形，无毛，边缘有 3-10 圆齿或 3-5 裂。花葶 1-4，无毛；苞片线形；花单一，顶生；萼片 5，卵形，长 3-4mm，无毛，绿色，反折，早落；花瓣 5，狭椭圆形，黄色，与萼片近等长，先端圆，基部有爪，长约 1mm，爪上端有点状蜜槽；雄蕊多数，花丝长约 2mm，花药长 0.5-0.8mm；花托椭圆形或圆柱形，长约 5mm，被短毛。瘦果小，多数，长倒卵形，长约 5mm，有 3-5 条纵肋，无毛，喙极短。花期 5-8 月，果期 6-9 月。

生于盐碱性湿草地、河边碱地，海拔 800m 以下。

产地：黑龙江省哈尔滨、尚志、克山、富裕、佳木斯，吉林省白城、双辽、通榆，辽宁省铁岭、法库、康平、沈阳、盘山、盘锦、阜新、黑山、葫芦岛、建平、凌源、丹东、彰武、东港、大连，内蒙古海拉尔、满洲里、新巴尔虎右旗、牙克石、扎鲁特旗、通辽、赤峰、根河、额尔古纳、新巴尔虎左旗、科尔沁右翼前旗、扎赉特旗、科尔沁左翼后旗、科尔沁右翼中旗、乌兰浩特、巴林右旗、阿鲁科尔沁旗、翁牛特旗、克什克腾旗、喀喇沁旗。

分布：中国（黑龙江、吉林、辽宁、内蒙古、河北、山西、陕西、甘肃、青海、新疆、山东、四川、西藏），日本，蒙古，俄罗斯；中亚，北美洲。

可入药，有利水消肿、祛风除湿之功效，主治水肿、腹水、小便不利及风湿痹痛等症。

196 深山毛茛

Ranunculus franchetii De Boiss.

多年生草本，高 15-20cm。须根多数簇生。茎柔弱，斜升，上部分枝，近无毛。基生叶多数，叶质较薄，肾形，长 1.5-2.5cm，宽 2.5-4cm，基部心形，3 深裂，裂片倒卵状楔形，宽 1-1.5cm，先端 6-8 个齿状缺刻，两面或边缘散生短毛，叶柄长 5-12cm，无毛或被细毛；下部叶与基生叶相似，叶 3 全裂，侧裂片再 2 裂，裂片披针形或长圆形，全缘或有齿，被细柔毛，叶柄较短，上部叶无柄。花单生，径 1.5-2cm；花梗细，长 3-8cm，被细柔毛；萼片 5，狭卵形，长约 5mm，被短毛；花瓣 5-7，倒卵形，长约为萼的 2 倍，基部有短爪；花药长约 1.5mm；花托近卵形，稍扁，被短毛。聚合果近球形，径 6-8mm；瘦果两面臌凸，径 1.5-2mm，密被细毛，喙直伸或弯。花期 5 月，果期 5-6 月。

生于阔叶林下、山坡湿草地，海拔 900m 以下。

产地：黑龙江省哈尔滨、尚志、伊春、铁力，吉林省吉林、蛟河、桦甸、临江、安图，辽宁省本溪、凤城、宽甸、桓仁。

分布：中国（黑龙江、吉林、辽宁），朝鲜半岛，日本，俄罗斯。

197 毛茛

Ranunculus japonicus Thunb.

多年生草本，高30-70cm。须根多数簇生。茎直立，分枝，被开展或伏柔毛。基生叶多数，叶圆心形或五角形，长及宽为3-10cm，基部心形或截形，3深裂，中裂片倒卵状楔形、广卵圆形或菱形，3浅裂，边缘有粗齿或缺刻，侧裂片不等2裂，两面伏被柔毛，背面或幼时毛较密，叶柄长达15cm，被开展柔毛；茎下部叶与基生叶相似，向上叶柄渐短，叶较小，3深裂，裂片披针形，有尖齿牙或再分裂；最上部叶线形，全缘，无柄。聚伞花序，花多数，疏生；花径1.5-2.2cm；花梗长达8cm，伏被柔毛；萼片5，椭圆形，长0.4-0.6cm，被白柔毛；花瓣5，黄色，倒卵状圆形，长0.6-1.1cm，宽4-8mm，基部有爪；雄蕊多数；花托短小，无毛。聚合果近球形，径0.6-0.8cm；瘦果扁平，边缘有棱，无毛，喙短直或外弯。花期5-9月，果期6-9月。

生于湿草地、水边、沟谷及林下，海拔1400m以下。

产地：黑龙江省虎林、密山、尚志、富锦、哈尔滨、嘉荫、宁安、伊春，吉林省安图、临江、汪清、和龙、辉南、蛟河、长春、永吉、桦甸、舒兰、磐石、抚松，辽宁省抚顺、沈阳、昌图、开原、西丰、新宾、彰武、北镇、建昌、凌源、本溪、桓仁、东港、凤城、岫岩、宽甸、丹东、鞍山、庄河、长海、大连、清原，内蒙古牙克石、额尔古纳、根河、克什克腾旗、科尔沁右翼前旗、科尔沁右翼中旗、阿尔山、海拉尔、宁城、扎赉特旗、科尔沁左翼后旗、鄂伦春旗、鄂温克旗、新巴尔虎左旗、新巴尔虎右旗、阿荣旗、扎兰屯、扎鲁特旗、巴林左旗、巴林右旗、赤峰、喀喇沁旗、敖汉旗、阿鲁科尔沁旗、翁牛特旗。

分布：中国（黑龙江、吉林、辽宁、内蒙古、河北、山西、陕西、甘肃、青海、新疆、河南、广东、广西、四川），朝鲜半岛，日本，俄罗斯。

全草入药，有消肿之功效，可治疮癣等症。

198 翼果唐松草

Thalictrum aquilegifolium L. var. **sibiricum** Regel et Tiling

多年生草本，高 60-150cm。茎圆筒形，光滑，有条纹，无毛。基生叶花期枯萎，茎生叶 2-4 回三出复叶，小叶草质，倒卵形或近圆形，长 1.5-2.5cm，宽 1.2-3cm，先端圆或微钝，基部圆楔形或微心形，3 浅裂，裂片全缘或有 1-2 齿牙；叶柄长 4.5-8cm，有鞘，托叶膜质，不裂。圆锥花序伞房状，花多数；花梗长 4-17mm；萼片 4，白色或外面带紫色，广椭圆形，长 3-4mm，早落；雄蕊多数，长 6-9mm，花药长圆形，长约 1.2mm，先端钝，花丝上部倒披针形，下部丝形；心皮 6-8，有长柄，花柱短，柱头侧生。瘦果倒卵形，长 4-7mm，有 3 条宽纵翅，基部渐狭，宿存柱头长 0.3-0.5mm。花期 6-8 月，果期 7-9 月。

生于阔叶林下、林缘、溪流旁、山坡灌丛及草丛，海拔 1900m 以下。

产地：黑龙江省伊春、宁安、哈尔滨、呼玛、萝北、黑河、尚志、鹤岗、集贤、富锦、密山、孙吴，吉林省临江、抚松、安图、汪清、珲春、双辽，辽宁省铁岭、西丰、清原、本溪、凤城、宽甸、桓仁、岫岩、庄河，内蒙古额尔古纳、根河、牙克石、鄂伦春旗、鄂温克旗、阿尔山、科尔沁右翼前旗、扎赉特旗、阿鲁科尔沁旗、巴林右旗、喀喇沁旗、宁城、克什克腾旗、扎兰屯。

分布：中国（黑龙江、吉林、辽宁、内蒙古、河北、山西、山东、浙江），朝鲜半岛，日本，俄罗斯。

根入药，有清热解毒之功效，可代黄连。

199 球果唐松草

Thalictrum baicalense Turcz.

多年生草本，高40-80cm，全株无毛。茎不分枝或分枝，具条纹。叶2-3回三出复叶；下部茎生叶有柄，上部茎生叶近无柄，叶柄基部加宽有膜质鞘，边缘呈流苏状，小叶近圆形，菱状倒卵形至广倒卵形，长1.5-4cm，宽1.5-4.5cm，先端3浅裂，裂片有圆齿，基部广楔形或圆形，边缘具圆齿，表面绿色，背面色淡，叶脉隆起。聚伞状圆锥花序顶生，长3-4.5cm，花稍带白色；花梗长5-9mm；萼片4，广椭圆形或倒卵形，绿白色，早落；雄蕊10-20，花丝上部渐粗，狭倒披针形，花药长圆形，长约0.8mm，黄色；心皮3-7，花柱长约0.5mm，柱头椭圆形。瘦果卵球形或广椭圆状球形，长约3mm，宽约2.5mm，具8条纵肋，果喙短。花期6月，果期7月。

生于林缘、草甸及杂木林下，海拔1900m以下。

产地：黑龙江省哈尔滨、伊春、尚志、呼玛、嘉荫，吉林省安图、和龙、珲春、抚松、长白，辽宁省铁岭、大连、法库、桓仁、宽甸，内蒙古牙克石、扎赉特旗、科尔沁右翼前旗、额尔古纳、根河、鄂伦春旗、巴林右旗、敖汉旗。

分布：中国（黑龙江、吉林、辽宁、内蒙古、河北、山西、陕西、甘肃、青海、河南、西藏），朝鲜半岛，俄罗斯。

根含小檗碱，药用可代替黄连。

200 朝鲜唐松草

Thalictrum ichangense Lecoy. ex Oliv. var. **coreanum** (Levl.) Levl. ex Tamura

多年生草本，高 15-30cm。根状茎短，须根多数，须根有纺锤形小块根；茎直立，细弱，无毛。基生叶近革质或纸质，长 8-25cm，有长柄，为 1-2 回三出复叶，长 4-14cm，小叶卵形、广卵形、广椭圆形或近圆形，长 2-4cm，宽 1.5-4cm，先端钝圆，基部圆形或近截形，3 浅裂，边缘有疏齿，小叶柄盾状着生，长 1.5-2.5cm，叶柄长 5-12cm；茎生叶似基生叶，较小。复单歧聚伞花序有稀疏分枝；花梗丝形，长 0.3-2cm；萼片 4，白色，卵形，长约 3mm，早落；雄蕊多数，长 4-6mm，花丝上部倒披针形，比花药宽，下部丝形；花药椭圆形，长约 0.6mm；心皮 4-6。瘦果近镰刀形，长约 4.5mm，有约 8 条细纵肋，梗长约 1mm。花期 5-6 月，果期 7 月。

生于溪流旁石砬子上、林下阴湿岩石上，海拔 900m 以下。

产地：辽宁省沈阳、鞍山、庄河、岫岩、丹东、凤城、宽甸、本溪、清原、新宾。

分布：中国（辽宁），朝鲜半岛。

201 亚欧唐松草

Thalictrum minus L.

多年生草本，高 60-120cm，全株无毛。茎直立，具纵棱。茎下部叶有稍长柄或短柄，茎中部叶有短柄或近无柄，4 回三出羽状复叶，长达 20cm，小叶纸质或薄革质，楔状倒卵形、广倒卵形、近圆形或狭菱形，长 0.7-1.5cm，宽 0.4-1.3cm，先端 3 浅裂或有疏齿牙，基部楔形至圆形，稀不裂，背面淡绿色；叶柄长达 4cm，基部有狭鞘。圆锥花序长达 30cm；花梗长 3-8mm；萼片 4，淡黄绿色，狭椭圆形，长约 3.5mm，早落；雄蕊多数，长约 6mm，花丝丝形，花药狭长圆形，长约 2mm，先端有短尖头；心皮 3-5，无柄，柱头正三角状箭头形。瘦果狭椭圆状球形，稍扁，长约 3.5mm，有 8 条纵肋。花期 7-8 月，果期 8-9 月。

生于林缘、灌丛及沟谷。

产地：内蒙古额尔古纳、根河、海拉尔、鄂伦春旗、满洲里、扎鲁特旗、鄂温克旗、克什克腾旗、科尔沁右翼前旗、科尔沁右翼中旗、阿鲁科尔沁旗、巴林左旗、巴林右旗、翁牛特旗、喀喇沁旗。

分布：中国（内蒙古、新疆），朝鲜半岛，日本，蒙古，俄罗斯；中亚，欧洲，北美洲。

种内变化：东亚唐松草 [*Thalictrum minus* L. var. *hypoleucum* （Sieb. et Zucc.） Miq.] 小叶较大，长和宽均为 1.5-4（-5）cm，背面有白粉，粉绿色，脉隆起，脉网明显。

202 肾叶唐松草

Thalictrum petaloideum L.

多年生草本，高约50cm，全株无毛。根状茎细长，须根多数，细长，暗褐色；茎直立，上部分枝。基生叶数片，3-4回三出羽状复叶，长5-14cm，顶生小叶叶柄较长，长5-7mm，小叶近圆形、倒卵形或菱形，长4-13mm，宽3-16mm，基部微心形至楔形，3裂，裂片全缘；茎生叶与基生叶相似；基生叶叶柄长4-9cm，茎生叶叶柄短至近无柄。花多数，成伞房状聚伞花序；花梗长5-20mm；萼片4，白色，倒卵形，长3-5mm，早落；雄蕊多数，花丝中上部宽，呈棍棒状，长6-10mm，花药长圆形，黄色；心皮4-10，无柄，花柱短，柱头椭圆形或长卵形，稍外弯。瘦果无梗，卵状椭圆形，长约6mm，宽约3mm，有8条纵肋，果喙长约1mm。花期6-7月，果期8月。

生于干山坡、林缘，海拔800m以下。

产地：黑龙江省哈尔滨、牡丹江，吉林省吉林、长春，辽宁省宽甸、建平，内蒙古牙克石、额尔古纳、根河、扎鲁特旗、扎兰屯、阿尔山、科尔沁右翼前旗、科尔沁右翼中旗、巴林右旗、克什克腾旗、宁城。

分布：中国（黑龙江、吉林、辽宁、内蒙古、河北、山西、陕西、宁夏、甘肃、青海、安徽、河南、四川），朝鲜半岛，蒙古，俄罗斯；中亚。

203 箭头唐松草

Thalictrum simplex L.

多年生草本，高 54-100cm，全株无毛。茎不分枝或下部分枝。茎生叶向上近直展，2 回羽状复叶；茎下部叶长达 20cm，小叶圆菱形、菱状广卵形或倒卵形，长 2-4cm，宽 1.4-4cm，先端 3 裂，裂片先端钝，有圆齿，基部圆形；茎上部叶渐变小，倒卵形或楔状倒卵形，基部圆形、钝或楔形，裂片先端急尖；茎下部叶柄长，上部叶无柄。圆锥花序顶生，长 9-30cm；花多数；花梗长达 7mm；萼片 4-5，狭椭圆形，长约 2.2mm，早落；雄蕊约 15，长约 5mm，花丝丝形，花药黄色，长约 2mm；心皮 3-6，无柄，柱头箭头状，宿存。瘦果狭椭圆状球形或狭卵状球形，长约 2mm，有 8 条纵肋。花期 7-8 月，果期 9 月。

生于沟谷湿地、山坡草地及林缘。

产地：黑龙江省伊春、安达、哈尔滨、大庆、虎林、依兰、萝北、集贤、密山、东宁、黑河、孙吴、呼玛，吉林省吉林、白城、珲春、汪清、敦化、安图、靖宇、长白、和龙，辽宁省沈阳、开原、彰武、北镇、鞍山、本溪、宽甸、丹东、清原、东港、长海、大连，内蒙古牙克石、科尔沁右翼前旗、科尔沁右翼中旗、科尔沁左翼后旗、额尔古纳、根河、鄂温克旗、新巴尔虎左旗、满洲里、巴林右旗、林西、克什克腾旗。

分布：中国（黑龙江、吉林、辽宁、内蒙古、新疆），朝鲜半岛，俄罗斯；中亚，欧洲。

根含小檗碱，有清湿热、解毒之功效，可治黄疸、痢疾、哮喘、麻疹合并肺炎、鼻疳眉赤及热疮等症。

204 展枝唐松草 猫爪子

Thalictrum squarrosum Steph. ex Willd.

多年生草本，高达1m，全株无毛。根状茎细长，须根多数；茎直立，多分枝，有细纵槽。基生叶花期枯萎；茎下部及中部叶有短柄，3-4回羽状复叶，小叶坚纸质或薄革质，楔状倒卵形、广倒卵形、长圆形或卵圆形，长0.8-2（-3.5）cm，宽0.6-1.5（-2.6）cm，先端急尖，基部楔形至圆形，3浅裂，裂片全缘或有2-3个小齿，背面有白粉；叶柄长1-4cm。圆锥花序多分枝，开展；花梗细，长1.5-3cm，果期稍伸长；萼片4，淡黄绿色，狭卵形，长约3mm，宽约0.8mm，早落；雄蕊5-14，长3-5mm，花丝丝形，花药长圆形，长约2.2mm；心皮1-3（-5），无柄，柱头箭头状。瘦果狭倒卵球形或近纺锤形，稍斜，长4-5.2mm，有8条粗纵肋，宿存柱头长约1.6mm。花期7-8月，果期8-9月。

生于多石质山坡草地、耕地旁及荒地，海拔800m以下。

产地：黑龙江省哈尔滨、大庆、宁安、安达、肇东、肇源，吉林省临江、长白、通榆、前郭尔罗斯、安图、抚松、集安、通化、辉南，辽宁省彰武、宽甸、桓仁、清原，内蒙古牙克石、海拉尔、陈巴尔虎旗、克什克腾旗、阿鲁科尔沁旗、巴林右旗、赤峰、翁牛特旗、扎鲁特旗、额尔古纳、鄂温克旗、新巴尔虎左旗、科尔沁右翼中旗、满洲里、科尔沁右翼前旗、科尔沁左翼后旗、喀喇沁旗、敖汉旗。

分布：中国（黑龙江、吉林、辽宁、内蒙古、河北、山西、陕西），蒙古，俄罗斯。

叶含鞣质，可提制栲胶。可入药，有清热解毒、健胃及发汗之功效。

205 深山唐松草

Thalictrum tuberiferum Maxim.

多年生草本，高 50-70cm，全株无毛。根状茎短，须根有纺锤形块根；茎直立，单一或上部分枝。基生叶 1，3 回三出复叶，小叶草质，卵形或菱状椭圆形，长 4-4.5cm，宽约 3.5cm，基部圆形或浅心形，中部以上 3 浅裂；茎生叶 2，对生，1-2 回三出复叶；基生叶柄长 11-19cm，茎生叶柄较短。花序圆锥状；下部苞片三出；萼片 4，椭圆形，长约 2mm，先端钝，早落；雄蕊多数，花丝比花药宽达 3 倍，上部倒披针形，下部心形；花药椭圆形，长约 0.5mm；心皮 3-5，子房下部渐变狭成细柄，无花柱，柱头小，头形。瘦果斜狭椭圆形，长 3.5mm，梗长 1.6mm。花期 6-7 月，果期 7-8 月。

生于针叶林或针阔混交林下，海拔 600-1500m（长白山）。

产地：黑龙江省宁安，吉林省抚松、长白、敦化、安图、汪清、珲春、通化，辽宁省本溪、凤城、宽甸、桓仁、新宾、沈阳。

分布：中国（黑龙江、吉林、辽宁），朝鲜半岛，日本，俄罗斯。

206 长白金莲花

Trollius japonicus Miq.

多年生草本，高26-55cm，全株无毛。茎直立，单一或分枝。基生叶3-5，有长柄，花期枯萎，叶五角形，长2.7-4.5cm，宽5-9cm，基部心形，3中裂，中裂片菱形，小裂片具缺刻状尖齿牙，侧裂片2深裂几达基部，叶柄长5.5-20cm，基部具狭鞘；茎下部叶与基生叶相似，上部叶较小，具鞘状短柄。花单生或2-3朵组成聚伞花序，径2.7-3.2cm；苞片似茎上部叶，渐变小；花梗长2-6cm；萼片5，黄色，干时不变绿色，倒卵形或圆倒卵形，长1.4-1.6cm，宽1-1.4cm，先端圆形；花瓣约9，与雄蕊近等长，线形，长6-7mm，宽1mm，先端钝；雄蕊长5-7.5mm，花药长2-3mm；心皮7-15。蓇葖果长达1.1cm，宽约3mm，喙长1.5-2mm。种子椭圆状球形，长约1.5mm，黑色，有光泽，具不明显纵棱。花期7-8月，果期9月。

生于林缘、高山冻原，海拔1100-2500m（长白山）。

产地：吉林省安图、抚松、长白，辽宁省桓仁。

分布：中国（吉林、辽宁），朝鲜半岛，俄罗斯。

207 短瓣金莲花

Trollius ledebouri Rchb.

多年生草本，高 50-110cm，全株无毛。须根多数，细长，暗褐色。茎直立，单一或上部稍分歧，具细棱。基生叶 2-4，具长柄，长达 30cm，基部加宽，叶五角形，长 5-7cm，宽 8-12cm，基部心形，3 全裂，中裂片菱状椭圆形，再 3 中裂，小裂片具缺刻状齿，侧裂片 2 深裂，歪卵形或近菱形，再 2-3 中裂；茎生叶 3-4，疏生，形状似基生叶，上部者较小。花单生于茎顶或 2-3 朵组成聚伞花序，橙黄色，径 3-5cm；苞片无柄，3 裂；花梗长 5-15cm；萼片 5（-10），花瓣状，椭圆状卵形、椭圆形或近圆形，长 2-3cm，宽 1-2.5cm，先端钝圆；花瓣 10-22，线形，长 1.3-1.7cm，宽约 1mm，基部具蜜槽，花瓣比萼片短或近等长；雄蕊长约 1cm，花药长 3-4mm；心皮 20-30。蓇葖果长约 7mm，喙长 1-1.5mm。种子多数，近椭圆形，黑褐色。花期 7 月，果期 7-8 月。

生于沼泽地、湿草甸及林缘，海拔 800m 以下。

产地：黑龙江省穆棱、集贤、虎林、尚志、伊春、嫩江、萝北、密山、呼玛、黑河、孙吴、嘉荫、鹤岗，吉林省安图，辽宁省清原、宽甸，内蒙古额尔古纳、根河、牙克石、鄂伦春旗、克什克腾旗、扎赉特旗、科尔沁右翼前旗、鄂温克旗、阿尔山、扎鲁特旗、巴林右旗。

分布：中国（黑龙江、吉林、辽宁、内蒙古），朝鲜半岛，俄罗斯。

花入药，可治慢性扁桃体炎等症，与菊花和甘草合用，可治急性中耳炎、急性结膜炎等症。

208 长瓣金莲花

Trollius macropetalus Fr. Schmidt

多年生草本，高70-100cm，全株无毛。须根多数，暗褐色。茎直立，较粗壮，上部分枝。基生叶近五角形，3全裂，中裂片菱形，3中裂，侧裂片2深裂，裂片2-3中裂，小裂片具缺刻状尖齿牙，两面无毛；茎生叶较小；基生叶叶柄长达50cm，茎生叶叶柄短，向上渐无柄。花（2-）3-9朵，生于茎顶或枝端，径3.5-4.5cm；萼片5-7，金黄色，干时变橙黄色，广卵形或倒卵形，长1.5-2（-2.5）cm，宽1.2-1.5cm，先端圆形；花瓣14-22，稍超出萼片，有时与萼片近等长，狭线形，长1.8-2.6cm，宽约1mm；雄蕊长1-2cm，花药长3.5-5mm；心皮20-40。蓇葖果长约1.3cm，宽约4mm，喙长3.5-4mm。种子狭倒卵球形，长约1.5mm，黑色，具4棱角。花期6-8月，果期8-9月。

生于草甸、林缘及林间草地，海拔800m以下。

产地：黑龙江省伊春、尚志、宁安、哈尔滨、绥芬河、密山、集贤，吉林省桦甸、靖宇、汪清、敦化、安图、和龙，辽宁省新宾。

分布：中国（黑龙江、吉林、辽宁），朝鲜半岛，俄罗斯。

种子含油脂，可制肥皂和油漆。花入药，有清热解毒之功效，可治上呼吸道感染、扁桃体炎、咽炎、急性中耳炎、急性鼓膜炎、急性结膜炎、急性淋巴管炎、口疮及疔疮等症。

209 大叶小檗

Berberis amurensis Rupr.

落叶灌木，高 1-2m。树皮暗灰色。枝灰黄色，短枝基部生有 3 分叉刺或单一，坚硬。叶簇生于刺腋，纸质，长圆形、卵形或倒卵状披针形，长 3-10cm，宽 1-4cm，先端急尖或钝，基部楔形，边缘具密刺尖锯齿；叶有短柄。总状花序生于短枝端叶丛中，花 10-20 朵；花梗短；苞片三角状卵形；萼片 6，外轮萼片卵形，内轮萼片倒卵形；花瓣 6，淡黄色，长卵形，先端微凹，近基部有 1 对长圆形腺体；雄蕊 6；子房广卵形，柱头头状扁平。浆果椭圆形，鲜红色，被白粉。花期 5-6 月，果期 8-9 月。

生于林缘、溪流旁及灌丛。

产地：黑龙江省尚志、哈尔滨、饶河、海林、虎林、勃利、宁安、密山、伊春、嘉荫，吉林省抚松、长白、和龙、安图、临江，辽宁省本溪、凤城、盖州、桓仁、宽甸、庄河、大连、凌源、建平、朝阳、丹东，内蒙古克什克腾旗、科尔沁左翼后旗、巴林左旗、巴林右旗、喀喇沁旗、宁城。

分布：中国（黑龙江、吉林、辽宁、内蒙古、河北、山西、陕西、山东），朝鲜半岛，日本，俄罗斯。

根及茎入药，主治细菌性痢疾、胃肠炎、副伤寒、消化不良、黄疸、肝硬化腹水、泌尿系统感染、急性肾炎、目赤肿痛及外伤感染等症。

210 细叶小檗

Berberis poiretii Schneid.

落叶灌木，高1-2m。老枝灰褐色，表面密生黑色小疣点；幼枝紫褐色，有黑色疣点；短枝基部有3-5叉状小刺。叶生于刺腋，倒披针形、狭倒披针形或披针状匙形，长2-5cm，宽0.4-10（-15）mm，先端急尖或钝，有短刺尖，基部渐狭成短柄状，全缘或仅中上部边缘有齿。总状花序，生于短枝端叶丛中，稍下垂，花8-15朵；花梗短；苞片狭披针形；萼片6，外轮萼片长圆形或倒卵形，内轮萼片广倒卵形；花瓣6，鲜黄色，倒卵形，近基部具1对长圆形蜜腺；雄蕊6；子房圆柱形，柱头头状扁平，中央微凹。浆果长圆形，鲜红色，柱头宿存。种子1-2粒，长纺锤形。花期5-6月，果期8-9月。

生于山坡、路旁及溪流旁。

产地：吉林省吉林、集安、通化、梅河口，辽宁省西丰、沈阳、鞍山、本溪、凤城、宽甸、昌图、新宾、清原、凌源、朝阳、建平、建昌、兴城、锦州、桓仁、抚顺、盖州，内蒙古巴林右旗、克什克腾旗、宁城、喀喇沁旗。

分布：中国（吉林、辽宁、内蒙古、河北、山西），朝鲜半岛，蒙古，俄罗斯。

根皮含小檗碱、粉防己碱等，供药用。小檗碱对治疗慢性气管炎、小儿肺炎、痢疾、肠炎等有较好的作用。粉防己碱对降血压、升高白细胞有良好的效果。

211 类叶牡丹

Caulophyllum robustum Maxim.

多年生草本，高50-80cm。根状茎肥厚，带红棕色，坚硬。茎直立，单一。叶2-3回三出复叶；小叶膜质，顶生小叶长倒卵形或倒卵状椭圆形，长4-9cm，宽1.5-4cm，先端急尖或渐尖，基部圆形或广楔形，全缘或2-3浅裂至全裂，表面绿色，背面灰白色，具三出脉；叶无柄或茎下部叶有短柄，顶生小叶有柄，侧生小叶柄短或无。聚伞圆锥花序顶生，有小梗，花1-3朵集生于一长梗上；苞片卵状披针形；萼片6，绿黄色，花瓣状，倒卵圆形，基部狭；花瓣6，成蜜腺状，先端加宽；雄蕊6；心皮1，花后脱落。浆果状球形，黑蓝色，被白粉。种子1或2粒，外种皮成熟时分离成壳状，内部坚硬。花期5月，果期7-8月。

生于山阴坡混交林下、林缘，海拔900m以下。

产地：黑龙江省饶河、尚志、哈尔滨、伊春、虎林、嘉荫，吉林省临江、汪清、安图、敦化、蛟河、柳河、珲春，辽宁省鞍山、本溪、凤城、桓仁、宽甸、清原、西丰。

分布：中国（黑龙江、吉林、辽宁、河北、山西、陕西、甘肃、安徽、浙江、河南、湖北、湖南、四川、贵州、云南、西藏），朝鲜半岛，日本，俄罗斯。

212 朝鲜淫羊藿

Epimedium koreanum Nakai

多年生草本，高 20-40cm。根状茎横走，须根多数；茎直立，稍上升。无基生叶；茎生叶 2 回三出复叶，茎顶；小叶 9，卵形，长 5cm，宽 3cm，花后增大，先端锐尖，基部深心形，常歪斜，边缘具刺毛状微细锯齿；小叶柄短，茎生叶有长柄，与茎连接处具关节。总状花序与茎生叶对生，于茎顶而侧向，单一或基部分歧，有长梗，具关节；花 4-6 朵；花梗长；苞片膜质，卵形；萼片 8，卵状披针形，带淡紫色，外轮 4 枚较小；花瓣 4，淡黄色或黄白色，近圆形，有长距，距先端具腺；雄蕊长 3-5mm；子房 1 室，花柱伸长，柱头头状。蒴果狭纺锤形，2 瓣裂。花期 4 月下旬至 5 月中旬，果期 5 月。

生于林下、灌丛。

产地：吉林省通化、抚松、临江、集安、长白、靖宇、辉南、柳河，辽宁省本溪、凤城、宽甸、桓仁、新宾、庄河、岫岩、丹东。

分布：中国（吉林、辽宁），朝鲜半岛，俄罗斯。

全草入药，有温肾壮阳、祛风除湿之功效，主治阳痿早泄、小便失禁、风湿关节痛、慢性腰腿痛、更年期高血压病及慢性气管炎等症。

213 鲜黄连 细辛幌子

Jeffersonia dubia (Maxim.) Benth. et Hook.

多年生草本，高 10-15cm，花后达 30cm。根状茎短，外皮暗褐色，内部鲜黄色。叶基生，近圆形，开花初期径 1.5-2cm，花后增大，先端宽，微凹，基部深心形，具不规整的波状缘，掌状脉 7-9（-11）；叶具长柄。花葶单一，高 10-17cm；花单一；萼片 4，紫红色，卵形，早落；花瓣 6-8，天蓝色，倒卵形，先端圆或具微凸头，基部楔形；雄蕊 6-8；子房长卵圆形，花柱短，柱头 2 浅裂。蒴果纺锤形，2 瓣裂。种子长圆形，黑色或黑褐色，有光泽。花期 4 月中旬至 5 月中旬，果期 5-6 月。

生于山坡灌丛、针阔混交林及阔叶林下。

产地：黑龙江省宁安、东宁，吉林省临江、蛟河、安图、柳河、抚松、集安、长白、和龙，辽宁省本溪、凤城、桓仁、宽甸。

分布：中国（黑龙江、吉林、辽宁），朝鲜半岛，俄罗斯。

根及根状茎入药，有清热解毒、健胃、止泻及明目之功效，主治发热烦躁、口舌生疮、扁桃腺炎、食欲减退、恶心呕吐、肠炎、腹泻、痢疾及吐血等症；煎液洗眼，可治眼结膜炎。

214 牡丹草

Leontice microrrhyncha S. Moore

多年生草本，高10-25cm。根状茎肥厚，块状；茎上升，下部埋于地下，上部直立，带紫色。茎生叶1，着生于茎上部花序下，开花初期小，后渐伸展增大；叶2回三出复叶，小叶长圆形、卵状长圆形或倒卵状披针形，长3-4cm，宽1-1.5cm，先端钝或微缺，具突尖，基部心形或截形；托叶2，广卵圆形，边缘微波状或2浅裂，一侧与叶柄愈合。总状花序顶生，花约10朵，密集，初俯垂，后渐直立，花轴伸长；苞片淡黄绿色，卵状广椭圆形，先端急尖；萼片6，浅黄色，倒卵形，先端钝圆或微缺；花瓣6，黄色，蜜腺状、三角状卵形或卵形；雄蕊6；子房长卵形。蒴果扁球形，膜质，5瓣裂达中部。种子2粒，褐色，压扁。花期4月初，果期5月。

生于山阴坡草地。

产地：吉林省通化、集安，辽宁省宽甸、桓仁。

分布：中国（吉林、辽宁），朝鲜半岛。

215 蝙蝠葛

Menispermum dauricum DC.

多年生草质藤本，长达数米。根状茎细长，圆柱形，黄棕色或暗棕色；茎分枝带绿色，圆形。叶肾状圆形或心状圆形，长 5-16cm，宽 5-14cm，先端尖，基部广心形或近截形，边缘具 5-7 角或为浅裂，有时全缘，掌状脉 5-7；叶柄盾状着生。花单性，雌雄异株；圆锥状花序腋生；花梗长；苞片膜质，线状披针形；雄花小，萼片 4-6，狭倒卵形或倒披针形，花瓣 6-8，淡黄绿色或淡绿色至乳白色，近圆形或倒卵形，基部具爪，边缘内卷，雄蕊 12-24，花药球形，鲜黄色；雌花外形与雄花相似，色较深，子房上位，心皮 3，离生，花柱短，柱头弯曲。核果近球形，黑色，有光泽，外果皮肉质多汁，内果皮坚硬，圆肾形。花期（5-）6-7 月，果期 7-9（-10）月。

生于林缘、路旁、灌丛、沟谷多石砾地、采伐迹地、河边灌丛及沙丘。

产地：黑龙江省嘉荫、尚志、伊春、哈尔滨、密山，吉林省吉林、安图，辽宁省北镇、彰武、清原、沈阳、鞍山、凤城、建昌、兴城、宽甸、桓仁、丹东、岫岩、大连、瓦房店、本溪、铁岭，内蒙古额尔古纳、科尔沁右翼前旗、科尔沁左翼后旗、扎兰屯、海拉尔、牙克石、鄂伦春旗、鄂温克旗、奈曼旗、巴林右旗、克什克腾旗、赤峰、阿鲁科尔沁旗、喀喇沁旗、宁城、敖汉旗。

分布：中国（黑龙江、吉林、辽宁、内蒙古、河北、山西、陕西、甘肃、山东、江苏、安徽、浙江、福建、河南、江西、湖北），朝鲜半岛，日本，蒙古，俄罗斯。

根状茎入药，有清热解毒、消肿止痛之功效，主治咽喉肿痛、肺热咳嗽、扁桃体炎、牙龈肿痛、湿热黄疸、痈疖肿毒及便秘等症。

216 芡 鸡头米

Euryale ferox Salisb.

一年生水生草本，具白色须根及不明显的茎，全株多刺。沉水叶小，箭头形，膜质，成长后椭圆状肾形或近圆形，一边有缺口；浮水叶片圆状盾形，表面深绿色，有蜡被，具多数隆起，隆起处集生气囊，背紫褐色或深紫色，叶脉隆起处高达 2.5-3cm，宽 7-10mm，被绒毛，叶脉分歧处有尖刺；沉水叶及浮水叶均有长柄。花顶生，花梗伸出水面，肉红色，多刺，自花授粉，授粉后沉入水中；萼片 4，长圆状披针形，肉质，下部合生，外面绿色，密生皮刺，里面带紫色；花瓣多数，带紫色，广披针形；雄蕊多数（约 60）；子房卵球形，无花柱，柱头 10，红色。浆果近球形，海绵质，污紫红色，上有宿存萼片，状似鸡头，密被皮刺。种子多数，近球形，黑色，种皮坚硬，假种皮富有黏性。花期 7-8 月，果期 8-9 月。

生于湖泊、池沼。

产地：黑龙江省哈尔滨、双城、肇源、肇东、宾县、木兰、延寿、望奎、泰来、杜尔伯特，吉林省前郭尔罗斯、九台、扶余、梅河口、通化、辉南、柳河、抚松、敦化、珲春，辽宁省铁岭、法库、新民、辽中、彰武、黑山、海城、辽阳、庄河、沈阳。

分布：中国（全国广布），朝鲜半岛，日本，俄罗斯，印度。

种子供食用和酿酒。全草作饲料及绿肥。根、茎、叶入药，有补脾益肾之功效。

217 莲

Nelumbo nucifera Gaertn.

多年生水生草本。根状茎肥厚，横生，淡黄白色，节部缢缩，生有黑色鳞叶及不定根，节间膨大，里面白色，中空。

叶基生，圆盾形，径30-90cm，伸出水面，波状近全缘，表面暗绿色，光滑被白粉，背面色淡，叶脉放射状；叶柄长，圆柱形，中空，生于叶背中央，散生刺毛。花单一，顶生；花梗散生小刺；萼片4-5，绿色，早落；花瓣多数，粉红色或白色，芳香，长圆状椭圆形至倒卵形，先端钝；雄蕊多数，早落；心皮多数，埋藏于花托内；花托倒圆锥形，先端截形，内呈海绵状。坚果椭圆形或卵圆形，灰棕色或灰黑色，灰白粉。种子椭圆形或卵圆形，种皮红棕色。花期7-8月，果期9-10月。

生于池沼、水田。

产地：各地普遍栽培。

分布：原产我国，现我国各地广泛栽培。

根状茎叫藕，种子叫莲子，为通常栽于池塘、水田中的一种食用植物。藕、藕节、叶、叶柄、莲蕊、莲房入药，有清热止血之功效。莲心入药，有清心火、强心降压之功效。莲子入药，有补脾止泻、养心益肾之功效。

218 萍蓬草

Nuphar pumila (Timm) DC.

多年生水生草本。根状茎横走，肉质，带黄白色。叶生于根状茎先端，飘浮水面，叶质厚，椭圆形或卵形，长 12-17cm，宽 7.5-10cm，先端钝圆，基部深心形，耳部分离或彼此遮盖，表面绿色，滑润有光泽，背面带紫红色，密被毛；叶有长柄，扁柱形，被毛。花单一，顶生，黄色，飘浮水面；花梗长，扁圆柱形，被毛；萼片 5，椭圆状倒卵形或长圆状椭圆形，花瓣状，背部中央绿色；花瓣多数，短小，倒卵状楔形，背部具蜜腺；雄蕊多数；子房广卵形，柱头盘状，10 浅裂。果实浆果状，长卵形，萼片及柱头宿存。种子长卵形，有光泽。花期 7-8 月，果期 8-9 月。

生于池沼、湖泊。

产地：黑龙江省密山、虎林、逊克、宁安、尚志、富锦、哈尔滨，吉林省安图、梅河口，内蒙古鄂伦春旗。

分布：中国（黑龙江、吉林、内蒙古、河北、山西、新疆、江苏、浙江、福建、江西、湖南、广西、广东），朝鲜半岛，日本，蒙古，俄罗斯；欧洲。

可应用于园林工程，亦可净化水体。根状茎入药，有健脾胃、补虚止血之功效，可治神经衰弱等症。

219 睡莲

Nymphaea tetragona Georgi

多年生水生草本。根状茎短粗，横生或直立，须根多数。叶质薄，心状卵圆形或卵状椭圆形，长 6-14cm，宽 4-11cm，先端钝圆，基部深弯缺，全缘，表面绿色，有光泽，背面带紫色或紫红色；叶柄细长。花单一，顶生，漂浮水面；花梗细长；萼片 4，近革质，绿色，长卵形、卵形或卵状披针形；花瓣 8-12，白色，长卵状披针形或长圆形；雄蕊多数，花丝扁平，花药线形；柱头具辐射线 5-10。浆果近球形，包于宿存萼片内。种子椭圆形，黑褐色，稍有光泽。花期 7-8 月，果期 8-9 月。

生于池沼。

产地：黑龙江省伊春、嘉荫、萝北、哈尔滨、尚志、牡丹江、集贤、虎林、密山、齐齐哈尔、北安，吉林省安图、扶余、靖宇、长白，辽宁省铁岭、新民、昌图、沈阳，内蒙古额尔古纳、根河、科尔沁左翼后旗、科尔沁右翼前旗、扎赉特旗、鄂伦春旗。

分布：中国（全国广布），朝鲜半岛，日本，蒙古，俄罗斯，印度，越南；欧洲，北美洲。

全草可作绿肥。根状茎可食用或酿酒。根状茎亦可入药，可治小儿慢惊风等症。

220 银线草 灯笼花

Chloranthus japonicus Sieb.

多年生草本，高20-50cm。根状茎横走，有分枝，须根多数，有香气；茎直立，单一或丛生，不分枝，幼时常带紫色，后变绿色，具节3-5。节上小叶鳞片状，膜质，三角形至广卵形，长4-5mm；叶对生，4片生于茎顶，成假轮生，广椭圆形或倒卵形，长7-12cm，宽4-7cm，花期叶较小，先端急尖，基部广楔形至楔形，边缘中上部有锯齿，齿尖有1腺体，两面无毛，侧脉6-8对，网脉明显；叶有短柄。穗状花序单一，顶生，连总花梗长3-5cm；花白色，无花梗；苞片卵形或广三角形；雄蕊3；子房卵形，无花柱，柱头平截。核果歪倒卵形，褐色。花期4月下旬至5月，果期6-7月。

生于杂木林下、沟边草丛阴湿处。

产地：黑龙江省尚志、伊春、饶河、鸡西、嘉荫，吉林省抚松、桦甸、磐石、集安、安图、珲春、柳河，辽宁省鞍山、大连、清原、桓仁、宽甸、岫岩、本溪、凌源、西丰、东港、凤城、兴城、普兰店、庄河、营口，内蒙古科尔沁左翼后旗、宁城。

分布：中国（黑龙江、吉林、辽宁、内蒙古、河北、山西、陕西、甘肃、山东），朝鲜半岛，日本，俄罗斯。

根状茎可提取芳香油，其水浸液可杀灭孑孓。全草入药，有祛湿散寒、活血止痛及散瘀解毒之功效，主治风寒咳嗽、风湿痛及闭经等症，外用可治跌打损伤、瘀血肿痛及毒蛇咬伤等症。

221 北马兜铃

Aristolochia contorta Bunge

草质藤本。根细长，圆柱形，有香气，断面有油点。茎缠绕，长 1-3m，捻揉时有特殊气味。叶广卵状心形或三角状心形，长 3-8（-10）cm，先端钝或钝尖，基部深心形，全缘或微波状，表面绿色，背面灰绿色；叶有长柄。花 3-10 朵簇生于叶腋，花梗细，无苞片；花被片管状，暗绿紫色，基部膨大成球形，具 6 条隆起的纵脉及明显的网状脉，中部缩为管状，弯曲，筒部与球部相接处内侧生有长腺毛，檐部三角状披针形，先端延伸成细丝状，多少卷曲；雄蕊 6；子房下位，柱形，合蕊柱短，成莲花状，6 裂。蒴果下垂，倒广卵形或椭圆状倒卵形，先端圆，微凹，基部广楔形，表面有纵沟 6，成熟时基部沿沟槽 6 裂。种子扁平，三角状，褐色，边缘具膜质翅。花期 7-8 月，果期 9-10 月。

生于沟谷、林缘、溪流旁、灌丛及河边柳丛，缠绕于其他树木上。

产地：黑龙江省尚志、依兰，吉林省安图，辽宁省铁岭、西丰、新宾、沈阳、鞍山、凤城、宽甸、长海、抚顺、本溪、清原、大连、绥中、北镇、岫岩，内蒙古赤峰、扎鲁特旗、科尔沁左翼后旗、喀喇沁旗。

分布：中国（黑龙江、吉林、辽宁、内蒙古、河北、山西、陕西、甘肃、山东、河南、湖北），朝鲜半岛，日本，俄罗斯。

果实入药，有清热降气、止咳平喘之功效。全草入药，可治肝炎、无名肿毒等症。

222 辽细辛

Asarum heterotropoides Fr. Schmidt var. **mandshuricum** (Maxim.) Kitag.

多年生草本，高 10-20（-30）cm。根状茎短，稍斜升，根多数，肉质，具辛香气味，顶端生长 1 至数棵植株。每棵植株有鳞片 2-3；鳞片圆形，紫褐色，膜质，长 7-10mm。叶 1-2，卵状心形或肾状心形，长宽均为（4-）8-10（-12）cm，先端钝尖或急尖，基部深心形，两侧圆耳状，全缘；叶有长柄。花单生于叶腋；花梗近花被片筒处成直角状弯曲，果期花梗直立并稍延长；花被片筒壶状杯形，外面紫绿色，里面有多数隆起的褐色棱条；花被片裂片 3，污红褐色，广卵形，长 7-9mm，宽约 10mm，先端急尖或钝尖，裂片反卷，喉部成环状缢缩；雄蕊 12；子房半下位，合蕊柱圆锥状，花柱 6，先端 2 裂。浆果状蒴果，肉质，半球形，花被片残留，成熟时不开裂，腐烂后破裂。种子卵状圆锥形，灰褐色，腹面具黑色肉质附属物。花期 5 月，果期 6-8 月。

生于针叶林及针阔混交林下。

产地：吉林省临江、抚松、靖宇、安图、柳河、集安、蛟河，辽宁省鞍山、本溪、凤城、庄河、瓦房店、兴城、西丰、新宾、桓仁、宽甸、海城、开原、岫岩、清原。

分布：中国（吉林、辽宁）。

全草阴干后放在衣柜中可驱虫。根部可提取挥发油。全草入药，有祛风、散寒、止痛及温肺祛痰之功效，主治风寒头痛、肺寒咳喘及风湿关节痛等症；煎水含漱可治牙痛。

223 芍药 野芍药 山芍药

Paeonia lactiflora Pall.

多年生草本，高40-60cm。根纺锤状，红褐色。茎直立，上部多分枝，基部具数枚大型膜质鳞片。叶近革质，1-2回三出复叶；小叶卵形、椭圆形或披针形，长7-13cm；宽2-7cm，先端渐尖，基部楔形，边缘具白色软骨质小齿，茎上部3深裂。花1至数朵生于茎顶或枝端；苞片叶状；萼片3-5，卵圆形；花瓣8-13，白色或粉红色，倒卵形；雄蕊多数，花药黄色；心皮2-5，无毛；花盘浅杯状。蓇葖果卵形或椭圆形，先端具喙。花期5-6月，果期7-8月。

生于山坡草地、林下，海拔400-700m。

产地：黑龙江省伊春、嫩江、集贤、穆棱、黑河、呼玛、虎林、密山、宁安，吉林省大安、和龙、临江，辽宁省鞍山、沈阳、西丰、本溪、宽甸、喀左、清原、凤城、庄河、大连、彰武、兴城、建平、凌源，内蒙古额尔古纳、根河、阿尔山、阿荣旗、新巴尔虎左旗、鄂温克旗、鄂伦春旗、牙克石、扎兰屯、陈巴尔虎旗、海拉尔、科尔沁右翼前旗、科尔沁右翼中旗、扎赉特旗、通辽、乌兰浩特、扎鲁特旗、科尔沁左翼后旗、阿鲁科尔沁旗、巴林左旗、巴林右旗、翁牛特旗、赤峰、克什克腾旗、喀喇沁旗、敖汉旗、宁城。

分布：中国（黑龙江、吉林、辽宁、内蒙古、河北、陕西、甘肃），朝鲜半岛，日本，蒙古，俄罗斯。

种子含油，供制皂和涂料用。根入药，为中药“白芍”，有镇痛、镇痉、祛瘀及通经之功效。

224 软枣猕猴桃 软枣子

Actinidia arguta (Sieb. et Zucc.) Planch. ex Miq.

木质藤本，长达30m。一年生枝灰色或淡灰色；小枝螺旋状缠绕，髓片状，白色或浅褐色；老枝光滑。叶革质或纸质，卵圆形、椭圆形或长圆形，长5-6cm，宽3-10cm，先端锐尖或具长尾状尖，基部圆形或近心形，边缘有锐锯齿，锯齿近线形，表面暗绿色，背面色淡，仅脉腋有淡棕色或灰白色柔毛；叶有长柄，叶柄及叶脉干后通常变黑色。花单性，雌雄异株，聚伞花序腋生；萼片5，长圆状卵形或椭圆形，内侧密被黄毛，外侧仅边缘有毛，花后脱落；花瓣5，白色，倒卵圆形；雄蕊多数，花药暗紫色，雄花子房发育不全；雌花有退化雄蕊，子房球形无毛，花柱多数。浆果球形至长圆形，两端稍扁平，先端有短喙。花期6-7月，果期8-9月。

生于阔叶林或针阔混交林中。

产地：黑龙江省哈尔滨、尚志，吉林省集安、安图、抚松、临江、蛟河，辽宁省凤城、西丰、桓仁、清原、庄河、东港、本溪、宽甸、岫岩、绥中、丹东、鞍山。

分布：中国（黑龙江、吉林、辽宁、河北、山西、山东、浙江、安徽、福建、河南、云南），朝鲜半岛，日本，俄罗斯。

果实可食，营养价值很高。果实亦入药，有解热、健胃及止血之功效。根及根皮对消化道癌有一定治疗和抑制作用。枝叶可制作农药。种子含油，是一种较好的干性油。

225 狗枣猕猴桃 狗枣子

Actinidia kolomikta (Rupr.) Maxim.

木质藤本，长达15m，多分枝。二年生枝褐色，有光泽；一年生枝紫褐色，稍被柔毛，小枝内具不整齐片状髓，淡褐色。叶膜质至薄纸质，卵形至长圆形，长6-10（-13）cm，宽3-7（-10）cm，先端渐尖或尾状尖，基部歪心形，边缘具锯齿或重锯齿，表面绿色，背面沿脉被褐色短柔毛，脉腋密被柔毛，顶端以上常变为黄白色或紫红色；叶有长柄，被褐色毛。花单性，雌雄异株；花梗长；萼片5，长圆形，被褐色柔毛；花瓣5，白色或玫瑰红色，圆形至倒卵形；雄花3朵，腋生，子房不发育，无花柱；雌花或两性花单生，雄蕊较短，很少有受精能力，子房长圆形，柱头8-12（-15），基部合生。浆果长圆形，具纵向深色条纹12，具宿存花柱及萼片，萼片反折。花期6-7月，果期9-10月。

生于混交林及杂木林中，海拔800-1500m。

产地：黑龙江省伊春、尚志、宁安、海林、哈尔滨，吉林省抚松、珲春、临江、敦化、桦甸、安图、和龙、长白，辽宁省宽甸、桓仁、本溪、凤城、西丰、鞍山、清原、新宾。

分布：中国（黑龙江、吉林、辽宁、河北、陕西、甘肃、湖北、江西、四川、云南），朝鲜半岛，日本，俄罗斯。

果实可食及酿酒，营养价值很高。果实入药。树皮可纺绳及织麻布。

226 木天蓼 葛枣猕猴桃 葛枣子

Actinidia polygama (Sieb. et Zucc.) Planch. ex Maxim.

木质藤本，长4-6m。一年生枝灰褐色，具白色实心髓。叶质薄有光泽，广卵形或卵状长圆形，长8-15cm，宽4-8（-10）cm，先端渐尖或骤凸成长尾状，基部圆形或楔形，边缘有线形细锯齿，灰蓝绿色，有时先端变白色或淡黄色，背面沿脉被疏柔毛，脉腋间有簇毛；叶有柄。花单性，雌雄异株，单生或1-3朵腋生；花梗长；萼片5，长圆形或卵圆形，宿存；花瓣5，白色或淡黄色，倒卵状圆形；雄花的子房无花柱，花药黄色或稍带橘红色；雌花具不孕雄蕊，子房长瓶状，花柱多数。浆果长圆形至卵形，黄色至淡橘红色，有喙，无斑。种子多数，淡褐色。花期6-7月，果期9-10月。

生于林中。

产地：黑龙江省哈尔滨，吉林省安图、抚松、靖宇、长白、临江、集安，辽宁省西丰、鞍山、宽甸、新宾、岫岩、本溪、凤城、庄河、桓仁，内蒙古宁城。

分布：中国（黑龙江、吉林、辽宁、内蒙古、河北、陕西、甘肃、山东、湖南、湖北、四川、贵州、云南），朝鲜半岛，日本，俄罗斯。

果实可食，营养价值很高。根入药，可治风虫牙痛、腰痛等症。枝、叶入药，有理气止痛之功效，可治麻风、食积、腰痛及疝痛等症。带虫瘿的果实入药，可治中风、口面喎斜及疝气等症。果实可制强心利尿的注射药。

本种枝条髓白实心，易与分布区大致相同，但髓褐色、片层状的近缘种软枣猕猴桃［*Actinidia arguta*（Sieb. et Zucc.） Planch. ex Miq.］和狗枣猕猴桃等相区别。

227 长柱金丝桃 黄海棠

Hypericum ascyron L.

多年生草本，高 50-100cm。茎直立，单一或丛生。叶近革质，长圆状卵形至长圆状披针形，长 4-9cm，宽 1-3cm，先端渐尖或钝，基部楔形或心形抱茎，全缘，背面具黑色腺点；叶无柄。花单一或数花组成聚伞花序，顶生或腋生；花梗长；萼片 5，卵形；花瓣 5，黄色；雄蕊 5 束而多数；子房卵形，棕褐色，花柱 5，中下部离生。蒴果圆锥形，棕褐色，成熟时先端 5 裂。种子多数，圆柱形，微弯，棕色，表面具网纹，一侧具细长膜质狭翼。花果期 7-9 月。

生于向阳山坡草地、林缘及河边湿地。

产地：黑龙江省哈尔滨、黑河、塔河、嫩江、虎林、尚志、饶河、依兰、宁安、密山、伊春、萝北、呼玛，吉林省安图、长春、临江、蛟河、抚松、珲春、和龙、汪清，辽宁省桓仁、西丰、法库、清原、本溪、凤城、岫岩、庄河、普兰店、瓦房店、长海、葫芦岛、绥中、凌源、彰武、喀左、沈阳、抚顺、鞍山、大连、丹东、北镇，内蒙古科尔沁左翼后旗、鄂伦春旗、额尔古纳、根河、阿荣旗、扎兰屯、牙克石、鄂温克旗、扎赉特旗、科尔沁右翼前旗、扎鲁特旗、阿鲁科尔沁旗、巴林左旗、巴林右旗、克什克腾旗、敖汉旗、喀喇沁旗、宁城。

分布：中国（全国广布），朝鲜半岛，日本，俄罗斯；北美洲。

全草入药，夏、秋采收为中药“红旱莲”，有凉血、止血、清热解毒之功效，主治吐血、咯血、衄血、子宫出血及黄疸肝炎等症，外用可治创伤出血、烧烫伤、湿锈及黄水疮等症。

种内变化：东北长柱金丝桃（朝鲜长柱金丝桃）（*Hypericum ascyron* L. var. *longistylum* Maxim.）花柱于上部 1/3 处离生。

228 乌腺金丝桃 野金丝桃

Hypericum attenuatum Choisy

多年生草本，高 30-70cm。茎直立，丛生，散生黑腺点。叶近革质，卵形、长圆状卵形至卵状披针形，长 1.5-3.5cm，宽 0.5-1.2cm，先端钝或渐尖，基部渐狭或微心形，稍抱茎，两面散生黑色腺点；叶无柄。花多数，组成圆锥花序或聚伞花序；萼片 5，卵状披针形；花瓣 5，淡黄色；雄蕊多数，呈 3 束；萼片、花瓣及花药上均散生黑色腺点；子房棕褐色，花柱 3，基部离生。蒴果卵圆形，散生黑色条腺斑。种子圆柱形，黄绿色、淡黄色或浅棕色，具小蜂窝状斑纹，一侧具极细小不明显的翼。花期 7-8 月，果期 8-9 月。

生于荒地、山坡草地、草原及林下。

产地：黑龙江省哈尔滨、北安、依兰、集贤、嫩江、尚志、宁安、勃利、宾县、海林、东宁、穆棱、林口、密山、嘉荫、萝北、伊春、黑河，吉林省汪清、九台、吉林、长春、抚松，辽宁省桓仁、清原、凤城、北镇、建平、凌源、法库、彰武、沈阳、鞍山、阜新、丹东、大连、长海、瓦房店、宽甸、西丰、海城，内蒙古科尔沁右翼前旗、阿尔山、通辽、额尔古纳、牙克石、鄂温克旗、鄂伦春旗、根河、扎兰屯、海拉尔、扎赉特旗、扎鲁特旗、阿鲁科尔沁旗、巴林左旗、巴林右旗、翁牛特旗、克什克腾旗、喀喇沁旗、宁城、林西、敖汉旗。

分布：中国（黑龙江、吉林、辽宁、内蒙古、河北、山西、陕西、甘肃、山东、江苏、浙江、安徽、河南、江西、广东、广西），朝鲜半岛，日本，蒙古，俄罗斯。

全草入药，有止血、镇痛及通乳之功效，主治咯血、吐血、子宫出血、风湿关节痛、神经痛、跌打损伤、乳汁缺乏及乳腺炎等症，外用可治创伤出血等症。

229 短柱金丝桃

Hypericum gebleri Ledeb.

多年生草本，高40-90cm。茎直立，单一或数茎丛生。叶近革质，长圆状卵形、长圆状披针形或线状披针形，长3-7cm，宽0.7-2cm，先端渐尖或钝，基部楔形或心形抱茎，全缘，背面具腺点。花单一或聚伞花序，顶生或腋生，花梗长；萼片5，卵状披针形；花瓣5，黄色；雄蕊数极多，成5束；子房棕褐色，卵状，5室，花柱基部分离，子房成熟时先端5裂，花柱宿存或折断。种子多数，圆柱形，微弯，浅棕色或棕色，具小蜂窝状纹，一侧具较宽的膜质翼。花期7-8月，果期8-9月。

生于林缘、灌丛、湿草甸及江河湖边沼泽地。

产地：黑龙江省伊春、勃利、尚志、呼玛，吉林省抚松、安图、珲春、长白、汪清、临江，辽宁省凤城、绥中、宽甸、桓仁、庄河、鞍山，内蒙古牙克石、根河、科尔沁右翼前旗、阿尔山。

分布：中国（黑龙江、吉林、辽宁、内蒙古），朝鲜半岛，日本，俄罗斯；中亚。

枝、叶入药，有清热利湿之功效，可治小便淋痛、黄水疮及疝气等症。

230 地耳草 红花金丝桃

Triadenum japonicum (Blume) Makino

多年生草本，高 15-50（-90）cm。茎直立，近红色。叶近革质，长圆状披针形、卵状长圆形至长圆形，长 2-5cm，宽（0.5-）1-1.7（-3）cm，先端钝圆或微缺，基部略呈心形，稍抱茎，边缘全缘而内卷，两面散生腺点；叶无柄。聚伞花序顶生及腋生，具花 1-3 朵；花梗短；苞片披针形；萼片卵状披针形；花瓣 5，淡红色；雄蕊 9，束 3；子房基部有腺体 3，子房卵圆形，花柱 3。蒴果棕褐色，长圆锥形，3 瓣裂。种子黑褐色，短圆柱形，具蜂窝状斑纹。花期 7-8 月，果期 8-9 月。

生于草甸湿地、沼泽地。

产地：黑龙江省虎林、密山、伊春，吉林省敦化、蛟河。

分布：中国（黑龙江、吉林），朝鲜半岛，日本，俄罗斯。

231 白屈菜

Chelidonium majus L.

多年生草本，高 30-100cm，含橘黄色乳汁。根粗壮，圆锥形，土黄色或暗褐色，密生须根。茎直立，多分枝，被白色长柔毛。叶 1-2 回奇数羽状分裂；基生叶长 10-15cm，裂片 5-8 对，裂片先端钝，边缘具不整齐缺刻；茎生叶长 5-10cm，裂片 2-4 对，边缘具不整齐缺刻，表面绿色，背面绿白色，疏被柔毛。花数朵，排列成伞状聚伞花序；花梗长短不一；萼片 2，淡绿色，椭圆形；花瓣 4，黄色，卵圆形或长卵状倒卵形；雄蕊多数，分离；雌蕊细圆柱形，花柱短，柱头头状，2 浅裂。蒴果长角形，直立，灰绿色，成熟时由下向上 2 瓣裂。种子卵球形，褐色，有光泽。花期 5-8 月，果期 6-9 月。

生于沟谷湿润处、沟边及人家附近。

产地：黑龙江省呼玛、嘉荫、虎林、哈尔滨、伊春、黑河，吉林省安图、临江、集安、抚松、和龙、汪清、珲春、蛟河、桦甸，辽宁省桓仁、宽甸、凤城、建昌、北镇、兴城、沈阳、庄河、丹东、清原、大连、本溪、鞍山，内蒙古克什克腾旗、宁城、鄂伦春旗、巴林右旗、科尔沁左翼后旗、牙克石、额尔古纳、根河、满洲里、阿尔山、海拉尔、科尔沁右翼前旗、科尔沁右翼中旗、扎赉特旗。

分布：中国（黑龙江、吉林、辽宁、内蒙古、河北、山西、陕西、新疆、山东、江苏、浙江、河南、江西、湖北、四川），朝鲜半岛，日本，蒙古，俄罗斯；中亚，欧洲。

全草入药，有镇痛、止咳及消肿之功效，可治慢性胃炎、胃溃疡、泻痢、腹痛及气管炎等症，外用可治稻田皮炎、毒蛇咬伤、疥癣及皮疣等症。

232 东北延胡索

Corydalis ambigua Cham. et Schltd.

多年生草本，高 15-25cm。块茎球形，被多层棕褐色残留的木栓层，皮内白色或淡黄色，味微苦或不苦；茎单一或从茎下部鳞片叶腋生出 1-2 分枝，直立或倾斜。叶 2 回三出全裂，终裂片长圆形或倒卵形，长 1-3cm，先端钝圆或浅裂；叶具细柄。总状花序顶生；苞片披针形或椭圆形，全缘或下部稍呈栉齿状分裂；花梗偏于一侧；萼片不明显，淡蓝色至蓝紫色；花冠唇形，上瓣先端反曲，微凹，无突尖，距粗，下瓣具短爪，向下弧曲，先端微凹，内瓣 2，篦状，先端联合；雄蕊 6，3 枚成 1 束，花丝愈合，包围子房；柱头扁，分裂，稍呈蝶形。蒴果线形，干后缢缩，呈串珠状，直立或倾斜。种子卵形或椭圆形，深褐色或黑色，具白色种阜。花期 4-5 月，果期 4-6 月。

生于灌丛、杂木林下及沟谷。

产地：黑龙江省尚志、宁安、林口、方正、绥滨、铁力、伊春，吉林省柳河、舒兰、抚松、吉林、永吉、长春、临江，辽宁省丹东、凤城、宽甸、本溪、庄河、桓仁、西丰、新宾、瓦房店、开原、大连、抚顺、普兰店、鞍山、建昌、北镇、新民、东港。

分布：中国（黑龙江、吉林、辽宁），朝鲜半岛，俄罗斯。

块茎含多种生物碱。块茎可入药，可止痛，止痛效果显著。

233 巨紫堇 黑水巨紫堇

Corydalis gigantea Trautv. et C. A. Mey.

多年生草本，高 60-120cm。根状茎头部粗大，块状；茎中空，上部多分枝。叶 2 回三出羽状全裂，终裂片椭圆形或长卵形，长 2-7cm，宽 1-3cm，表面深绿色，背面淡绿色，柔嫩，干后变黑。圆锥花序腋生，花密生；苞片线形；萼片卵形，早落；花冠污红色，上唇广披针形，下唇椭圆形，内侧 2 瓣狭卵形，有爪，距长是下唇的 2 倍；雄蕊 6，3 枚成 1 束；雌蕊 1，线形，柱头戟形。蒴果椭圆形，先端膨大，花柱宿存。花期 6-7 月，果期 7-8 月。

生于红松林下、沟边。

产地：黑龙江省伊春，吉林省临江。

分布：中国（黑龙江、吉林），朝鲜半岛，俄罗斯。

全草含多种生物碱。

234 小黄紫堇

Corydalis ochotensis Turcz. var. **raddeana** (Regel) Nakai

一年生或二年生草本，高达 90cm。茎下部分枝，具棱槽，棱脊突出，近似翅状。叶片 2 回或 3 回羽状全裂或深裂，小裂片倒卵形或菱状倒卵形，全缘，背面有白粉；茎生叶有长柄，下部稍膨大。总状花序顶生或腋生；苞片狭卵形、披针形或狭倒卵形，全缘；花梗短；花冠黄色，上瓣长 1.3-2cm，距长 6-12mm，尾部向下弯曲，下瓣为凸浅囊状，上下两瓣均具鳍状突起物，内花瓣 2，先端联合，具爪；雄蕊 6，3 枚成 1 束；雌蕊 1，线形，花柱细长，柱头先端 4 裂。蒴果线形或狭长披针形，下垂。种子黑色，有光泽。花期 6-8 月，果期 8-9 月。

生于林内石砬子旁、杂木林下、溪流旁及采伐迹地。

产地：黑龙江省尚志、海林、呼玛、伊春，吉林省安图、长白、抚松、蛟河、珲春、临江，辽宁省岫岩、凤城、普兰店、西丰、宽甸、本溪、大连、长海、丹东、桓仁、葫芦岛、清原、新宾、庄河，内蒙古鄂伦春旗、巴林右旗。

分布：中国（黑龙江、吉林、辽宁、内蒙古、河北、山西、陕西、甘肃、山东、浙江、河南、台湾），朝鲜半岛，日本，俄罗斯。

235 珠果紫堇

Corydalis pallida (Thunb.) Pers.

二年生草本，高 20-60cm。茎簇生，直立或斜升，上部分枝。基生叶莲座状，花期枯萎；茎生叶密生，2-3 回羽状全裂，终裂片卵形或椭圆形，再次羽裂为线形或椭圆形，边缘有锯齿，背面有白粉；茎下部叶有柄，茎上部叶无柄。总状花序顶生或腋生；苞片披针形或椭圆形；萼片膜质，圆形，有大锯齿；花冠黄色，上瓣冠檐大，卵圆形，先端钝，距粗短，末端膨大，稍下弯；雄蕊 6，3 枚成 1 束，花丝联合；雌蕊 1，线形。蒴果稍下垂，线形，串珠状，直或稍弧曲，花柱宿存。种子扁球形，黑色，沿边缘密布小凹点。花期 4-6 月，果期 5-7 月。

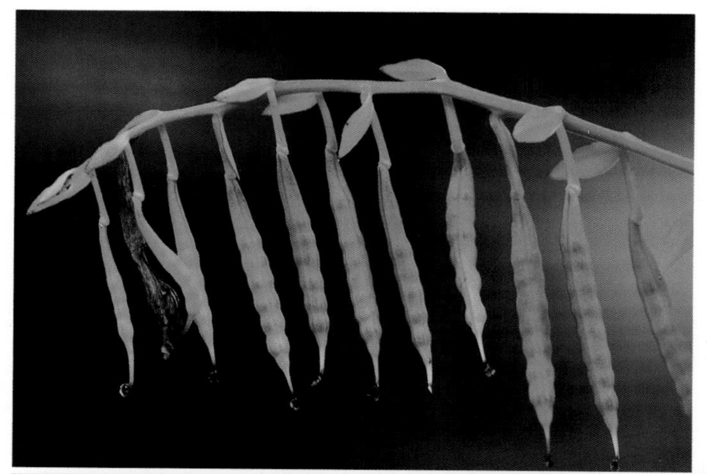

生于林间草地、火烧迹地、林缘、山坡草地、河滩石砾地及铁路两旁砂质地。

产地：黑龙江省尚志、密山、哈尔滨、伊春、嘉荫、穆棱，吉林省磐石、汪清、安图、桦甸、临江、集安，辽宁省凤城、开原、绥中、大连、凌源、宽甸、桓仁、本溪、鞍山、丹东、清原、西丰、庄河，内蒙古科尔沁右翼前旗、喀喇沁旗。

分布：中国（黑龙江、吉林、辽宁、内蒙古、河北、山西、陕西、山东、江苏、浙江、福建、安徽、河南、江西、湖北、台湾），朝鲜半岛，日本，俄罗斯。

236 全叶延胡索

Corydalis repens Mandl et Muhl.

多年生草本，高 10-20cm。块茎球状，有时瓣裂，外被数层至数十层枯萎栓皮，易破碎脱落，皮内白色，味微苦；茎倾斜或伏卧，由茎下部鳞片叶腋抽出 2-5（-6）分枝。叶 3 回三出复叶，小叶倒卵形或椭圆形，长 0.6-2.5（-4）cm，宽 1.5-1.6（-2）cm，全缘。总状花序顶生；苞片卵形或卵状楔形，下部苞片常中裂；花梗毛发状；萼片 2，早落；花冠浅蓝色、蓝紫色、紫红色，唇形，4 瓣，2 轮，外轮上瓣全缘，凹陷处无突尖，基部延伸成长距，内轮花瓣 2，较小，先端联合；雄蕊 6，3 枚成 1 束；雌蕊 1，扁卵形，花柱较长，柱头 2 裂，两侧具疣状突起。蒴果卵形或长卵形，两端渐尖，成熟时下垂。种子 2 列，肾状圆形，黑色，有光泽。花期 4 月，果期 5 月。

生于林下、林缘。

产地：黑龙江省哈尔滨，吉林省安图、舒兰、柳河、桦甸、抚松，辽宁省大连、凤城、宽甸、清原、桓仁、西丰、北镇、新宾。

分布：中国（黑龙江、吉林、辽宁），俄罗斯。

可入药，有活血散瘀、利气止痛之功效，可治气滞血瘀引起之疼痛、痛经、闭经及跌打损伤等症。

237 齿瓣延胡索

Corydalis turtschaninovii Bess.

多年生草本，高 10-30cm。块茎球状，外被数层至十余层栓皮，棕黄色或黄褐色，内皮黄色或鲜黄色，味苦且麻，有时块茎瓣裂或在茎节部膨大成块状；茎直立或倾斜，单一或由下部鳞片叶腋分出 2-3 枝。叶 2 回三出深裂或全裂。总状花序顶生，花 20-30 朵；苞片半圆形，先端栉齿状半裂或深裂；花冠蓝色或蓝紫色，唇形，4 瓣，2 轮，基部联合，外轮上瓣瓣片边缘具微波状齿牙，先端微凹，中具一明显突尖，基部延伸成长距，内轮两片花瓣狭小，先端联合；雄蕊 6，3 枚成 1 束；雌蕊 1，扁圆柱形，花柱细长。蒴果线形或扁柱形，柱头宿存，2 瓣裂。种子细小，黑色，扁肾形。花期 4-5 月，果期 5-6 月。

生于杂木林下、林缘、河滩及沟边。

产地：黑龙江省勃利、伊春、呼玛、嘉荫，吉林省柳河、舒兰、永吉、蛟河、抚松、安图、临江，辽宁省绥中、大连、普兰店、宽甸、桓仁、凌源、西丰、新民、抚顺、凤城，内蒙古额尔古纳、鄂伦春旗、牙克石、科尔沁右翼前旗、阿尔山。

分布：中国（黑龙江、吉林、辽宁、内蒙古、河北），朝鲜半岛，俄罗斯。

全草含多种生物碱。块茎入药。

种内变化：线裂齿瓣延胡索［*Corydalis turtschaninovii* Bess. f. *lineariloba*（Maxim.）Kitag］叶裂片长圆状线形或线形，先端尖。

238 荷青花

Hylomecon japonica (Thunb.) Prantl et Kundig

多年生草本，高 20-40cm，含黄色乳汁，全株疏被白色长柔毛。根状茎斜生，棕褐色，从根状茎抽出 2-4 地上茎；茎直立，基部具褐色膜质鳞片。基生叶羽状全裂，裂片 5-7，菱状倒卵形或长椭圆形，长 2-7cm，宽 1-3cm，先端尖，基部渐狭，边缘具不整齐重锯齿；茎生叶 2-3，生于近顶端，形似基生叶；基生叶具长柄，茎生叶叶柄短或无。花 1-3 朵，生于茎顶端叶腋；花梗长，疏被蛛丝状毛；萼片 2，狭卵形，早落；花瓣 4，鲜黄色，倒卵状圆形；雄蕊多数，花药长卵形；花柱短，柱头 2 裂。蒴果细长，光滑，2 瓣裂。种子多数，有鸡冠状附属物。花期 4-5 月，果期 5-6 月。

生于灌丛、林下及溪流旁。

产地：黑龙江省尚志、逊克、哈尔滨、嘉荫，吉林省蛟河、安图、临江，辽宁省鞍山、本溪、凤城、宽甸、开原、庄河、西丰、桓仁、丹东、清原。

分布：中国（黑龙江、吉林、辽宁、山西、陕西、浙江、安徽、湖北、湖南、四川），朝鲜半岛，日本，俄罗斯。

根及根状茎入药，有祛风湿、活络及止痛之功效，可治风湿性关节炎、四肢乏力及劳伤过度等症。

239 野罂粟 野大烟 山罂粟

Papaver nudicaule L.

多年生草本。叶基生，羽状深裂，裂片卵形、狭卵形或披针形，两面被伏硬毛；叶具长柄。花葶单一或丛生，高25-55cm，被伸展或伏硬毛；萼片2，广卵形，被棕灰色硬毛；花瓣4，黄色、橘黄色或橘红色，倒卵形，先端有微波状缺刻；雄蕊多数，花丝丝状，花药长圆形，黄色；子房倒卵形，被硬毛，柱头辐射状，星状裂。蒴果倒卵形至长圆形，被灰白色刺毛，孔裂。种子细小，多数。花期6-8月，果期7-8月。

生于向阳山坡草地、草甸及多石质山坡。

产地：黑龙江省呼玛、逊克，内蒙古海拉尔、牙克石、鄂伦春旗、额尔古纳、科尔沁右翼前旗、扎鲁特旗、克什克腾旗、喀喇沁旗、赤峰、巴林右旗、巴林左旗、阿尔山、通辽、宁城、阿鲁科尔沁旗、翁牛特旗。

分布：中国（黑龙江、内蒙古、河北、山西、陕西、宁夏、新疆），蒙古，俄罗斯；中亚。

有观赏价值。全草含多种生物碱，并含有少量皂苷。花含黄酮类化合物。果实入药，有止痢、镇痛及止咳之功效。

种内变化：光果野罂粟（*Papaver nudicaule* L. var. *glabricarpum* P. Y. Fu）子房及蒴果无毛。

黑水罂粟（*Papaver nudicaule* L. subsp. *amurense* N. Busch）花白色，子房无毛，蒴果倒卵形至近圆形，无毛。

240 毛南芥

Arabis hirsuta (L.) Scop.

二年生草本，高 30-80cm。茎直立，单一或稍分枝，密被分歧毛并混生单毛，下部有时紫红色。基生叶长圆形或匙形，长 1-5.5cm，宽 5-14mm，先端钝圆，全缘；茎生叶卵状长圆形或广披针形，长 0.7-6cm，宽 3-13mm，先端钝圆，基部微心形或心形，抱茎，边缘具疏锯齿或不明显；基生叶具短柄，茎生叶无柄。总状花序顶生；萼片无毛，先端有时具缘毛；花瓣白色，楔状倒披针形，先端微缺；四强雄蕊；子房无毛，无花柱，柱头头状，不明显 2 浅裂。长角果线形，直立，贴紧于果轴，扁平，无毛。种子 1 行排列，淡褐色，圆形，扁平，具狭翅，子叶缘倚。花期 6-7 月，果期 7-8 月。

生于草原、干山坡、路旁及草丛。

产地：黑龙江省密山、呼玛、虎林、哈尔滨，吉林省抚松、安图，辽宁省开原、清原、本溪、盖州、新宾、桓仁，内蒙古额尔古纳、新巴尔虎右旗、海拉尔、科尔沁右翼前旗、扎赉特旗、牙克石、阿尔山、赤峰、克什克腾旗、巴林右旗、鄂伦春旗、鄂温克旗。

分布：中国（黑龙江、吉林、辽宁、内蒙古、河北、山西、陕西、甘肃、宁夏、青海、新疆、山东、安徽、河南、湖北、四川、云南、西藏），朝鲜半岛，日本，俄罗斯，土耳其；欧洲，北美洲。

241 垂果南芥

Arabis pendula L.

多年生草本，高 15-120cm。茎直立，圆柱形，不分枝或上部多分枝，密被或疏被星状毛并混有单毛。叶狭椭圆形、长圆状卵形或广披针形，长 4-16cm，宽 1.5-6.5cm，先端长渐尖，基部延伸成耳，半抱茎，边缘具齿牙、锯齿或全缘，两面被星状毛并混生稀疏单毛；基生叶有柄，茎生叶无柄。圆锥花序顶生和腋生；萼片密被星状毛；花瓣白色，倒披针形；雄蕊 6，4 强，短雄蕊基部蜜腺成环形，内侧开口，与长雄蕊蜜腺汇合。长角果扁平，中脉明显，无毛，下垂。种子淡褐色，扁圆形，边缘具狭翼，成 1 行或不整齐 2 行排列，子叶缘倚。花期 6-7 月，果期 8-9 月。

生于沙丘、山坡草地、路旁、林下及河边。

产地：黑龙江省哈尔滨、伊春、汤原、呼玛、富裕、尚志、饶河、密山、萝北、宝清、黑河、宁安、虎林、克山，吉林省通化、安图、长白、珲春、和龙、汪清、辉南，辽宁省北镇、沈阳、抚顺、清原、西丰、法库、本溪、桓仁、鞍山、营口、岫岩、凤城、宽甸、丹东、普兰店、大连，内蒙古赤峰、克什克腾旗、巴林左旗、巴林右旗、林西、阿鲁科尔沁旗、宁城、扎赉特旗、喀喇沁旗、敖汉旗、科尔沁左翼后旗、扎鲁特旗、鄂温克旗、鄂伦春旗、莫力达瓦达斡尔旗、额尔古纳、根河、海拉尔、牙克石、科尔沁右翼前旗。

分布：中国（黑龙江、吉林、辽宁、内蒙古、河北、山西、陕西、甘肃、青海、新疆、湖北、四川、贵州、云南、西藏），蒙古，俄罗斯；中亚。

果实入药，有清热解毒、消肿之功效。

242 荠菜

Capsella bursa-pastoris (L.) Medic.

一年生或二年生草本，高 10-40cm。茎直立，单一或下部分枝，被单毛、分叉毛及星状毛。基生叶呈莲座状，长圆形，长 5-7cm，宽 8-15mm，羽状深裂、大头羽裂或全缘，顶裂片大，侧裂片长三角形，向前倾斜；茎生叶长圆形或披针形，长 1-3cm，宽约 0.5mm，先端钝，基部箭形，抱茎，边缘具疏锯齿；基生叶具狭翼状柄，茎生叶无柄。总状花序顶生；花梗短，花后伸长；萼片膜质，带绿色，长圆状卵形；花瓣白色，倒卵形，基部爪状。短角果倒三角状心形，成熟时开裂，果瓣无毛，隔膜狭膜质。种子成 2 行排列，椭圆形，扁平，棕色，具微小凹点，子叶背倚。花期 5 月，果期 5-6 月。

生于田边、路旁。

产地：黑龙江省呼玛、尚志、密山、嘉荫、哈尔滨、萝北、伊春，吉林省安图、柳河、梅河口、吉林、和龙、珲春、桦甸，辽宁省桓仁、彰武、宽甸、凤城、鞍山、本溪、开原、丹东、庄河、西丰、东港、大连、北镇、抚顺、铁岭，内蒙古乌兰浩特、克什克腾旗、喀喇沁旗、宁城、翁牛特旗、科尔沁右翼前旗、扎鲁特旗、海拉尔。

分布：中国（全国广布），世界温带。

茎叶可作蔬菜。种子含油，属干性油，供制油漆及肥料用。种子磨粉，可作调味料食用。全草入药，有利尿、止血、清热明目及消积之功效。

243 白花碎米荠

Cardamine leucantha (Tausch) O. E. Schulz

多年生草本，高30-80cm。根状茎短，生有须根及匍匐枝，匍匐枝白色，细长，横走；茎单一，不分枝，被短毛。奇数羽状复叶，小叶5(-7)，卵状披针形，先端长渐尖，基部偏斜或近圆形，边缘有不整齐的齿牙或锯齿；叶具长柄。圆锥花序顶生或腋生，花序轴及花梗被毛；萼片长边缘白色，半透明，圆形或狭长圆形；花瓣白色，长圆状倒卵形，基部渐狭；子房疏被毛，花柱稍扁平，柱头头状。长角果稍扁平，花柱宿存。种子长圆状或近椭圆形，栗褐色。花期5-6月，果期6-7月。

生于路旁、山坡湿草地、杂木林下及沟谷阴湿处。

产地：黑龙江省伊春、宝清、尚志、哈尔滨、宁安、嘉荫，吉林省安图、临江、梅河口、集安、抚松、汪清、珲春、舒兰、蛟河，辽宁省西丰、清原、开原、抚顺、新宾、鞍山、本溪、桓仁、岫岩、凤城、宽甸、庄河、东港、丹东，内蒙古扎赉特旗、额尔古纳、根河、鄂伦春旗、科尔沁右翼前旗。

分布：中国（黑龙江、吉林、辽宁、内蒙古、河北、山西、陕西、甘肃、江苏、安徽、浙江、河南、江西、湖北），朝鲜半岛，日本，俄罗斯。

全草晒干，民间用以代茶叶。嫩苗可作野菜食用。全草及根状茎入药，有清热解毒、化痰止咳之功效，可治气管炎等症。

244 伏水碎米荠

Cardamine prorepens Fisch. ex DC.

多年生草本，高 10-30（-40）cm。茎下部伏卧，匍匐生根并分生匐枝，上部上升。叶羽状全裂或羽状复叶，小叶 5-9（-11），椭圆形、近圆形或卵形，长 1-4cm，宽 5-25mm，两端圆形或近圆形，边缘为不规则波状或疏齿；基生叶及茎下部叶柄长，上部叶柄短或近无柄。总状花序顶生；萼片广卵形或卵形；花瓣广倒卵形或椭圆形；子房无毛或疏被毛。长角果无毛或疏被毛，花柱宿存。花期 6-8 月，果期 7-9 月。

生于小溪流水中、水边，海拔 1800m 以下。

产地：黑龙江省呼玛、尚志、宁安、伊春、哈尔滨，吉林省抚松，内蒙古额尔古纳、根河、科尔沁右翼前旗、海拉尔、牙克石、扎兰屯、阿尔山、鄂伦春旗。

分布：中国（黑龙江、吉林、内蒙古），朝鲜半岛，俄罗斯。

245 花旗竿

Dontostemon dentatus (Bunge) Ledeb.

一年生或二年生草本，高 10-60cm，疏被白色弯曲单毛和长毛，无腺毛。茎直立或斜升，上部分枝。叶长圆状披针形或长圆形，长 3-6cm，宽 2-10mm，两端渐狭，边缘具疏锯齿；茎下部叶有柄，上部叶无柄。总状花序顶生及腋生；萼片长圆形，直立；花瓣紫色或淡紫色，倒卵形，基部有爪；雄蕊 6，4 强，长雄蕊花丝成对合生，花药分离，无蜜腺，短雄蕊离生，其基部每侧各有蜜腺 1；子房无毛，花柱短，柱头头状，2 浅裂。长角果线形，直立或斜开展，有明显中脉；果梗被弯曲短柔毛。种子圆形，淡褐色，稍有翅，成 1 行排列；子房背倚或缘倚。花期 6-7 月，果期 7-8 月。

生于多石质山坡、岩石缝间、山坡草地、林下及路旁。

产地：黑龙江省伊春、萝北、黑河、宝清、密山、呼玛、鹤岗、宁安、虎林，吉林省安图、桦甸、扶余、敦化、抚松、汪清、永吉，辽宁省昌图、西丰、法库、铁岭、彰武、阜新、建平、凌源、兴城、义县、北镇、沈阳、抚顺、清原、鞍山、本溪、桓仁、岫岩、凤城、盖州、普兰店、庄河、丹东、大连、长海、绥中、开原，内蒙古额尔古纳、根河、科尔沁右翼前旗、宁城、扎兰屯、牙克石、科尔沁左翼后旗、鄂伦春旗、扎赉特旗、喀喇沁旗、巴林右旗、阿尔山。

分布：中国（黑龙江、吉林、辽宁、内蒙古、河北、山西、陕西、山东、江苏、安徽、河南），朝鲜半岛，日本，俄罗斯。

种内变化：腺花旗杆［*Dontostemon dentatus*（Bunge）Ledeb. var. *glandulosus* Maxim.］主要特征是花较大，总花梗、花梗及萼片均被黄色乳头状腺毛。

246 葶苈

Draba nemorosa L.

一年生或二年生草本，高10-30cm。茎直立，单一或分枝，下部密被单毛、分枝毛和星状毛，上部无毛。基生叶莲座状，长圆状倒卵形或长圆状椭圆形，长1-2cm，宽5-7mm，先端钝，边缘有疏齿或全缘，两面密被分枝毛或星状毛；茎生叶向上渐小，卵形或椭圆形，先端微尖，边缘具疏齿，两面疏被分枝毛和星状毛；基生叶近无柄，茎生叶无柄。总状花序顶生和腋生；萼片广卵形，先端微尖，背部被长毛；花瓣黄色，渐变黄白色，倒卵状长圆形，先端微缺；子房被单毛。短角果开裂，长圆形或倒卵状长圆形，密被单毛。种子红褐色，近圆形，子叶缘倚。花期4-5月，果期5月。

生于田边、路旁、山坡草地及河边。

产地：黑龙江省嘉荫，吉林省安图、柳河，辽宁省开原、沈阳、辽阳、鞍山、抚顺、本溪、凤城、瓦房店、庄河、宽甸、丹东、大连、桓仁、西丰，内蒙古克什克腾旗、科尔沁右翼前旗、额尔古纳、根河、牙克石、鄂伦春旗、鄂温克旗、海拉尔、巴林左旗、巴林右旗、通辽。

分布：中国（全国广布），朝鲜半岛，日本，蒙古，俄罗斯，土耳其；中亚，欧洲，北美洲。

种子含油，可供制皂及工业用。种子入药，有清热祛痰、定喘及利尿之功效。

247 独行菜

Lepidium apetalum Willd.

一年生或二年生草本，高 5-30cm。茎直立，多分枝，被短柔毛或腺毛。基生叶莲座状，平铺地面，狭匙形或倒披针形，长 4-6cm，宽 1-1.5cm，边缘有疏缺刻状锯齿、羽状深裂或羽状浅裂；茎生叶披针形或长圆形，基部耳状抱茎，边缘有疏齿或全缘，最上部叶线形，长 1-3cm，宽 1-3mm，全缘；基生叶有柄，茎生叶无柄。总状花序顶生；萼片卵形，背部被弯曲白色长毛，边缘白色膜质状，脱落，无花瓣或花瓣退化成丝状；雄蕊 2，蜜腺 4。短角果卵形或椭圆形，扁平，先端微缺，上部边缘具狭翼。种子椭圆状卵形，黄褐色，近平滑，子叶背倚。花果期 5-7 月。

生于路旁、沟边及人家附近。

产地：黑龙江省哈尔滨、大庆、宁安、克山、呼玛、安达，吉林省镇赉、永吉、桦甸，辽宁省彰武、建平、建昌、北镇、开原、铁岭、沈阳、抚顺、本溪、鞍山、凤城、丹东、瓦房店、普兰店、大连、长海，内蒙古新巴尔虎左旗、新巴尔虎右旗、牙克石、海拉尔、满洲里、通辽、赤峰、科尔沁右翼前旗、扎鲁特旗、阿鲁科尔沁旗。

分布：中国（黑龙江、吉林、辽宁、内蒙古、河北、山西、陕西、甘肃、青海、山东、江苏、浙江、安徽、河南、四川、云南、西藏），朝鲜半岛，日本，蒙古，俄罗斯；欧洲。

嫩叶作野菜食用。种子可榨油。全草及种子（为中药“葶苈子”）入药，有利尿、止咳及化痰之功效。

248 诸葛菜 二月兰

Orychophragmus violaceus (L.) O. E. Schulz

一年生或二年生草本，高 10-40cm，被白粉。茎直立，单一或基部分枝。基生叶及茎下部叶大头羽裂，长 4-8cm，宽 1.5-4cm，顶裂片圆形或卵形，先端钝，基部心形，边缘有波状钝齿，侧裂片 2-4 对，圆形或歪卵形，边缘有不整齐齿牙；茎上部叶狭卵形或长圆形，不分裂，基部耳状先端尖，抱茎；基生叶和茎下部叶有柄。总状花序顶生；萼片 4，淡紫红色或淡绿色，狭披针形，内侧两片基部呈囊状；花瓣淡紫红色，倒卵形或近圆形，先端圆形，向基部渐狭成丝状爪；雄蕊 6，花药线形，黄色；子房无柄。长角果线形，有 4 棱，果瓣有明显中脉，先端有钻形长喙。种子成 1 行排列，卵状椭圆形，黑褐色，子叶纵折。花期 5 月，果期 5-6 月。

生于山坡草地、路旁及田边。

产地：辽宁省北镇、鞍山、庄河、大连、普兰店、盖州。

分布：中国（辽宁、河北、山西、陕西、甘肃、山东、江苏、浙江、安徽、河南、江西、湖北、四川），朝鲜半岛。

可作早春花坛观赏植物。嫩茎叶可作野菜食用。种子可榨油。

249 风花菜

Rorippa islandica (Oed.) Borb.

二年生或多年生草本，高 15-90cm。茎直立或斜升，多分枝。基生叶莲座状，大头羽状深裂，顶裂片近卵形，侧裂片边缘有钝齿；茎上部叶较小，分裂较浅，边缘有波状齿牙；基生叶和茎下部叶有长柄，柄具狭翼。总状花序顶生和侧生；花梗细弱；萼片长圆形；花瓣黄色，倒卵形，基部渐狭成爪；雄蕊 6；花柱短，柱头头状，2 浅裂。长角果长圆形稍弯曲，两端钝圆，果瓣有脉。种子卵形，成 2 行排列，稍扁平，有网纹，子叶缘倚。花期 5-6 月，果期 6-7 月。

生于水边、溪流旁、路旁、田边及草场。

产地：黑龙江省哈尔滨、安达、汤原、伊春、尚志、克山、呼玛、孙吴、大庆、北安、萝北、嘉荫、密山，吉林省吉林、安图、珲春、磐石、靖宇、汪清、长白、临江、集安、辉南、和龙、蛟河，辽宁省彰武、葫芦岛、锦州、沈阳、辽阳、鞍山、抚顺、清原、西丰、北镇、凌源、绥中、兴城、本溪、桓仁、盖州、凤城、庄河、宽甸、大连、长海，内蒙古科尔沁右翼前旗、牙克石、额尔古纳、扎兰屯。

分布：中国（黑龙江、吉林、辽宁、内蒙古、河北、山西、陕西、甘肃、青海、新疆、山东、江苏、安徽、河南、湖南、贵州、云南），朝鲜半岛，日本，蒙古，俄罗斯，印度；中亚，欧洲，大洋洲，北美洲，南美洲。

可入药，有清热利尿、解毒及消肿之功效，可治黄疸、水肿、淋病、咽痛、痈肿及烫伤等症。

250 菥蓂 遏蓝菜

Thlaspi arvense L.

一年生草本，高10-60cm。茎直立，不分枝或分枝。基生叶花期枯萎；茎生叶稍肉质，长圆形或长圆状披针形，长3-7cm，宽4-16mm，先端钝，基部箭形或心形，抱茎，全缘或有疏齿牙；基生叶有柄，茎生叶无柄。圆锥花序顶生或腋生；萼片长圆形或椭圆形，边缘膜质；花瓣白色，长圆状倒卵形，先端圆形，基部渐狭成爪；雄蕊6，短雄蕊基部每侧各有蜜腺1，伸向长雄蕊蜜腺；子房无柄，柱头头状。短角果近圆形或广椭圆形，先端凹，边缘有宽翼。种子黑褐色，卵形或卵状椭圆形，稍扁平，有多数弯沟，子叶缘倚。花期5月，果期6月。

生于荒地、路旁、沟边及人家附近。

产地：黑龙江省哈尔滨，吉林省吉林、临江、桦甸、磐石，辽宁省开原、沈阳、鞍山、抚顺、清原、本溪、凤城、桓仁、丹东、东港、大连，内蒙古阿尔山、克什克腾旗、海拉尔。

分布：中国（全国广布），朝鲜半岛，日本，蒙古，俄罗斯，土耳其，伊朗；中亚，欧洲。

种子含油，属半干性油，供制肥皂，也可作润滑油，亦可食用。全草及种子入药，有清热解毒、利水消肿、祛风除湿及和中开胃之功效。

251 白八宝 白景天

Hylotelephium pallescens (Freyn.) H. Ohba

多年生草本，高 30-60（-100）cm。根束生，较粗壮。茎直立，不分枝。叶互生，倒披针形至长圆状披针形，长 3-7（-10）cm，宽 0.7-2.5（-4）cm，先端钝圆，基部楔形，全缘或有波状疏锯齿，表面有多数赤褐色斑点；叶近无柄。聚伞花序顶生，半球形，分枝密；花梗短；萼片 5，披针形；花瓣 5，白色至粉红色，直立，披针状椭圆形；雄蕊 10，2 轮；花药黄白色；鳞片 5，线状楔形；心皮 5，披针状椭圆形。果为蓇葖果。种子狭长圆形，褐色。花期 7-9 月，果期 8-9 月。

生于河边石砾滩、林下。

产地：黑龙江省哈尔滨、呼玛、穆棱、黑河、萝北、饶河、密山、虎林、宁安、伊春，吉林省蛟河、和龙、安图、抚松、汪清，辽宁省桓仁、清原、西丰、沈阳，内蒙古额尔古纳、根河、海拉尔、科尔沁右翼前旗、科尔沁右翼中旗、牙克石、阿尔山、鄂伦春旗、鄂温克旗、巴林右旗、克什克腾旗、宁城。

分布：中国（黑龙江、吉林、辽宁、内蒙古、河北、山西），蒙古，俄罗斯。

252 紫八宝 紫景天

Hylotelephium purpureum (L.) H. Ohba

多年生草本，高（16-）30-60cm。块根多数，纺锤形。茎直立，单一或少数聚生。叶卵状椭圆形至长圆形，长2-7cm，宽1-2.5cm；茎下部叶基部楔形，先端急尖或钝，边缘有不整齐浅锯齿，表面有斑点；上部叶基部圆；茎上部叶无柄。聚伞状伞房花序顶生，花多数，密集，有花梗；萼片5，卵状披针形；花瓣5，紫色，长圆状披针形，中部以上反折；雄蕊10；鳞片5，线状长圆形；心皮5，直立，椭圆状披针形，两端渐尖；花柱短。果为蓇葖果。种子细小，卵状椭圆形，褐色。花期7-8月，果期9月。

生于林下、灌丛、沙丘及草甸。

产地：黑龙江省漠河、呼玛、嫩江，吉林省敦化、九台，辽宁省西丰，内蒙古鄂温克旗、扎兰屯、牙克石、科尔沁右翼前旗、扎赉特旗、海拉尔、额尔古纳、根河、扎鲁特旗、鄂伦春旗、阿尔山、新巴尔虎左旗、克什克腾旗。

分布：中国（黑龙江、吉林、辽宁、内蒙古、河北、山西、新疆），朝鲜半岛，日本，蒙古，俄罗斯；欧洲，北美洲。

253 长药八宝 长药景天

Hylotelephium spectabile (Bor.) H. Ohba

多年生草本，高 30-70cm。茎直立。叶肉质，对生或 3 叶轮生，卵形、广倒卵形或长圆状卵形，长 4-10cm，宽 2-5cm，先端钝或急尖，基部楔形，全缘或多少具波状疏锯齿。聚伞状伞房花序顶生，花多数，密集；花梗短；萼片 5，线状披针形至广披针形；花瓣 5，淡红色至紫红色，披针形至广披针形；雄蕊 10，2 轮；花药紫色；鳞片 5，长圆状匙形；心皮 5，狭长圆形。蓇葖果直立或稍开展。种子线状长圆形。花期 8-9 月，果期 9-10 月。

生于溪流旁阴湿处，海拔约 700m。

产地：黑龙江省宁安，吉林省吉林、和龙、安图、集安，辽宁省西丰、桓仁、本溪、抚顺、凤城、普兰店、大连、鞍山、北镇、法库、庄河，内蒙古满洲里、喀喇沁旗。

分布：中国（黑龙江、吉林、辽宁、内蒙古、河北、陕西、河南、山东、安徽），朝鲜半岛。

可栽培观赏。全草入药，有活血生肌、止血解毒之功效。

254 轮叶八宝 轮叶景天

Hylotelephium verticillatum (L.) H. Ohba

多年生草本，高 40-100cm。茎直立，不分枝。叶肉质，4-5 叶轮生，有时茎下部叶 3 叶轮生或对生，叶长圆状披针形至卵状披针形，长 4-8cm，宽 1-2（-3）cm，先端略钝或急尖，基部楔形，边缘具疏齿牙，背面苍白色；叶有柄。伞房状聚伞花序顶生，花多数，密集，近半球形；苞片卵形；花梗短；萼片 5，三角状卵形，基部稍合生；花瓣 5，淡绿白色至黄白色，长圆状椭圆形，基部渐狭；雄蕊 10，2 轮；鳞片 5，线状楔形，先端微凹；心皮 5，近直立，倒卵形至卵状长圆形，具短柄。果为蓇葖果。种子狭长圆形，淡褐色。花期 7-8 月，果期 9 月。

生于山坡草地、沟边阴湿处，海拔 900-2900m。

产地：吉林省桦甸、敦化、安图，辽宁省本溪、庄河、岫岩、桓仁、清原、鞍山、宽甸。

分布：中国（吉林、辽宁、河北、山西、陕西、甘肃、河南、湖北、四川、山东、安徽、江苏、浙江），朝鲜半岛，日本，俄罗斯。

全草入药，有活血化瘀、解毒消肿之功效，主治劳伤腰痛、无名肿痛及蛇虫咬伤等症。

255 珠芽八宝

Hylotelephium viviparum (Maxim.) H. Ohba

多年生草本，高 15-60cm。茎直立，单一或丛生，不分枝。叶肉质，3-4 叶轮生，卵状披针形至卵状长圆形，长 2-4cm，宽 0.7-1.7cm，顶端渐尖或钝，基部渐狭，边缘有疏浅齿牙，叶腋有白色肉质珠芽；叶近无柄或具短柄。伞房状聚伞花序顶生，花密集，稍呈半球形；苞片小；萼片 5，卵形；花瓣 5，黄白色或黄绿色，卵形或长圆形；雄蕊 10，2 轮；鳞片 5，线状楔形；心皮 5，广倒卵形；花柱线形，基部渐狭而具短柄。花期 8-9 月。

生于混交林下、石砬子阴湿处及砂质地。

产地：吉林省抚松、安图、和龙、集安、汪清，辽宁省凤城、本溪、北镇、丹东、桓仁。

分布：中国（吉林、辽宁），朝鲜半岛，俄罗斯。

256 狼爪瓦松 辽瓦松

Orostachys cartilaginous A. Boriss.

二年生或多年生草本。莲座状叶长圆状披针形，先端有白色软骨质附属物，背面凸出，全缘，中央有白色软骨质刺。花茎高 10-35cm，不分枝。茎生叶互生，线形或线状披针形，长 1.5-3.5cm，宽 2-4mm，先端渐尖，具白色软骨质刺。总状花序顶生，圆柱形，花多数，密集，有花梗；苞片线形或线状披针形，先端有刺；萼片 5，狭长圆状披针形至卵状披针形，有斑点，先端软骨质；花瓣 5，白色，有斑点，长圆状披针形；雄蕊 10，花药暗灰色；鳞片 5，先端微凹；心皮 5，披针形，有短柄，先端具丝状喙。果为蓇葖果。种子线状长圆形，褐色。花果期 9-10 月。

生于多石质山坡、山坡草地。

产地：黑龙江省宁安、绥芬河、鸡东、黑河，吉林省和龙、乾安、蛟河、集安，辽宁省鞍山、阜新、彰武、西丰、庄河、岫岩、盖州、大连、普兰店、丹东、新宾、法库、北镇，内蒙古牙克石、科尔沁右翼中旗、巴林右旗、扎鲁特旗。

分布：中国（黑龙江、吉林、辽宁、内蒙古、河北、山西），朝鲜半岛，俄罗斯。

可作花坛观赏植物。工业上可用于提取草酸。地上部分入药，有止血通经、止痢敛疮之功效，主治泻痢、便血、痔疮出血、功能性子宫出血及诸疮痈肿等症。

257 瓦松

Orostachys fimbriatus (Turcz.) A. Berger

二年生草本。第一年叶莲座叶，广线形，先端增大为白色软骨质，半圆形，有齿；第二年从莲座叶中央抽出花茎，高 10-40cm，茎生叶较稀疏，线形至披针形，长 2-5cm，宽 2-5mm，先端具一半圆形白色软骨质附属物，中央有 1 长刺；茎生叶无柄。总状花序顶生，有时下部有分枝，花多数，密集；萼片 5，卵状长圆形；花瓣 5，紫红色，披针形至披针状椭圆形，先端渐尖，基部合生；雄蕊 10，花药心形，黑紫色；鳞片 5，先端微凹；心皮 5，稍开展。蓇葖果长圆形。种子细小，卵形。花期 8-9 月，果期 10 月。

生于多石质山坡、岩石缝间及屋顶。

产地：辽宁省北镇、葫芦岛、兴城、朝阳、鞍山、阜新、大连、清原、凌源、建平、建昌、凤城，内蒙古赤峰、翁牛特旗、满洲里、新巴尔虎右旗、科尔沁右翼前旗、鄂温克旗。

分布：中国（辽宁、内蒙古、河北、山西、陕西、甘肃、宁夏、青海、山东、安徽、江苏、浙江、湖北、河南），朝鲜半岛，日本，蒙古，俄罗斯。

工业上可用于提取草酸。全草入药（有毒，须慎用），有止血、活血及敛疮之功效，煎汤含漱可治牙龈肿痛，煎出药汁或浸出汁洗痔疮及外症疮口有效。

258 钝叶瓦松

Orostachys malacophyllus (Pall.) Fisch.

二年生草本。第一年叶莲座叶，长圆形至卵形，先端钝或短渐尖，全缘；第二年自莲座叶中抽出花茎，高 10-30cm，茎生叶互生，匙状倒卵形，长达 7cm，渐尖。总状花序顶生，花密集，无梗或几乎无梗；萼片 5，长圆形，急尖；花瓣 5，白色或带绿色，长圆形至卵状长圆形，上部边缘常齿缺，基部合生；雄蕊 10，较花瓣长；花药黄色；鳞片 5，线形，先端微缺；心皮 5，卵形。果为蓇葖果。种子细小，多数。花期 7 月，果期 8-9 月。

生于林下、多石质山坡及沙岗。

产地：黑龙江省黑河、萝北、密山、呼玛、伊春、绥芬河、佳木斯，吉林省临江、安图、和龙、汪清，辽宁省彰武，内蒙古海拉尔、满洲里、鄂温克旗、牙克石、新巴尔虎左旗、赤峰、克什克腾旗、根河、额尔古纳、巴林右旗、新巴尔虎右旗、阿尔山。

分布：中国（黑龙江、吉林、辽宁、内蒙古、河北、山西），朝鲜半岛，蒙古，俄罗斯。

可作花坛观赏植物。也可作饲料。全草入药，有止血、通经之功效。

259 高山红景天

Rhodiola sachaliensis A. Boriss.

多年生草本。根粗壮，直立，先端被多数棕褐色膜质鳞片状叶。花茎高6-30cm。茎下部叶较小，疏生；上部叶较密生，长圆状匙形、长圆状菱形或长圆状披针形，长7-40mm，宽4-9mm，先端急尖至渐尖，基部楔形，边缘上部具粗齿牙，下部近全缘。聚伞花序顶生，花多数，密集；花单性，雌雄异株；萼片4（-5），披针状线形；花瓣4（-5），淡黄色，线状倒披针或长圆形；雄花雄蕊8，花药黄色，具不发育的心皮；雌花心皮4，花柱外弯；鳞片4，长圆形，先端微缺。蓇葖果披针形或线状披针形，直立。种子长圆形至披针形。花期4-6月，果期7-9月。

生于高山冻原、岳桦林下、山顶部溪流旁、沟谷及岩石缝间，海拔1800-2300m（长白山）。

产地：黑龙江省尚志、宁安、海林，吉林省抚松、安图、长白，内蒙古扎兰屯。

分布：中国（黑龙江、吉林、内蒙古），朝鲜半岛，日本，俄罗斯。

为珍贵稀有的药用植物，富含红景天苷和酪醇、氨基酸、微量元素、挥发油、多糖等成分，具有免疫调节、抗病毒、抗缺氧、降血糖等多种药理学作用。

260 费菜 土三七

Sedum aizoon L.

多年生草本，高20-50cm。根状茎粗短；茎直立，不分枝，较粗壮，基部常为紫褐色。叶椭圆状披针形至卵状倒披针形，长3.5-8cm，宽1-2cm，先端渐尖，基部楔形，边缘有不整齐锯齿；叶无柄。聚伞花序顶生，花多数，分枝平展，无花梗；萼片5，线形，肉质，不等长，先端钝；花瓣5，黄色，长圆形至椭圆状披针形，先端短尖；雄蕊10，2轮；鳞片5；心皮5，卵状长圆形，基部合生。蓇葖果星芒状排列，有直喙。种子长圆形，有光泽。花期6-7月，果期8-9月。

生于多石质山坡、灌丛、草甸及沙岗。

产地：黑龙江省安达、尚志、黑河、伊春、嘉荫、鹤岗、富锦、哈尔滨、绥芬河、呼玛、杜尔伯特、密山、五大连池、集贤、嫩江、牡丹江，吉林省安图、汪清、珲春、蛟河、桦甸、临江、抚松、靖宇、吉林、九台、通榆，辽宁省北镇、铁岭、普兰店、瓦房店、丹东、庄河、新宾、鞍山、法库、兴城、义县、建昌、绥中、大连、本溪、清原、凤城、沈阳、凌源、岫岩、桓仁，内蒙古额尔古纳、根河、牙克石、扎兰屯、陈巴尔虎旗、新巴尔虎右旗、满洲里、鄂温克旗、阿尔山、扎赉特旗、科尔沁右翼前旗、科尔沁左翼后旗、通辽、赤峰、喀喇沁旗、阿鲁科尔沁旗、克什克腾旗、巴林右旗、巴林左旗、宁城、扎鲁特旗、鄂伦春旗、海拉尔。

分布：中国（黑龙江、吉林、辽宁、内蒙古、河北、山西、陕西、宁夏、甘肃、青海、新疆、山东、江苏、安徽、浙江、河南、湖北、江西、四川），朝鲜半岛，日本，蒙古，俄罗斯。

可入药，有止血、安神镇痛及散瘀消肿之功效。

261 北景天

Sedum kamtschaticum Fisch.

多年生草本，高 15-40cm。根状茎木质，粗壮，有分枝；茎斜升，不分枝，有时被乳头状微毛。叶互生或对生，倒披针形、匙形至倒卵形，长 2.5-7cm，宽 0.5-3cm，先端钝圆，基部楔形，边缘上部有疏齿。聚伞花序顶生；萼片 5，披针形，上部线形，钝尖；花瓣 5，黄色，披针形，先端渐尖，有短尖头，背面有龙骨状突起；雄蕊 10，2 轮；花药橙黄色；鳞片 5，细小，近方形；心皮 5，直立，近基部合生。蓇葖果星芒状，水平横展。种子倒卵形，细小，褐色。花期 6-7 月，果期 8-9 月。

生于多石质山坡、山坡岩石上。

产地：黑龙江省呼玛，吉林省珲春、汪清、集安，辽宁省大连、瓦房店、北镇、丹东，内蒙古科尔沁右翼前旗、满洲里、新巴尔虎右旗。

分布：中国（黑龙江、吉林、辽宁、内蒙古、河北、山西、陕西），朝鲜半岛，日本，俄罗斯。

全草入药，有清热解毒之功效，可治痢疾等症。

262 细叶景天 狗景天

Sedum middendorffianum Maxim.

多年生草本，高 8-30cm。根状茎蔓生，木质，分枝长；茎丛生，直立或上升，基部分枝。叶线状匙形，长 12-25mm，宽 2-5mm，先端钝，基部楔形，边缘上部有钝锯齿。聚伞花序顶生，花多数，分枝展开；萼片 5，线形，先端钝；花瓣 5，黄色，披针形至线状披针形，先端渐尖；雄蕊 10；花丝黄色，花药紫色；鳞片 5，细小，近全缘；心皮 5，披针形，基部合生；花柱短。蓇葖果星芒状。种子细小，卵形。花期 6-8 月，果期 8-9 月。

生于山坡岩石上、林下及岩石缝间，海拔 600-1900m（长白山）。

产地：黑龙江省呼玛，吉林省临江、长白、蛟河、和龙、安图、抚松，辽宁省桓仁、法库、沈阳、绥中，内蒙古阿尔山。

分布：中国（黑龙江、吉林、辽宁、内蒙古），朝鲜半岛，日本，俄罗斯。

263 落新妇

Astilbe chinensis (Maxim.) Franch. et Savat.

多年生草本，高 50-100cm。根状茎粗大，暗褐色，须根多数；茎直立。基生叶 2-3 回三出复叶，小叶卵状长圆形、菱状卵形或卵形，长 2-8.5cm，宽 1.5-5cm，顶生小叶大，先端渐尖，基部楔形或微心形，边缘有重齿牙，两面沿脉疏被硬毛；茎生叶 2-3，比基生叶小；托叶膜质，褐色。圆锥花序顶生，较狭，密被褐色长柔毛；苞片卵形，比花萼短；花萼 5 深裂，裂片卵形；花瓣 5，紫色，线形；雄蕊 10，花药紫色；心皮 2，基部合生。蓇果 2 裂，先端锐尖。种子褐色。花期 7-8 月，果期 9 月。

生于沟谷、溪流旁、阔叶林下及草甸。

产地：黑龙江省依兰、饶河、密山、宁安、尚志、哈尔滨、孙吴、伊春，吉林省安图、抚松、蛟河、桦甸、汪清、珲春，辽宁省铁岭、凤城、清原、本溪、鞍山、宽甸、桓仁、普兰店、庄河、西丰、丹东、凌源、大连，内蒙古敖汉旗、喀喇沁旗、宁城、科尔沁左翼后旗。

分布：中国（黑龙江、吉林、辽宁、内蒙古、山西、山东、浙江、河南、湖北、湖南、江西、四川、云南），朝鲜半岛，日本，俄罗斯。

可入药，主治跌打损伤、手术后疼痛、风湿关节痛及毒蛇咬伤等症。

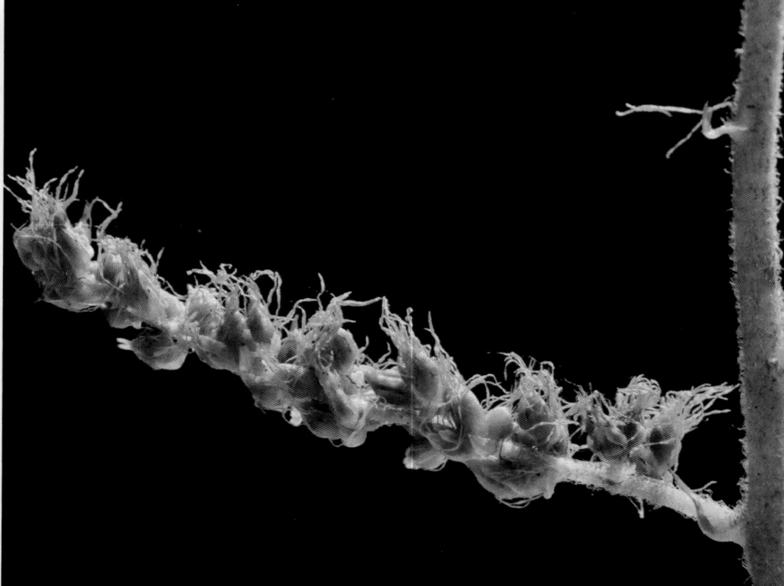

264 朝鲜落新妇

Astilbe koreana (Kom.) Nakai

多年生草本，高达 1m。根状茎粗大，暗褐色，须根多数；茎直立。基生叶 2-3 回三出复叶，小叶广卵形、卵状披针形或卵状菱形，长 5-11cm，宽 2-6cm，先端渐尖或锐尖，基部偏斜、微心形或楔形，边缘具重锯齿；茎生叶与基生叶相似或稍小。圆锥花序顶生，较宽，花轴与花梗密被腺毛；花色淡；花瓣白色或淡粉紫色。蒴果长 2.5-3mm。种子小。花期 6-7 月，果期 8-9 月。

生于阔叶林下、灌丛，海拔 400-1300m。

产地：黑龙江省牡丹江，吉林省抚松、蛟河、安图、临江、通化，辽宁省本溪、凤城、桓仁、宽甸、清原、岫岩、庄河、普兰店、丹东、铁岭、鞍山、北镇。

分布：中国（黑龙江、吉林、辽宁），朝鲜半岛。

265 林金腰

Chrysosplenium lectus-cochleae Kitag.

多年生草本，高 3-15cm。根状茎短，须根多数。不育枝由茎基部生出，被肉红色弯曲短毛。叶对生，初期通常带紫红色或绿色，不育枝叶莲座状，扇形、广椭圆形、圆形或近截形，长达 3cm，宽达 2cm，边缘有波状圆齿；基生叶花期枯萎；茎生叶扇形，先端圆形或近截形，基部楔形，边缘有圆齿，边缘稍有缘毛；不育枝叶有短柄，密被毛。聚伞花序顶生；苞片广椭圆形至扇形，先端钝或近截形；花萼广钟形，黄色，果期绿色，裂片短，近直立，先端钝；雄蕊 8；子房下陷，柱头 2，直立，叉开；花盘黄绿色。蒴果 2 裂瓣不等长，斜开展。种子椭圆形至广椭圆形，平滑，有稀疏小乳头状突起及细乳头条纹。花期 5月，果期 9 月。

生于林下阴湿处。

产地：黑龙江省伊春、哈尔滨、尚志，吉林省临江、桦甸、安图、柳河，辽宁省本溪、凤城、宽甸、桓仁、清原、鞍山。

分布：中国（黑龙江、吉林、辽宁）。

266 毛金腰

Chrysosplenium pilosum Maxim.

多年生草本，高 5-15cm。根状茎短，须根多数；茎直立。不育枝由茎下部叶腋或基生叶腋生出，通常 1 对，密被淡锈色毛。花茎直立，通常无毛，稀有淡锈色毛。不育枝叶莲座状，近圆形，两面疏被淡锈色毛，基部广楔形，边缘有圆齿；基生叶花期枯萎；茎生叶对生，近圆形或扇形，基部楔形，边缘有圆齿，两面疏被软毛；莲座状叶及茎生叶均有柄，密被毛；茎生叶柄密被毛。聚伞花序生于分枝顶端，花梗近等长；苞片椭圆状三角形或椭圆形；花萼钟形，裂片直立，黄绿色，果期绿色，半圆形；雄蕊 8；子房下陷，柱头 2，直立，叉开；花盘淡黄绿色，不凸出，有 8 个圆裂片。蒴果 2 瓣裂，不等长，斜开展。种子椭圆形，有多数纵列肋状突起。花期 4-6 月。

生于林下阴湿处。

产地：黑龙江省尚志、呼玛、铁力，吉林省安图、桦甸，辽宁省风城、宽甸、桓仁、庄河、丹东、本溪、西丰，内蒙古鄂伦春旗。

分布：中国（黑龙江、吉林、辽宁、内蒙古），朝鲜半岛，俄罗斯。

267 东北溲疏

Deutzia amurensis (Regel) Airy-Shaw

落叶灌木，高约1m。树皮褐色。老枝暗灰色，小枝弯曲。叶卵状椭圆形或长圆形，先端渐尖，基部近圆形或广楔形，边缘具不整齐细锯齿，表面绿色，散生星状毛，背面色淡，散生星状毛，沿脉无单毛；叶有短柄。伞房花序，花多数，花序轴及花梗密被星状毛；花萼裂片5，卵形；花瓣5，白色；雄蕊10，花丝先端具不明显齿牙；花柱3裂。蒴果扁球形，被星状毛。花期6-7月，果期7-9月。

生于山坡岩石旁、阔叶林中。

产地：黑龙江省尚志、哈尔滨、黑河、嘉荫、宁安、伊春、嫩江、饶河、宝清、集贤，吉林省临江、抚松、蛟河、安图、长白、和龙、敦化、汪清、珲春、桦甸、磐石、集安、通化，辽宁省西丰、宽甸、桓仁、清原、本溪、凤城、丹东、庄河、义县、凌源、建昌、建平、北镇、鞍山。

分布：中国（黑龙江、吉林、辽宁），朝鲜半岛，俄罗斯。

用作观赏树种，常栽植于庭院。

268 光萼溲疏 千层皮 无毛溲疏

Deutzia glabrata Kom.

落叶灌木，高 2-3m。树皮灰褐色，剥裂。多分枝，小枝红褐色，有光泽，无毛。叶对生，卵状长圆形、卵状披针形或近椭圆形，长 4-11cm，宽 2-3.5cm，先端渐尖，基部楔形或近圆形，边缘有尖细锯齿，表面绿色，散生星状毛或无毛，背面色淡，无毛；叶有短柄。伞房花序，花多数；花萼钟形，裂片 5，小三角形；花瓣 5，白色，卵状椭圆形或近圆形；雄蕊 10，花丝下部宽，上部渐细，无齿；子房下位，花柱 3-4；花盘无毛。蒴果近球形，无毛，花柱宿存。花期 5 月，果期 9 月。

生于阔叶林中、灌丛及山坡岩石旁。

产地：黑龙江省哈尔滨、尚志、伊春、勃利、宁安，吉林省桦甸、蛟河、和龙、长白、集安、通化、临江、安图，辽宁省西丰、新宾、清原、鞍山、本溪、凤城、丹东、宽甸、桓仁、岫岩、庄河、瓦房店、北镇。

分布：中国（黑龙江、吉林、辽宁、河北、山东、河南），朝鲜半岛，俄罗斯。

用作观赏树种，常栽植于庭院。

269 李叶溲疏

Deutzia hamata Koehne

落叶灌木，高0.6-1m。树皮片状剥裂。老枝灰褐色，光滑，小枝红褐色。叶卵形、菱状卵形或椭圆状卵形，长3-8cm，宽1.5-5cm，先端渐尖或锐尖，基部圆形或广楔形，边缘具不整齐细锯齿，表面绿色，密被星状毛，背面浅绿色，散生星状毛，沿脉有单毛；叶柄短，被星状毛。花序有花1-3朵；花梗密被毛；花萼灰色，密被毛及星状毛，裂片5，线形；花瓣5，白色，长椭圆形，外面散生星状毛；雄蕊10，花丝上部有2齿；子房下位，花柱3-5，被星状毛。蒴果半球形，密被星状毛。花期4月下旬至5月，果期6-9月。

生于灌丛、山坡岩石旁。

产地：吉林省集安、通化、长白，辽宁省鞍山、本溪、凤城、宽甸、岫岩、丹东、庄河、盖州、瓦房店、大连、北镇、义县、葫芦岛、朝阳、建昌、喀左、桓仁。

分布：中国（吉林、辽宁、河北、山西、陕西、山东、江苏、河南），朝鲜半岛。

用作观赏树种，常栽植于庭院。

270 小花溲疏

Deutzia parviflora Bunge

落叶灌木，高 1-2m。树皮灰褐色，剥裂。老枝灰色，片裂，小枝褐色，散生星状毛。叶卵形、狭卵形或倒卵形，长 3.5-8cm，宽 2-5cm，先端渐尖，基部广楔形或圆形，边缘具不整齐锯齿，表面暗绿色，被星状毛，背面同色，散生星状毛，沿主脉有单毛；叶有短柄。花序伞房状，花梗与花萼密被星状毛；花萼钟状，裂片 5，广卵形；花瓣 5，白色，圆状倒卵形，被星状毛；雄蕊 10，花丝上部有短齿；子房下位，花柱 3，宿存。蒴果扁球形，3 瓣裂，被星状毛。花期 6 月，果期 8-9 月。

生于林缘、灌丛。

产地：吉林省安图、敦化，辽宁省义县、北镇、绥中、建昌、凌源、鞍山，内蒙古喀喇沁旗、宁城。

分布：中国（吉林、辽宁、内蒙古、河北、山西），朝鲜半岛，俄罗斯。

用作观赏树种，常栽植于庭院。

271 唢呐草

Mitella nuda L.

多年生草本，高 12-20cm。根状茎细长，匍匐。基生叶 2-4，肾状心形或卵状心形，径 1.5-3cm，边缘具圆齿，先端突尖，两面被伏毛；叶有柄，被短硬毛和腺毛。总状花序，疏生数花，被短腺毛；花梗短；花萼 5 深裂，裂片卵形；花瓣 5，羽状细裂，裂片丝状；雄蕊 10，较花萼短。蒴果顶部 2 瓣裂，被腺毛。种子长卵形，黑色，有光泽。花期 6 月，果期 7-8 月。

生于针叶林或针阔混交林下苔藓层厚的地方。

产地：黑龙江省伊春、海林、尚志、呼玛、黑河，吉林省长白、抚松、安图、汪清、靖宇，内蒙古额尔古纳、根河、牙克石、科尔沁右翼前旗、阿尔山。

分布：中国（黑龙江、吉林、内蒙古），朝鲜半岛，俄罗斯；北美洲。

272 岩槭叶草

Mukdenia acanthifolia Nakai

多年生草本，高 15-32cm。根状茎粗大。基生叶 1-5，卵圆形、卵形或近圆形，长 7-16cm，径 6-18cm，不分裂或 3 浅裂，先端尖，基部心形或近截形，边缘具重锯齿，齿端具腺点，两面无毛，有时背面带紫色；基生叶叶柄长。复聚伞花序，花多数，密被短腺毛；花萼裂片 6，披针形；花瓣 6，披针形，比萼裂片短；雄蕊 6；花药近球形，暗紫色；心皮 2。蒴果 2 瓣裂。种子多数。花期 5-6 月，果期 6-7 月。

生于岩石缝。

产地：辽宁省庄河、本溪。

分布：中国（辽宁），朝鲜半岛。

273 槭叶草

Mukdenia rossii (Oliv.) Koidz.

多年生草本，高 20-35cm。根状茎粗大，被暗褐色鳞片。基生叶 1-4，掌状近圆形，长 4-7（-17）cm，宽 5-8（-20）cm，掌状 5-7（-9）中裂至深裂，裂片卵形或卵状披针形，先端尖，基部心形，边缘具锯齿；基生叶叶柄长。复聚伞花序顶生，密被短腺毛和疏被柔毛；小花梗长 2-10mm；花萼裂片 5-6，白色，狭卵形，先端钝；花瓣 5-6，白色，披针形；雄蕊 5-6，花药近球形，暗紫色。蓇果果瓣先端外弯。种子多数。花期 5 月，果期 6-7 月。

生于沟谷岩石上、山坡石砬子上。

产地：吉林省临江、集安，辽宁省凤城、宽甸、本溪、丹东、东港、桓仁、葫芦岛。

分布：中国（吉林、辽宁），朝鲜半岛。

274 梅花草

Parnassia palustris L.

多年生草本，高 10-50cm。基生叶丛生，卵圆形或心形，长 1-3cm，宽 1.5-3.5cm，基部心形，全缘；茎生叶 1，生于茎中部，无柄，抱茎，形状与基生叶相似；基生叶有柄。花单生于茎顶；花萼裂片 5，长圆形或披针形；花瓣 5，卵圆形，先端钝圆，全缘，有脉纹；雄蕊 5，退化雄蕊 5，丝状分裂，裂片先端有头状腺体；子房上位，心皮 4，合生，花柱短，柱头 4 裂。蒴果卵圆形。种子多数。花期 7-9 月，果期 8-10 月。

生于湿草甸、湖边湿草地、林下阴湿处及水沟边。

产地：黑龙江省宁安、海林、密山、萝北、虎林、饶河、孙吴、呼玛、嘉荫、伊春，吉林省蛟河、安图、抚松、长白、和龙、敦化、乾安，辽宁省新民、彰武、凌源、新宾、抚顺、本溪、凤城、桓仁、庄河、清原，内蒙古额尔古纳、根河、鄂伦春旗、海拉尔、新巴尔虎左旗、鄂温克旗、牙克石、科尔沁右翼前旗、科尔沁右翼中旗、阿尔山、通辽、科尔沁左翼后旗、阿鲁科尔沁旗、巴林左旗、巴林右旗、克什克腾旗、敖汉旗、翁牛特旗、宁城。

分布：中国（黑龙江、吉林、辽宁、内蒙古、河北、山西、陕西、甘肃），朝鲜半岛，日本，蒙古，俄罗斯，土耳其；中亚，欧洲，北美洲。

全草入药，可治痢疾等症。

275 京山梅花

Philadelphus pekinensis Rupr.

落叶灌木，高约2m。枝对生，小枝红褐色。叶对生，叶片卵形或卵状披针形，长3-7cm，宽1.5-4cm，先端渐尖，基部圆形或广楔形，边缘疏生乳头状小锯齿，两面无毛或背面沿脉疏被毛，有时脉腋处有长毛；叶有短柄。总状花序，有花5-7（-9）朵；花梗无毛；花萼筒钟状，裂片4，卵状三角形；花瓣4，白色，倒卵形或卵圆形；雄蕊多数；子房下位，4室，花柱上部（3-）4丝裂，柱头近头状。蒴果钟形或球状倒圆锥形。种子多数。花期5月，果期8-9月。

生于山坡阔叶林中，海拔700m以下。

产地：辽宁省北镇、义县、葫芦岛、朝阳、建昌、凌源、绥中、兴城、大连，内蒙古宁城、翁牛特旗。

分布：中国（辽宁、内蒙古、河北、山西、陕西、河南、湖北），朝鲜半岛。

276 东北山梅花

Philadelphus schrenkii Rupr.

落叶灌木，高约2m。树皮灰色，剥裂。枝对生，小枝褐色。叶卵形、广卵形或椭圆状卵形，先端渐尖，基部广楔形或近圆形，边缘疏生乳头状锯齿，有毛，表面绿色，无毛，背面淡绿色，沿脉疏被毛，脉腋处有柔毛。总状花序有花5-7朵，花序轴及花梗密被短柔毛；花萼钟状，疏被柔毛，裂片4，三角状卵形；花瓣4，白色，倒卵状圆形；雄蕊多数；花柱下部被毛，上部4裂，柱头钝圆；花盘无毛。蒴果球状倒圆锥形。花期6月，果期8-9月。

生于山坡阔叶林中，海拔500-900m。

产地：黑龙江省伊春、尚志、哈尔滨、密山、集贤、嫩江、五大连池、黑河、虎林、鸡西、富锦、绥芬河、饶河，吉林省通化、安图、临江、和龙、吉林、蛟河、汪清、抚松、珲春、桦甸、磐石，辽宁省西丰、清原、鞍山、瓦房店、本溪、凤城、宽甸、桓仁、丹东。

分布：中国（黑龙江、吉林、辽宁），朝鲜半岛，俄罗斯。

277 堇叶山梅花 薄叶山梅花

Philadelphus tenuifolius Rupr. et Maxim.

落叶灌木，高约2m。树皮栗褐色或带灰褐色，剥裂。小枝近无毛或无毛；花枝疏生长柔毛。叶卵形或卵状披针形，长4-10cm，宽2-5cm，先端渐尖，基部圆形或广楔形，边缘疏生乳头状小锯齿，表面无毛，背面沿脉被疏毛，脉腋处有柔毛；叶柄短。总状花序，具花（3-）5-7朵；花梗被短柔毛；花萼钟状，无毛或被疏毛，裂片4，卵状三角形；花瓣4，白色，倒卵圆形；雄蕊多数；子房下位，4室，花柱无毛，中部以上离生。蒴果倒圆锥形。种子多数。花期6月，果期7-9月。

生于阔叶林及针阔混交林中。

产地：黑龙江省哈尔滨、宁安、集贤、尚志、伊春、虎林、勃利、饶河，吉林省蛟河、珲春、通化、临江、抚松、安图、长白、汪清，辽宁省西丰、清原、新宾、鞍山、本溪、宽甸、沈阳，内蒙古喀喇沁旗、敖汉旗、宁城。

分布：中国（黑龙江、吉林、辽宁、内蒙古），朝鲜半岛，俄罗斯。

用作观赏树种，常栽植于庭院。可入药，有止血、补肾利尿之功效，主治痔疮、肾虚及小便不利等症。

278 刺腺茶藨 密刺茶藨子 黑果茶藨

Ribes horridum Rupr. ex Maxim.

落叶小灌木，高 0.8-1.5m。枝松散，老枝深灰褐色或灰棕色，小枝棕色或黄棕色，稍条状剥裂，密被棕黄色针状细刺。叶广卵形或近圆形，长 2-4cm，基部心形，掌状（3-）5（-7）裂，裂片先端急尖，中裂片菱形，边缘具不整齐或缺刻状粗锯齿或重锯齿；叶柄长，被刺状刚毛，有时沿槽具疏柔毛。花两性，总状花序具花 4-10 朵，下垂，花序轴与花梗被柔毛和腺毛；苞片广披针形，边缘具腺毛；花萼绿褐色或紫褐色，萼片扇形或近圆形，先端钝圆；花瓣绿白色至黄绿色，扇形，宽大于长；雄蕊 5；子房梨形，被腺毛，花柱 2 裂。浆果球形，被腺毛，黑色，果肉味酸。花期 5-6 月，果期 7-8 月。

生于岳桦林及针叶林中、林缘，海拔 1500-2100m。

产地：吉林省安图。

分布：中国（吉林），朝鲜半岛，俄罗斯。

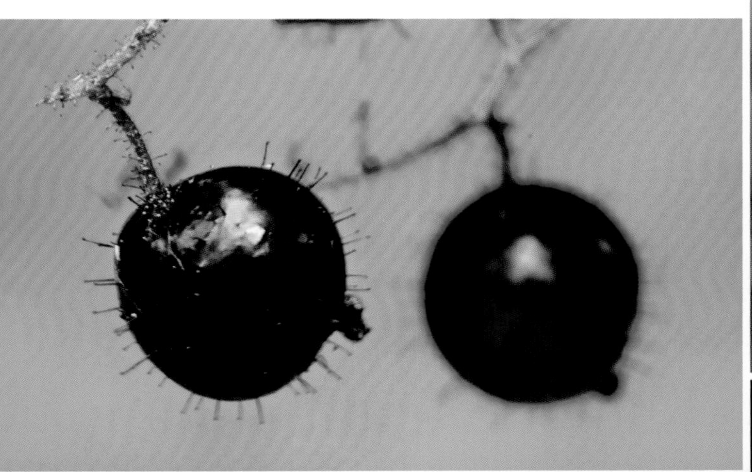

279 长白茶藨

Ribes komarovii Pojark.

落叶灌木，高 1.5-2m。枝灰色，小枝带灰褐色，无毛。叶近革质，近圆形，长 2-5.5cm，宽 2-5cm，基部截形或圆状楔形，掌状 3 裂，中裂片先端尖，侧裂片边缘有齿牙，表面绿色，无毛，背面沿脉疏被腺状刺毛；叶有短柄，被腺毛。花单性，雌雄异株；总状花序多花，花轴与花梗有腺毛，花梗基部有关节；雄花序较长，有花 10 朵，雄花子房不发育，萼片卵状长圆形，长 2-3mm，先端尖，花瓣小，雄蕊 5，花药较大；雌花序有花 5-11 朵，雌花小，萼片卵圆形，花瓣带绿色，椭圆状楔形，雄蕊小，几无花丝，子房无毛。浆果球形，红色。种子椭圆形，多数。花期 5-6 月，果期 8-9 月。

生于山坡阔叶林中、林缘，海拔 350-1200m。

产地：黑龙江省尚志、哈尔滨，吉林省集安、通化、临江、安图、和龙、蛟河、汪清，辽宁省清原、西丰、本溪、凤城、宽甸、桓仁、庄河。

分布：中国（黑龙江、吉林、辽宁），朝鲜半岛，俄罗斯。

用作观赏树种，常栽植于庭院。浆果可以酿酒及制果酱。

种内变化：楔叶长白茶藨（*Ribes komarovii* Pojark. var. *cuneifolium* Liou）叶卵状楔形，长 3-5cm，宽 2.5-4cm，基部广楔形。

280 东北茶藨

Ribes mandshuricum (Maxim.) Kom.

灌木，高 1-2m。枝粗壮，灰色，小枝褐色，有光泽，剥裂。叶掌状 3 裂或 5 裂，长 4-10cm，宽 5-13cm，基部心形，中裂片先端短尖，边缘有尖锯齿，表面绿色，背面色淡，密被白色绒毛；叶柄长，被毛。总状花序长，初直立，后下垂，花序轴与花梗密被绒毛；花两性，5 数；萼片倒卵形，反卷；花瓣小，绿色，楔形或近扇形；雄蕊与萼片近等长；花柱先端 2 裂；花盘边缘具 5 个腺状突起。浆果球形，红色。种子小，坚硬。花期 5-6 月，果期 7-10 月。

生于阔叶林及针阔混交林中，海拔 600-1400m。

产地：黑龙江省尚志、依兰、虎林、哈尔滨、密山、饶河、宁安、海林、黑河、伊春，吉林省集安、通化、抚松、靖宇、临江、柳河、辉南、长白、安图、汪清、蛟河、吉林，辽宁省西丰、清原、本溪、宽甸、桓仁、丹东、凌源、凤城、普兰店，内蒙古巴林右旗、阿鲁科尔沁旗。

分布：中国（黑龙江、吉林、辽宁、内蒙古、河北、陕西、甘肃），朝鲜半岛，俄罗斯。

果可食，制果酱或酿酒。种子可榨油。

281 矮茶藨

Ribes triste Pall.

落叶灌木，匍匐或斜升，长达1m。老枝灰色；幼枝褐色，长片状剥裂。叶肾形或圆状肾形，长3-6cm，宽4-7（-9）cm，基部浅心形或近截形，掌状3裂或5裂；裂片广三角形，边缘具尖齿牙，表面无毛，背面沿叶脉被柔毛；叶柄长，被白色柔毛或散生腺毛。总状花序，（3-）5-7花，直立，花序轴与花梗密被白色短柔毛并散生腺毛；苞片卵状圆形；花萼裂片5，紫红色或黄绿色，近圆形或倒卵状四边形；花瓣5，扇形或长圆状扇形；雄蕊5，花柱2裂。浆果卵球形，红色。花期5月下旬至6月，果期8月。

生于针叶林中苔藓层厚的地方，海拔700-1400m。

产地：黑龙江省呼玛、尚志、伊春，吉林省安图、抚松，内蒙古额尔古纳、牙克石、阿尔山、科尔沁右翼前旗。

分布：中国（黑龙江、吉林、内蒙古），朝鲜半岛，日本，俄罗斯；北美洲。

用作观赏树种，常栽植于庭院。浆果可食，供制果酱、果汁或酿酒。

282 刺虎耳草

Saxifraga bronchialis L.

多年生草本，高 10-20cm。根状茎细绳状，匍匐，上部残存许多去年枯叶；茎直立，疏被腺毛。莲座状叶肉质，多数密集，线状披针形，长 7-15mm，宽 1-2mm，先端突尖成白色刺尖，边缘具白色短刺毛；茎生叶小，疏生，肉质，披针形。聚伞花序有花 4-10 朵；苞片小；花萼裂片 5，卵状披针形；花瓣白色，具紫红色小斑点，长圆状披针形，先端钝圆，基部稍细；雄蕊 10；子房球形，花柱短。蒴果褐色，先端 2 裂。种子黑色，具疣状小突起。花期 6-7 月，果期 7-8 月。

生于山坡峭壁上、林下岩石缝。

产地：黑龙江省呼玛、黑河，内蒙古额尔古纳、根河、牙克石。

分布：中国（黑龙江、内蒙古），俄罗斯。

283 镜叶虎耳草

Saxifraga fortunei Hook. f. var. **koraiensis** Nakai

多年生草本，高 10-30cm。基生叶多数，肾形，长 2-10cm，宽 3-12cm，基部心形，边缘具圆齿状浅裂，裂片具小齿，表面绿色，疏被伏毛，鲜时有光泽，背面苍白色；叶有长柄，被腺毛。聚伞花序；花梗细长，被毛；苞片披针形；花萼裂片 5；花瓣 5，白色，上边 3 片较小，长圆形或长圆状披针形，下边 2 片较大，线状披针形；雄蕊 10，花药近球形，淡紫色，早落。蒴果卵形。种子纺锤形。花期 8-9 月，果期 9-10 月。

生于沟谷、溪流旁、岩石壁上及林下岩石上，海拔 1000m 以下。

产地：黑龙江省尚志，吉林省集安，辽宁省本溪、凤城、宽甸、桓仁、新宾、岫岩、丹东、庄河。

分布：中国（黑龙江、吉林、辽宁），朝鲜半岛。

284 斑点虎耳草

Saxifraga punctata L.

多年生草本，高 20-50cm。茎直立。基生叶肾形，长 2-4cm，宽 3-6cm，先端尖，基部心形，边缘有粗齿牙，表面疏被毛，背面无毛；叶柄长，近无毛。聚伞花序疏展，花序轴与花梗被短腺毛；苞片线形；花萼裂片 5，卵形，无毛或边缘具缘毛，花后反卷；花瓣 5，白色或淡紫红色，有橙色斑点或无，先端钝圆，基部具爪；雄蕊 10；花丝棒状，基部细。蒴果上部 2 瓣裂，基部合生。花期 7 月，果期 8 月。

生于红松林下、林缘、水沟边、溪流旁、高山冻原阴湿处及石砬子上，海拔 2300m 以下。

产地：黑龙江省伊春、尚志、呼玛、海林，吉林省抚松、安图、长白，内蒙古牙克石。

分布：中国（黑龙江、吉林、内蒙古、新疆），朝鲜半岛，蒙古，俄罗斯；中亚，北美洲。

285 龙牙草 仙鹤草

Agrimonia pilosa Ledeb.

多年生草本，高 30-60cm，全株被白色长毛及腺毛。茎直立，细弱。叶为间断的羽状复叶，叶轴短；小叶菱形或长圆状菱形，长 1.5-5.5cm，宽 1-2.5cm，先端尖或长渐尖，基部楔形，边缘有锯齿，表面绿色，疏被毛，背面色淡，毛较多；小叶无柄，托叶大，锥形或楔形。总状花序单一或 2-3 生于茎顶；花有短梗；苞片 2，基部合生，先端 3 齿裂；花萼基部合生，裂片 5，三角状披针形；花瓣 5，黄色，长圆形；雄蕊多数；柱头 2 裂。瘦果生于杯状或倒卵状圆锥形花托内，有棱，先端有直立的倒钩刺。花期 7-9 月，果期 8-10 月。

生于山坡草地、路旁、溪流旁、灌丛、草甸、林下、林缘及河边。

产地：黑龙江省呼玛、虎林、集贤、尚志、哈尔滨、伊春、萝北、汤原、黑河、宁安、密山、鸡西，吉林省安图、九台、临江、和龙、抚松、靖宇、长白、永吉、汪清、珲春，辽宁省铁岭、西丰、新宾、桓仁、凤城、庄河、普兰店、大连、瓦房店、沈阳、鞍山、宽甸、营口、抚顺、锦州、彰武、北镇、清原、建昌、葫芦岛、凌源、本溪、喀左、绥中、丹东、长海、法库，内蒙古鄂伦春旗、鄂温克旗、额尔古纳、根河、海拉尔、牙克石、科尔沁右翼前旗、阿鲁科尔沁旗、扎鲁特旗、通辽、巴林右旗、克什克腾旗、科尔沁左翼后旗、宁城、喀喇沁旗。

分布：中国（全国广布），朝鲜半岛，日本，蒙古，俄罗斯，越南；欧洲。

全草入药，有收敛、止血及消炎之功效，可治外伤、内脏出血等症，亦为妇科止血药。

286 假升麻 棣棠升麻

Aruncus sylvester Kostel.

多年生草本，高 1-2m。根状茎肥厚，近木质；茎粗壮，直立，基部近木质。叶 2-3 回三出羽状复叶；小叶质薄，广卵形、卵状披针形或披针形，长 5-10（-12）cm，宽 1.5-4（-5）cm，先端渐尖、长渐尖、尾状尖，基部楔形、歪楔形或近歪截形，边缘有不规则的重锯齿；小叶有柄或无柄。圆锥花序，花多数，单性，雌雄异株；雄花花萼 5 齿裂，花瓣 5，白色，长圆状倒卵形，雄蕊多数，显著超出花冠；雌花心皮 3，直立，长卵形，有退化雄蕊。蓇葖果下垂，褐色，稍有光泽。花期 5-7 月，果期 7-9 月。

生于沟谷、山坡杂木林下及林间草地。

产地：黑龙江省呼玛、黑河、尚志、宝清、宁安、萝北、虎林、密山、伊春，吉林省临江、安图、抚松、蛟河、珲春、靖宇、长白、辉南、柳河、通化、汪清，辽宁省凤城、本溪、丹东、岫岩、鞍山、西丰、桓仁、清原，内蒙古额尔古纳、根河、牙克石、克什克腾旗、鄂伦春旗、鄂温克旗、科尔沁右翼前旗、阿尔山。

分布：中国（黑龙江、吉林、辽宁、内蒙古、陕西、甘肃、浙江、安徽、河南、江西、湖南、广西、四川、云南、西藏），朝鲜半岛，俄罗斯。

287 东北沼委陵菜

Comarum palustre L.

多年生草本，高 30cm。根状茎长，横走，具多数纤维状须根；茎中空，斜生或半卧生，下部无毛，上部密被绒毛。奇数羽状复叶；小叶 5-7，无柄或近无柄，顶生小叶大，向下渐小，长圆形，长 2.5-6cm，宽 0.7-2.5cm，先端钝，基部楔形或歪楔形，边缘基部 1/4 以上有锐锯齿，表面绿色，无毛，背面灰白色，疏被稍有光泽的伏毛，沿脉毛较密；茎下部叶有长柄，上部叶柄短或近无柄，托叶下部与叶柄相连。聚伞花序腋生，每花序有花 2-3 朵；花梗密生腺毛；花萼紫红色，萼片 5，卵形，果期增大，副萼片线状披针形，比萼片小；花瓣紫色，卵状披针形，比萼片小；花托圆锥状，花后增大，海绵质。瘦果多数，近圆形或近肾形，无毛，花柱宿存。花期 7-8 月，果期 8-9 月。

生于沼泽地。

产地：黑龙江省黑河、虎林、萝北、伊春、呼玛，吉林省临江、敦化、安图，内蒙古鄂伦春旗、额尔古纳、根河、牙克石、鄂温克旗、新巴尔虎左旗、阿尔山。

分布：中国（黑龙江、吉林、内蒙古、河北），朝鲜半岛，日本，蒙古，俄罗斯；北美洲。

用于提取红色染料。可入药，有止血、止泻之功效。

288 全缘栒子

Cotoneaster integerrimus Medic.

落叶灌木，高达 2m。多分枝，小枝棕褐色或灰褐色，嫩时密被灰白色绒毛，后渐脱落。叶广椭圆形、广卵形或近圆形，长 2-5cm，宽 1.3-2.5cm，先端急尖或圆钝，基部圆，全缘，表面无毛或疏被柔毛，背面密被灰白色绒毛；叶有短柄，被绒毛；托叶披针形，被微毛。聚伞花序，有花 2-5（-7）朵，下垂；总花梗和花梗无毛或微被柔毛，花梗短；苞片披针形，疏被柔毛；萼筒钟状，萼裂片三角卵形，先端圆钝，无毛；花瓣直立，粉红色，近圆形；雄蕊 15-20；子房顶部具柔毛；花柱 2，离生。果实近球形，无毛，常具 2 小核。花期 5-6 月，果期 8-9 月。

生于多石质山坡、白桦林中。

产地：内蒙古额尔古纳、牙克石、阿尔山、科尔沁右翼前旗、海拉尔、鄂温克旗、新巴尔虎左旗、巴林右旗、克什克腾旗。

分布：中国（内蒙古、河北），朝鲜半岛，俄罗斯；欧洲。

289 黑果栒子

Cotoneaster melanocarpus Lodd.

落叶灌木，高 1-2m。枝褐色或紫褐色，幼时被短柔毛，后渐脱落。托叶披针形，少数宿存；叶卵状椭圆形至广卵形，长 2-4.5cm，宽 1-3cm，先端钝或微尖，基部圆形或广楔形，全缘，表面幼时被短柔毛，老时无毛，背面被白色绒毛；叶柄被绒毛。聚伞花序，有花 3-15 朵；总花梗和花梗被柔毛，下垂；苞片线形，被柔毛；萼筒钟状，萼裂片三角形，先端钝；花瓣直立，粉红色，近圆形；雄蕊 20；子房先端具柔毛，花柱 2-3 离生。果实近球形，蓝黑色，外面有蜡粉，内具 2-3 小核。花期 5-6 月，果期 8-9 月。

生于荒山、砂质山坡及山顶。

产地：内蒙古额尔古纳、根河、牙克石、科尔沁右翼前旗、克什克腾旗、阿鲁科尔沁旗、扎鲁特旗、海拉尔、满洲里、巴林右旗、翁牛特旗、敖汉旗。

分布：中国（内蒙古、河北、山西、甘肃、新疆），蒙古，日本，俄罗斯；中亚，欧洲。

290 光叶山楂

Crataegus dahurica Koehne ex Schneid.

落叶灌木或小乔木，高 2-6m。枝条开展，刺细长，小枝细弱，微曲，圆柱形，紫褐色，有光泽，多年生枝暗灰色。叶菱状卵形、椭圆状卵形至倒卵形，长 3-5cm，宽 2.5-4cm，先端渐尖，基部下延楔形至广楔形，边缘有细锐重锯齿，3-5 浅裂，裂片卵形，先端短渐尖或急尖，两面无毛，表面有光泽；叶柄有狭翼，无毛；托叶披针形或卵状披针形，先端渐尖，边缘有腺锯齿。复伞房花序，多花；总花梗和花梗均无毛；苞片膜质，线状披针形，边缘有齿；萼筒钟状，无毛，萼片线状披针形；花瓣白色，近圆形或倒卵形；雄蕊 20；花柱 2-4，柱头头状。果近球形或长圆形，橘红色或橘黄色，萼片宿存，反折；小核 2-4，两面有凹痕。花期 5 月，果期 8 月。

生于河边、林间草地及沙丘，海拔 500-1000m。

产地：黑龙江省呼玛、黑河、嘉荫、哈尔滨，吉林省抚松、磐石，内蒙古额尔古纳、根河、鄂温克旗、牙克石、海拉尔、阿尔山。

分布：中国（黑龙江、吉林、内蒙古），蒙古，俄罗斯。

可作观赏树种。果实可食。果实入药，有健脾消食、生津止渴之功效。叶及果入药，有扩张血管之功效，可治冻伤等症。

本种与辽宁山楂（*Crataegus sanguinea* Pall.）极为近似。两者的区别在于：辽宁山楂的果实颜色较深，小核 3，稀 5，叶片宽卵形或菱状卵形，两面散生短柔毛。

291 毛山楂

Crataegus maximowiczii Schneid.

落叶小乔木或灌木，高达7m。枝有刺或无刺，小枝粗壮，幼时密被灰白色柔毛，二年生枝紫褐色，多年生枝灰褐色。叶广卵形或菱状广卵形，长4-6cm，宽3-5cm，先端急尖，基部广楔形，边缘疏生重锯齿或具3-5对浅裂，表面疏被短柔毛或无毛，背面被白色长柔毛，沿脉较密；叶柄长，被疏柔毛；托叶半月形或卵状披针形，边缘有锯齿，早落。复伞房花序，多花；总花梗和花梗均被灰白色柔毛，花梗短；苞片膜质，线状披针形，边缘有腺齿，早落；萼筒钟状，被灰白色柔毛，萼裂片三角状卵形或三角状披针形，全缘，被灰白色柔毛；花瓣白色，近圆形；雄蕊20；花柱（2-）3-5，基部被柔毛，柱头头状。果实球形，红色，幼时被柔毛，后无毛，萼片宿存，反折；小核3-5，两侧有凹痕。花期5-6月，果期8-9月。

生于杂木林中、林缘、河边、沟边及路旁，海拔1000m以下。

产地：黑龙江省呼玛、黑河、萝北、密山、穆棱、宁安、富锦、哈尔滨、虎林，吉林省抚松、长白、临江、安图、珲春、汪清，内蒙古额尔古纳、巴林右旗、克什克腾旗、鄂温克旗、科尔沁右翼前旗。

分布：中国（黑龙江、吉林、内蒙古），朝鲜半岛，日本，俄罗斯。

木材可制家具。果实可食。

292 山里红 山楂

Crataegus pinnatifida Bunge

落叶乔木，高达 6m。树皮粗糙，暗灰色或褐灰色。刺长 1-2cm，稀无刺；一年生枝紫褐色，老枝灰褐色。叶广卵形或三角状卵形，长 5-10cm，宽 4-7.5cm，先端短渐尖，基部截形至广楔形，边缘通常 3-5 羽状深裂，裂片边缘有尖锐不规则重锯齿，表面暗绿色，有光泽，背面沿脉疏被短柔毛或脉腋簇生毛；叶柄长；托叶镰刀形，边缘有锯齿。伞房花序，花多数；总花梗和花梗均被柔毛，花梗短；苞片膜质，线状披针形，早落；萼筒钟状，密被灰白色柔毛，萼裂片三角状卵形至披针形；花瓣白色，倒卵形或近圆形；雄蕊多数，花药粉红色；花柱 3-5，柱头头状。梨果近球形，径 1-1.5cm，深红色，有浅色斑点，内具小核 3-5。花期 5-6 月，果期 9-10 月。

生于林下、林缘，海拔 1500m 以下。

产地：黑龙江省哈尔滨、黑河、依兰、密山，吉林省临江、吉林、九台、敦化、桦甸、珲春、和龙，辽宁省丹东、宽甸、凤城、东港、庄河、大连、盖州、鞍山、桓仁、本溪、清原、新宾、抚顺、沈阳、北镇、阜新、彰武、凌源、绥中、岫岩、营口、西丰、法库，内蒙古根河、海拉尔、扎赉特旗、科尔沁右翼前旗、科尔沁左翼后旗、扎鲁特旗、巴林左旗、敖汉旗、喀喇沁旗、额尔古纳、巴林右旗、克什克腾旗、宁城、阿鲁科尔沁旗。

分布：中国（黑龙江、吉林、辽宁、内蒙古、河北、山西、陕西、山东、江苏、河南），朝鲜半岛，日本，俄罗斯。

可作绿篱和观赏树种。幼苗可作嫁接之砧木。果实可食，亦可制作果酱、果糕。果入药，有健胃、消积化滞及舒气散瘀之功效。

种内变化：大果山楂（*Crataegus pinnatifida* Bunge var. *major* N. E. Br.）果大，茎达 3cm，叶较大，分裂较浅。

293 血红山楂 辽宁山楂

Crataegus sanguinea Pall.

落叶灌木，高达4m。刺短粗，锥形；小枝圆柱状，幼嫩时散生柔毛，早脱落，一年枝紫红色或紫褐色，多年生枝灰褐色，有光泽。叶广卵形或菱状卵形，长5-6cm，宽3.5-4.5cm，先端锐尖，基部楔形，边缘通常有3-5对浅裂片和重锯齿，裂片广卵形，先端锐尖，两面疏被短柔毛，表面毛较密，背面多沿脉有柔毛；叶柄长，近无毛；托叶镰刀形或不规则心形，边缘有粗锯齿。伞房花序，多花，密集；总花梗和花梗均无毛，或近无毛；苞片膜质，线形，早落；萼筒钟状，萼片三角状卵形，先端锐尖，全缘；花瓣白色，长圆形；雄蕊20；子房顶端被柔毛，花柱3(-5)，柱头半球形。果近球形，鲜红色，萼片宿存，反折；小核8，稀5，两侧有凹痕。花期5-6月，果期7-8月。

生于河边、山坡灌丛及杂木林中。

产地：黑龙江省黑河、哈尔滨、呼玛，吉林省抚松，内蒙古额尔古纳、根河、鄂伦春旗、牙克石、海拉尔、科尔沁右翼前旗、克什克腾旗、阿鲁科尔沁旗、阿尔山、巴林右旗。

分布：中国（黑龙江、吉林、内蒙古、河北、新疆），蒙古，俄罗斯；中亚。

可作绿篱及观赏树种。果实可食。果实入药，有收敛、镇痛及止血之功效。

294 蛇莓 蛇泡草 龙吐珠

Duchesnea indica (Andr.) Focke

多年生草本，全株被长柔毛。茎匍匐，长 30-100cm，纤细，节处生不定根。三出复叶，小叶卵圆形或卵状菱形，长 1-2.5cm，宽 0.9-1.8cm，先端钝或微尖，基部广楔形或圆形，边缘有粗齿，基部全缘，两面绿色，散生伏毛，沿脉较多，稍有光泽；基生叶具长柄，茎生叶托叶小，叶具短柄；茎上部叶托叶 3-5 裂。花单生于叶腋；萼片 5，狭卵形，副萼片 5，倒卵形，先端 3-5 齿裂，比萼片大；花瓣 5，黄色；雄蕊多数；心皮多数；花柱侧生或近顶生；花托扁平，果期增大，海绵质，果熟时干燥，红色。瘦果小，近圆形，红色，无毛，稍有光泽。花期 6-7 月，果期 7-8 月。

生于山坡草地、河边。

产地：吉林省集安、辉南、靖宇，辽宁省凤城、桓仁、鞍山、庄河、宽甸。

分布：中国（吉林、辽宁、河北、山西、陕西、甘肃、山东、安徽、江苏、浙江、福建、河南、江西、湖北、湖南、广东、广西、贵州、云南），俄罗斯，印度，朝鲜半岛，日本，马来西亚；欧洲，北美洲，南美洲。

全草水浸液可防治农业害虫、杀蛆和孑孓等。全草入药，有散瘀消肿、收敛止血及清热解毒之功效。茎叶入药，可治痔疮、蛇咬伤、烫伤及烧伤等症。果实入药，可治支气管炎等症。

295 白鹃梅

Exochorda racemosa (Lindl.) Rehd.

落叶灌木，高达 3-5m。枝条细弱开展，小枝微有棱角，无毛，幼时红褐色，老时褐色。叶长椭圆形、椭圆形至长圆状倒卵形，长 3.5-6.5cm，宽 1.5-3.5cm，先端圆钝或急尖，基部楔形或广楔形，全缘；叶有短柄；无托叶。总状花序，有花 5-10 朵；花梗无毛；苞片披针形；萼筒浅钟状，萼裂片三角状广卵形；花瓣白色，倒卵形，先端钝，基部有短爪；雄蕊 15（-20），3（-4）枚束生；心皮 5；花柱分离。蒴果倒圆锥形，无毛，有 5 脊。花期 5 月，果期 6-8 月。

生于山坡阴处，海拔 250-500m。

产地：辽宁省南部有栽培。

分布：中国（辽宁、江苏、浙江、河南、江西）。

观赏树种，适于草坪、林缘、路边及假山岩石间配植，亦可作花篱栽植。其萌芽力强，耐修剪，是盆植的好树种。其老树古桩，又是制作树桩盆景的优良素材。根皮、枝入药，可治腰痛等症。

296 蚊子草

Filipendula palmata (Pall.) Maxim.

多年生草本，高达 140cm。根状茎粗壮，横走，须根多数；茎直立，粗壮，棕褐色。叶间断羽状分裂，基生叶及茎下部叶质厚，顶生小叶大，长 8-14cm，宽 12.5-15cm，基部心形，掌状深裂，裂片广披针形或长圆状披针形，先端渐尖或长渐尖，边缘具不整齐细锯齿，表面粗糙，绿色，背面密被灰白色绒毛，侧生小叶 1-2 对，掌状 3 裂；茎上部叶侧生小叶 1-2 对，掌状 3-5 裂或无；基生叶及茎下部叶有长柄，茎上部叶柄短；托叶大。圆锥花序大，花多数；花萼 5 齿裂；花瓣 5，白色，圆形或近圆形；雄蕊多数，超出花冠；心皮 6-8。瘦果镰刀形，边缘有缘毛，花萼及花柱宿存，花萼反卷。花期 6-7 月，果期 7-9 月。

生于山坡草地、河边湿地、草甸、沟谷、林缘及林下，海拔 2000m 以下。

产地：黑龙江省黑河、饶河、虎林、密山、萝北、尚志、伊春、呼玛、宁安、海林，吉林省靖宇、长白、安图、珲春、汪清、抚松，辽宁省彰武、桓仁、西丰，内蒙古额尔古纳、根河、鄂伦春旗、鄂温克旗、牙克石、科尔沁右翼前旗、巴林右旗、克什克腾旗、喀喇沁旗、宁城、翁牛特旗、扎鲁特旗、科尔沁左翼后旗。

分布：中国（黑龙江、吉林、辽宁、内蒙古、河北、山西），朝鲜半岛，日本，蒙古，俄罗斯。

根、茎及叶含鞣质，可提制栲胶。可入药，用于妇科止血。

297 槭叶蚊子草

Filipendula purpurea Maxim.

多年生草本，高达80cm。根状茎横走，须根多数；茎直立。叶间断羽状分裂，基生叶及茎下部叶质薄，顶生小叶大，长10-15cm，基部心形，掌状5裂，裂片广卵形或长圆状卵形，先端渐尖或长渐尖，边缘具不整齐的细锯齿，表面绿色，背面色淡，无毛，侧生小叶3-4对，不分裂，广披针形或长圆状披针形，长3-4.5cm，宽1-2.5cm，先端尖，基部微心形或楔形，边缘有不整齐的锯齿；上部叶侧生小叶小或无；基生叶及茎下部叶有长柄；上部托叶小，干膜质。圆锥花序顶生或腋生，花多数；萼5齿裂，裂片三角形或三角状长圆形；花瓣5，淡红色，椭圆形；雄蕊多数；心皮5-6。瘦果镰刀形，边缘密生灰白色睫毛，花柱及花萼宿存。花果期6-8月。

生于林缘、林下及湿草地，海拔700-1500m。

产地：黑龙江省伊春、哈尔滨、尚志、宝清、宁安、密山，吉林省抚松、临江、长白、安图、汪清、珲春，辽宁省清原、凤城、桓仁、宽甸、本溪、西丰。

分布：中国（黑龙江、吉林、辽宁），日本，俄罗斯。

298 草莓 凤梨草莓

Fragaria × ananassa Duch.

多年生草本，高 10-20（-45）cm。基生叶为三出复叶，近革质，广倒卵形，长 4-15cm，宽 2.5-3.5cm，先端圆形，基部楔形，边缘具粗大齿牙，表面散生稍有光泽的毛，背面色淡，沿脉被长毛；基生叶大，具长柄，被开展的毛，小叶有柄。花莛初直立后匍匐，被开展长毛，不超出基生叶；聚伞花序顶生，有长梗；萼片卵形，先端渐尖，果期紧贴于果上，副萼片披针形，与萼片近等长；花瓣白色，近圆形或广倒卵形。聚合果红色或淡红色，先端尖；瘦果生于肉质花托上。花期 4-5 月，果期 6-7 月。

产地：辽宁省南部有栽培。

分布：中国广泛栽培，原产南美洲。

果实可食，也可制果酱及罐头。

299 东方草莓

Fragaria orientalis Losina-Loinsk.

多年生草本，高约20cm，全株密被长柔毛。根纤细，多数，具细长匍匐枝。三出复叶，叶小，质薄，卵圆形或卵状菱形，长1.5-4.5cm，宽1-2.5cm，先端钝，基部楔形或歪形；顶生小叶边缘中部以上具粗大齿牙，侧生小叶外侧1/4处以上有齿，内侧边缘中部以上有齿，表面绿色，疏被伏毛，背面灰白色，疏被毛，沿脉密被白绢毛；基生叶有长柄，小叶近无柄。花葶直立，聚伞花序顶生，花少数；花梗果期下垂；萼片5，长卵形，先端长尖，密被毛，副萼片5，线形；花瓣5，白色，近圆形；雄蕊多数；雌蕊多数。瘦果卵形，聚生于肉质花托上成为聚合果；聚合果较小，红色。花期5-6月，果期7-8月。

生于山坡草地、草原、林缘、林下、路旁及灌丛。

产地：黑龙江省呼玛、黑河、虎林、饶河、尚志、伊春、哈尔滨、嘉荫、穆棱、密山、嫩江、绥芬河，吉林省安图、汪清、珲春、抚松、临江、长白、靖宇、集安、和龙，辽宁省宽甸，内蒙古额尔古纳、根河、鄂伦春旗、牙克石、扎兰屯、科尔沁右翼前旗、扎鲁特旗、克什克腾旗、鄂温克旗、巴林右旗、阿尔山。

分布：中国（黑龙江、吉林、辽宁、内蒙古、河北、山西、陕西、甘肃、青海），朝鲜半岛，蒙古，俄罗斯。

果实可食，并可制酒及果酱。

300 水杨梅

Geum aleppicum Jacq.

多年生草本，高 50-100cm，全株被长刚毛及腺毛。茎直立，粗壮，上部分枝。羽状复叶，质薄，顶生小叶大，不分裂或 3-5 深裂，长 5-7cm，宽 4-6cm，先端圆形，基部广楔形或近截形，边缘具不规则深裂、浅裂或锐齿，表面绿色，初被伏毛，后渐脱落，背面色淡，初密被毛，后疏生；茎生叶小叶 3-5，长圆形或披针形，先端尖，边缘具不整齐的齿牙；基生叶有长柄，茎生叶叶柄短；托叶大，边缘有齿。伞房花序顶生；花梗长；萼片 5，披针形，副萼片 5，线形；花瓣 5，黄色，倒卵形或近圆形，先端圆或微凹；雄蕊多数；心皮多数，生于突起的花托上呈头状。瘦果长圆形，密被黄褐色毛，花柱于果期伸长，先端钩状，钩上有带褐色毛的附属物，宿存。花期 6-9 月，果期 7-9 月。

生于山坡草地、沟边、田边、河滩、林间草地及林缘。

产地：黑龙江省嘉荫、黑河、齐齐哈尔、哈尔滨、伊春、萝北，吉林省临江、通化、柳河、梅河口、辉南、集安、抚松、靖宇、长白、安图、和龙、汪清、珲春、桦甸，辽宁省本溪、沈阳、大连、普兰店、庄河、长海、鞍山、抚顺、丹东、凤城，内蒙古额尔古纳、牙克石、鄂伦春旗、鄂温克旗、科尔沁右翼前旗、扎赉特旗、克什克腾旗、巴林左旗、喀喇沁旗、宁城、科尔沁左翼后旗。

分布：中国（黑龙江、吉林、辽宁、内蒙古、山西、陕西、甘肃、新疆、山东、河南、湖北、四川、贵州、西藏），朝鲜半岛，日本，蒙古，俄罗斯；中亚，欧洲，北美洲。

全草含鞣质，可提制栲胶。种子含干性油，可用于制肥皂和油漆。嫩叶可食用。全草入药，有祛风、除湿、止痛、镇痉及利尿之功效。

301 山荆子 山定子

Malus baccata (L.) Borkh.

落叶乔木，高达10m。小枝细弱，微屈曲，红褐色至暗褐色。叶椭圆形、广椭圆形或卵形，长3-8cm，宽1.5-3.5(-6)cm，先端渐尖，基部楔形或圆形，稀尾状渐尖，边缘有微锐锯齿或微钝锯齿；叶柄长，幼时被柔毛，后脱落；托叶膜质，早落。伞房花序集生于短枝端，具花4-6朵；花梗细长；苞片膜质，线状披针形，边缘有腺齿，早落；萼筒无毛，萼裂片披针形，先端渐尖，全缘；花瓣白色，倒卵形；雄蕊15-20；花柱5或4，基部被长柔毛。果实近球形，径0.8-1cm，红色或黄红色，萼片脱落，果梗长。花期4-6月，果期9-10月。

生于山坡杂木林中、沟谷阴处灌木丛，海拔1500m以下。

产地：黑龙江省黑河、呼玛、萝北、嘉荫、孙吴、齐齐哈尔、宁安、尚志、伊春、哈尔滨、虎林，吉林省临江、柳河、抚松、长白、九台、吉林、安图、蛟河、珲春，辽宁省丹东、宽甸、凤城、桓仁、本溪、新宾、清原、抚顺、开原、西丰、铁岭、法库、沈阳、岫岩、东港、庄河、大连、普兰店、盖州、营口、鞍山、彰武、北镇、义县、建昌、凌源、兴城、建平、绥中，内蒙古额尔古纳、牙克石、扎兰屯、鄂伦春旗、陈巴尔虎旗、新巴尔虎左旗、鄂温克旗、海拉尔、科尔沁右翼前旗、阿尔山、扎鲁特旗、突泉、科尔沁左翼后旗、阿鲁科尔沁旗、巴林右旗、巴林左旗、克什克腾旗、敖汉旗、宁城、喀喇沁旗。

分布：中国（黑龙江、吉林、辽宁、内蒙古、河北、山西、陕西、甘肃、山东），朝鲜半岛，蒙古，俄罗斯。

可作行道树及观赏树种。果实营养成分高，适用于加工果脯、蜜饯及酿酒。树皮还可作染料。幼苗可作嫁接之砧木。

302 东北绣线梅

Neillia uekii Nakai

落叶灌木，高达 2m。树皮条状剥裂。小枝细弱，幼时微被短柔毛，黄褐色至红褐色，老时无毛，暗灰褐色。叶卵形至椭圆状卵形，长 3-7cm，宽 2-5cm，先端长渐尖至尾状尖，基部圆形至近截形，边缘浅羽状分裂；叶有柄，密被短柔毛；托叶膜质，卵状披针形。总状花序，具花 10-25 朵，被星状毛和短柔毛；花梗短；萼筒钟状，两面密被长腺毛及短柔毛，萼裂片三角形，先端渐尖，被短柔毛；花瓣白色，匙形；雄蕊 15；心皮 1-2；子房先端和腹缝被柔毛，花柱顶生，直立。蓇葖果宿存，有光泽，内有种子 1 粒，黄褐色。果期 8 月。

生于山坡草地。

产地：吉林省集安，辽宁省桓仁、宽甸。

分布：中国（吉林、辽宁），朝鲜半岛。

本种资源稀少，应注意保护。

303 鹅绒委陵菜 蕨麻

Potentilla anserina L.

多年生草本。根圆锥状，分歧或不分歧，较肥厚。茎匍匐，细长。羽状复叶，小叶长圆状倒卵形、长圆形或长圆状倒披针形，长 1-2.5（-4.5）cm，宽 0.5-1.5cm，先端圆形，基部楔形或狭楔形，边缘有细尖锯齿，表面绿色，幼时密被灰白色绢毛，后渐脱落，背面密被灰白色绢毛；茎生叶较小；基生叶叶柄长，基部有膜质耳状托叶，小叶无柄。花单生于叶腋，有长花梗；萼片 5，卵形，副萼片 5，先端 3-5 裂或全缘，萼片与副萼片背面均被灰白色稍有光泽绒毛；花瓣 5，黄色，椭圆形或卵圆形，先端圆形或微凹。瘦果椭圆形，微被毛，花柱侧生，脱落。花期 6-8 月，果期 8-9 月。

生于河边、路旁、山坡草地及草甸。

产地：黑龙江省黑河、富裕、尚志、双城、哈尔滨、嘉荫、呼玛，吉林省双辽、长白、集安、扶余、镇赉、白城，辽宁省彰武、黑山、凌源、长海、沈阳、建平、东港、丹东、绥中、北镇，内蒙古额尔古纳、扎兰屯、牙克石、新巴尔虎左旗、海拉尔、满洲里、莫力达瓦达斡尔旗、科尔沁右翼前旗、阿尔山、扎鲁特旗、克什克腾旗、宁城。

分布：中国（黑龙江、吉林、辽宁、内蒙古、河北、山西、陕西、甘肃、宁夏、青海、新疆、四川、云南、西藏），朝鲜半岛，日本，蒙古，俄罗斯，伊朗，叙利亚；中亚，欧洲，大洋洲，北美洲，南美洲。

为蜜源植物。全草含鞣质，可提制栲胶及黄色染料。幼嫩茎叶可食并为家禽饲料。全草入药，可治肿瘤、坏血病、结石、疝痛、子宫下垂、白带及痛经等症。

304 蛇莓委陵菜

Potentilla centigrana Maxim.

多年生草本。根纤维状。茎细弱，半卧生或斜升，长30-50cm。三出复叶，小叶质薄，广倒卵形、卵形或近菱形，长1-2cm，宽0.8-1.5cm，先端圆形，基部楔形或歪楔形，边缘有齿；茎下部叶柄长；托叶大，长卵形或卵形，全缘或有疏锯齿。花单生于叶腋；萼片5，长圆状卵形，先端微尖，副萼片5，披针形，先端渐尖，萼片与副萼片背面均疏被伏毛；花瓣5，黄色，倒卵形；雄蕊多数。瘦果倒卵形，具脉。花果期4-8月。

生于荒地、河边、林缘及林下阴湿处，海拔2300m以下。

产地：黑龙江省尚志、哈尔滨，吉林省长春、临江、蛟河、靖宇、抚松、安图、汪清，辽宁省清原、本溪、桓仁、宽甸、丹东、西丰、开原、新宾、沈阳、铁岭。

分布：中国（黑龙江、吉林、辽宁、陕西、甘肃、四川、云南），朝鲜半岛，日本，俄罗斯。

305 委陵菜

Potentilla chinensis Ser.

多年生草本，高30-60cm。根粗壮，圆锥形，近木质。茎直立，基部分枝或上部分枝，密被灰白色绵毛。基生叶为羽状复叶，小叶8-11对，狭长圆形，顶生小叶大，侧生小叶向下渐小，羽状深裂，裂片披针状三角形或近三角形，先端尖，边缘反卷，表面绿色，被短柔毛，背面密生白色毡毛；基生叶有长柄，茎生叶叶柄短，上近无柄；托叶披针形，基部与叶柄相连呈鞘状半抱茎，叶柄及托叶均密被长绵毛。聚伞花序顶生，花多数，开展；花梗长，花后伸长，密被长绵毛；萼片广卵形，先端尖，副萼片披针形至线形，花萼背面被白色绵毛；花瓣黄色，倒卵形或倒心形，先端圆形或微缺。瘦果卵圆形，微皱。花果期4-10月。

生于山坡草地、沟谷、林缘、灌丛及疏林下。

产地：黑龙江省哈尔滨、肇东、肇源、宁安、大庆、杜尔伯特、虎林、克山、集贤、依兰、密山、鸡西、绥芬河，吉林省临江、抚松、吉林、九台、蛟河、安图、汪清、珲春、和龙、镇赉、通榆，辽宁省沈阳、鞍山、锦州、大连、凤城、彰武、北镇、清原、建平、建昌、葫芦岛、凌源、丹东、铁岭、桓仁、新宾、庄河、西丰、营口、瓦房店、长海、法库、岫岩，内蒙古科尔沁右翼前旗、扎鲁特旗、翁牛特旗、宁城、鄂伦春旗、鄂温克旗、额尔古纳、巴林右旗、科尔沁左翼后旗、扎兰屯、扎赉特旗、阿鲁科尔沁旗、阿荣旗。

分布：中国（黑龙江、吉林、辽宁、内蒙古、河北、山西、陕西、甘肃、山东、江苏、安徽、河南、江西、湖北、湖南、广东、广西、四川、贵州、云南、西藏、台湾），朝鲜半岛，日本，俄罗斯。

根含鞣质，可提制栲胶。嫩苗可食并可作猪饲料。全草入药，有清热解毒、止血及止痢之功效。

306 大头委陵菜 白毛委陵菜 大萼委陵菜

Potentilla conferta Bunge

多年生草本，高 10-30cm。根粗壮。茎斜升或近匍匐，基部分枝，疏被稍开展白色长柔毛。奇数羽状复叶，小叶长圆状披针形或长圆形，长 2-5cm，宽 1-1.5cm，先端钝，边缘深裂，裂片长圆形或长圆状披针形，先端钝或微尖，表面暗绿色，被短柔毛，背面密被灰白色长绢毛，后渐脱落；基生叶有柄，初密被灰白色长绢毛，后渐疏生而开展；托叶膜质。聚伞花序较密集；花萼大，萼片广卵形或长圆状卵形，副萼片披针形；花瓣黄色，倒卵形，先端微凹。瘦果卵形或半圆形，有微皱，花柱侧生，脱落。花期 7-8 月，果期 8 月。

生于山坡草地、草原。

产地：黑龙江省大庆、尚志、哈尔滨、五大连池，内蒙古根河、额尔古纳、牙克石、扎兰屯、新巴尔虎右旗、新巴尔虎左旗、鄂伦春旗、鄂温克旗、科尔沁右翼前旗、科尔沁右翼中旗、海拉尔、巴林右旗、克什克腾旗、宁城。

分布：中国（黑龙江、内蒙古、河北、山西、甘肃、新疆、四川、云南、西藏），蒙古，俄罗斯；中亚。

根入药，有清热、凉血及止血之功效。

307 狼牙委陵菜 狼牙

Potentilla cryptotaeniae Maxim.

多年生草本，高50-100cm。根状茎较粗壮，须根多数；茎直立，单一，稍扭曲，上部分枝。三出复叶，小叶卵状披针形、长圆状披针形、卵形或椭圆状卵形，长（2.5-）4.5-9cm，宽1-2.5cm，先端渐尖或长渐尖，基部楔形，边缘有锐尖细锯齿；叶有柄，基部半抱茎；托叶披针形或卵状披针形，与叶柄基部联合成翼状。聚伞花序顶生；萼片披针形或长圆状披针形，先端渐尖，副萼片披针形；花瓣黄色，倒卵形，先端微缺。瘦果卵圆形，花柱侧生。花果期7-9月。

生于河谷、草甸、草原及林缘，海拔2200m以下。

产地：黑龙江省伊春、哈尔滨、宝清、萝北、宁安、牡丹江、汤原，吉林省珲春、和龙、汪清、安图、通化、蛟河、抚松、靖宇、九台、集安、长白、梅河口、柳河、辉南、敦化、临江，辽宁省本溪、新宾、桓仁、沈阳、鞍山、岫岩、凤城、宽甸。

分布：中国（黑龙江、吉林、辽宁、陕西、甘肃、湖北、四川），朝鲜半岛，日本，俄罗斯。

为蜜源植物。全草含鞣质，可提制栲胶。

308 翻白委陵菜

Potentilla discolor Bunge

多年生草本，高 10-30（-40）cm。根粗壮，纺锤形或棒槌状。茎匍匐生、斜升或直立，带红色。基生叶奇数羽状复叶，小叶 7-9，长圆状椭圆形至披针形，长 2-4（-7）cm，宽 0.5-1.5（-2）cm，先端微尖或钝，基部楔形、广楔形或歪楔形，边缘有粗锯齿，表面绿色，疏被灰白色绒毛，背面密被灰白色绒毛；茎生叶三出，小叶狭披针形，长 2-4cm，宽 5-8mm，有的小叶不发达，长约 1cm，宽 2-3mm；基生叶有长柄，小叶近无柄，茎下部叶有柄，上部叶无柄或近无柄；托叶大，有缺刻状锯齿。聚伞花序；花顶生，密集；花梗短，花后伸长；萼片卵形，副萼片线性，背面密被灰白色柔毛；花瓣黄色，倒卵形或广倒卵形。瘦果近肾形。花期 5-6 月，果期 6-9 月。

生于草甸、向阳山坡草地、田间、路旁及草原。

产地：黑龙江省哈尔滨、杜尔伯特、大庆、安达，吉林省安图、梅河口、靖宇、通化，辽宁省凤城、长海、庄河、绥中、凌源、沈阳、鞍山、大连、瓦房店、丹东、建昌、朝阳、义县、兴城，内蒙古鄂伦春旗、扎兰屯、扎赉特旗、科尔沁右翼前旗、科尔沁左翼后旗。

分布：中国（黑龙江、吉林、辽宁、内蒙古、河北、山西、陕西、山东、江苏、浙江、安徽、福建、河南、江西、湖北、湖南、广东、四川、台湾），朝鲜半岛，日本，俄罗斯。

嫩苗可食。全草入药，以根为最佳，有清热、解毒、消肿及止血之功效，主治痈疮、疔肿、吐血、便血、妇女血崩、疟疾、阿米巴痢疾及小儿疳积等症。

309 蔓委陵菜

Potentilla flagellaris Willd. ex Schlecht.

多年生草本。根纤细，多分枝，暗褐色。茎匍匐，绿色，有时为紫红色或暗红色，被伏毛。掌状复叶，小叶3-5，披针形或长圆状披针形，长2-3cm，宽1-1.2cm，先端尖，基部狭楔形，边缘有缺刻状锯齿，背面疏被伏毛，稍有光泽，沿脉较多；基生叶有柄，密被伏毛，后渐脱落；托叶小，先端尖，有时3-5深裂，裂片细。花单生于叶腋，具长梗；萼片5，三角状钻形，副萼片5，披针形，萼片与副萼片背面疏被伏毛；花瓣5，黄色，倒卵形；雄蕊多数。瘦果长圆状卵形。花期6-7月，果期7-8月。

生于草甸、林下、林缘及路旁。

产地：黑龙江省佳木斯、哈尔滨、大庆、双城、安达、伊春，吉林省扶余、磐石、通榆，辽宁省大连、长海、凤城、昌图、北镇、凌源、建平、沈阳、建昌、丹东、兴城，内蒙古额尔古纳、鄂伦春旗、牙克石、陈巴尔虎旗、扎兰屯、科尔沁右翼前旗、科尔沁右翼中旗、突泉、乌兰浩特、科尔沁左翼后旗、扎鲁特旗、翁牛特旗、鄂温克旗、阿尔山、巴林右旗、扎赉特旗。

分布：中国（黑龙江、吉林、辽宁、内蒙古、河北、山西、甘肃、山东），朝鲜半岛，蒙古，俄罗斯。

嫩苗可作饲料，也可食。

310 莓叶委陵菜

Potentilla fragarioides L.

多年生草本，高 10-35cm，全株被开展长柔毛。根多数，狭纺锤形，稍开展，须根纤细，多数。根状茎粗壮，伏生长刚毛；茎半卧生、斜升或直立，细弱，基部被开展刚毛。羽状复叶，顶生3小叶大，倒卵状菱楔形、菱形或长圆形，长(1.5-)2.5-4（-9）cm，宽（1-）2-3（-4）cm，先端微尖或圆形，基部楔形或歪楔形，边缘有齿，两面被稍有光泽伏毛，侧生小叶向下渐小；茎生叶有小叶 3-5，较小；基生叶有长柄；托叶膜质，下部与叶柄相连，上部三角形。聚伞花序顶生；花梗微弱；萼片披针形，副萼片狭披针形或线状披针形；花瓣黄色，倒卵形。瘦果近肾形，灰白色。花期 4-6 月，果期 6-8 月。

生于田边、沟边、草地、灌丛及疏林下，海拔2400m以下。

产地：黑龙江省哈尔滨、尚志、虎林、伊春、黑河、呼玛、嘉荫、密山，吉林省临江、抚松、安图、通化、桦甸、柳河、敦化、蛟河，辽宁省凌源、绥中、本溪、凤城、瓦房店、盖州、沈阳、西丰、桓仁、北镇、义县、开原、朝阳、鞍山、丹东、大连、庄河、彰武、东港、建昌，内蒙古额尔古纳、鄂伦春旗、阿荣旗、牙克石、扎兰屯、科尔沁右翼前旗、扎赉特旗、科尔沁左翼后旗、阿尔山、根河、巴林右旗。

分布：中国（黑龙江、吉林、辽宁、内蒙古、河北、山西、陕西、甘肃、山东、江苏、浙江、安徽、福建、河南、湖北、湖南、广西、四川、云南），朝鲜半岛，蒙古，俄罗斯。

带根状茎的根入药，有补阴虚、止血之功效，可治疝气、月经过多、功能性子宫出血及产后出血等症。

311 三叶委陵菜

Potentilla freyniana Bornm.

多年生草本，高10-15(-20)cm。根状茎粗壮，横生或斜生，念珠状；茎直立，细弱，无匍匐枝。三出复叶，基生叶长圆形、椭圆形或卵状长圆形，长2.5-5（-8.5）cm，宽1.2-3（-5）cm，先端圆形或钝，基部楔形，边缘具微尖锯齿，近基部全缘，基生叶有长柄，幼被绒毛，后疏生，小叶近无柄；托叶膜质，披针形或线状披针形，先端长渐尖；茎生叶柄短，茎上部叶近无柄，基部半抱茎，托叶有齿，基部与叶柄合生，小叶与基生叶小叶相似，唯较小。聚伞花序顶生；花梗细弱；萼片披针状长圆形或长圆形，副萼片线状披针形或披针形，萼片与副萼片背面均被伏毛；花瓣黄色，广倒卵形或倒卵形，先端圆形、截形或微凹。瘦果卵圆形，先端微尖，表面有疣状突起。花期4-5月，果期5-6月。

生于山坡草地、溪流旁及疏林下阴湿处，海拔2100m以下。

产地：黑龙江省伊春、尚志、嘉荫，吉林省磐石、安图、蛟河、临江，辽宁省凤城、丹东、宽甸、本溪、鞍山、开原、沈阳，内蒙古科尔沁左翼后旗。

分布：中国（黑龙江、吉林、辽宁、内蒙古、河北、山西、陕西、甘肃、山东、浙江、福建、江西、湖北、湖南、四川、贵州、云南），朝鲜半岛，日本，俄罗斯。

根及全草入药，有清热解毒、止痛止血之功效，对金黄色葡萄球菌有抑制作用。

312 金露梅 金老梅 金腊梅

Potentilla fruticosa L.

落叶小灌木，高可达1.5m。树皮灰色或褐色，片状纵剥落，多分枝。小枝红褐色或褐色。奇数羽状复叶，小叶5，稀3或7，长圆形，长（0.6-）1-2.5cm，宽3-7mm，先端锐尖，基部楔形，全缘；叶柄短，被柔毛；托叶膜质，卵形或卵状披针形。花单生于叶腋或数朵成伞房花序顶生；花梗被长柔毛；花托被疏长柔毛或丝状长柔毛；萼片三角状卵圆形或卵形，淡褐黄色，被柔毛，副萼片披针形、线状倒披针形或线形；花瓣黄色，圆形。瘦果卵圆形，棕色，密被长柔毛。花期6-8月，果熟期8-9月。

生于山坡草地、多石质山坡、灌丛及林缘。

产地：黑龙江省呼玛，吉林省抚松、长白、安图、和龙，内蒙古额尔古纳、根河、鄂伦春旗、牙克石、扎赉特旗、巴林右旗、新巴尔虎左旗、科尔沁右翼前旗、阿鲁科尔沁旗、克什克腾旗、翁牛特旗、赤峰、宁城。

分布：中国（黑龙江、吉林、内蒙古、河北、山西、陕西、甘肃、新疆、湖北、四川、云南、西藏），朝鲜半岛，日本，蒙古，俄罗斯；中亚，欧洲，北美洲。

313 银露梅 银老梅

Potentilla glabra Lodd.

落叶小灌木，高不超过 50cm。树皮灰褐色，纵条裂，多分枝，枝斜生，嫩枝被疏长柔毛。羽状复叶，小叶 5，长 0.4-1cm，宽 2-4mm，椭圆形、椭圆状阔卵形、椭圆状倒卵形或倒披针形，先端钝尖，基部楔形至广楔形，全缘，反卷；叶有柄；托叶膜质，淡黄褐色，披针形，被长柔毛。花单生于叶腋，稀数朵成伞房状花序；花白色；花梗密被淡褐色长柔毛；萼筒钟状，密被柔毛，萼片长卵形或卵状椭圆形，先端尖，副萼片菱形、倒披针形、线形或卵形；花瓣白色，倒卵状圆形。瘦果有毛。花期 6-8 月，果期 8-9 月。

生于山顶多岩石处。

产地：黑龙江省呼玛，内蒙古额尔古纳、根河、扎赉特旗、科尔沁右翼前旗、阿尔山、牙克石、巴林左旗、巴林右旗、翁牛特旗、克什克腾旗、宁城。

分布：中国（黑龙江、内蒙古、河北、山西、陕西、甘肃、青海、安徽、湖北、四川），朝鲜半岛，蒙古，俄罗斯。

为观赏树种，用作盆景尤佳。花、叶入药，主治消化不良、中暑等症。

314 蛇含委陵菜 蛇含

Potentilla kleiniana Wight et Arn.

多年生草本，高 20-50cm。根状茎短，须根多数；茎斜升或匍匐，柔弱，稍扭曲，疏被短柔毛，有时节处生根。掌状复叶，小叶 4-5，倒卵形或长圆状倒卵形，长 1.5-2.5cm，宽 6-13mm，先端圆形，基部楔形或歪楔形，边缘有锯齿，有时仅上部有齿，下部全缘或上部齿大，下部齿细小；茎上部叶有小叶 3-5，通常 3；基生叶及茎下部叶柄长；托叶膜质，下部与叶柄联合，上部狭三角形。聚伞花序；花梗被白色柔毛；萼片 5，披针形，背面疏被伏毛，副萼 5，线状披针形；花瓣 5，黄色，倒卵形，先端圆形或微凹。瘦果近圆形，有皱纹，花柱侧生，脱落。花果期 4-9 月。

生于田边、水边、草甸及山坡草地。

产地：吉林省柳河、辉南、梅河口、通化，辽宁省北镇、瓦房店、本溪、沈阳、鞍山、岫岩、庄河。

分布：中国（吉林、辽宁、陕西、山东、安徽、江苏、浙江、河南、福建、湖北、湖南、江西、广东、广西、四川、贵州、云南、西藏），朝鲜半岛，日本，印度，马来西亚，印度尼西亚。

全草入药，有清热、解毒、止咳及化痰之功效，捣烂外敷可治疮毒、痈肿及蛇虫咬伤等症。

315 假雪委陵菜 白委陵菜

Potentilla nivea L. var. **camtschatica** Cham. et Schlecht.

多年生草本，高 8-40cm。根状茎较粗壮，横走，红褐色；茎基部分枝，分枝斜升或直立，簇生白色绒毛，后渐脱落。三出复叶，小叶长圆形或椭圆形，长 1-2.5cm，宽 0.8-1.3cm，先端圆形，基部楔形或歪楔形，边缘有锯齿，表面被伏柔毛，背面密被蛛丝状绒毛；茎生叶小；基生叶柄长，簇生绒毛，托叶膜质，狭披针形，附着于叶柄基部；茎生叶近无柄，托叶大，长圆形，先端尖。聚伞花序顶生，花有梗，簇生绒毛；萼片长圆形或长卵形，先端尖，副萼片线形，先端钝，萼片与副萼片背面均被绒毛及长毛；花瓣黄色倒心形；花柱基部肥厚，有瘤状突起。瘦果卵形，光滑无毛。花果期 6-8 月。

生于灌丛、山坡草地及沼泽地。

产地：吉林省安图，内蒙古科尔沁右翼前旗、额尔古纳。

分布：中国（吉林、内蒙古、河北），朝鲜半岛，日本，俄罗斯。

316 伏委陵菜 仰卧委陵菜

Potentilla paradoxa L.

一年生草本，高 15-45cm。根细长，较粗壮。茎多头，匍匐，斜升或近直立，上部分枝。羽状复叶，基生叶及茎下部叶有小叶 7-9，顶生小叶常与叶轴相连呈深裂状，顶生小叶倒卵形，侧生小叶长圆形或倒卵状长圆形，长 0.7-1.2cm，宽 0.5-0.8cm，先端钝，基部歪楔形，边缘有缺刻状齿牙，表面粗糙，无毛，背面被伏毛；茎上部小叶 3-5，较小；基生叶及茎下部叶有长柄，上部叶柄渐短；托叶膜质；小叶无柄。花单生于叶腋；花梗密被柔毛；萼片三角形，副萼片卵形；花瓣黄色，倒卵形，先端微缺或钝。瘦果长圆形，微皱，有圆锥状突起，先端尖，一侧具宽翼。花期 5-8 月，果期 6-9 月。

生于荒地、路旁、村边、河边及林缘湿草地。

产地：黑龙江省呼玛、杜尔伯特、萝北、虎林、伊春、鹤岗、哈尔滨、双城、密山、黑河、嫩江，吉林省双辽、安图、桦甸、吉林、临江、集安、梅河口、柳河、辉南、通化、扶余、白城、汪清、和龙，辽宁省沈阳、葫芦岛、凌源、彰武、大连、盖州、鞍山、北镇、绥中、丹东、西丰、新民、本溪、宽甸、大洼、桓仁，内蒙古海拉尔、新巴尔虎右旗、牙克石、扎兰屯、莫力达瓦达斡尔旗、科尔沁右翼前旗、阿尔山、扎鲁特旗、赤峰。

分布：中国（黑龙江、吉林、辽宁、内蒙古、河北、山西），朝鲜半岛，日本，俄罗斯；北美洲。

317 蒿叶委陵菜

Potentilla tanacetifolia Willd. ex Schlecht.

多年生草本，高 10-40cm。茎直立或斜升，近木质，带红色，下部被糙硬毛，上部被弯曲的柔毛，后渐脱落，上部稍分枝。羽状复叶，小叶 6-9 对，顶生小叶大，向下渐变小，通常长圆状披针形、披针形或线状披针形，长（0.5-）1-3cm，宽 4-10mm，先端钝，基部楔形，边缘具锐锯齿，表面绿色，背面淡绿色，两面疏被毛，背面沿脉密生长硬毛，托叶大，2-3 裂或不裂，披针形，小叶 3-5 对，较基生叶小；基生叶有柄，长 3-6cm，托叶线形，基部与叶柄联合成鞘状；茎下部叶有柄，上部叶有短柄或长柄。聚伞花序开展，花多数，径约 10mm；萼片小，背面疏被柔毛，多少被腺毛，萼片长圆状披针形，副萼片线状披针形，比萼片短；花瓣倒卵形。瘦果卵状圆形，微皱。花期 6-8 月，果期 8-9 月。

生于山坡、林缘、荒地、草甸、沙地，海拔 800m 以下。

产地：黑龙江省呼玛、黑河、萝北、哈尔滨、杜尔伯特、肇东、肇源、齐齐哈尔、安达，吉林省镇赉、通榆，辽宁省建平、凌源、建昌、彰武、喀左、新民，内蒙古海拉尔、满洲里、新巴尔虎左旗、牙克石、鄂伦春旗、鄂温克旗、阿尔山、科尔沁右翼前旗、科尔沁右翼中旗、扎赉特旗、科尔沁左翼后旗、翁牛特旗、克什克腾旗、宁城、赤峰、额尔古纳、巴林右旗、根河。

分布：中国（黑龙江、吉林、辽宁、内蒙古、河北、山西、陕西、甘肃、山东），朝鲜半岛，蒙古、俄罗斯（西伯利亚）。

318 粘委陵菜 腺毛委陵菜

Potentilla viscose J. Don

多年生草本，高 30-80cm。根较粗。根状茎粗壮，多头；茎直立或斜升，密被腺毛及稍开展长柔毛。羽状复叶，小叶长圆形、长圆状披针形或披针形，长（1.5-）3-5（-6.5）cm，宽 0.6-2cm，顶生小叶 3 深裂至全裂，且下延，先端钝，基部楔形，边缘具粗锐尖锯齿，近基部齿小，表面无毛，背面被伏柔毛，沿脉较多，茎上部叶柄短，托叶大，卵状披针形，小叶小；基生叶及茎下部叶有柄，被腺毛及长柔毛；托叶线形，下部与叶柄联合。聚伞花序紧密顶生；花少数；花梗直立，密被腺毛；花萼密被腺毛及短柔毛，萼片卵形，副萼片狭卵形或披针形；花瓣黄色，广倒卵形，先端近截形或微凹。瘦果近肾形或卵形，白色，花柱侧生，脱落。花果期 7-9 月。

生于山坡草地、灌丛、林缘及疏林下。

产地：黑龙江省密山、克山、宁安、东宁，吉林省珲春、汪清、安图、长白、和龙，辽宁省彰武，内蒙古额尔古纳、牙克石、满洲里、鄂伦春旗、海拉尔、扎赉特旗、阿尔山、科尔沁右翼前旗、科尔沁右翼中旗、科尔沁左翼后旗、克什克腾旗、扎鲁特旗、新巴尔虎左旗、巴林右旗、喀喇沁旗、阿鲁科尔沁旗。

分布：中国（黑龙江、吉林、辽宁、内蒙古、河北、山西、甘肃、青海、新疆、山东、四川、西藏），朝鲜半岛，蒙古，俄罗斯。

319 东北扁核木 辽宁扁核木 扁胡子

Prinsepia sinensis (Oliv.) Oliv. ex Bean

落叶灌木，高 1-3m。树皮片状剥裂，多分枝。枝灰褐色，具片髓，小枝灰色或灰褐色，无毛；枝刺生于叶腋，微弯，无毛，青灰色。叶长圆状披针形或长圆状卵形，长 4-8cm，宽 1-3cm，先端渐尖，基部楔形、广楔形至近圆形，全缘；叶有柄，近无毛；托叶小，早落。花 1-4 朵，簇生于叶腋；花梗长；萼筒浅杯状，萼裂片三角状卵形，花后反折；花瓣黄色，倒卵状圆形；雄蕊 10；子房无毛，花柱侧生于近子房基部。果扁球形，两侧扁平，艳红色、暗红色；果肉微肥厚多汁；果核坚硬，扁圆形，表面有深纹。花期 3-4 月，果期 8 月。

生于山阴坡杂木林中、河边。

产地：黑龙江省尚志、哈尔滨，吉林省长白、靖宇、临江、辉南、通化、安图，辽宁省宽甸、凤城、桓仁、本溪、清原、盖州，内蒙古宁城。

分布：中国（黑龙江、吉林、辽宁、内蒙古）。

320 山毛桃 山桃 野桃

Prunus davidiana (Carr.) Franch.

落叶乔木，高达 10m。树皮光滑，暗紫红色。小枝纤细，紫红色或灰紫色，无毛。托叶早落；叶狭卵状披针形，长 6-12cm，宽 1.5-4cm，先端长渐尖，基部广楔形，边缘有细锐锯齿；叶柄长；托叶早落。花单生，先叶开放；花梗极短；萼筒钟状，带紫红色，萼裂片卵形或长圆状卵形；花瓣淡粉红色或白色，倒卵形；雄蕊约 30；子房密被柔毛，花柱线状。果实球形，先端钝圆或微尖，基部微凹陷，腹缝稍明显，密被短柔毛，淡黄色，果肉薄，干燥，与果核分离；果核近球形，有沟纹。花期 4 月至 5 月上旬，果期 8 月。

生于向阳山坡。

产地：辽宁省凌源。

分布：中国（辽宁、河北、山西、陕西、甘肃、山东、河南、四川、云南）。

可作观赏树种。

321 东北杏 辽杏

Prunus mandshurica (Maxim.) Koehne

落叶乔木，高达 15m。树皮木栓发达，暗灰色，深裂。小枝紫褐色，无毛。叶广椭圆形至卵圆形，长 5-12cm，宽 3-7cm，先端渐尖，基部圆形、楔形或心形，边缘具不规则重锯齿。叶柄长；托叶小，丝裂早落。花单生，先叶开放；花梗无毛；萼筒圆筒状，暗褐色，萼裂片椭圆状卵形，先端微钝，花后反折；花瓣倒粉红色，卵圆形至近圆形，先端圆钝；雄蕊 35-45；子房被柔毛，花柱近中部以下具柔毛。果实近球形，黄色，先端微尖，基部微下陷，腹缝稍明显，被短柔毛；果肉微肥厚多汁；果核近球形或卵球形，两侧扁，先端尖，腹棱稍钝，表面微粗糙。花期 4 月，果期 5-7 月。

生于向阳山坡灌丛及杂木林中，海拔 400-1000m。

产地：黑龙江省宁安，吉林省抚松、桦甸，辽宁省鞍山、营口、丹东、凤城、桓仁、宽甸、本溪、清原、庄河、盖州、瓦房店。

分布：中国（黑龙江、吉林、辽宁），朝鲜半岛，俄罗斯。

可作观赏树种。可作嫁接之砧木。木材坚实，纹理美观，可制作各种家具。果实可食。种仁入药，亦可加工成食品。

322 黑樱桃 深山樱

Prunus maximowiczii Rupr.

落叶乔木或小乔木，高达 7m。树皮暗灰色。枝开展或下垂，小枝暗灰色或灰褐色。叶倒卵形至椭圆形，长 3.5-9cm，宽 1.5-5cm，先端渐尖，基部楔形至圆形，边缘具重锯齿；叶柄长，密被淡褐色伏毛；托叶线状披针形，早落。总状花序，花 3-10 朵，花轴、花梗均密被短柔毛；苞片叶状，卵形或菱状卵形，果期宿存；萼筒钟状，被短柔毛，萼裂片三角状卵形；花瓣白色，倒卵形；雄蕊多数；子房、花柱均无毛。核果卵球形或近球形，光滑无沟，红色，后变黑色或黑紫色；果核有皱纹。花期 6 月，果期 9 月。

生于向阳山坡杂木林中、有腐殖质土石坡上、山坡灌丛及草丛。

产地：黑龙江省尚志，吉林省抚松、临江、安图、敦化、和龙、珲春，辽宁省本溪、桓仁、宽甸、鞍山。

分布：中国（黑龙江、吉林、辽宁），朝鲜半岛，日本，俄罗斯。

果实可食，可制果酱。

323 稠李 臭李子

Prunus padus L.

落叶乔木或小乔木，高 4-15m。树皮灰黑色或暗褐色。小枝紫褐色或暗灰褐色。托叶线形，早落；叶椭圆形、倒卵形或椭圆状倒卵形，长 4-12cm，宽 2-6cm，先端渐尖，边缘有锐锯齿；叶有长柄，近叶柄基部具 2 腺体。总状花序，下垂，基部具少数叶，有花 10-30 朵；花梗短；萼筒杯状，萼裂片卵形，花后反折；花瓣白色，倒卵形；雄蕊多数；子房无毛，花柱无毛。核果近球形，黑色，有光泽；果核有明显皱纹。花期 4-5 月，果期 5-10 月。

生于山坡、沟谷及灌丛，海拔 2500m 以下。

产地：黑龙江省海林、尚志、哈尔滨、黑河、伊春、呼玛，吉林省安图、抚松、柳河、蛟河、临江、长白、桦甸、珲春、汪清，辽宁省丹东、宽甸、凤城、桓仁、本溪、清原、沈阳、鞍山、庄河、西丰、盖州、北镇、凌源，内蒙古额尔古纳、鄂伦春旗、鄂温克旗、牙克石、海拉尔、新巴尔虎左旗、巴林右旗、阿尔山、科尔沁右翼前旗、扎鲁特旗、科尔沁左翼后旗、阿鲁科尔沁旗、克什克腾旗。

分布：中国（黑龙江、吉林、辽宁、内蒙古、河北、山西、山东、河南），朝鲜半岛，日本，俄罗斯，土耳其，阿富汗；中亚，欧洲。

可作观赏树种。

324 毛樱桃 山樱桃 梅桃

Prunus tomentosa Thunb.

落叶灌木，高 2-3m。树皮灰褐色，不规则片状开裂。枝灰褐色。叶质较厚，密集，倒卵形、广椭圆形或卵形，长 3-6cm，宽 2-3.5cm，先端短渐尖、突渐尖或急尖，基部广楔形，边缘具不整齐粗重锯齿，表面有皱纹和柔毛，背面密被黄白色绒毛；叶柄密被柔毛；托叶丝状全裂，裂片边缘有不规则细齿，密被短柔毛。花单生或 2 朵并生，先叶或与叶同时开放；花梗短，被短柔毛；萼筒管状，萼裂片卵形；花瓣淡粉红色至白色，狭倒卵形；雄蕊 20-25；子房被柔毛，花柱细。果实球形，暗红色，表面光滑或被短柔毛，微具腹缝；果核椭圆形，先端急尖，表面光滑有浅沟。花期 4-5 月，果期 6-9 月。

生于山坡林中、林缘、灌丛及草丛。

产地：辽宁省丹东、宽甸、凤城、桓仁、本溪、庄河、大连、瓦房店、鞍山、北镇、义县、沈阳、西丰，内蒙古科尔沁左翼后旗、喀喇沁旗、宁城。

分布：中国（辽宁、内蒙古、河北、山西、陕西、甘肃、宁夏、青海、山东、四川、云南、西藏），朝鲜半岛，日本，蒙古。

可作观赏树种，常栽植于庭院。种仁含油，可制肥皂及润滑油。果实微酸甜可食，亦可用于酿酒。种仁入药，为中药“大李仁”，有润肠利水之功效。

325 榆叶梅

Prunus triloba Lindl.

落叶灌木，高 2-5m。小枝紫褐色，无毛或具微毛。叶倒卵状圆形、菱状倒卵形至三角状倒卵形，长 2.5-6cm，宽 1.5-3cm，先端短渐尖，基部广楔形，边缘具重锯齿；叶柄长；托叶线形，早落。花单生或 2 朵并生，先叶开放；花梗短或近无梗；萼筒广钟状，萼裂片三角状卵形或卵形，花后反折；花瓣粉红色，倒卵圆形；雄蕊约 30；子房密被柔毛，花柱无毛。果实近球形，红色；果肉薄，成熟时开裂；果核球形，表面有皱纹。花期 4-5 月，果期 5-7 月。

生于山坡、沟边、林中及林缘。

产地：辽宁省凌源、建平、阜新。

分布：中国（辽宁、河北、山西、陕西、甘肃、山东、江西、江苏、浙江）；中亚。

可作观赏树种，亦可盆栽或做切花。

326 秋子梨 花盖梨 山梨

Pyrus ussuriensis Maxim.

落叶乔木，高 15m。幼枝无毛或被微毛，二年生枝紫褐色至灰黄色，老枝黄褐色，早落。叶卵形至广卵形，长 5-10cm，宽 4-6cm，先端短渐尖，基部圆形或浅心形，稀广楔形，边缘具刺芒状锐锯齿；叶有长柄；托叶线状披针形。花序密集，有花 5-7 朵；花梗长，幼时被绒毛，后脱落；苞片膜质，线状披针形，先端渐尖，全缘；萼筒无毛或微被绒毛，萼裂片三角状披针形；花瓣白色，倒卵形至广卵形；雄蕊 20；花柱 5，离生。果实近球形，黄色、黄绿色或带红晕，萼片宿存，基部下陷；果梗长。花期 5 月，果期 8-10 月。

生于山坡林中，海拔 2000m 以下。

产地：黑龙江省哈尔滨，吉林省通化、长白、安图、桦甸、珲春，辽宁省桓仁、宽甸、丹东、凤城、本溪、清原、开原、西丰、铁岭、沈阳、鞍山、盖州、庄河、北镇、阜新、彰武、绥中、凌源、建昌、法库、大连，内蒙古鄂伦春旗、科尔沁左翼后旗、巴林右旗、敖汉旗、喀喇沁旗、宁城、扎鲁特旗、克什克腾旗。

分布：中国（黑龙江、吉林、辽宁、内蒙古、河北、山西、陕西、甘肃、山东），朝鲜半岛，俄罗斯。

幼苗可作嫁接之砧木。果实可食，有药用价值，与冰糖煎膏有清肺止咳之功效。

327 刺蔷薇 大叶蔷薇

Rosa acicularis Lindl.

落叶灌木，高达2m，丛生。老枝下部密被刺毛状小皮刺；皮刺细直，黄褐色，基部稍膨大，成对生于小枝基部，小枝无毛，暗红色或黄褐色，疏具皮刺和小刺。羽状复叶，小叶5-7（-9），小叶椭圆形或卵状椭圆形，长2.5-5.5（-7）cm，宽1.5-3（-4.5）cm，先端急尖或微钝，基部广楔形，边缘具较大单锯齿，表面无毛，暗绿色，背面色淡，沿脉被短柔毛；叶柄长，与叶轴均被小皮刺和腺毛，顶生小叶柄长1-2cm，侧生小叶柄极短；托叶长，大部分与叶柄合生，先端卵状三角形，边缘密被腺毛。花单生，稀2-3朵集生于枝顶；花梗密被腺毛和刺毛，具苞片1；花托长圆形，无毛；萼裂片卵状披针形，先端长尾状，常膨大成叶状，全缘，外面被腺毛和刺毛，向基部较密，内面密被黄色柔毛；花瓣粉红色或深粉红色，倒三角状卵形，先端微凹，外面微被短柔毛；雄蕊多数；花柱稍露出花托口外，柱头被绒毛。蔷薇果长椭圆形、长卵形或倒卵状长圆形，红色或橙红色，无毛，萼片宿存，直立；果梗密被腺毛和刺毛。花期6-7月，果期9月。

生于林中、向阳山坡灌丛、采伐迹地及路旁，海拔800m以下。

产地：黑龙江省呼玛、黑河、伊春、富锦、穆棱、萝北、尚志、海林、嘉荫，吉林省抚松、临江、长白、安图、敦化、珲春、汪清、和龙，辽宁省宽甸、桓仁、本溪，内蒙古满洲里、牙克石、阿尔山、额尔古纳、巴林右旗、克什克腾旗、海拉尔。

分布：中国（黑龙江、吉林、辽宁、内蒙古、河北、山西、陕西、甘肃、新疆），朝鲜半岛，日本，蒙古，俄罗斯；中亚，欧洲，北美洲。

328 刺玫蔷薇 山刺玫 刺玫果

Rosa davurica Pall.

落叶灌木，高 1-2m，丛生。老枝无毛，具皮刺，皮刺稍弯；小枝细，褐色、紫色或黄褐色，疏具皮刺，皮刺通常成对生于小枝基部。奇数羽状复叶，小叶（5-）7，长椭圆形或长卵状椭圆形，长 1.2-3cm，宽 0.6-1.4cm，先端急尖或稍钝，基部广楔形或近圆形，边缘近中部以上具细锯齿，表面无毛，背面灰绿色，密被腺点和柔毛，有白霜；叶柄长，与叶轴均被短柔毛和腺毛，顶生小叶柄长，侧生小叶柄短或近无；托叶大部分与叶柄合生，先端卵状披针形，边缘及背面被腺体。花单生或 2-3 朵集生；花梗被短腺毛；苞片 1-3；花托近球形；萼裂片卵状披针形，先端长尾状尖，被柔毛和腺毛；花瓣粉红色至深粉红色，倒卵圆形，先端钝或微凹，外面无毛；雄蕊多数；花柱微露出花托口外，柱头被绒毛。果球形或扁球形，红色，无毛，具宿存萼片。花期 6-7 月，果期 8-9 月。

生于向阳山坡草地、灌丛、杂木林林缘及路旁，海拔 1000m 以下。

产地：黑龙江省呼玛、黑河、嘉荫、虎林、牡丹江、密山、哈尔滨、尚志、鸡西、鸡东、伊春、宁安、富锦、绥芬河、宝清、鹤岗、萝北，吉林省临江、通化、抚松、靖宇、蛟河、安图、吉林、九台、和龙、珲春、汪清、长春、桦甸，辽宁省本溪、桓仁、宽甸、凤城、丹东、岫岩、庄河、盖州、鞍山、沈阳、彰武、海城、抚顺、营口、辽阳、建平、凌源、义县、铁岭、西丰、昌图、开原、新宾、清原，内蒙古额尔古纳、鄂伦春旗、牙克石、鄂温克旗、海拉尔、扎兰屯、满洲里、科尔沁右翼前旗、阿尔山、扎赉特旗、科尔沁左翼后旗、扎鲁特旗、克什克腾旗、喀喇沁旗、宁城、敖汉旗、通辽、新巴尔虎左旗、科尔沁右翼中旗、阿鲁科尔沁旗、巴林左旗、巴林右旗。

分布：中国（黑龙江、吉林、辽宁、内蒙古、河北、山西），朝鲜半岛，蒙古，俄罗斯。

可作观赏树种。根、茎皮及叶含鞣质，可提制栲胶。果实含多种维生素、果胶等，可作果酱、果酒，提制黄色染料。花可制玫瑰酱，提取香精。果实入药，有健脾胃、助消化之功效。根入药，有止咳祛痰、止痢及止血之功效。

329 长白蔷薇

Rosa koreana Kom.

灌木，丛生，高约1m。分枝水平开展，枝紫褐色，密生针刺，刺基部椭圆形。羽状复叶，小叶7-13，椭圆形或倒卵状椭圆形，长0.5-2cm，宽4-7mm，先端钝，基部圆形或广楔形，边缘有锐锯齿，齿先端有腺，背面沿脉被长柔毛，有时沿主脉有刺；叶轴和叶柄被柔毛或通常有疏刺；托叶大部与叶柄合生。花单生于叶腋，无苞片；花梗有腺毛；萼片狭披针形，边缘及里面有白色短柔毛；花瓣白色或带粉红色，倒卵形，先端微凹；花柱离生。果实纺锤形或卵球形，橘红色，萼片宿存，直立。花期5-6月，果期7-9月。

生于林缘、灌丛及多石质山坡，海拔600-1200m。

产地：黑龙江省黑河、伊春、海林、尚志、宁安、哈尔滨，吉林省抚松、安图。

分布：中国（黑龙江、吉林），朝鲜半岛。

可作观赏树种。果含维生素C，可供药用，又可制果酱等食品。花瓣含芳香油，可食用，亦可提制香料。

330 伞花蔷薇

Rosa maximowicziana Regel.

落叶灌木，高约1m。枝弓形，细长，小枝无毛，紫褐色或黄褐色，具皮刺；皮刺二型，直细者散生，钩状弯曲者成对生于小枝或托叶下部或散生。羽状复叶，小叶7-9，小叶椭圆形或倒卵状椭圆形，长1.5-4.5cm，宽0.6-1.8cm，先端急尖，基部楔形，边缘具细锐单锯齿，表面暗绿色，有光泽，背面色淡，沿脉被短柔毛；叶有柄，与叶轴均被稀疏小皮刺；托叶狭，3/4以上与叶柄合生，先端分离成披针形裂片，边缘具细尖齿牙；顶生小叶有短柄，侧生小叶柄极短。伞房状花序顶生；花梗无毛或被腺毛；苞片卵状披针形，边缘具细锐齿牙；花托近球形，无毛；萼裂片卵状披针形，先端渐尖；花瓣白色，倒三角状卵形，先端微凹；雄蕊多数；花柱伸出花托口外，合生，无毛。果球形或近球形，红色，无毛，萼片脱落；果梗被腺毛或无毛。花期6月，果期9-10月。

生于山坡灌丛、林中，海拔700m以下。

产地：辽宁省宽甸、凤城、丹东、岫岩、庄河、长海、普兰店、瓦房店、绥中、大连。

分布：中国（辽宁、山东），朝鲜半岛，俄罗斯。

小枝弓形，叶片质厚有光泽，花色纯白，可用作观赏树种。果实入药。

331 北悬钩子

Rubus arcticus L.

多年生草本，高10-30cm。根状茎横走；茎细弱，疏被柔毛，无针刺；不育茎无匍匐枝。三出复叶，小叶菱形或菱状倒卵形，顶生小叶长3-5cm，先端急尖或钝圆，基部狭楔形，侧生小叶基部偏斜，边缘具细锐锯齿或不整齐重锯齿，表面无毛，背面疏被柔毛；叶有长柄，疏被柔毛，顶生小叶柄短，侧生小叶近无柄；托叶卵形或长圆形，全缘，与叶柄离生。花单生于茎顶；花梗和花萼被柔毛及腺毛；萼片5-10，卵状披针形或狭披针形；花瓣紫红色，广倒卵形；雄蕊多数；雌蕊多数。聚合果暗红色，宿存萼片反折，有小核果20。花期6-7月，果期7-8月。

生于林下、沟边，海拔约1200m。

产地：黑龙江省伊春、呼玛、海林，吉林省安图，内蒙古额尔古纳、牙克石、根河、鄂伦春旗、科尔沁右翼前旗、阿尔山、克什克腾旗。

分布：中国（黑龙江、吉林、内蒙古），朝鲜半岛，日本，蒙古，俄罗斯；欧洲，北美洲。

可作观赏树种。果酸甜，具草莓芳香，可食。

332 山楂叶悬钩子 托盘

Rubus crataegifolius Bunge

落叶灌木，高 1-2m。茎直立。小枝黄褐色至紫褐色，无毛，具直立针状皮刺。叶广卵形至近圆卵形，长 5-12cm，宽 4-8cm，先端急尖或微钝，基部心形或微心形，边缘常 3-5 掌状浅裂至中裂，各裂片卵形或长圆状卵形，先端急尖或稍钝，边缘有粗锯齿，表面无毛，背面沿叶脉被疏柔毛或近无毛；叶有长柄，被疏柔毛和沟状小刺；托叶线形，基部与叶柄合生，早落。短伞房花序顶生，花 2-6 朵，簇生或 1-2 朵簇生；花梗被柔毛；花萼被短柔毛，萼裂片三角状卵形，先端渐尖，全缘，被短柔毛；花瓣白色，卵状椭圆形；雄蕊多数；心皮多数，无毛。聚合果近球形，暗红色，有光泽。花期 5-6 月，果期 7-9 月。

生于山坡灌丛、林缘及林间草地，海拔 500-1000m（长白山）。

产地：黑龙江省哈尔滨、尚志、宁安、萝北、虎林、勃利、密山，吉林省临江、抚松、磐石、安图、珲春、汪清、和龙，辽宁省沈阳、宽甸、凤城、桓仁、本溪、新宾、清原、西丰、开原、北镇、朝阳、凌源、喀左、建昌、鞍山、盖州、庄河、东港、大连，内蒙古扎兰屯、喀喇沁旗、宁城。

分布：中国（黑龙江、吉林、辽宁、内蒙古、河北、山西、山东、河南），朝鲜半岛，日本，俄罗斯。

全株含单宁，可提制栲胶。茎皮含纤维，可作造纸及制纤维板原料。果酸甜，可食，亦用于制果酱及酿酒。果及根入药，有补肝肾、祛风湿之功效。

333 绿叶悬钩子

Rubus kanayamensis Levl. et Vant

落叶灌木，高达 1m。茎直立，密被针刺。幼枝黄褐色，疏或密被针刺。羽状复叶，小叶 3，顶生小叶片卵形或卵状椭圆形，长 4-10cm，宽 2.5-6.5cm，侧生小叶较小，斜卵形，基部心形或近圆形，边缘具不整齐粗壮锯齿，两面无毛，仅背面沿主脉被短柔毛；叶柄长，与叶轴均被柔毛和稀疏小针刺，顶生小叶柄短，侧生小叶近无柄；托叶线形，基部与叶柄合生。短总状或短伞房花序顶生或腋生；花梗被柔毛和小皮刺，有时被腺毛；花萼被刺毛、柔毛和腺毛，萼裂片三角状披针形；花瓣白色，椭圆状倒卵形；雄蕊多数。聚合果近球形，红色，密被短柔毛。花期 5-6 月，果期 7-8 月。

生于山坡林缘、多石质山坡及采伐迹地，海拔 500-1500m。

产地：黑龙江省尚志、伊春、呼玛，吉林省长白、安图、抚松。

分布：中国（黑龙江、吉林），朝鲜半岛，俄罗斯。

果实味甜微酸，可供食用。

334 库页悬钩子

Rubus matsumuranus Levl. et Vant.

落叶灌木，高达 1m。茎直立，被针状细刺。小枝黄褐色或灰褐色，被短柔毛、刺毛和腺毛。羽状复叶，小叶 3(-5)，顶生小叶卵形或椭圆状卵形，长 2-7cm，宽 1.5-5.5cm，侧生小叶较小，斜卵形，先端急尖至短渐尖，基部心形或近圆形，边缘具不整齐锯齿，表面绿色，无毛，背面密被白色或灰白色绒毛，沿主脉常有小刺；叶有柄，与叶轴均被短柔毛，顶生小叶叶柄短，侧生小叶近无柄；托叶线形，基部与叶柄合生。伞房状花序顶生或腋生，花 1-5 朵；花梗具腺毛和刺毛；花萼被刺毛、短柔毛和腺毛，萼片三角状披针形，被刺毛、柔毛和腺毛；花瓣白色，椭圆状卵形；雄蕊多数。聚合果近球形，红色，密被灰白色短柔毛。花期 6-7 月，果期 8-9 月。

生于山坡林下阴湿处、林缘、林间草地及谷底石堆，海拔 1000-2500m。

产地：黑龙江省海林、嫩江、黑河、伊春、宁安、呼玛、饶河，吉林省抚松、靖宇、长白、安图、汪清，辽宁省宽甸，内蒙古额尔古纳、根河、鄂伦春旗、鄂温克旗、牙克石、科尔沁右翼前旗、扎鲁特旗、克什克腾旗、喀喇沁旗、巴林右旗、阿尔山。

分布：中国（黑龙江、吉林、辽宁、内蒙古、河北、甘肃、青海、新疆），朝鲜半岛，日本，俄罗斯；中亚。

果实可食，亦用于制果酱。

335 茅莓悬钩子 茅莓

Rubus parvifolius L.

落叶灌木，高 1-2m。茎近直立或伏卧，疏被针状小刺及较密短柔毛。小枝黄褐色，密被灰白色柔毛和稀疏小刺。羽状复叶，小叶 3，顶生小叶广菱形或菱状卵圆形，长 2.5-8cm，宽 2-7cm，侧生小叶较小，斜椭圆状卵形，先端急尖或稍钝，基部广楔形，边缘具不整齐粗大锯齿，表面近无毛，背面色淡，被白色绒毛；叶有柄，与叶轴均被灰白色短柔毛和稀疏细刺；顶生小叶柄短，侧生小叶近无柄；托叶线形，基部与叶柄合生。伞房状花序顶生或腋生；花梗密被短柔毛和稀疏小刺；苞片线状披针形，密被短柔毛；花萼具刺毛和短柔毛，萼片卵状披针形；花瓣粉红色至紫红色，圆卵形；雄蕊多数；子房被柔毛，花柱常带粉红色，无毛。聚合果球形，红色，无毛或近无毛。花期 5 月末至 6 月，果期 8 月。

生于山坡灌丛、多石质山坡、沟谷、杂木林中及林缘，海拔 500m 以下。

产地：吉林省集安、通化，辽宁省西丰、宽甸、桓仁、凤城、丹东、东港、庄河、长海、大连、瓦房店、盖州、营口、绥中、鞍山、沈阳。

分布：中国（吉林、辽宁、河北、山西、陕西、甘肃、河南、湖北、湖南、江西、山东、江苏、安徽、浙江、福建、广东、广西、四川、贵州、台湾），朝鲜半岛，日本。

叶及根皮可提制栲胶。果实酸甜多汁，可制糖、饮料及酿酒，亦可鲜食。全株入药，有舒筋活血、消肿止痛、祛风收敛及清热解毒之功效。

336 石生悬钩子

Rubus saxatilis L.

多年生草本，高 20-60cm。根状茎横走；茎细，圆柱形；不育茎有匍匐枝，有小针刺，被疏柔毛。三出复叶，小叶卵状菱形或长圆状菱形，顶生小叶长 5-7cm，先端急尖，基部近楔形，侧生小叶基部偏斜，边缘具粗重锯齿，两面被柔毛及小针刺；叶有长柄，被疏柔毛及小针刺，顶生小叶柄短，侧生小叶近无柄；托叶卵形或椭圆形，与叶柄离生，全缘。伞房花序顶生，花 2-10 朵；花梗和花萼被疏柔毛及小针刺；萼片卵状披针形；花瓣白色，匙形或长圆形；雄蕊多数；雌蕊 5-6。聚合果球形，红色，有小核果 5-6。花期 6-7 月，果熟期 7-8 月。

生于云冷杉林及针阔混交林中、苔藓沼泽地及踏头甸子。

产地：黑龙江省伊春、富锦、黑河、呼玛、嘉荫，内蒙古牙克石、鄂伦春旗、鄂温克旗、克什克腾旗、喀喇沁旗、阿鲁科尔沁旗、阿尔山、宁城、根河、额尔古纳、巴林右旗。

分布：中国（黑龙江、内蒙古、河北、山西、甘肃、青海、新疆），朝鲜半岛，俄罗斯；欧洲，北美洲。

可作观赏树种。果酸甜，具草莓芳香，可食。

337 直穗粉花地榆

Sanguisorba grandiflora (Maxim.) Makino

多年生草本，高达 120cm。根状茎粗壮，黑褐色；茎直立，上部分枝。基生叶，小叶披针形或长圆状披针形，长 4.5-7.5cm，宽 0.6-1.6cm，先端尖，基部楔形、歪楔形或微心形，边缘有粗锯齿，两面绿色，无毛，披针形或线形，先端渐尖，基部歪楔形，边缘有锯齿；基生叶有长柄，小叶有短柄，常有托叶状小片；茎生叶小叶有短柄或近无柄，有托叶。穗状花序圆柱状，直立，先从顶端开花；苞片长椭圆形；萼片淡紫红色、粉红色或紫红色，有时稍带白色，卵圆形或椭圆形；花丝长。瘦果近球形或倒卵形，具短翼。花期 7-8 月，果期 8-9 月。

生于草甸、水甸边及山坡草地，海拔 1300m 以下。

产地：黑龙江省大庆、绥芬河、呼玛、安达、虎林、密山，吉林省珲春、安图、通榆，辽宁省彰武、凌源、锦州，内蒙古牙克石、鄂伦春旗、额尔古纳、阿尔山、根河、陈巴尔虎旗、科尔沁右翼前旗。

分布：中国（黑龙江、吉林、辽宁、内蒙古），朝鲜半岛，日本，俄罗斯。

338 地榆 黄爪香 山枣子

Sanguisorba officinalis L.

多年生草本，高达 80-100cm。根较粗壮，纺锤状。根状茎粗壮，暗褐色；茎直立，单一，上部分枝。羽状复叶，基生叶有长柄，小叶柄短，基部有托叶状小叶片；小叶 4-6 对，卵形、长圆状卵形或长圆形，长 2.5-7cm，宽 2-2.5cm，先端钝或圆形，基部心形，边缘有粗锯齿；茎生叶小叶长圆形至披针形，长 2-4cm，宽 1-2cm，基部心形或歪楔形；茎生叶柄较短，有托叶。穗状花穗顶生，头状或圆柱状，直立，先从顶端开花；萼片紫色或暗紫色，椭圆形；花丝细长，与萼片近等长；花柱稍有毛或无毛。瘦果倒卵状长圆形，微具翼。花果期 7-10 月。

生于草原、草甸、山坡草地、灌丛及疏林下。

产地：黑龙江省大庆、哈尔滨、克山、密山、宁安、依兰、鸡西、漠河、呼玛、安达、黑河、伊春，吉林省临江、长白、九台、吉林、长春、前郭尔罗斯、安图、汪清、珲春，辽宁省本溪、鞍山、彰武、北镇、沈阳、法库、清原、宽甸、岫岩、凤城、丹东、建昌、建平、锦州、葫芦岛、绥中、凌源、桓仁、大连、普兰店、瓦房店、长海，内蒙古牙克石、额尔古纳、海拉尔、新巴尔虎右旗、科尔沁右翼前旗、满洲里、鄂伦春旗、新巴尔虎左旗、阿鲁科尔沁旗、翁牛特旗、巴林右旗、克什克腾旗、宁城、科尔沁左翼后旗、赤峰。

分布：中国（黑龙江、吉林、辽宁、内蒙古、河北、山西、陕西、甘肃、青海、新疆、山东、江苏、浙江、安徽、河南、江西、湖北、湖南、广西、四川、贵州、云南、西藏），朝鲜半岛，日本，俄罗斯；欧洲，北美洲。

可提制栲胶。嫩叶可食，亦可代茶饮。根入药，有止血之功效，可治烧伤、烫伤等症。

339 小白花地榆

Sanguisorba parviflora (Maxim.) Takeda

多年生草本，高 40-100cm，全株无毛。根较粗。根状茎肥厚，黑褐色；茎直立，单一，上部分枝，分枝细，斜升，基部红褐色。羽状复叶，基生叶有小叶 8-12 对，线形至披针形，先端具小尖，基部心形、截形，边缘有粗锯齿；茎生叶小叶肾形或长圆形，边缘有锐尖齿牙；基生叶有长柄，小叶有短柄。穗状花穗生于枝端，长圆柱形，下垂，先从顶端开花；苞片长圆形，内弯，上部紫色，下部密被毛；萼片白色，近圆形，花瓣状；无花瓣；雄蕊 4。瘦果近球形，具翼。花期 7-8 月，果期 8-9 月。

生于湿草地、水甸。

产地：黑龙江省漠河、呼玛、塔河、黑河、汤原、绥芬河、海林、鸡东、虎林、宁安、尚志、伊春、依兰、哈尔滨，吉林省临江、抚松、和龙、珲春、敦化、吉林、安图、汪清、蛟河、长白、辉南、靖宇，辽宁省彰武、大连，内蒙古额尔古纳、海拉尔、鄂温克旗、牙克石、科尔沁左翼后旗、鄂伦春旗、新巴尔虎左旗、根河、阿尔山。

分布：中国（黑龙江、吉林、辽宁、内蒙古），朝鲜半岛，日本，俄罗斯。

根含鞣质，可提制栲胶，亦可入药，有收敛、止血及消炎之功效。

340 大白花地榆

Sanguisorba stipulata Raf.

多年生草本，高 50-100cm。根纤细。根状茎长，较粗壮，横走，棕褐色；茎直立，上部分枝，基部红褐色。羽状复叶，基生叶小叶 4-6 对，椭圆形、长圆状卵形或广椭圆形，长 3.5-6cm，宽 2-4.5cm，先端钝，基部耳状或心形，边缘有粗锯齿；小叶 2-3 对，长圆形，先端钝，基部歪楔形，边缘有不整齐锯齿；基生叶有长柄，小叶有柄；穗状花序直立，长圆柱形，先从基部开花；苞片膜质，线形；花白色，有时稍带紫红色；萼片 4，卵圆形，白色，花瓣状，无花瓣；雄蕊 4；心皮 1；花柱顶生，柱头流苏状。瘦果近圆形。花果期 7-9 月。

生于沟谷、湿地、疏林下及林缘，海拔 1400-2300m。

产地：吉林省抚松、长白、安图。

分布：中国（吉林），朝鲜半岛，日本，俄罗斯；北美洲。

根入药，有收敛、止血及消炎之功效。

341 垂穗粉花地榆

Sanguisorba tenuifolia Fisch. ex Link

多年生草本，高 50-100cm。根较粗壮。根状茎较肥厚，棕褐色；茎直立，上部分枝。基生叶质薄，线形、披针形或长圆状披针形，长 3-4.5cm，宽 1-1.5cm，先端尖，基部歪楔形或心形，边缘有尖锯齿，两面无毛，小叶披针形或线状披针形，先端渐尖，基部歪楔形或截形，边缘有细锯齿；基生叶柄长达 30cm，小叶无柄或有短柄，基部有托叶状小片；茎生叶柄短，托叶大。穗状花穗生于枝顶，狭圆柱形，下垂，先从顶端开花；苞片长圆形，被毛；萼片淡紫色或淡红色，椭圆形；花丝长 3.5mm；柱头头状。瘦果圆形，具狭翼。花期 7-8 月，果期 8-9 月。

生于湿草地、水甸边及水沟边湿地。

产地：黑龙江省伊春、大庆、安达、萝北、克山、呼玛、漠河，吉林省安图、蛟河、汪清、珲春，辽宁省锦州、法库、彰武，内蒙古额尔古纳、根河、科尔沁右翼前旗、海拉尔、牙克石、鄂温克旗、扎鲁特旗、鄂伦春旗。

分布：中国（黑龙江、吉林、辽宁、内蒙古），朝鲜半岛，日本，俄罗斯。

342 珍珠梅 山高粱

Sorbaria sorbifolia (L.) A. Br.

落叶灌木，高达 2m。枝开展，小枝弯曲，幼时绿色，老时暗黄褐色或暗红褐色。奇数羽状复叶，连叶柄长 13-23cm；托叶叶质，卵状披针形至三角状披针形，边缘有不规则锯齿或全缘，长 8-13mm，宽 8mm；小叶对生，披针形至卵状披针形，长 5-7cm，宽 1.8-2.5cm，先端渐尖，基部近圆形、广楔形，边缘有尖锐重锯齿。圆锥花序顶生，总花梗和花梗均被星状毛或短柔毛，果期渐脱落；萼筒钟状，萼裂片 5，三角状卵形，先端急尖；花瓣 5，白色，长圆形或倒卵形；雄蕊多数，比花瓣长；心皮 5；子房被短柔毛或无毛。蓇葖果长圆形，具顶生弯曲的花柱；果梗直立，宿存萼片反折。花期 7-9 月，果期 9-10 月。

生于山坡疏林中、溪流旁，海拔 250-1500m。

产地：黑龙江省呼玛、哈尔滨、饶河、海林、宝清、密山、尚志、伊春、黑河、萝北，吉林省集安、抚松、靖宇、长白、安图、珲春、敦化、蛟河、汪清、和龙，辽宁省营口、海城、庄河、岫岩、凤城、宽甸、本溪、桓仁、清原、西丰、新宾、北镇、沈阳，内蒙古额尔古纳、根河、牙克石、鄂伦春旗、科尔沁右翼前旗、突泉。

分布：中国（黑龙江、吉林、辽宁、内蒙古），朝鲜半岛，日本，蒙古，俄罗斯。

343 水榆花楸 水榆 枫榆

Sorbus alnifolia (Sieb. et Zucc.) K. Koch

落叶乔木，高达20m。二年生枝暗红褐色，老枝暗灰褐色，无毛。叶卵形至椭圆状卵形，长5-10cm，宽3-6cm，先端短渐尖，基部广楔形、近圆形或微心形，边缘具不整齐重锯齿，幼叶两面疏被柔毛，成长叶无毛或仅背面沿脉疏被短柔毛；叶有长柄。复伞房花序较疏松，具花6-25朵；总花梗和花梗无毛或疏被柔毛，花梗短；萼筒钟状，萼片三角形，先端急尖；花瓣白色，卵形或近圆形；雄蕊20；花柱2。果实椭圆形、长圆形或卵形，红色或黄色，有白粉，无斑点或有少数细小斑点，萼片脱落后先端残留明显圆痕。花期5月，果期8-9月。

生于山坡、沟谷、山顶混交林及灌丛，海拔500-2300m。

产地：黑龙江省哈尔滨、尚志、宁安，吉林省集安、抚松、蛟河、敦化、安图、临江，辽宁省桓仁、宽甸、凤城、本溪、清原、新宾、西丰、东港、岫岩、庄河、大连、普兰店、瓦房店、盖州、营口、鞍山、义县、绥中、丹东、北镇。

分布：中国（黑龙江、吉林、辽宁、河北、陕西、甘肃、山东、浙江、安徽、河南、湖北、江西、四川），朝鲜半岛，日本。

树冠圆锥形，秋季叶片转变成猩红色，可作观赏树种。木材可作各种器具。树皮可作染料。纤维作造纸原料。

344 花楸树 百华花楸 绒花树

Sorbus pohuashanensis (Hance) Hedl.

落叶乔木，高达 10m。小枝粗壮，灰褐色，幼时被绒毛，后脱落。羽状复叶，连叶柄长 12-20cm，小叶 5-7 对，卵状披针形或椭圆状披针形，长 3-5cm，宽 1-1.8cm，先端急尖或短渐尖，基部偏斜圆形，边缘有锐锯齿，基部或中部以下全缘；叶轴被白色绒毛；叶柄长；托叶革质，广卵形。复伞房花序顶生，花多数密集；总花梗和花梗均密被白色绒毛，后渐脱落；萼筒钟状，萼片三角形，先端急尖；花瓣白色，广卵形或近圆形；雄蕊 20；花柱 3。果实近球形，红色或橘红色，萼片宿存。花期 6 月，果期 9-10 月。

生于山坡、沟谷杂木林中，海拔 900-2500m。

产地：黑龙江省尚志、塔河、呼玛、嘉荫、伊春、桦川、哈尔滨、黑河，吉林省集安、长白、抚松、通化、安图、蛟河、珲春、和龙、汪清、临江、敦化，辽宁省桓仁、宽甸、凤城、本溪、新宾、岫岩、庄河、盖州、营口、鞍山、大连、海城，内蒙古额尔古纳、根河、牙克石、科尔沁右翼前旗、阿尔山、突泉、扎鲁特旗、克什克腾旗、巴林右旗、巴林左旗、阿鲁科尔沁旗、喀喇沁旗、林西、宁城。

分布：中国（黑龙江、吉林、辽宁、内蒙古、河北、山西、甘肃、山东），朝鲜半岛，俄罗斯。

花叶美丽，入秋红果累累，可作观赏树种。木材可制家具。果可制果酱、酿酒。

345 石蚕叶绣线菊 乌苏里绣线菊

Spiraea chamaedryfolia L.

落叶灌木，高 1-1.5m。小枝褐色，无毛。叶广卵形，长 2-4.5cm，宽 1-3cm，先端急尖，基部圆楔形或圆形，边缘有细锐锯齿，背面沿主脉疏被柔毛或簇生柔毛；叶有短柄，疏被柔毛。伞房状花序，有花 5-12 朵；花梗短；苞片线形，早落；萼筒广钟状，萼片卵状三角形；花瓣白色，广卵形或近圆形；雄蕊 35-50；子房腹部微被短柔毛；花盘为微波状圆环形。蓇葖果直立，伏被短柔毛，花柱直立，宿存萼片常反折。花期 5-6 月，果期 7-9 月。

生于山坡杂木林及针阔混交林中，海拔约 900m。

产地：黑龙江省尚志、勃利、海林、宁安、虎林、穆棱、饶河、伊春，吉林省安图、汪清、集安、临江、珲春、抚松，辽宁省清原、兴城、本溪、宽甸、西丰、桓仁，内蒙古喀喇沁旗、根河、海拉尔、科尔沁右翼前旗、巴林右旗、克什克腾旗。

分布：中国（黑龙江、吉林、辽宁、内蒙古、河北、新疆），朝鲜半岛，日本，蒙古，俄罗斯；中亚，欧洲。

用作观赏树种，亦为蜜源植物。

346 欧亚绣线菊 石棒绣线菊 石棒子

Spiraea media Schmidt

落叶灌木，高 0.5-2m。小枝黄褐色、灰褐色或暗褐色，幼枝红褐色。叶椭圆形至披针形，长 1-2.5cm，宽 0.4-1.5cm，先端急尖，基部楔形，全缘或先端具 2-5 齿牙，两面无毛或背面脉腋间被短柔毛；叶有短柄。伞房花序，有花 9-30 朵；花梗无毛；苞片披针形；萼筒钟形；花瓣白色，近圆形，先端钝；雄蕊约 45；子房被短柔毛；花盘波状圆环形或具不规则的裂片。蓇葖果近直立，外被短柔毛，花柱背顶生，向外弯，宿存萼片反折。花期 5-6 月，果期 6-8 月。

生于多石质山坡、山坡草原及杂木林中，海拔 750-1600m。

产地：黑龙江省宝清、呼玛、嫩江、伊春，吉林省抚松、和龙，辽宁省本溪，内蒙古额尔古纳、根河、鄂温克旗、鄂伦春旗、牙克石、海拉尔、阿尔山、扎鲁特旗、阿鲁科尔沁旗、巴林右旗、克什克腾旗。

分布：中国（黑龙江、吉林、辽宁、内蒙古、新疆），朝鲜半岛，蒙古，俄罗斯；中亚，欧洲。

347 土庄绣线菊 土庄花

Spiraea pubescens Turcz.

落叶灌木，高 1-2m。枝开展，稍弯曲，幼枝被短柔毛，黄褐色，老时无毛，灰褐色。叶菱状卵形至椭圆形，长 1.5-4.5cm，宽 1-2.5cm，先端急尖，基部楔形，边缘中部以上有深锯齿，表面被疏柔毛，背面被短柔毛；叶有短柄，被短柔毛。伞形花序具总梗，有花 15-30 朵；花梗无毛；苞片线形，被短柔毛；萼筒钟状，无毛，内面被灰色短柔毛，萼片卵状三角形；花瓣白色，卵形或半圆形，先端圆钝或微凹；雄蕊 25-30；花盘圆环形，具小裂片 10；子房无毛或仅在腹部及基部被短柔毛。蓇葖果张开，仅腹缝线被短柔毛，花柱近顶生或侧背生，宿存萼片直立。花期 5-6 月，果期 7-8 月。

生于向阳多石质山坡、灌丛及林间草地，海拔 700m 以下。

产地：吉林省集安、通化、临江、抚松、吉林、桦甸、安图、汪清、蛟河、长白，辽宁省丹东、凤城、本溪、新宾、大连、营口、鞍山、盖州、北镇、建平、建昌、西丰、宽甸、法库、阜新、凌源、彰武、义县、开原、桓仁、沈阳，内蒙古鄂伦春旗、扎兰屯、满洲里、扎赉特旗、科尔沁右翼前旗、科尔沁右翼中旗、突泉、扎鲁特旗、科尔沁左翼后旗、阿鲁科尔沁旗、克什克腾旗、敖汉旗、翁牛特旗、喀喇沁旗、赤峰、宁城、额尔古纳、阿荣旗、奈曼旗、巴林左旗、巴林右旗、林西、阿尔山、乌兰浩特。

分布：中国（吉林、辽宁、内蒙古、河北、山西、陕西、甘肃、山东、安徽、河南、湖北），朝鲜半岛，蒙古，俄罗斯。

用作观赏树种。

348 绣线菊 空心柳

Spiraea salicifolia L.

落叶灌木，高 1-2m。小枝黄褐色或红褐色，嫩枝被短柔毛，老时脱落。叶长圆状披针形至披针形或长圆状倒披针形，长 4-8cm，宽 1-2.5cm，先端渐尖至急尖，基部楔形，边缘具锐锯齿；叶有短柄。圆锥花序，生于当年生长枝顶端，花密集；花梗被细短柔毛；苞片披针形，全缘，被细柔毛；萼筒钟状，萼片三角形；花瓣粉红色，卵形，先端钝圆；雄蕊 50，约比花瓣长 2 倍；子房疏被短柔毛；花盘圆环形，有细圆锯齿状裂片。蓇葖果直立，无毛或沿腹缝被短柔毛，花柱顶生，宿存萼片常反折。花期 6-8 月，果期 8-9 月。

生于溪流旁、湿草原、荒地及沟谷，海拔 200-900m。

产地：黑龙江省伊春、尚志、哈尔滨、萝北、虎林、勃利、密山、鸡东、集贤、饶河、宁安、呼玛、黑河、嘉荫，吉林省集安、通化、临江、长白、安图、蛟河、靖宇、吉林、汪清、珲春、抚松、敦化、和龙，辽宁省宽甸、桓仁、本溪、清原，内蒙古额尔古纳、根河、牙克石、海拉尔、科尔沁右翼前旗、扎赉特旗、克什克腾旗、喀喇沁旗、鄂伦春旗、陈巴尔虎旗、新巴尔虎左旗、鄂温克旗、阿荣旗。

分布：中国（黑龙江、吉林、辽宁、内蒙古、河北），朝鲜半岛，日本，蒙古，俄罗斯；欧洲。

花色鲜艳，为优良观赏树种，亦为蜜源植物。

349 合欢

Albizia julibrissin Durazz.

落叶乔木，高达 10m，枝干粗壮。树皮灰黑褐色，不开裂。小枝灰褐色至赤褐色。2 回羽状复叶，羽片 5-15 对，小叶 9-30 对，镰状长圆形，长 7-14mm，宽 3-4mm，先端急尖，基部截形，小叶常于白天张开，夜间互相闭合；叶柄长 3-5cm，小叶无柄。头状花序腋生或多数头状花序排列成伞房状于枝端：花萼筒状钟形，先端 5 浅裂；花冠中部以下合生成筒状，先端 5 裂；雄蕊多数，花丝丝状，细长，基部联合，红色，美丽；子房 1 室，花柱白色。荚果扁平，长圆状线形，边缘微波状而有显著的棱线。种子椭圆形，稍扁平，绿褐色，光亮。花期 6-7 月，果期 8-10 月。

生于山坡，海拔 100m 以下。

产地：辽宁省长海、普兰店、庄河。

分布：中国（辽宁、河北、陕西、甘肃、山东、江苏、安徽、浙江、福建、河南、湖北、广东、广西、四川、贵州、云南、台湾），朝鲜半岛，日本，伊朗，印度，缅甸，越南，泰国；非洲。

木材可制家具及农具。树皮纤维可作人造棉及造纸原料。花、根及茎皮入药，有安神之功效。

350 紫穗槐 棉条 棉槐

Amorpha fruticosa L.

落叶灌木，高1-4m，丛生，枝叶繁密。枝灰褐色，稍有棱，被疏柔毛。羽状复叶，叶柄长；小叶11-25，卵状长圆形或长圆形，长1-3.5cm，宽6-14mm，先端圆或微凹，具小刺尖，基部广楔形或圆形，全缘，背面被微柔毛和黑褐色腺点；托叶线形。总状花序顶生或于枝端腋生1至数个；花梗短；萼钟状，5齿裂，萼齿三角形，边缘有白色柔毛；花冠蓝紫色或暗紫色，旗瓣倒心形，包住雌雄蕊，无翼瓣及龙骨瓣。荚果长圆形，弯曲，棕褐色，先端有小尖，表面有多数凸起的瘤状腺点。花期5-6月，果期7-9月。

生于荒山坡、路旁、河边及盐碱地。

产地：各地普遍栽培。

分布：中国各地广泛栽培，原产美国。

可作观赏树种，亦为蜜源植物。果实含芳香油，可作调香原料。种子含油，为干性油，可用于制漆、肥皂及润滑油。枝条可编筐篓，并为造纸及人造纤维原料。嫩枝叶可作饲料。

351 两型豆 阴阳豆 银豆

Amphicarpaea trisperma (Miq.) Baker

一年生缠绕草本。茎纤细，茎长可达 70cm，密被淡褐色倒生毛。羽状复叶，具小叶 3，广卵形或菱状卵形，长 2.5-6.5cm，宽 1.5-4.5cm，先端渐尖、锐尖或钝圆，基部广楔形或近截形，全缘；托叶小，披针形或卵状披针形。花异型；地上茎生出的花序为短总状，腋生，具花（2-）3-7 朵；苞片广卵形；萼筒状，5 齿，被褐色长毛；花冠淡紫色，旗瓣倒卵状椭圆形，基部两侧具短耳，翼瓣与旗瓣近等长，龙骨瓣短于翼瓣；另一种花为闭锁花，无花瓣，生于茎基部附近，伸入地中结实。荚果异型，地上完全花结实的荚果线状长圆形或近长圆形，扁平，沿两侧缝线被毛，具微细网纹，内含种子 3 粒，褐色，肾状圆形，稍扁平；闭锁花伸入地下结实的荚果椭圆形，稍扁，如小球根状，内含种子 1 粒。花期 7-8 月，果期 8-9 月。

生于湿草地、林缘、疏林下、灌丛及溪流旁。

产地：黑龙江省勃利、伊春，吉林省吉林、九台、安图、和龙、蛟河、珲春、临江、通化，辽宁省桓仁、宽甸、凤城、清原、庄河、北镇、西丰、沈阳、新宾、海城、北票、普兰店、建昌、鞍山、本溪、大连，内蒙古赤峰、科尔沁右翼中旗、敖汉旗。

分布：中国（黑龙江、吉林、辽宁、内蒙古、河北、山西、陕西、山东、江苏、浙江、安徽、河南、江西、湖北、湖南、四川、贵州），朝鲜半岛，日本，俄罗斯。

根入药，有消肿止痛、清热利湿之功效，可治痈肿疮毒疼痛、头痛、骨痛、咽喉肿痛、外伤疼痛、关节红肿疼痛及脘腹疼痛等症。

352 斜茎黄耆 沙打旺

Astragalus adsurgens Pall.

多年生草本，高 20-50cm。根较粗壮，暗褐色。茎丛生，斜升。奇数羽状复叶，小叶 4-11 对，长圆形、近椭圆形或狭长圆形，长 10-25（-35）mm，宽 2-8mm，先端钝或圆，基部圆形或近圆形；托叶三角形。总状花序腋生，花多数，密集，蓝紫色、近蓝色或红紫色；苞片狭披针形或三角形；花梗短；萼筒状钟形，被黑褐色毛或白色毛或两者混生，萼片狭披针形或刚毛状；旗瓣中上部宽，先端深凹，基部渐狭，翼瓣比旗瓣短，比龙骨瓣长；子房密被毛，基部柄极短。荚果长圆状，具 3 棱，稍侧扁，先端具下弯的短喙，果梗极短，两面被黑色、褐色或白色毛或混生，荚果 2 室。花期 6-8 月，果期 8-10 月。

生于向阳山坡草地、灌丛、林缘及草原轻碱地。

产地：黑龙江省哈尔滨、肇东、肇源、大庆、依兰、集贤、漠河、克山、呼玛、安达、伊春，吉林省通化、汪清、洮南、安图、靖宇、抚松、通榆、镇赉，辽宁省沈阳、彰武，内蒙古满洲里、海拉尔、牙克石、扎兰屯、新巴尔虎右旗、新巴尔虎左旗、鄂温克旗、额尔古纳、翁牛特旗、扎鲁特旗、克什克腾旗、通辽、赤峰。

分布：中国（黑龙江、吉林、辽宁、内蒙古、河北、山西、陕西、甘肃、河南、四川、云南），朝鲜半岛，日本，蒙古，俄罗斯。

为优良饲草。可作绿肥、固沙保土及草场改良植物。

353 草珠黄耆

Astragalus capillipes Fisch. ex Bunge

多年生草本，高 30-60cm。茎上升或近直立。奇数羽状复叶，通常具 5-7（稀 3-11）小叶，小叶卵形、长卵形或倒卵形，长 8-18mm，宽 4-10mm，一般顶部小叶稍大，先端近截形、近圆形或微凹，基部近圆形或稍狭，表面无毛，背面生白色伏毛；托叶三角形，基部彼此稍联合。总状花序腋生，比叶长；花小，白色或带粉紫（红）色；苞小，三角状，比花梗短；萼斜钟状，被褐色或白色短毛，萼齿短，三角状，约为萼筒长的 1/5 或 1/4；旗瓣倒心形或广倒卵形，顶端微凹，基部具短爪，翼瓣长圆形，与旗瓣近等长，顶端为不均等的 2 裂，基部有圆耳和细长爪，龙骨瓣较短，亦具耳及爪；子房无毛。荚果 2 室，近球形或卵状球形，无毛，具隆起的脉。花期 7-9 月，果期（8-）9-10 月。

生于向阳山坡、路旁。

产地：内蒙古宁城。

分布：中国（内蒙古、河北、山西、陕西）。

354 黄耆 膜荚黄耆

Astragalus membranaceus Bunge

多年生草本，高 50-80（-100）cm。主根粗而长，常分歧。茎直立，多分枝，被白色柔毛。奇数羽状复叶，小叶 6-13 对，椭圆形至长圆形或椭圆状卵形至长圆状卵形，长 7-30mm，宽 3-12mm，先端钝或微凹，基部圆形，具小刺尖或不明显；托叶离生，披针形、卵形至披针状线形。总状花序腋生，有花（5-）10-20 朵；花梗与苞近等长；萼钟状，被黑色（有时白色）细毛，萼齿三角形至锥形，下方的萼齿较长；花冠黄色或淡黄色，旗瓣倒卵形，先端微凹，基部具短爪，翼瓣与龙骨瓣近等长，比旗瓣微短，皆具长爪及短耳；子房有柄，被柔毛。荚果半椭圆形，薄膜质，稍膨胀，先端具细短喙，两面被黑色细短伏毛，有时被近白色的毛或两者混生。花期（6-）7-8 月，果期（7-）8-9 月。

生于林缘、灌丛、林间草地、疏林下、山坡草地及草甸。

产地：黑龙江省呼玛、哈尔滨、宝清、萝北、密山、虎林、黑河、牡丹江、伊春，吉林省安图、和龙、汪清、敦化、珲春，辽宁省沈阳、长海、鞍山、本溪、岫岩、丹东、庄河、桓仁、抚顺，内蒙古阿荣旗、巴林右旗、乌兰浩特、额尔古纳、牙克石、克什克腾旗、科尔沁右翼前旗。

分布：中国（黑龙江、吉林、辽宁、内蒙古、河北、山西、甘肃、四川、西藏），朝鲜半岛，蒙古，俄罗斯。

根入药，有强壮、排脓、止汗及利尿之功效，主治久病体虚多汗、痈疽内脓、慢性肾炎浮肿及痢疾等症。亦为兽药。

355 湿地黄耆

Astragalus uliginosus L.

多年生草本，高30-90cm。茎直立，圆柱状，被白色伏毛。羽状复叶，小叶7-11（-15）对，椭圆形至长圆形，先端圆形至稍锐尖，常带小刺尖，基部圆形，全缘，长20-30mm，宽5-15mm，表面无毛，背面被白色伏毛；托叶与叶柄离生，下部彼此联合；茎下部托叶卵状三角形，上部托叶卵状披针形。总状花序于茎上部腋生，总花梗比叶短；花多数，密集，下垂，苍白绿色稍带黄色；苞片卵状披针形，膜质，疏被黑色伏毛；萼筒状，密被黑色伏毛，萼齿披针状线形；旗瓣广椭圆形，先端微凹，基部渐狭成短爪，翼瓣比旗瓣短，龙骨瓣比翼瓣稍短；子房无毛。荚果长圆形，膨胀，向上斜立，无柄，先端喙反折，背缝线凹入，表面无毛，具细横纹，果皮革质，2室。花期6-7月，果期8-9月。

生于林缘、林下湿草地、河边草地及沼泽地旁。

产地：黑龙江省呼玛、宁安、萝北、密山、虎林、饶河、哈尔滨、伊春、牡丹江、黑河，吉林省安图、汪清、抚松、珲春，内蒙古科尔沁右翼前旗、额尔古纳、牙克石、陈巴尔虎旗、阿尔山、海拉尔。

分布：中国（黑龙江、吉林、内蒙古），朝鲜半岛，蒙古，俄罗斯。

356 树锦鸡儿

Caragana arborescens (Amm.) Lam.

落叶灌木，有时为小乔木，高 1-3.5（-7）m。树皮灰绿色，有光泽，不整齐剥裂。小枝暗绿褐色或黄褐色。偶数羽状复叶，小叶 5-7 对，小叶长圆卵状或长圆形，长 10-25mm，宽 4-8mm，基部圆，全缘，表面疏被柔毛，背面毛较多；叶轴密被短柔毛，先端具小刺尖；托叶细针状，脱落。花簇生于短枝上或单生；花梗被短柔毛，上部有关节；萼广钟形或钟形，5 浅裂；花冠黄色，旗瓣菱状广卵形，先端圆，基部广楔形，翼瓣长圆形，基部有距状耳和细长爪，龙骨瓣稍短，基部有短耳；雄蕊为 9-1 二体；子房无毛。荚果扁圆柱形，先端尖，栗褐色或赤褐色，无毛。花果期 5-8 月。

生于林中、林缘。

产地：黑龙江、辽宁有栽培。

分布：中国（黑龙江、辽宁、河北、山西、陕西、甘肃、新疆），蒙古，俄罗斯。

可用作观赏树种，常栽植于庭院。可入药，有通乳、利湿之功效，可治乳汁不通、白带、脚气及麻木浮肿等症。

357 小叶锦鸡儿

Caragana microphylla Lam.

落叶灌木，高达80cm，枝叶较密。枝黄色至黄褐色，稍有棱，幼枝被毛，长枝上有刺。偶数羽状复叶，小叶6-8(-10)对，倒卵形或卵状长圆形，长5-10(-12)mm，先端圆或微凹，具短刺尖，基部楔形或近圆形，全缘，两面贴生丝状毛；叶轴密被毛，小叶柄极短，被毛。花单生或2-3朵集生；花梗上部有关节，密被毛；萼筒状钟形或钟形，稍斜，被毛，萼齿广三角形，边缘密生短柔毛；花冠黄色，旗瓣广卵形，具短爪，翼瓣长圆形，具尖耳和爪，龙骨瓣基部具钝圆耳和长爪；二体雄蕊；子房无毛或稍有毛。荚果扁，长圆形，先端渐尖，无毛。花期6-7月，果期8-9月。

生于沙丘及干山坡。

产地：吉林省大安，辽宁省朝阳、义县、葫芦岛、绥中、凌源、建平、大连、长海，内蒙古海拉尔、满洲里、新巴尔虎右旗、扎鲁特旗、翁牛特旗、赤峰、通辽、克什克腾旗。

分布：中国（吉林、辽宁、内蒙古、河北、陕西、甘肃），蒙古，俄罗斯。

为我国东北、华北、西北地区水土保持和固沙造林的重要灌木。可作观赏树种。嫩枝叶可作饲料。

358 红花锦鸡儿

Caragana rosea Turcz. ex Maxim.

落叶灌木，高约1m。枝栗褐色，无毛。假掌状复叶，叶轴短，先端为针刺状，小叶4，上面一对较大，近革质，倒卵状匙形，长7-30mm，宽4-10mm，先端圆形、截形或微凹，基部楔形，有小刺尖；托叶成针刺状。花单生；花梗中下部有关节，通常于中下部有一关节，被毛；萼筒状钟形，萼齿三角形，表面疏被短毛，边缘毛较密；花冠黄色，带堇色或浅红色，凋谢时变红紫色，旗瓣倒卵形，基部渐狭成楔形，翼瓣长圆形，基部具长爪，龙骨瓣亦具长爪；子房线形，无毛。荚果稍扁圆筒形，先端尖，无毛。花期4-6月，果期6-7月。

生于山坡草地、沟谷。

产地：辽宁省北镇、黑山、兴城、绥中、建平、建昌、凌源、大连、宽甸，内蒙古喀喇沁旗、宁城、赤峰、翁牛特旗。

分布：中国（辽宁、内蒙古、河北、山西、陕西、甘肃、山东、江苏、浙江、河南、四川）。

种内变化：长爪红花锦鸡儿［*Caragana rosea* Turcz. ex Maxim. var. *longiunguiculata* (C. W. Chang) Liou f.］与原变种的区别在于花较大，花冠长25mm，花梗关节在中部以下。

359 豆茶决明 山扁豆

Cassia nomame (Sieb.) Kitag.

一年生草本，高30-50(-60)cm。茎直立，多分枝或单一。偶数羽状复叶，小叶8-28对，线状长圆形，长5-8mm，先端锐尖或稍尖，全缘；托叶披针形或狭披针形。花腋生；花梗长5-8mm；花萼5深裂，裂片披针形，锐尖，被毛；花瓣5，黄色，倒卵形、广倒卵形或倒卵状楔形；雄蕊4，花药长圆形。荚果扁平，线状长圆形，被毛，开裂。种子扁，近菱形。花期7-8月，果期8-9月。

生于向阳山坡草地、河边及荒地。

产地：吉林省集安，辽宁省西丰、清原、新宾、沈阳、本溪、桓仁、宽甸、凤城、丹东、岫岩、普兰店、庄河、大连、锦州、葫芦岛、瓦房店、鞍山、长海、抚顺、兴城。

分布：中国（吉林、辽宁、河北、山东），朝鲜半岛，日本。

可驱虫。果实及地上部分入药，主治水肿、肾炎、慢性便秘、咳嗽及痰多等症。可代茶用。

360 野百合

Crotalaria sessiliflora L.

一年生草本，高 20-50cm。茎直立，分枝，被白色伏毛。叶长圆状披针形，长 2.5-6cm，宽 5-8（-10）mm，先端锐尖或稍尖，基部近圆形或近楔形，全缘，表面疏被毛或近无毛，背面密被伏毛；叶柄极短；托叶丝状线形，被长绢毛。总状花序顶生；花无梗或近无梗，下垂；苞片线形或线状披针形；花萼二唇形，密被黄褐色毛；花冠蓝色，旗瓣近圆形，先端微凹，基部具短爪，翼瓣长圆状倒卵形，龙骨瓣先端渐狭成喙；雄蕊 10。荚果卵状椭圆形，下垂，黑褐色，无毛。种子多数。花果期 5-6 月。

生于山坡草地。

产地：吉林省集安，辽宁省桓仁、宽甸、凤城、丹东、普兰店、庄河、大连、本溪、鞍山、营口、抚顺、开原、北镇。

分布：中国（吉林、辽宁、华北、华东、华中、华南、西南），朝鲜半岛，日本，缅甸，印度，菲律宾，马来西亚。

全草入药，有消肿之功效。

361 东北山蚂蝗

Desmodium fallax Schindl. var. **mandshuricum** (Maxim.) Nakai

多年生草本，高 70-100cm。根状茎木质化；茎直立。羽状复叶，小叶 3，卵形或菱状卵形，长 4-10cm，宽 2.5-5cm，顶生小叶较大，先端渐尖或稍带尾状尖，基部广楔形或近圆形，全缘。圆锥花序顶生及腋生；花萼漏斗状，萼齿短宽；花冠蔷薇色，旗瓣近圆形，基部具短爪，翼瓣长圆形，龙骨瓣稍宽短，具爪；雄蕊 10，合生成单体；子房线形。荚果扁，具 1-2 节，荚节近半倒卵形，表面被短毛。花期 7-8 月，果期 8-9 月。

生于林缘、疏林下及灌丛。

产地：吉林省安图、抚松、临江、集安、柳河、辉南、靖宇、梅河口、长白、珲春，辽宁省清原、本溪、桓仁、北镇。

分布：中国（吉林、辽宁），朝鲜半岛，日本，俄罗斯。

为家畜饲料。全草入药，有祛风、活血及止痢之功效。

362 羽叶山蚂蝗

Desmodium oldhamii Oliv

多年生草本，高约1.2m。根状茎木质，较粗壮；茎直立，圆柱形。奇数羽状复叶，小叶5-7，卵状椭圆形，长6-14cm，宽4-6cm，先端渐尖或具短尾尖，基部楔形，全缘，表面及边缘有毛；叶柄长，被毛；托叶小，近披针形。圆锥花序顶生；花轴密被短毛；花萼广钟形，被毛；花冠紫红色，旗瓣近圆形，先端微凹，具短爪，翼瓣及龙骨瓣近圆形，具短爪；雄蕊10，合生成单体；子房线形。荚果扁，2节，荚节成三角形或半倒卵形，表面被短柔毛。花期7-8月，果期8-9月。

生于杂木林下、灌丛及多石质山坡。

产地：吉林省吉林、集安、靖宇、梅河口、龙井、通化，辽宁省本溪、桓仁、岫岩、凤城、庄河、鞍山。

分布：中国（吉林、辽宁、陕西、江苏、浙江、福建、江西、湖北、湖南），朝鲜半岛，日本，俄罗斯。

为家畜饲料。全草入药，有祛风、活血及止痢之功效。

363 山皂荚 山皂角 皂荚树

Gleditsia japonica Miq.

落叶乔木，高达10m。树皮黑灰色，幼时平滑，老时粗糙，有裂口。小枝绿褐色至赤褐色，有光泽，枝上分枝，红褐色。叶互生，短枝上叶簇生，偶数羽状复叶，新枝上叶2回羽状复叶，小叶6-8对，歪卵状长圆形，长2-6cm，宽10-20mm，先端钝或微凹，基部斜广楔形，边缘有浅圆锯齿或近全缘。花单性，雌雄异株，总状花序顶生或腋生，总花梗极短，似穗状花序；雄花萼钟状，4深裂，裂片披针形，两面被粗毛，花瓣4，雄蕊8；雌花花萼及花瓣均与雄花相似，仅8枚雄蕊退化；子房无毛，柱头头状2裂。荚果带状扁平，暗赤褐色，平滑有光泽，不规则旋扭状。种子近圆形，深棕色。花期5-6月，果期6-10月。

生于山坡林中、沟谷及路旁，海拔2500m以下。

产地：吉林省公主岭、集安，辽宁省沈阳、抚顺、新宾、鞍山、本溪、凤城、宽甸、桓仁、丹东、大连、庄河、岫岩、北镇、绥中。

分布：中国（吉林、辽宁、河北、山东、江苏、安徽、浙江、江西、湖南），朝鲜半岛，日本。

可作绿化树种。荚果煎汁可代肥皂，宜洗涤丝绸、毛织品。果荚入药，有祛痰、利尿及杀虫之功效。枝刺入药，有活血之功效，可治疮癣等症。种子入药，可治癣、便秘等症。

364 皂荚 皂角

Gleditsia sinensis Lam.

落叶乔木，高30m。枝灰色至深褐色；刺粗壮，圆柱形，分枝，圆锥状。羽状复叶，小叶6-14，长卵形、长椭圆形至卵状披针形，长3-8cm，宽1.5-3.5cm，先端钝或渐尖，基部歪圆形或组成歪楔形，边缘有细锯齿。花杂性，组成总状花序，腋生或顶生，被短柔毛；花萼钟状，裂片4，披针形；花瓣4，黄白色；雄蕊6-8；子房沿缝线有毛。荚果带状，不扭转，微厚，黑棕色，被白色粉霜；果瓣革质，褐棕色或红褐色。种子长圆形或椭圆形，棕色，有光泽。花期5月，果期6-10月。

生于路旁、沟边、人家附近及向阳山坡。

产地：辽宁省有栽培。

分布：中国（辽宁、河北、山西、陕西、甘肃、山东、江苏、安徽、浙江、福建、河南、江西、湖南、湖北、广东、广西、四川、贵州、云南）。

木材可供车辆、家具等用。荚果煎汁可代皂。果荚、种子入药，有祛痰通窍之功效。枝刺入药，有消肿排脓、杀虫治癣之功效。

365 宽叶蔓豆

Glycine gracilis Skv.

一年生草本，全株密被淡黄色硬毛。茎粗壮，缠绕或匍匐，多分枝，长可达数米。羽状复叶，具3小叶，小叶卵形、卵状披针形或椭圆状披针形，长5-10cm，宽2-5cm，先端渐尖、稍尖或钝，基部圆形，全缘，两面疏被毛，背面密被毛。总状花序短，腋生，花小；花萼钟状，5裂，密被毛；花冠蓝色、淡紫色或白色；旗瓣近圆形，先端微凹，基部具短爪，翼瓣倒卵形，基部渐狭，具耳及爪，龙骨瓣小，翼瓣与龙骨瓣贴生；二体雄蕊；子房密被毛。荚果长圆形或稍呈镰形，两侧稍扁，被黄褐色毛，种子间缢缩。种子椭圆形或近球形。花期8月，果期9（-10）月。

生于田边、田间、路旁、沟边及人家附近。

产地：黑龙江省哈尔滨、大庆、尚志、宁安、依兰，吉林省安图、珲春、通化，辽宁省沈阳、铁岭、凤城、桓仁，内蒙古翁牛特旗。

分布：中国（黑龙江、吉林、辽宁、内蒙古）。

为营养丰富的饲料，亦为大豆育种的良好材料。

366 野大豆 落豆秧

Glycine soja Sieb. et Zucc.

一年生草本。茎缠绕，细弱，疏被褐色长毛。羽状复叶，小叶3，卵圆形、卵状椭圆形至狭卵形，长（2-）3-6cm，宽（1-）1.5-2.5（-3.5）cm，先端锐尖至钝圆，基部近圆形，全缘，两面被毛。总状花序腋生，花小；花梗密被黄色长硬毛；苞片披针形；花萼钟状，密被长毛，裂片5，三角状披针形，先端锐尖；花冠淡紫红色；旗瓣近圆形，先端微凹，基部具短爪，翼瓣歪倒卵形，有耳，龙骨瓣短小，密被长毛；花柱短，弯曲。荚果狭长圆形或近镰刀形，两侧稍扁，密被毛，种子间缢缩。种子椭圆形，褐色至黑褐色，百粒重1-2（-3）g。花期7-8月，果期8-10月。

生于潮湿的田边、沟边、河边、湖边、沼泽地、草甸、沿海岛屿、灌丛及芦苇丛。

产地：黑龙江省哈尔滨、尚志、鸡西、虎林、依兰、宁安、密山、勃利、黑河，吉林省安图、九台、吉林、珲春、蛟河，辽宁省大连、彰武、阜新、抚顺、桓仁、宽甸、凌源、营口、沈阳、长海、清原、铁岭、西丰、新宾，内蒙古科尔沁右翼前旗、科尔沁右翼中旗、乌兰浩特、科尔沁左翼中旗、阿鲁科尔沁旗、巴林右旗、克什克腾旗、敖汉旗、翁牛特旗、喀喇沁旗、宁城。

分布：中国（黑龙江、吉林、辽宁、内蒙古、河北、陕西、甘肃、山东、安徽、湖北、湖南、四川），朝鲜半岛，日本，俄罗斯。

茎叶、油粕为优良饲料。种子富含蛋白质、油脂，可食用，亦可榨油。种子入药，有强壮利尿、平肝敛汗之功效。

367 山岩黄耆

Hedysarum alpinum L.

多年生草本，高 40-120cm。根粗壮。茎直立。奇数羽状复叶，小叶 13-15，卵状长圆形或狭椭圆形，长 13-34mm，宽 4-10mm，先端圆形或稍尖，基部圆形或广楔形，全缘；托叶大，三角状披针形或近三角形，基部合生或中部以上合生，膜质，褐色。总状花序腋生，花红紫色；苞片线形；花萼短钟状，被短柔毛，萼齿 5，三角形至狭披针形；花冠红紫色，旗瓣长倒卵形，先端微凹，翼瓣稍短，龙骨瓣长；子房线形，无毛。荚果有（1-）2-3（-4）荚节，荚节近扁平，椭圆形至狭倒卵形，两面具网状脉纹，无毛。花期 7-8 月，果期 9-10 月。

生于湿草地、河边、草甸及林下。

产地：黑龙江省漠河、呼玛，内蒙古额尔古纳、鄂伦春旗、扎鲁特旗、根河、牙克石、陈巴尔虎旗、鄂温克旗、科尔沁右翼前旗、阿鲁科尔沁旗、巴林右旗、克什克腾旗。

分布：中国（黑龙江、内蒙古），朝鲜半岛，蒙古，俄罗斯。

为蜜源植物。可作饲料。

368 花木蓝

Indigofera kirilowii Maxim. ex Palibin

落叶小灌木，高 20-60cm。枝灰褐色。奇数羽状复叶，长 7-16cm，小叶 7-11，卵形、卵状椭圆形或近圆形，长 1.5-5cm，宽 6-33mm，先端圆形，具小刺尖，基部广楔形或圆形，表面绿色，两面散生“丁”字毛，背面灰绿色；叶柄长 1-3cm，无毛。总状花序腋生；花梗短；花萼杯状，很短，先端 5 裂，裂片披针形；花冠粉红色，旗瓣倒卵形，先端圆，基部渐狭成短爪，翼瓣长圆形，先端稍圆，龙骨瓣较翼瓣宽，先端尖，基部渐狭；雄蕊 10，二体雄蕊；子房线形，无毛。荚果圆柱形，褐色至赤褐色，光滑无毛，成熟时沿缝线开裂。种子长圆形。花期 5-6 月，果期 8-10 月。

生于向阳山坡、岩石缝、灌丛及疏林中。

产地：吉林省梅河口、集安，辽宁省凌源、朝阳、阜新、建平、北镇、义县、西丰、鞍山、盖州、葫芦岛、大连、凤城、铁岭，内蒙古敖汉旗。

分布：中国（吉林、辽宁、内蒙古、河北、山西、山东、江苏、浙江、河南、江西、湖北），朝鲜半岛。

可作观赏树种。根可供编织用。亦可作饲料。

369 短萼鸡眼草

Kummerowia stipulacea (Maxim.) Makino

一年生草本，高 7-15cm。茎伏卧，上升或直立，多分枝，茎及枝疏被向上的细刚毛。掌状复叶，小叶 3，倒卵形、广倒卵形或倒卵状楔形，长 5-18mm，宽 3-12mm，先端微凹或近截形，侧脉密；叶柄短；托叶卵形，渐尖。花腋生；花梗有关节，被毛；花萼广钟形，萼齿广卵形或广椭圆形；花冠淡红紫色，旗瓣椭圆形，先端微凹，下部渐狭成爪，龙骨瓣较长。荚果椭圆形，稍侧扁、两面凸，先端圆形，具微小刺尖，表面被细毛。花期 7-8 月，果期 8-9（-10）月。

生于路边湿草地、山坡草地、固定或半固定沙丘及河边草地。

产地：黑龙江省哈尔滨、依兰、黑河、萝北，吉林省扶余、九台、吉林、和龙、安图、珲春、桦甸、临江、通化，辽宁省凌源、锦州、庄河、喀左、葫芦岛、彰武、沈阳、新宾、建平、桓仁、大连、新民、丹东、西丰、抚顺，内蒙古鄂伦春旗、扎兰屯、科尔沁右翼前旗、阿鲁科尔沁旗、巴林右旗、翁牛特旗、赤峰、敖汉旗、喀喇沁旗、宁城。

分布：中国（黑龙江、吉林、辽宁、内蒙古、河北、山西、陕西、甘肃、山东、江苏、浙江、安徽、河南、江西），朝鲜半岛，日本，俄罗斯。

为家畜喜食的牧草，亦为水土保持和绿肥植物。全草入药，可治子宫脱垂、脱肛等症。

370 鸡眼草 掐不齐

Kummerowia striata (Thunb.) Schindl.

一年生草本，高（5-）10-30cm。茎直立，斜升或近伏卧，多分枝，茎及枝被倒生毛。掌状复叶，小叶 3，倒卵形、长倒卵形或长圆形，长 6-22mm，宽 3-8mm，先端圆形，基部近圆形或广楔形，全缘，侧脉密，两面沿中脉及边缘被白色刚毛；托叶大，膜质，比叶柄长，广卵形或近卵形，渐尖，边缘有纤毛。花腋生；花梗有关节；花萼带紫色，钟状，5 齿裂，萼齿广卵形；花冠淡红紫色，旗瓣椭圆形，下部渐狭成爪，龙骨瓣稍长，翼瓣比龙骨瓣稍短。荚果稍侧扁，近圆形或椭圆形，先端锐尖，被细毛，表面有网纹。花期 7-9 月，果期 8-10 月。

生于山坡草地、路旁、田边、林缘及林下。

产地：黑龙江省尚志、虎林、密山、依兰、哈尔滨、萝北，吉林省九台、安图、珲春、蛟河、临江，辽宁省凤城、新宾、庄河、彰武、鞍山、沈阳、桓仁、大连、西丰、清原、丹东、本溪，内蒙古科尔沁左翼后旗。

分布：中国（黑龙江、吉林、辽宁、内蒙古、河北、江苏、福建、湖北、湖南、四川、贵州、云南），朝鲜半岛，日本。

可作饲料和绿肥。全草入药，有利尿通淋、解热止痢之功效，可治风疹等症。

371 大山黧豆 大豆花 野豌豆

Lathyrus davidii Hance

多年生草本，高 80-150cm。茎圆柱状，近直立或上升，稍攀援。偶数羽状复叶，小叶（2-）3-4（-5）对，卵形或椭圆形，先端钝或圆，基部圆形或广楔形，具短刺尖，全缘，长 4-10（-12）cm，宽 1.7-6（-8）cm，背面带苍白色；茎下部叶叶轴先端多有卷须或长刺；茎上部叶叶轴先端具分歧卷须；托叶大，半箭头形，全缘或下缘稍有锯齿。总状花序腋生，具花 10 朵，有时花轴分枝，具多数花；花梗与萼近等长；花萼钟形，萼齿 5，上萼齿三角形，下萼齿狭三角形至锥形；花冠黄色，旗瓣长圆形或倒卵状长圆形，中上部微缢缩，翼瓣与旗瓣近等长，有细长稍弯的瓣爪，龙骨瓣稍短，具长瓣爪；子房线形，无毛。荚果线形，两面膨胀，无毛，成熟时果瓣裂开扭卷。种子褐色，近圆形。花期 5 月下旬至 7 月上旬，果期 8-9 月。

生于林缘、疏林下、灌丛、山坡草地及溪流旁。

产地：黑龙江省宝清、宁安、东宁、尚志、勃利、密山、伊春，吉林省安图、珲春、临江、抚松、靖宇、汪清，辽宁省桓仁、凌源、兴城、新宾、朝阳、义县、北镇、西丰、法库、铁岭、清原、沈阳、抚顺、本溪、鞍山、凤城、丹东、庄河、大连、瓦房店，内蒙古牙克石、敖汉旗。

分布：中国（黑龙江、吉林、辽宁、内蒙古、河北、山西、陕西、甘肃、山东、河南），朝鲜半岛，日本，俄罗斯。

为优良饲料及绿肥植物。与禾本科牧草混播可试用于改良草场。嫩茎叶可作野菜。

372 三脉山黧豆

Lathyrus komarovii Ohwi

多年生草本，高40-70cm。根状茎细长，横走；茎直立，单一，有时分枝，有狭翼。偶数羽状复叶，小叶（2-）3-5对，叶轴有狭翼，末端短刺状，小叶质薄，长圆形、椭圆形或披针形，先端渐尖或锐尖，具短刺尖，基部楔形或广楔形，全缘；叶柄比托叶稍短至稍长；托叶箭头状，全缘，有时稍有锯齿。总状花序腋生，具花3-8朵，总花梗通常比叶短；花梗短，基部有鳞片状苞片；花萼钟状，上萼齿三角状，下萼齿披针形；花冠紫色或红紫色，旗瓣倒卵形，中部缢缩，先端微凹，翼瓣比旗瓣稍短，具细长爪，龙骨瓣最短，亦具细长爪；子房线形，无毛。荚果线形，黑褐色。种子近球形。花期5-6月，果期6-8月。

生于山坡草地、林缘、路旁及草甸。

产地：黑龙江省宁安、伊春、密山、虎林、饶河、呼玛、黑河、嘉荫，吉林省安图、汪清、敦化、临江，辽宁省本溪，内蒙古鄂伦春旗、额尔古纳。

分布：中国（黑龙江、吉林、辽宁、内蒙古），朝鲜半岛，俄罗斯。

可作饲料。

373 东北山黧豆

Lathyrus vaniotii Lévl.

多年生草本，高 40-70cm。根状茎细长横走；茎直立，上部呈“之”字形弯曲。偶数羽状复叶，叶轴末端短刺状，最下部叶小叶（2-）3 对，披针形或线状披针形，两端渐狭，长 2.5-4.5cm，宽 4-12mm，中上部叶小叶 3-5 对，卵形或长卵形，先端渐尖、锐尖或钝，基部楔形、广楔形至圆形，长 3.5-7cm，宽 1-3cm，全缘，先端具刺尖；托叶狭半箭头形、线形或线状披针形，渐尖。总状花序腋生，具花 4-8 朵；花梗短；花萼钟形至筒状钟形，上萼齿三角状，下萼齿锥形，较长；花冠紫红色或红紫色，旗瓣中部缢缩，近圆形，顶端微凹，爪近长圆形，翼瓣比旗瓣稍短，龙骨瓣与翼瓣近等长，皆有细长瓣爪；子房线形。荚果未见。花期 5-6 月。

生于阔叶林下、林缘及草地。

产地：黑龙江省哈尔滨、尚志，辽宁省鞍山、本溪、凤城、桓仁。

分布：中国（黑龙江、辽宁），朝鲜半岛。

可作青饲料，牛喜食。

374 胡枝子

Lespedeza bicolor Turcz.

落叶灌木，高 1-3m。茎多分枝。小枝黄色或暗褐色，疏被毛。三出复叶，小叶卵形、卵状长圆形或倒卵形，长 1.5-6cm，宽 1-3.5cm，先端钝圆或微凹，具短刺尖，基部近圆形或广楔形，全缘，具长柄；托叶 2，线状披针形。总状花序腋生，常呈大型较疏松的圆锥花序；总花梗长，小花梗短，密被毛；苞片卵形、先端钝圆或稍尖，黄褐色，被短柔毛；花萼 4 裂，裂片卵形至卵状披针形，被白毛；花冠红紫色，旗瓣倒卵形，先端微凹，翼瓣较短，近长圆形，基部具耳和爪，龙骨瓣先端钝，基部具长爪。荚果歪倒卵形，稍扁，表面具网纹，密被柔毛。花期 7-9 月，果期 9-10 月。

生于山坡灌丛、林缘、路旁及杂木林中，海拔 1000m 以下。

产地：黑龙江省北安、鸡西、萝北、虎林、密山、塔河、饶河、集贤、哈尔滨、尚志、黑河、逊克、宁安、伊春，吉林省安图、临江、吉林、九台、抚松、靖宇、珲春、长白、敦化、汪清，辽宁省彰武、大连、北镇、庄河、西丰、凌源、清原、建昌、开原、海城、新宾、岫岩、喀左、盖州、丹东、瓦房店、绥中、沈阳、营口、普兰店、长海、法库、本溪、阜新、凤城、桓仁、鞍山，内蒙古牙克石、科尔沁右翼前旗、扎赉特旗、翁牛特旗、宁城。

分布：中国（黑龙江、吉林、辽宁、内蒙古、河北、山西、陕西、甘肃、山东、安徽、江苏、浙江、福建、河南、湖南、广东、广西、台湾），朝鲜半岛，日本，蒙古，俄罗斯。

种子榨油可供食用或作机器润滑油。叶可代茶，可作绿肥及饲料。根入药，有清热解毒之功效，可治疮疖、蛇咬伤等症。

375 短梗胡枝子

Lespedeza cyrtobotrya Miq.

落叶灌木，高 1-3m。茎多分枝。小枝褐色或灰褐色，疏被伏柔毛。三出复叶，小叶广卵形、卵状椭圆形或倒卵形，长 1.5-4.5cm，宽 1-3cm，先端圆或微凹，具小刺尖，基部圆形，侧小叶较小；托叶 2，线状披针形，暗褐色。总状花序腋生；总花梗短缩，密被白毛，小花梗短，被白毛；苞片小，卵形，渐尖，暗褐色；花萼筒状钟形，4 裂，裂片披针形，先端渐尖，密被毛；花冠红紫色，旗瓣倒卵形，先端圆或微凹，翼瓣长圆形，先端圆，基部具长爪，龙骨瓣先端钝，基部具耳和长爪。荚果斜卵形，稍扁，具脉纹，密被毛。花期 7-8 月，果期 9 月。

生于山坡灌丛、杂木林中。

产地：吉林省集安、长春，辽宁省西丰、彰武、抚顺、沈阳、长海、岫岩、宽甸、凤城、丹东、盖州、兴城、大连、庄河、普兰店。

分布：中国（吉林、辽宁、河北、山西、陕西、甘肃、浙江、福建、河南、江西、湖北、广东、四川），朝鲜半岛，日本，俄罗斯。

可作牧草。枝条可供编织之用。

376 兴安胡枝子 达呼尔胡枝子 毛果胡枝子

Lespedeza davurica (Laxm.) Schindl.

落叶小灌木，高达 1m。茎单一或簇生。老枝黄褐色至赤褐色，被短柔毛或无毛；幼枝绿褐色，被白色短毛。三出复叶，小叶长圆形或狭长圆形，长 2-5cm，宽 5-16mm，先端圆形或微凹，有小刺尖，基部圆形，表面无毛，背面伏生短柔毛；叶柄长，顶生小叶有柄；托叶 2，线形。总状花序腋生；总花梗密被短柔毛；苞片披针状线形，被毛；花萼 5 深裂，被白毛，萼片披针形，先端长渐尖，刺毛状；花冠白色或黄白色，旗瓣长圆形，中央稍带紫色，翼瓣长圆形，先端钝，龙骨瓣先端圆形；闭锁花生于叶腋，结实。荚果小，包于萼内，倒卵形或长倒卵形，长 3-4mm，宽 2-3mm，先端有刺尖，基部稍狭，两面凸起，被毛。花期 7-8 月，果期 9-10 月。

生于向阳山坡草地、路旁及沙土地。

产地：黑龙江省呼玛、安达、哈尔滨、密山、肇东、依兰、萝北，吉林省安图、吉林、通榆、长春、九台、珲春、镇赉，辽宁省西丰、法库、彰武、凌源、喀左、建昌、建平、北镇、兴城、绥中、大连、抚顺、沈阳、本溪、新民，内蒙古扎兰屯、陈巴尔虎旗、新巴尔虎左旗、新巴尔虎右旗、科尔沁右翼前旗、额尔古纳、海拉尔、满洲里、阿荣旗、鄂温克旗、翁牛特旗、扎赉特旗、科尔沁左翼后旗、阿鲁科尔沁旗、巴林左旗、巴林右旗、林西、克什克腾旗、扎鲁特旗、宁城、科尔沁右翼中旗。

分布：中国（黑龙江、吉林、辽宁、内蒙古、河北、山西、陕西、山东、江苏、安徽、河南、湖北、四川、云南），朝鲜半岛，日本，俄罗斯。

全草入药，有解表散寒之功效，主治感冒发烧、咳嗽等症。

377 尖叶胡枝子

Lespedeza juncea (L. f.) Pers.

落叶小灌木，高达 1m，全株被伏毛。分枝或上部分枝呈扫帚状。三出复叶，小叶披针形、长圆状披针形或倒披针形，长 0.5-3.5cm，宽 3-7mm，先端稍尖或稍钝，有小刺尖，基部渐狭，边缘稍内卷，表面近无毛，背面密被伏毛；叶柄长；托叶线形。总状花序腋生，有长梗；苞片卵状披针形或狭披针形；花萼狭钟形，5 深裂，裂片披针形，先端锐尖，被白色伏毛；花冠白色或淡黄色，旗瓣基部带紫斑，龙骨瓣先端带紫色，旗瓣与龙骨瓣、翼瓣近等长，有时旗瓣较短；闭锁花簇生于叶腋，近无梗，结实。荚果广卵形，两面被白色伏毛。花期 7-8 月，果期 9-10 月。

生于山坡灌丛。

产地：黑龙江省呼玛、伊春、安达、密山、宁安、肇东、依兰、萝北、东宁、哈尔滨、克山，吉林省九台、通榆、长春、吉林、镇赉、长白、临江、和龙、珲春、抚松，辽宁省西丰、开原、铁岭、法库、普兰店、锦州、北镇、彰武、朝阳、建平、凌源、建昌、葫芦岛、沈阳、清原、新宾、抚顺、鞍山、庄河、瓦房店、大连、桓仁，内蒙古扎兰屯、新巴尔虎左旗、新巴尔虎右旗、海拉尔、科尔沁右翼前旗、科尔沁右翼中旗、扎赉特旗、科尔沁左翼后旗、巴林右旗、林西、克什克腾旗、宁城、翁牛特旗、扎鲁特旗、喀喇沁旗、敖汉旗、额尔古纳、根河、鄂伦春旗、牙克石、鄂温克旗。

分布：中国（黑龙江、吉林、辽宁、内蒙古、河北、山西、甘肃、山东），朝鲜半岛，日本，蒙古，俄罗斯。

378 绒毛胡枝子 山豆花

Lespedeza tomentosa (Thunb.) Sieb. ex Maxim.

落叶灌木，高达1m，全株密被黄褐色绒毛。茎直立，单一或上部分枝。三出复叶，小叶质厚，椭圆形或卵状长圆形，长3-6cm，宽1.5-3cm，先端钝或微凹，有小刺尖，基部圆或微心形，边缘稍反卷，表面被短伏毛，背面密被黄褐色绒毛，沿脉密被黄褐色毛；叶柄长，顶生小叶柄较长，侧生小叶无柄；托叶线形。总状花序顶生或腋生；总花梗粗壮，花梗短；苞片线状披针形，被毛；花萼5深裂，裂片狭披针形，先端长渐尖；花冠黄色或黄白色，旗瓣椭圆形，翼瓣长圆形；闭锁花生于上部叶腋，簇生成球状，结实。荚果倒卵形，先端具短尖，密被毛。花期7-9月，果期9-10月。

生于向阳山坡草地、灌丛，海拔1000m以下。

产地：吉林省集安、九台，辽宁省西丰、开原、法库、阜新、朝阳、建昌、北镇、葫芦岛、普兰店、清原、营口、桓仁、绥中、沈阳、抚顺、本溪、丹东、鞍山、庄河、大连，内蒙古巴林右旗、敖汉旗、宁城。

分布：中国（全国广布），朝鲜半岛，日本，俄罗斯。

可作饲料及水土保持植物。根入药，有健脾补虚之功效，可治虚痨、虚肿等症。

379 榱槐

Maackia amurensis Rupr. et Maxim.

落叶乔木，高达 15m。树皮幼时淡绿褐色，后暗灰色。枝灰褐色。奇数羽状复叶，小叶椭圆形、椭圆状卵形或倒卵形，长 3-8cm，宽 1.5-5cm，先端短渐尖，基部广楔形；小叶柄短，上面具深沟。总状或复总状花序顶生，花密集，花序轴被短绒毛；花梗长；花萼钟形，5 浅裂；花冠白色，旗瓣卵状长圆形，先端圆，基部有两个耳及爪，翼瓣长圆形，基部具小耳和长爪，龙骨瓣倒卵状长圆形，基部具弯曲的耳和爪；雄蕊 10；子房线状长圆形，被毛。荚果扁平，线状长圆形，褐色，沿缝线开裂。种子长圆形，红黄色。花期 6-7 月，果期 9-10 月。

生于山坡林中、林缘。

产地：黑龙江省宁安、孙吴、萝北、伊春、密山、集贤，吉林省安图、临江、抚松、和龙、汪清、长白、蛟河、公主岭、敦化、珲春，辽宁省凌源、桓仁、盖州、宽甸、绥中、抚顺、沈阳、本溪、庄河、丹东、岫岩、北镇、清原、西丰、铁岭。

分布：中国（黑龙江、吉林、辽宁、河北、山东），朝鲜半岛，俄罗斯。

树皮、叶含单宁。种子可榨油。木材可供建筑、家具等用。

380 苜蓿 紫苜蓿

Medicago sativa L.

多年生草本，高 30-100cm。主根粗长。根状茎粗壮；茎直立或斜卧，多分枝。羽状复叶，小叶 3，长圆状倒卵形、倒卵形或倒披针形，长 10-30mm，上部较宽，下部渐狭，全缘；托叶锥形或狭披针形，锐尖，长 7-14mm，下部与叶柄合生。总状花序腋生，花较密集（近头状）；花梗较短；苞片小，线状锥形；花萼筒状钟形，萼齿锥形或狭三角形；花冠蓝紫色或紫色，旗瓣长倒卵状，翼瓣及龙骨瓣具爪，翼瓣具较长的耳部。荚果呈螺旋状卷曲，表面被毛。种子小，褐色。花期 5-7 月，果期 6-8 月。

生于田边、路旁、荒地、草原、河边及沟谷。

产地：各地栽培并逸生。

分布：中国引种栽培并逸生，原产欧洲。

为优良牧草，亦可作水土保持和绿肥植物。

381 白花草木犀

Melilotus albus Desr.

一年生或二年生草本，高达1m，全株有香草气味。茎直立，圆柱形，中空。羽状复叶，小叶3，长圆形、卵状长圆形或倒卵状长圆形，长1.5-3cm，宽0.6-1.1cm，先端钝或圆，基部楔形，边缘具疏锯齿；托叶锥形或线状披针形。总状花序腋生，花多数，稍密生；花萼钟状，5齿裂；花冠白色，旗瓣椭圆形，先端微凹或近圆形，翼瓣比旗瓣短，比龙骨瓣稍长或近等长；子房无柄。荚果小，椭圆形或近长圆形，黄褐色至黑褐色，表面具网纹。花期7-8月，果期8-9月。

生于田边、路旁及荒地。

产地：黑龙江省哈尔滨、佳木斯、萝北、密山、宁安、肇东，吉林省汪清、永吉、安图，辽宁省大连、丹东、辽阳、凌源、西丰、桓仁，内蒙古赤峰、鄂伦春旗、科尔沁右翼前旗、科尔沁左翼后旗、克什克腾旗、翁牛特旗。

分布：中国（黑龙江、吉林、辽宁、内蒙古、河北、陕西、甘肃、四川），原产欧洲和西亚。

为家畜重要饲料，也可作水土保持及绿肥植物。茎皮纤维可作为造纸及人造棉原料。茎、叶可提取芳香油，用作烟草香料。荚果入药，有清热解毒之功效。

382 草木犀 野苜蓿

Melilotus suaveolens Ledeb.

一年生或二年生草本，高达 1m。茎直立，多分枝。羽状复叶，小叶 3，倒卵形、长圆形或倒披针形，长 1.5-2.7cm，宽 0.4-0.7cm，先端钝，基部楔形或近圆形，边缘具不整齐疏锯齿；托叶线形或线状披针形。总状花序细长，腋生，多花；花萼钟状，5 齿裂；花冠黄色，旗瓣椭圆形，先端圆或微凹，基部楔形，翼瓣比旗瓣短，与龙骨瓣近等长；子房卵状长圆形。荚果小，球形或卵形，近黑色，表面具网纹。花期 6-8 月，果期 7-10 月。

生于河边湿草地、林缘、路旁及荒地。

产地：黑龙江省密山、萝北、哈尔滨、宁安、尚志、北安、佳木斯、伊春、呼玛、安达，吉林省安图、和龙、汪清、珲春、临江、镇赉、九台，辽宁省凌源、彰武、岫岩、锦州、沈阳、鞍山、桓仁、本溪、大连、开原、新宾、清原、长海、西丰、瓦房店，内蒙古翁牛特旗、扎鲁特旗、根河、鄂伦春旗、额尔古纳、鄂温克旗、科尔沁左翼后旗、赤峰、阿鲁科尔沁旗、宁城、科尔沁右翼前旗、海拉尔、满洲里、通辽。

分布：中国（黑龙江、吉林、辽宁、内蒙古、河北、山西、陕西、甘肃、宁夏、四川、云南、西藏），朝鲜半岛，蒙古，俄罗斯；中亚。

花多且花期较长，为蜜源植物。亦可作饲料。茎叶含有芳香油，可作为调制香精的原料，尤其用作调制烟草香精。茎皮纤维可用作造纸原料及人造棉原料。

383 硬毛棘豆 毛棘豆

Oxytropis hirta Bunge

多年生草本，高 20-24（-50）cm，全株被开展长硬毛。无地上茎。叶基生，奇数羽状复叶，长 15-20cm，小叶 4-9 对，卵状披针形，长 1.5-5（-8）cm，宽 0.4-3.5cm，顶生小叶最大，下部小叶渐小，基部圆形，先端尖或钝，边缘具缘毛；托叶与叶柄基部合生，膜质，被毛。总状花序多花，密集成穗状；总花梗粗壮，花梗极短或无梗；苞片披针形或线状披针形；花萼筒状或近筒状钟形，密被毛，萼齿线形；花冠黄白色，旗瓣匙状倒卵形，先端近圆形，基部渐狭成爪，翼瓣与旗瓣近等长，龙骨瓣较短，先端具喙；子房密被白毛。荚果长卵形，包于花萼内，密被毛，熟后裂开，具假隔膜，不完全 2 室，先端具短喙。花期 6-7 月，果期 7-8 月。

生于向阳山坡草地。

产地：黑龙江省安达，吉林省双辽、乾安、前郭尔罗斯，辽宁省凌源、建平、北镇、阜新、沈阳、法库、凤城、兴城、盖州，内蒙古科尔沁右翼前旗、海拉尔、鄂温克旗、鄂伦春旗、阿荣旗、巴林左旗、通辽、新巴尔虎右旗、扎鲁特旗、扎兰屯、科尔沁右翼中旗、克什克腾旗、扎赉特旗、乌兰浩特、巴林右旗。

分布：中国（黑龙江、吉林、辽宁、内蒙古、河北、山西、甘肃、山东），蒙古，俄罗斯。

地上部分入药，有杀“黏”、清热及愈伤之功效，主治瘟疫、丹毒、腮腺炎、阵刺痛、肠刺痛、脑刺痛、麻疹、创伤、抽筋、月经过多、吐血及咯血等症。

384 多叶棘豆 狐尾藻棘豆

Oxytropis myriophylla (Pall.) DC.

多年生草本，高20-30cm，全株被白色或黄白色长柔毛。无地上茎。叶为具轮生小叶的复叶，小叶25-32轮，每轮（4-）6-8（-10），线状披针形，长5-20mm，宽约1.5mm，先端渐尖，基部圆形，干后边缘反卷，两面被毛；小叶无柄；托叶卵状披针形，与叶柄合生，仅先端分离，膜质，密被毛。总花梗直立，总状花序生于总花梗先端；花梗极短或近无梗；苞片披针形；花萼筒状，萼齿披针形；花冠淡红紫色，旗瓣长圆形，先端微凹，下部渐狭成爪，翼瓣稍短于旗瓣，龙骨瓣短于翼瓣，先端具喙，基部具长爪；子房线形，被毛。荚果披针状长圆形，膨胀，先端具长喙，表面密被毛，假隔膜厚，不完全2室。花期5-6月，果期7-8月。

生于草甸草原、干山坡及砂质地。

产地：吉林省前郭尔罗斯、镇赉，辽宁省彰武、铁岭、法库、建平，内蒙古乌兰浩特、扎鲁特旗、科尔沁左翼后旗、海拉尔、牙克石、额尔古纳、阿尔山、通辽、鄂温克旗、满洲里、科尔沁右翼中旗、突泉、鄂伦春旗、阿荣旗、陈巴尔虎旗、新巴尔虎左旗、新巴尔虎右旗、科尔沁右翼前旗、扎赉特旗、克什克腾旗、翁牛特旗、赤峰、巴林右旗。

分布：中国（吉林、辽宁、内蒙古、河北），蒙古，俄罗斯。

可作饲料。全草入药，有消肿、祛风湿之功效，主治流感、咽喉肿痛、痈疮肿毒及瘀血肿胀等症。

385 苦参

Sophora flavescens Ait.

落叶灌木或半灌木，高达1m。主根粗壮，圆柱形，横断面黄白色，味苦。茎上部分枝。幼枝疏被柔毛，后渐无毛。奇数羽状复叶，小叶11-19，卵状长圆形、长圆形、狭长圆形或近广披针形，长2.5-4cm，宽7-15mm，先端稍尖，基部圆形或广楔形，全缘；小叶柄短。总状花序顶生和腋生；花梗长；花萼斜钟状，5齿裂，短三角形；花冠淡黄色或黄白色，旗瓣匙形，翼瓣长圆形，无耳，具长爪，龙骨瓣具内弯的耳及长爪；雄蕊10；子房线状长圆形，被毛。荚果圆筒状，长4-10cm，两端长渐尖，种子间缢缩，呈不明显的念珠状，灰褐色，有光泽，稍被疏柔毛。花期6-7月，果期8-10月。

生于砂质地、干草原及山坡。

产地：黑龙江省哈尔滨、齐齐哈尔、虎林、肇东、宁安、密山、鸡西、安达、黑河、孙吴、嘉荫、鹤岗、萝北，吉林省吉林、双辽、通榆、白城、临江、珲春、汪清，辽宁省大连、彰武、瓦房店、西丰、义县、北镇、长海、丹东、法库、盖州、建平、葫芦岛、锦州、营口、庄河、喀左、凌源、清原、沈阳、绥中、桓仁、本溪、抚顺，内蒙古额尔古纳、根河、鄂伦春旗、牙克石、鄂温克旗、扎兰屯、科尔沁右翼前旗、扎赉特旗、科尔沁左翼后旗、扎鲁特旗、宁城、翁牛特旗、赤峰、科尔沁右翼中旗、乌兰浩特。

分布：中国（全国广布），朝鲜半岛，日本，俄罗斯。

种子可作农药。茎皮纤维可织麻袋。根入药，有清热解毒、抗菌消炎之功效。

386 野火球 红五叶

Trifolium lupinaster L.

多年生草本，高达60cm。根发达，常多分歧。茎直立，丛生，疏被毛。掌状复叶，小叶5，长圆形、倒披针形或线状长圆形，长3-5cm，宽（3-）5-12mm，先端稍尖或圆，基部渐狭，边缘具细齿牙；叶柄短；托叶膜质，鞘状，紧贴于叶柄上，且包茎。头状花序顶生和腋生，花多数；总花梗长；花萼钟状，萼齿锥形；花冠淡红色至红紫色，旗瓣椭圆形，基部稍狭，顶端钝，翼瓣长圆形，基部具稍内弯的耳及爪，龙骨瓣具短耳和长爪，先端突起；子房线状长圆形，内侧边缘常有毛。荚果线状长圆形，膜质，棕灰色。花果期6-9月。

生于湿草地、林缘、灌丛及草丛。

产地：黑龙江省哈尔滨、伊春、鹤岗、嘉荫、萝北、宁安、汤原、东宁、富锦、依兰、鸡西、佳木斯、北安、密山、黑河、呼玛，吉林省珲春、汪清、安图、和龙、抚松、吉林、长白，辽宁省沈阳、新民、彰武、西丰、新宾、海城，内蒙古科尔沁右翼前旗、科尔沁右翼中旗、牙克石、额尔古纳、阿尔山、通辽、海拉尔、满洲里、鄂温克旗、扎鲁特旗、克什克腾旗、巴林左旗、巴林右旗、阿鲁科尔沁旗、宁城。

分布：中国（黑龙江、吉林、辽宁、内蒙古、河北），朝鲜半岛，日本，蒙古，俄罗斯；中亚。

可作饲料及绿肥。全草入药，有镇静、止咳及止血之功效。

387 红车轴草

Trifolium pratense L.

多年生草本，高 30-50cm。茎直立或上升。掌状复叶，小叶 3，卵形或椭圆形，长 1.5-3.5cm，宽 0.7-2cm，先端圆或钝，基部广楔形，边缘有细锯齿，表面有白斑，两面及边缘疏生毛；叶有长柄，茎上部叶柄较短，被毛，小叶柄很短；托叶近卵形，贴生于叶柄上，基部抱茎，先端具芒尖。花多数，密集成头状顶生；无总花梗或总花梗很短，包于顶生叶托叶内；苞片卵状披针形；花萼钟状，具 5 齿，其中 1 齿较长；花冠紫红色，旗瓣近狭菱形，翼瓣长圆形，基部具内弯的耳及爪，龙骨瓣比翼瓣稍短；子房椭圆形，花柱丝状，细长。荚果小，卵形。花果期 5-9 月。

生于林缘、路旁及湿草地。

产地：各地栽培并逸生。

分布：中国吉林、辽宁、江苏、江西、浙江、安徽、华北栽培并逸生，原产欧洲，引种到世界各地。

为良好饲料、绿肥。种子含油。花序入药，有止咳、平喘及镇痉之功效。

388 白车轴草 白三叶

Trifolium repens L.

多年生草本，长30-60cm。茎匍匐，随地生根，无毛。掌状复叶，小叶3，倒卵形、广倒卵形或卵形，长8-12mm，宽8-18mm，先端微凹至圆形，基部楔形，边缘具细锯齿；叶柄长，小叶柄很短；托叶卵状披针形，先端尖。花多数，密集成近头状或球状花序，顶生；总花梗长；小苞片卵状披针形；花萼钟状，萼齿5，披针形；花冠白色、黄白色或淡粉红色，旗瓣椭圆形，先端圆形，基部具短爪，翼瓣比旗瓣显著短，比龙骨瓣稍长；子房线形，花柱长而稍弯。荚果线形。花果期5-10月。

生于湿草地、河边及路旁。

产地：各地广泛栽培。

分布：中国东北、华北、华东及西南地区有栽培，原产欧洲。

为优良的牧草，也可作绿肥。种子含油。全草入药，有清热、凉血及宁心之功效。

389 山野豌豆 透骨草 落豆秧

Vicia amoena Fisch. ex DC.

多年生草本，高 40-100cm。茎斜生或攀附，多分枝。偶数羽状复叶，小叶 4-6（-7）对，椭圆形、椭圆状披针形至长圆形，长 13-35（-40）mm，宽 6-12（-18）mm，先端圆形或微凹，具小刺尖，基部通常圆形，全缘；叶轴末端具分歧的卷须；托叶半箭头形或半边的戟形。总状花序腋生；花梗被毛；花萼短筒形，上萼齿较短，下萼齿较长；花冠红紫色、蓝紫色或蓝色，旗瓣倒卵形，先端微凹，翼瓣与旗瓣近等长，龙骨瓣较短，先端渐狭稍呈三角形。荚果长圆状菱形。花期 4-6 月，果期 4-10 月。

生于山坡草地、灌丛及林缘。

产地：黑龙江省呼玛、齐齐哈尔、黑河、伊春、鹤岗、萝北，吉林省安图、汪清、珲春、长春、九台、通榆、靖宇，辽宁省彰武、阜新、凌源、北镇、法库、沈阳、抚顺、昌图、开原、本溪、丹东、大连、长海，内蒙古科尔沁右翼前旗、科尔沁左翼后旗、扎鲁特旗、克什克腾旗、阿尔山、额尔古纳、海拉尔、通辽、牙克石、扎兰屯、宁城。

分布：中国（黑龙江、吉林、辽宁、内蒙古、河北、山西、陕西、甘肃、宁夏、青海、山东、江苏、安徽、河南、湖北、四川），朝鲜半岛，日本，蒙古，俄罗斯。

为家畜喜食的饲料。茎叶入药，可治风湿疼痛、筋骨拘挛及阴囊湿疹等症。

390 黑龙江野豌豆

Vicia amurensis Oett.

多年生草本，高 50-100cm。茎上升或借卷须攀援，无毛或稍被细毛。偶数羽状复叶，小叶（3-）4-6，卵状长圆形或卵状椭圆形，长 16-33（-40）mm，宽（6-）10-16mm，先端微缺或近圆形，基部圆形或近圆形，侧脉极密而明显凸出，与主脉近成直角；叶轴末端具分歧的卷须；托叶通常有小柄，茎下部叶托叶 3(-4) 裂，上部叶托叶 2 裂。总状花序腋生，具花(10-)16-26（-36）朵，初开花时，花很密集；花梗通常有毛；花萼钟形，上萼齿较短，下萼齿较长；花冠蓝紫色，旗瓣长圆形或长圆状倒卵形，先端微缺，翼瓣与旗瓣近等长，龙骨瓣较短；子房无毛。荚果长圆状菱形。花期（6-）7-8（-9）月。

生于林缘、灌丛、草甸、山坡草地及路旁。

产地：黑龙江省黑河、呼玛、宁安、哈尔滨、饶河、密山、虎林，吉林省安图、抚松、吉林、和龙、珲春、汪清、通化、靖宇，辽宁省昌图、西丰、清原、新宾、沈阳、抚顺、本溪、铁岭、桓仁、岫岩、营口、瓦房店、普兰店、大连、凌源、建昌、绥中，内蒙古额尔古纳、根河、牙克石、鄂伦春旗、鄂温克旗、陈巴尔虎旗、翁牛特旗、科尔沁右翼前旗。

分布：中国（黑龙江、吉林、辽宁、内蒙古），朝鲜半岛，日本，俄罗斯。

可作饲料。

391 广布野豌豆

Vicia cracca Benth.

多年生草本，高 30-120cm。茎攀援或蔓生，被细柔毛。偶数羽状复叶，小叶（5-）6-12 对，膜质，披针形、近长圆形、长圆状线形或线形，长 10-30（-35）mm，宽 2-4（-6）mm，先端锐尖或圆形，基部近圆形，具小刺尖，全缘，叶脉稀疏，不明显；叶轴末端具分歧的卷须；托叶为半箭头形或戟形。总状花序腋生；花梗有毛；花萼钟形，被毛，下萼齿比上萼齿长；花冠淡蓝色、蓝紫色或紫色，旗瓣的中部深缢缩成提琴形，先端微缺，翼瓣与旗瓣近等长，龙骨瓣的先端钝。荚果长圆状菱形或长圆形，稍膨胀或扁压。花果期 5-9 月。

生于草甸、林缘、山坡草地、河滩草地及灌丛。

产地：黑龙江省五常、塔河、尚志、漠河、呼玛、依兰、宝清、伊春、宁安、密山、虎林、鹤岗、萝北、哈尔滨、黑河、嘉荫、鸡东，吉林省抚松、安图、珲春、蛟河、磐石、九台、汪清、和龙、通化、临江、靖宇，辽宁省西丰、清原、新宾、本溪、凤城、桓仁、丹东，内蒙古根河、牙克石、鄂伦春旗、陈巴尔虎旗、额尔古纳、海拉尔、鄂温克旗、满洲里、扎赉特旗、巴林右旗、克什克腾旗、翁牛特旗、宁城、科尔沁右翼前旗、科尔沁右翼中旗。

分布：中国（黑龙江、吉林、辽宁、内蒙古、河北、陕西、甘肃、新疆、浙江、安徽、福建、河南、江西、湖北、广东、广西、四川、贵州、西藏），朝鲜半岛，日本，俄罗斯，土耳其；中亚，欧洲，北美洲。

为蜜源植物，亦为水土保持及绿肥植物。嫩时为牛羊等牲畜喜食饲料。

种内变化：灰野豌豆（*Vicia cracca* L. f. *canescens* Maxim.），与原变种的区别在于植株密被长柔毛，呈灰白色。

392 多茎野豌豆

Vicia multicaulis Ledeb.

多年生草本，高 20-50cm。根状茎粗壮；茎直立或上升，有棱，多分枝，被细毛或近无毛。偶数羽状复叶，小叶（4-）6-8 对，长圆形至线形，长（12-）15-22（-29）mm，宽 1.5-3（-4）mm，基部圆形，先端钝或圆，稀稍尖，具短刺尖，全缘，叶脉特别明显，侧脉排列成羽状或近羽状；叶轴末端具分歧或单一的卷须；托叶二裂成半戟形或半箭头形，茎上部的托叶常很细，裂片线形或披针状线形，下部托叶较宽。总状花序腋生；花梗有毛；萼钟形，被细毛，萼齿短三角形或三角状锥形，下萼齿狭长，常呈线状；花冠紫色或蓝紫色，旗瓣长圆状倒卵形，中部缢缩或微缢缩，翼瓣及龙骨瓣与旗瓣近等长；子房有细柄，柱头周围有毛。荚果长圆形，先端斜楔形，无毛。花果期 6-9 月。

生于多石质地、沙地、草甸及灌丛。

产地：黑龙江省呼玛，内蒙古科尔沁右翼前旗、科尔沁右翼中旗、阿尔山、额尔古纳、海拉尔、牙克石、鄂温克旗、扎鲁特旗、根河、鄂伦春旗、陈巴尔虎旗、巴林右旗、翁牛特旗、克什克腾旗、满洲里。

分布：中国（黑龙江、内蒙古），蒙古，俄罗斯。

可入药，有发汗除湿、活血止痛之功效，可治风湿疼痛、筋骨拘挛、黄疸肝炎、白带、鼻血、热症及阴囊湿疹等症。

393 大叶野豌豆

Vicia pseudorobus Fisch. et C. A. Mey.

多年生草本，高 50-100cm。根状茎粗壮，分歧；茎直立或攀援，有棱，稍被细柔毛或近无毛。偶数羽状复叶，小叶 3-5 对，茎上部叶小叶 1-2 对，近革质，卵形或椭圆形，长（2-）3-6（-10）cm，宽（8-）13-25（-35）mm，先端钝，基部圆形或广楔形，全缘，侧脉不达边缘，在末端互相联合成波状或齿牙状；叶轴末端为分歧或单一的卷须；托叶半箭头形，边缘通常具 1 至数个锯齿。总状花序或复总状花序腋生；花梗被毛；花萼钟状，萼齿短，三角形，先端锥状；花冠紫色或蓝紫色，翼瓣及龙骨瓣与旗瓣近等长。荚果长圆形，扁平，先端斜楔形，无毛。花期 7-9 月，果期 8-10 月。

生于林缘、灌丛、山坡草地、疏林下及路旁。

产地：黑龙江省呼玛、伊春、安达、哈尔滨、鸡东、克山、饶河、尚志、萝北、虎林、密山、宁安，吉林省安图、汪清、珲春、吉林、九台、桦甸，辽宁省西丰、开原、朝阳、凌源、建平、锦州、葫芦岛、沈阳、桓仁、建昌、本溪、鞍山、凤城、营口、普兰店、庄河、大连，内蒙古扎赉特旗、扎鲁特旗、巴林右旗、巴林左旗、喀喇沁旗、克什克腾旗、额尔古纳、牙克石、根河、鄂伦春旗、海拉尔、宁城、科尔沁右翼前旗。

分布：中国（黑龙江、吉林、辽宁、内蒙古、河北、山西、陕西、湖北、湖南、四川、云南），朝鲜半岛，日本，蒙古，俄罗斯。

全草上部嫩茎叶入药，有清热解毒之功效，外用可治风湿、毒疮等症。

394 白花大叶野豌豆

Vicia pseudorobus Fisch. et C. A. Mey. f. **albiflora** (Nakai) P. Y. Fu et Y. A. Chen

多年生攀援性草本，高 50-100cm。根状茎粗壮，分歧；茎有枝，稍被细柔毛或近无毛。叶为偶数羽状复叶，具 3-5 对小叶；茎上部叶常具 1-2 对小叶，叶轴末端为分歧或单一的卷须，小叶卵形或椭圆形，近革质，长（2-）3-6（-10）cm，宽（8-）13-25（-35）mm，基部圆形或广楔形，先端钝，有时稍锐尖或渐尖，全缘，表面通常无毛，背面稍有毛或无毛。总状花序腋生，有时花轴稍分枝构成复总状花序，多花；花梗有毛；萼钟状，萼齿短，三角形，先端常成锥状；花冠白色，长 10-14mm，旗瓣瓣片比瓣爪稍短或近等长。荚果长圆形，扁平或稍扁，先端斜楔形，无毛，具 1-4（-6）粒种子。花期 7-9 月，果期 8-10 月。

生于林缘、灌丛、山坡草地、路旁、柞木林及杂木林的林间草地、疏林下。

产地：黑龙江省呼玛，吉林省临江，辽宁省西丰、新宾。

分布：中国（黑龙江、吉林、辽宁）。

395 北野豌豆 大花豌豆

Vicia ramuliflora (Maxim.) Ohwi

多年生草本，高50-100cm。根状茎粗，木质，常成块状；茎直立，分枝，常数茎丛生。偶数羽状复叶，小叶2-3(-4)对，卵状椭圆形、卵形或卵状披针形，长3-8cm，宽1.5-3cm，先端渐尖，基部广楔形或圆形，全缘；叶轴末端呈刺状；托叶半箭头形、斜卵形或长圆形。花序腋生，花轴具分枝，形成复圆锥花序；花萼钟形，被细柔毛或近无毛，萼齿三角状；花冠蓝色、蓝紫色至红紫色或蔷薇色，旗瓣长圆形或长倒卵形，中部微缢缩，翼瓣比旗瓣微短，比龙骨瓣长或等长。荚果扁，狭长圆形，两端渐狭，无毛。花期6-8月，果期8-9月。

生于林下、林缘、林间草地及草甸。

产地：黑龙江省伊春、尚志、饶河、宁安、呼玛，吉林省汪清、抚松、敦化、珲春、安图，辽宁省本溪、桓仁、宽甸、丹东、清原、鞍山、庄河，内蒙古额尔古纳。

分布：中国（黑龙江、吉林、辽宁、内蒙古），朝鲜半岛，俄罗斯。

为家畜喜食的饲料。

396 歪头菜 两叶豆苗 三铃子

Vicia unijuga A. Br.

多年生草本，高 40-100cm。根状茎粗壮，近木质；茎直立，常数茎丛生，具细棱。偶数羽状复叶，小叶 1 对，卵形或椭圆形，长 4-11cm，宽 2-5cm，先端锐尖，基部广楔形或楔形，全缘，粗糙，具微凸出的小齿，叶脉明显，成密网状；叶柄极短，叶轴末端成刺状；托叶比叶柄长，半箭头状。总状花序腋生；花萼钟形或筒状钟形；花冠紫色，旗瓣倒卵形，中部缢缩，比翼瓣稍长，翼瓣比龙骨瓣长；子房无毛。荚果扁，长圆状，两端楔形，无毛。花期 7-8 月，果期（8-）9-10 月。

生于林缘、林间草地、草甸及林下。

产地：黑龙江省呼玛、安达、北安、嫩江、宁安、尚志、黑河、伊春、鹤岗，吉林省安图、和龙、汪清、珲春、抚松、长白，辽宁省建平、凌源、建昌、义县、北镇、法库、长海、沈阳、西丰、清原、桓仁、宽甸、本溪、鞍山、庄河、海城、大连、彰武、凤城，内蒙古科尔沁右翼前旗、扎鲁特旗、通辽、牙克石、阿尔山、额尔古纳、根河、鄂伦春旗、阿荣旗、陈巴尔虎旗、鄂温克旗、巴林右旗、巴林左旗、喀喇沁旗、赤峰、宁城、敖汉旗、阿鲁科尔沁旗、翁牛特旗、克什克腾旗、科尔沁右翼中旗、扎赉特旗、乌兰浩特、突泉。

分布：中国（黑龙江、吉林、辽宁、内蒙古、河北、山西、陕西、甘肃、青海、江苏、浙江、安徽、江西、湖北、湖南、四川、贵州、云南），朝鲜半岛，日本，蒙古，俄罗斯。

可入药。

种内变化：短序歪头菜（*Vicia unijuga* A. Br. var. *apoda* Maxim.）从叶腋生出 1 至多数总状花枝（或总状花序的花轴于基部再分枝），其总花梗均极短，近无梗或无梗，花序密集于叶腋，常如头状。

397 山酢浆草 小山锄板

Oxalis acetosella L.

多年生草本，高 5-14cm。根状茎细长，横走，节处被少数肥厚的鳞片；无地上茎。叶基生，小叶 3，倒心形，长 0.5-1.5（-2.5）cm，宽 0.8-2（-3）cm，先端微凹，基部楔形，边缘有缘毛，两面疏被长柔毛；叶柄细长，小叶无柄。花单一，顶生；花梗与叶等长或稍长，中上部有膜质小苞 2；萼片带紫堇色，果期宿存；花瓣白色，有时带淡紫色，倒卵形，长 9-14mm，先端微凹；雄蕊 10，花丝基部联合；子房卵形，花柱 5，细长。蒴果近球形，5 瓣裂。种子卵形，红棕色或褐色，具条棱，稍有光泽。花果期 5-8 月。

生于针叶林、针阔混交林、阔叶林下及灌丛下阴湿处，海拔 1400m 以下。

产地：黑龙江省伊春、尚志、海林，吉林省汪清、珲春、安图、抚松、临江，辽宁省本溪、凤城、盖州、宽甸、桓仁。

分布：中国（黑龙江、吉林、辽宁），朝鲜半岛，日本，蒙古，俄罗斯，土耳其；欧洲，北美洲。

可食用。全草入药，主治小便淋淋、赤白带下、痔痛及脱肛等症。捣涂可治烫伤、蛇蝎咬伤等症。

398 酢浆草

Oxalis corniculata L.

多年生草本，全株疏被白伏毛。根状茎细长柔弱；茎匍匐或斜升，多分枝，带淡红紫色。叶互生，小叶 3，广倒心形，长 4-7mm，宽 7-10mm，先端凹，基部广楔形，边缘有缘毛；叶柄长，小叶近无柄；托叶小，长圆形或卵圆形，具睫毛，生于叶柄基部。花梗腋生，与叶柄近等长，淡红紫色，先端具披针形膜质小苞 2；花顶生 1 朵或 2-5 朵呈伞形状，花具小梗；萼片披针形或长圆状披针形，果期宿存；花瓣黄色，长圆状倒卵形；雄蕊 10，花丝基部联合；子房长圆形，花柱 5，细长，有毛。蒴果近圆柱形，略呈 5 棱面。种子长圆状卵形，具横条棱。花果期 6-9 月。

生于林下、山坡草地、路旁、河边、田边及荒地。

产地：吉林省临江、柳河、梅河口、辉南、集安、抚松、靖宇、长白，辽宁省北镇、新民、沈阳、抚顺、鞍山、大连、岫岩、凤城、本溪、桓仁、宽甸、长海。

分布：中国（全国广布），朝鲜半岛，日本，俄罗斯，土耳其，伊朗；中亚，南亚，欧洲，北美洲。

茎叶含草酸，可用以磨镜或擦铜器，使其具光泽。鲜草捣烂加等量的水浸泡，可防治蚜、螟等虫害。全草入药，有解热利尿、消肿散瘀之功效。

399 牻牛儿苗

Erodium stephanianum Willd.

一年生或二年生草本，高 10-15cm。直根，圆柱状。茎匍匐或斜升，多分枝，有节，被开展长柔毛或近无毛。叶对生，2 回羽状深裂，羽片 4-7 对，小羽片线形，全缘或具粗齿 1-3；叶柄长，被开展长柔毛或近无毛；托叶线状披针形。伞形花序腋生，有花 2-5 朵；花梗长，被开展长柔毛；萼片近椭圆形，具多数脉及长硬毛，先端钝，具长芒；花瓣淡紫蓝色，倒卵形，基部被长毛，先端钝圆，长约 7mm；花丝较短；子房被银色长硬毛。蒴果 5 瓣裂，先端有长喙，密被伏毛，长约 4cm，成熟时 5 果瓣与中轴分离，喙部成螺旋状卷曲。花期 6-8 月，果期 8-9 月。

生于山坡草地、河边沙地、路旁及耕地旁，海拔 700m 以下。

产地：黑龙江省哈尔滨、杜尔伯特、安达，吉林省镇赉、和龙、通榆、安图、延吉，辽宁省营口、建昌、新宾、彰武、庄河、北镇、普兰店、建平、大连、沈阳、阜新、凌源、兴城，内蒙古额尔古纳、新巴尔虎左旗、新巴尔虎右旗、满洲里、海拉尔、牙克石、科尔沁右翼前旗、通辽、扎赉特旗、赤峰、翁牛特旗。

分布：中国（黑龙江、吉林、辽宁、内蒙古、河北、山西、陕西、甘肃、宁夏、新疆、四川、西藏），朝鲜半岛，日本，蒙古，俄罗斯；中亚。

全草可提制黑色染料。全草入药，有祛风湿、活血通络及清热解毒之功效。

400 粗根老鹳草

Geranium dahuricum DC.

多年生草本，高 20-60cm。根状茎短，下具一簇纺锤形粗根；茎直立，疏被伏毛，下部近无毛，二歧分枝。基生叶花期枯萎，叶掌状 7 裂几达基部，裂片不规则羽状分裂，小裂片披针状长圆形，先端尖，表面被短硬毛，背面毛较长，沿脉较密；茎下部叶具长柄，上部叶柄短，最上部叶无柄；托叶披针形或卵形，顶端渐尖。花序腋生或顶生，花序梗纤细，具花 2 朵；花梗丝状，果期顶部上弯，被倒生疏柔毛；苞片小，披针形；萼片长卵形，边缘干膜质，背部有脉 3-5，被疏柔毛，具短芒；花瓣淡紫色倒卵形；花丝下部渐扩大，具缘毛；花柱有分枝。蒴果有毛，长 1.2-2cm。种子黑褐色，具微凹小点。花期 7-8 月，果期 8-9 月。

生于灌丛、林下、林缘、湿草地及人家附近，海拔 300-1800m。

产地：黑龙江省鸡西、宁安、北安、伊春、鹤岗、黑河、萝北、集贤、嘉荫、呼玛，吉林省安图、珲春、汪清、和龙、抚松，辽宁省清原、桓仁，内蒙古额尔古纳、根河、海拉尔、牙克石、鄂伦春旗、鄂温克旗、新巴尔虎左旗、科尔沁右翼前旗、科尔沁右翼中旗、扎鲁特旗、阿荣旗、克什克腾旗、巴林左旗、巴林右旗、宁城、喀喇沁旗、科尔沁左翼后旗、库伦旗、奈曼旗。

分布：中国（黑龙江、吉林、辽宁、内蒙古、河北、山西、陕西、甘肃、宁夏、新疆、四川、西藏），朝鲜半岛，日本，蒙古，俄罗斯。

根状茎含鞣酸，可提制栲胶。全草入药，有祛风湿、通经络、止泻痢、消炎解毒及收敛生肌之功效。

401 北方老鹳草

Geranium erianthum DC.

多年生草本，高 30-70cm。根状茎短，直立或稍斜生，被褐色鳞片状膜质托叶；茎单一，上部稍分枝，被倒生毛。叶掌状 5-7 深裂，深裂达 3/4，基部心形，裂片菱状倒卵形，具不整齐的深缺刻及大齿牙，表面疏被毛，背面沿脉被伏毛；茎上部叶 3 深裂，裂片较狭；基生叶叶柄长为叶的 2-3 倍，茎生叶叶柄短，向上渐无柄，密被倒生毛；托叶披针形，渐尖。聚伞花序顶生，花序梗 2-3，每花序梗有花 3-5 朵；花梗较短，果期直立，密被长毛并混生腺毛；萼片披针状椭圆形，具短芒，密被长毛并混生腺毛；花瓣蔷薇色或稍带紫色，近全缘。蒴果长约 3cm，具喙。种子具微凹小腺点。花果期 7-9 月。

生于林下、林缘，海拔 800-1900m（长白山）。

产地：黑龙江省海林、尚志、呼玛，吉林省抚松、长白、安图，辽宁省本溪、宽甸、桓仁，内蒙古宁城、克什克腾旗。

分布：中国（黑龙江、吉林、辽宁、内蒙古），朝鲜半岛，日本，俄罗斯；北美洲。

402 毛蕊老鹳草

Geranium eriostemon Fisch. ex DC.

多年生草本，高30-80cm。根状茎粗短；茎单一，直立，上部分枝，被白毛。叶互生，掌状5中裂或略深，裂片菱状卵形，边缘有羽状缺刻或粗齿牙，表面被长伏毛，背面脉上疏被长柔毛；基生叶有长柄，长2-3倍于叶，密被长硬毛；托叶披针形，渐尖。聚伞花序顶生，花序梗2-3，出自一对叶状苞片腋间，顶端各有花2-4朵；花梗密被腺毛，稍下弯，果期直立；萼片5，卵状椭圆形，具短芒，被腺毛和开展的白毛；花瓣5，淡蓝紫色，广倒卵形，全缘；雄蕊长为萼片的1.5倍，花丝淡紫色，花药紫红色；花柱上部紫红色，分枝。蒴果长约3cm，被短糙毛和腺毛。种子褐色，具微凹小点。花期6-7月，果期8-9月。

生于林下、林缘及灌丛，海拔300-1200m（长白山）。

产地：黑龙江省宁安、尚志、伊春、萝北、呼玛、嘉荫、黑河，吉林省安图、抚松、桦甸、汪清、珲春、通化，辽宁省桓仁，内蒙古额尔古纳、牙克石、扎兰屯、鄂伦春旗、鄂温克旗、陈巴尔虎旗、科尔沁右翼前旗、科尔沁右翼中旗、阿尔山、巴林左旗、巴林右旗、扎赉特旗、扎鲁特旗、科尔沁左翼后旗、克什克腾旗。

分布：中国（黑龙江、吉林、辽宁、内蒙古、河北、山西、陕西、甘肃、宁夏、新疆、湖北、四川），朝鲜半岛，蒙古，俄罗斯。

全草入药，有疏风通络、强筋健骨之功效，主治风寒湿痹、关节疼痛、肌肤麻木、肠炎及痢疾等症。

403 突节老鹳草

Geranium krameri Franch. et Sav.

多年生草本，高 40-80cm。根状茎短，具多数粗根；茎直立，2-3 次二歧分枝，具倒生白毛，关节处稍膨大。叶质厚，基生叶和茎生叶掌状 5-7 深裂，裂片倒卵状楔形；茎上部叶 3 深裂，裂片倒披针形，具缺刻或粗齿牙，表面被伏毛，背面沿脉被伏毛；叶柄被伏柔毛；托叶卵形，渐尖。花序顶生或腋生，长约 4cm，有花 2 朵；花梗花期较短，花后显著伸长，被倒生白伏毛，果期下弯；萼片椭圆状卵形，有脉 5-7，被疏柔毛；花瓣淡红色或苍白色，具浓红紫色脉，广倒卵形，基部楔形，密被白色髯毛围着基部成环状；花丝基部扩大部分有缘毛；花柱有分枝。蒴果长约 2.5cm。种子具极细小点。花期 7-8 月，果期 8-9 月。

生于草甸、灌丛、林缘及路边湿草地，海拔约 400m（长白山）。

产地：黑龙江省虎林、密山、依兰、鹤岗、克山、呼玛，吉林省九台、蛟河、永吉、珲春、汪清，辽宁省西丰、桓仁、凤城、庄河、海城、开原、普兰店、鞍山、抚顺、丹东、本溪、大连，内蒙古鄂伦春旗、鄂温克旗、扎赉特旗、通辽、科尔沁右翼前旗、科尔沁右翼中旗。

分布：中国（黑龙江、吉林、辽宁、内蒙古、河北、山西），朝鲜半岛，日本，俄罗斯。

404 鼠掌老鹳草

Geranium sibiricum L.

多年生草本，高 20-80cm。根直生，分枝或不分枝。茎单一，稀 2-3，细长，匍匐斜升，多分枝，稍被倒生毛。基生叶花期枯萎；茎生叶掌状 5 深裂，裂片倒卵形或狭披针形，基部楔形，边缘羽状分裂或具齿状深缺刻，茎上部叶 3 深裂，两面疏被伏毛，沿脉毛较密；叶有长柄，茎上部叶柄短，被倒生柔毛或伏毛；托叶披针形，先端长渐尖，褐色。花单生于叶腋；花梗丝状，被倒生柔毛或伏毛，近中部苞片 2，披针形，果期向侧方弯曲；萼片卵状椭圆形，具脉 3，沿脉疏被柔毛，边缘膜质；花瓣淡蔷薇色或近白色，与萼片近等长，倒卵形，基部微被毛；花柱极短或不明显，有分枝。蒴果长 1.5-1.8cm，被微柔毛。种子具细网状隆起。花果期 7-10 月。

生于河边、林缘、杂草地及人家附近，海拔 1300m 以下。

产地：黑龙江省哈尔滨、伊春、齐齐哈尔、依兰、尚志、呼玛、克山、密山、萝北、富裕，吉林省抚松、敦化、靖宇、九台、安图、和龙、汪清、珲春、临江、前郭尔罗斯、通榆、延吉，辽宁省沈阳、鞍山、锦州、北镇、凌源、建平、葫芦岛、桓仁、西丰、建昌、朝阳、海城、喀左、大连、彰武、凌海、抚顺、本溪、瓦房店，内蒙古额尔古纳、鄂伦春旗、牙克石、扎兰屯、新巴尔虎左旗、海拉尔、科尔沁右翼前旗、科尔沁右翼中旗、扎鲁特旗、科尔沁左翼后旗、奈曼旗、克什克腾旗、巴林右旗、巴林左旗、宁城。

分布：中国（黑龙江、吉林、辽宁、内蒙古、河北、山西、陕西、甘肃、宁夏、新疆、湖北、四川、西藏），朝鲜半岛，日本，蒙古，俄罗斯；中亚，欧洲，北美洲。

全草入药，有祛风湿、强筋骨、通经活络、清热解毒及止泻之功效，主治风湿性关节炎、肢体关节疼痛及风寒腰腿疼痛等症。

405 老鹳草

Geranium wilfordii Maxim.

多年生草本，高 30-70cm。根状茎短，直立，具长根；茎直立，有时匍匐，被倒生毛。叶 3 深裂，中裂片较大，卵状菱形，先端尖，上部边缘有缺刻状粗齿牙，侧裂片较小，表面疏被伏毛，背面或两面仅沿脉被伏毛；茎下部叶柄长，密被倒生短毛；托叶狭披针形。花序腋生，有花 2 朵；花梗长，果期下弯，密被倒生短毛，有时花梗混生开展的腺毛；萼片卵形，先端渐尖，具芒，背部疏被伏毛；花瓣淡红色或近白色；花丝基部突然扩大，扩大部分具缘毛；花柱极短或不明显，有分枝。蒴果长约 2cm，被短毛。种子黑褐色，具微细网状隆起。花果期 7-10 月。

生于林缘、灌丛、林下、河边及草甸，海拔 600m 以下。

产地：黑龙江省哈尔滨、汤原、齐齐哈尔，吉林省蛟河、集安，辽宁省鞍山、本溪、清原、桓仁、沈阳、西丰、新宾，内蒙古宁城。

分布：中国（黑龙江、吉林、辽宁、内蒙古、河北、山西、陕西、甘肃、山东、河南、湖北、四川），朝鲜半岛，日本，俄罗斯。

可作涂料。全草入药，有止泻、凝血、驱虫及利尿之功效，可治风湿痹痛、麻木拘挛、筋骨酸痛及泄泻痢疾等症。

406 蒺藜 蒺藜狗子

Tribulus terrestris L.

一年生草本，长达1m，全株密被白色丝状毛。茎匍匐，基部分枝。叶互生或对生，偶数羽状复叶，长1.5-6cm，小叶对生，（3-）5-8对，先端锐尖或钝，基部近圆形，稍偏斜，全缘，表面无毛或沿脉被微毛，背面被白色丝状毛；叶柄短宽，长圆形；托叶小，披针形，边缘膜质。花单生于叶腋；花梗短；萼片5，卵状披针形，膜质，宿存；花瓣5，黄色，倒卵形，先端凹或浅裂；雄蕊10，生于花盘基部，5枚较短雄蕊，花丝基部有鳞片状腺体；子房卵形，花柱短，柱头5裂。果扁球形，果瓣5，分离，果瓣具长短棘刺各1对，背面有短硬毛及瘤状突起，有果梗。种子2-3粒，种子间有隔膜。花期6-8月，果期7-9月。

生于路旁、河边、荒地、田边及田间，海拔700m以下。

产地：黑龙江省哈尔滨、泰来、齐齐哈尔，吉林省辽源、白城、通榆、镇赉、洮南，辽宁省沈阳、抚顺、本溪、盖州、普兰店、大连、长海、庄河、凌源、喀左、建平、锦州、北镇、彰武、新民、铁岭，内蒙古扎鲁特旗、科尔沁右翼前旗、科尔沁左翼后旗、满洲里、海拉尔、新巴尔虎左旗、新巴尔虎右旗、赤峰、巴林左旗、翁牛特旗、乌兰浩特、阿鲁科尔沁旗、宁城。

分布：中国（全国广布），遍布世界各地。

种子可榨油。茎皮纤维可造纸。果实入药，有散风、平肝及明目之功效，可治头痛、眩晕、角膜炎、角膜薄翳及胸胁胀闷等症。嫩茎叶可治皮肤瘙痒症。

407 野亚麻

Linum stelleroides Planch.

一年生或二年生草本，高 40-70cm。茎直立，圆柱形，基部稍木质，上部多分枝，无毛。叶互生，线形或线状披针形，长 1-3cm，宽 1.5-2.5mm，先端锐尖，基部渐狭，全缘，两面无毛，有 1-3 脉，无柄。聚伞花序；萼片 5，卵状披针形，先端锐尖，基部具不明显脉 3，边缘膜质，具黑色腺点；花瓣 5，长为萼片 3-4 倍，淡紫色或蓝色；雄蕊 5，退化雄蕊 5，与花柱等长，花丝基部合生。蒴果球形，径 3.5-4mm，先端突尖。种子长圆形。花期 6-9 月，果期 8-10 月。

生于干山坡、向阳草地、草原、灌丛及荒地，海拔 800m 以下。

产地：黑龙江省哈尔滨、萝北、密山、饶河、黑河、肇东、肇源、安达、杜尔伯特、齐齐哈尔、宁安，吉林省长春、吉林、临江、九台、通榆、珲春、汪清、辉南、靖宇、通化、柳河，辽宁省新民、康平、彰武、西丰、新宾、抚顺、本溪、凤城、东港、桓仁、大连、丹东、岫岩、建平、喀左、凌源、海城、鞍山、营口、葫芦岛、宽甸、清原，内蒙古陈巴尔虎旗、新巴尔虎左旗、扎赉特旗、科尔沁右翼中旗、科尔沁右翼前旗、科尔沁左翼后旗、阿鲁科尔沁旗、克什克腾旗、扎鲁特旗、牙克石、喀喇沁旗、宁城、巴林右旗、敖汉旗、翁牛特旗、海拉尔。

分布：中国（黑龙江、吉林、辽宁、内蒙古、河北、山西、陕西、甘肃、青海、山东、江苏、河南、湖北、广东、四川、贵州），朝鲜半岛，日本，俄罗斯。

茎皮纤维可作人造棉、麻布及造纸原料。种子供榨油。

408 铁苋菜

Acalypha australis L.

一年生草本，高 20-50cm，全株被短毛。茎直立，多分枝，具棱。叶互生，卵状披针形、卵形或菱状卵形，长 2.5-7cm，宽 1-3cm，先端尖，基部楔形，边缘有钝齿，两面沿脉伏被短毛；叶柄长，密被伏毛。花单性，雌雄同株；花序腋生，有梗，具刚毛；雄花多数，于花序上部排成穗状，带紫红色，苞片极小，边缘有长缘毛，萼于蕾期愈合，花期 4 裂，膜质，裂片背面疏被毛，雄蕊 8；雌花生于花序下部，通常 3，生于叶状苞内，苞片三角状肾形，合时如蚌，绿色，稀带紫红色，边缘有锯齿，萼 3 裂，裂片广卵形，边缘有长缘毛，子房球形，有毛，花柱 3，羽状裂，带紫红色。蒴果近球形，径约 3mm，表面被毛，毛基部常为小瘤状，3 瓣裂，瓣再 2 裂。种子卵形，光滑，灰褐色至黑褐色。花期 8 月，果期 9 月。

生于田间路旁、荒地、河岸砂砾地、林下及人家附近，海拔 1000m 以下。

产地：黑龙江省哈尔滨、宁安、伊春，吉林省蛟河、汪清、临江、长白，辽宁省凌源、建昌、葫芦岛、锦州、北镇、新民、彰武、沈阳、抚顺、鞍山、营口、盖州、凤城、丹东、岫岩、宽甸、桓仁、庄河、普兰店、大连、本溪、清原，内蒙古翁牛特旗、扎兰屯、敖汉旗。

分布：中国（全国广布），朝鲜半岛，日本，俄罗斯，越南，菲律宾，老挝；北美洲，南美洲。

可为家畜饲料。全草入药，有清热解毒、消积、止血及止痢之功效，主治鼻衄、吐血、便血、跌打损伤、菌痢、阿米巴痢疾、肠炎腹泻、疟疾、皮炎及湿疹等症。

409 乳浆大戟

Euphorbia esula L.

多年生草本，高20-45cm，全株无毛。根粗。根状茎伸长，直或匍匐；茎直立，数茎丛生，稀单一，上部分枝，带灰绿色。叶互生，线状披针形或长圆状披针形，有时倒披针形，短枝和营养枝上的叶较密而小，线形，宽1.5-3mm；茎下部叶花后脱落；叶无柄。花序顶生，苞叶5-10，轮生于伞梗基部，披针形至狭卵形，比茎上部的叶短，伞梗5-10；苞片及小苞片对生，黄绿色，心状肾形或肾形，基部近心形、截形或圆楔形，先端钝圆；总苞杯状，表面无毛，檐部4裂，裂片钝，具缘毛，腺体4，黄褐色；花柱3，于1/2处离生，先端各2浅裂。蒴果卵状球形，无毛，表面稍具皱纹，无瘤状突起。种子长圆状卵形，灰色，有棕色斑点。花期5-6月，果期5-7月。

生于干山坡、沟谷、草原及海边沙地，海拔700m以下。

产地：黑龙江省伊春、嘉荫、呼玛、安达、哈尔滨、黑河、密山，吉林省镇赉、双辽、磐石，辽宁省凌源、建昌、建平、朝阳、黑山、彰武、新民、沈阳、本溪、丹东、大连、长海、东港、绥中、庄河、桓仁、北镇，内蒙古扎鲁特旗、科尔沁左翼后旗、赤峰、满洲里、科尔沁右翼前旗、新巴尔虎右旗、扎赉特旗、海拉尔。

分布：中国（黑龙江、吉林、辽宁、内蒙古、河北、山西、陕西、甘肃、宁夏、新疆、福建、湖北、湖南、四川、贵州、云南），朝鲜半岛，日本，蒙古，俄罗斯；欧洲。

种子可榨油，供工业用。全株入药，有利尿消肿、拔毒止痒之功效，主治四肢浮肿、小便不利及疟疾等症，外用可治颈淋巴结结核、疮癣搔痒等症。

410 狼毒大戟 狼毒

Euphorbia fischeriana Steud.

多年生草本，高达40cm，全株含丰富乳汁。根肥厚肉质，圆柱状，分枝或不分枝，径3-17cm，外皮红褐色或褐色。茎直立，单一，粗壮。茎基部叶互生，鳞片状，膜质，黄褐色，覆瓦状排列，向上逐渐增大，披针形或卵状披针形，疏被柔毛或无毛；中上部叶3-5轮生，卵状长圆形，长4-6.5cm，宽1-3cm，先端钝或稍尖，基部圆形，全缘，表面绿色，背面色淡；叶无柄。花序于茎顶排成复伞状，总苞叶4-5，轮生，卵状长圆形，上面抽出5-6伞梗，次级苞叶有长卵形苞片3，上面再抽出小伞梗2-3，苞叶先端有对生三角卵形小苞片2及杯状聚伞花序1-3；杯状总苞广钟状，外部及边缘被白色长柔毛，檐部5裂，裂片卵形，腺体5；子房近圆形，被白色长柔毛，花柱3，先端2裂。蒴果近球形，径7-8mm，密被柔毛，后渐无毛，3瓣裂。种子广椭圆形，淡褐色，有光泽。花期5-6月，果期6-7月。

生于草原、石砾质山坡、灌丛及疏林下，海拔800m以下。

产地：黑龙江省哈尔滨、安达，吉林省安图、桦甸，辽宁省建平、沈阳、凤城、岫岩，内蒙古鄂伦春旗、海拉尔、牙克石、科尔沁右翼前旗、科尔沁右翼中旗、阿尔山、通辽、额尔古纳、扎兰屯、科尔沁左翼后旗、克什克腾旗、巴林右旗、阿荣旗。

分布：中国（黑龙江、吉林、辽宁、内蒙古），蒙古，俄罗斯。

茎叶浸液可防治螟虫、蚜虫等。根入药，有大毒，有杀虫、除湿止痒之功效，主治淋巴结结核、骨结核、皮肤结核、神经性皮炎、慢性支气管炎、牛皮癣及阴道滴虫等症。

411 地锦

Euphorbia humifusa Willd.

一年生草本，全株灰绿色。茎细，匍匐，长 10-30cm，基部多次叉状分枝，常带红色，疏被柔毛或无毛。叶对生，长圆形或倒卵状长圆形，长 5-12mm，宽 3-7mm，先端钝圆，基部不对称，边缘有细锯齿，表面被毛或无毛，背面疏被柔毛或无毛；叶柄短或近无柄；托叶小，细锥形，羽状细裂。花单性，雌雄同株；杯状聚伞花序单生于小枝叶腋内，有梗或无梗；总苞倒圆锥形，淡红色，檐部 4 裂，裂片膜质，长三角形，具裂齿，腺体 4，扁长圆形；雄花极小，5-8 朵；雌花 1 朵，子房无毛，具 3 纵槽，花柱 3，短小，2 裂。蒴果三棱状球形，光滑，径约 2mm，具 3 分瓣，果瓣背部龙骨状，分裂。种子卵形，微具 3 棱，褐色，外被白色蜡粉。花期 6-9 月，果期 7-10 月。

生于田边路旁、荒地及固定沙丘，海拔 700m 以下。

产地：黑龙江省哈尔滨、宁安、安达，吉林省镇赉、抚松、汪清、蛟河、和龙、安图，辽宁省建平、凌源、葫芦岛、新宾、岫岩、庄河、普兰店、大连、长海、西丰、绥中、沈阳、鞍山、海城、本溪、凤城、宽甸、抚顺、彰武，内蒙古新巴尔虎右旗、满洲里、赤峰、翁牛特旗。

分布：中国（全国广布），朝鲜半岛，日本，蒙古，俄罗斯；中亚。

全草入药，有清热利湿、凉血、止血及解毒消肿之功效，主治急性细菌性痢疾、肠炎、黄疸、便血、子宫出血、创伤出血、跌打肿痛、痈疖肿毒、烧烫伤及毒蛇咬伤等症。

412 林大戟 猫眼草

Euphorbia lucorum Rupr.

多年生草本，高20-70cm。根肥厚，纺锤形，径0.8-1.5（-2）cm，黑褐色，有分歧。茎直立，单一，不分枝，基部常带淡紫色，被白色柔毛或无毛。叶互生，茎下部叶倒披针形或匙形，长2-6cm，宽0.6-1.8cm，先端钝圆或稍尖，基部圆形，边缘具微锯齿，表面绿色，背面灰绿色，两面被白毛或无毛，中肋明显；茎上部叶长圆形或卵状披针形；叶无柄。花序顶生，通常具伞梗5-8，有时单梗生于茎中上部叶腋，伞梗基部轮生苞叶5-8，长圆状披针形至长卵形，伞梗顶端又各具小伞梗3（-5）或不具小伞梗，小伞梗顶端具广卵形或三角状广卵形的小苞片2（-3）及杯状聚伞花序1-3；杯状总苞淡黄色，无毛，檐部4裂，裂片钝圆，边缘有细齿或无齿，腺体4，狭椭圆形；子房球形，具不均匀的长瘤状突起，花柱3，先端2浅裂。蒴果近球形，径3-4mm，表面具不整齐的长瘤，瘤基底部宽，通常连成鸡冠状突起，3瓣裂。种子卵圆形，褐色，稍有光泽。花期5-6月，果期6-7月。

生于林下、林缘、灌丛及草甸，海拔1700m以下。

产地：黑龙江省虎林、富锦、尚志、密山、伊春、哈尔滨，吉林省汪清、珲春、安图、抚松、蛟河、临江、通化、长春、舒兰，辽宁省鞍山、凌源、沈阳、新宾、凤城、桓仁、宽甸、丹东、本溪。

分布：中国（黑龙江、吉林、辽宁），朝鲜半岛，俄罗斯。

根入药，有逐水通便、消肿散结之功效，主治肾炎水肿、血吸虫病、肝硬化、结核性腹膜炎引起的腹水、胸腔积液及痰饮积聚等症，外用可治疮疖肿。

413 猫眼大戟 耳叶大戟

Euphorbia lunulata Bunge

多年生草本，高25-50cm。根状茎不发达，褐色；茎直立，单一或多数，无毛，基部通常坚硬。叶互生，线形或线状披针形，长2-5cm，宽2-3mm，先端渐尖或钝尖，全缘，稍反卷，两面无毛，中脉明显；叶无柄。花序顶生，伞梗（3-）5-6，有时各伞梗再分生2-3小伞梗或单梗生于茎上部叶腋，伞梗基部具轮生苞叶4-5，形状不一，宽线形、披针形至卵状披针形，有的两侧各具1浅裂（似叶耳状），伞梗先端各具苞片2，扇状半圆形至三角状肾形；杯状总苞无毛，檐部4裂，腺体4，肾形，两端有短角；子房3，花柱3，中部离生，柱头2浅裂。蒴果扁球形，3瓣裂，无毛。种子长圆形，长约2mm，灰色，光滑，无网纹及斑点，一边有纵沟。花果期5-8月。

生于山坡草地、草甸、沟谷及河边。

产地：黑龙江省安达，辽宁省铁岭、本溪、沈阳、大连、丹东、法库、建昌、凌源、北镇，内蒙古海拉尔、科尔沁右翼前旗、阿尔山。

分布：中国（黑龙江、辽宁、内蒙古、河北、山东）。

全草入药，有利尿消肿、拔毒止痒之功效，主治四肢浮肿、小便不利及疟疾等症，外用可治颈淋巴结结核、疮癣搔痒等症。

414 大戟 猫儿眼

Euphorbia pekinensis Rupr.

多年生草本，高30-50cm。根粗壮，圆柱形，褐色。茎直立，数茎丛生，不分枝，常带淡紫红色，被白色柔毛。叶互生，无柄，狭长圆形、长圆状披针形或长圆状倒披针形，长2-6cm，宽0.4-1.2cm，先端钝圆或稍尖，基部楔形或近圆形，全缘或边缘稍波状，表面淡绿色，背面灰绿色，中脉1，两面无毛。花序顶生，通常具6-8伞梗，有时为单梗生于茎上部叶腋，伞梗基部具轮生苞片5-8，卵形、狭卵形至卵状长圆形，伞梗先端抽出小伞梗3-4，小伞梗基部具苞片3-4，广椭圆状卵形或菱状广椭圆形，顶端又各具小苞片2及杯状聚伞花序1；杯状总苞黄绿色，无毛，檐部4裂，裂片钝圆，腺体4，椭圆状肾形；子房球形，具瘤状突起，花柱3，先端2裂。蒴果扁球形，径约4mm，表面有圆锥形瘤状小突起，3瓣裂。种子卵圆形，浅褐色，稍有光泽。花期5-6月，果期6-7月。

生于沟谷旁石砾地、干山坡、丘陵坡地、田边及海滩沙地，海拔800m以下。

产地：黑龙江省哈尔滨，吉林省长春、安图，辽宁省凌源、北镇、葫芦岛、绥中、昌图、本溪、大连、长海、法库、桓仁、庄河、西丰。

分布：中国（全国广布），朝鲜半岛，日本。

根入药，有逐水通便、消肿散结之功效，主治肾炎水肿、血吸虫病、肝硬化、结核性腹膜炎引起的腹水、胸腔积液及痰饮积聚等症，外用可治疮疖肿。

415 锥腺大戟

Euphorbia savaryi Kiss.

多年生草本，高 20-50cm。根状茎细而匍匐，须根多数；茎通常数条丛生，单一，直立，无毛，基部常带紫红色。叶互生，茎基部叶小，鳞片状，向上渐大，长圆状匙形、长圆状倒卵形或长圆状菱形，长 1.5-2.2cm，宽 0.7-1cm，先端钝，基部楔形，全缘，表面绿色，背面灰绿色，果期叶大部脱落；叶近无柄。花序顶生，具伞梗 5，有时单梗生于茎中上部叶腋，无毛，伞梗先端再 1-2 次分生小伞梗 2，伞梗基部具轮生苞叶 5，卵形、菱状倒卵形或倒卵状长圆形，先端钝或稍尖，基部楔形，伞梗及小伞梗的先端具对生的苞片及小苞片；杯状总苞钟形，黄绿色，檐部 4 裂，裂片内有毛，腺体 4，新月形，两端长锥形，内弯；子房具 3 纵槽，花柱 3，先端 2 裂。蒴果近球形，长约 3mm，宽 3.5-4mm，3 瓣裂。种子卵形，平滑，褐色至黑色。花果期 5-6 月。

生于山坡林下、林缘及灌丛。

产地：吉林省临江，辽宁省本溪、凤城、桓仁、瓦房店、庄河。

分布：中国（吉林、辽宁），朝鲜半岛，俄罗斯。

416 雀儿舌头 雀舌木 黑钩叶

Leptopus chinensis (Bunge) Pojark.

小灌木，高约1m。茎多分枝。老枝褐紫色，无毛；幼枝绿色或淡褐色，被短柔毛。叶互生，卵状椭圆形或卵状披针形，长1.5-4cm，宽0.8-2.2cm，先端钝尖，基部钝圆，稍不对称，全缘，两面无毛或背面基部初被柔毛；叶柄短，纤细；托叶小，褐色，被毛。花单性，雌雄同株，稀异株，单生或簇生，花2-4朵；花梗线状，比叶柄长，被短柔毛；雄花萼片5，长圆形或披针形，基部合生，先端钝，基部被毛，边缘有缘毛，花瓣5，白色，倒卵状匙形，比萼片短或稍短，腺体5，扁平，2裂，比花瓣稍短，雄蕊5，退化雌蕊3裂，花柱状，被柔毛；雌花萼片先端尖，花瓣小，长圆形，腺体5，2裂，子房无毛。蒴果扁球形，棕黄色，径约6mm，果梗下垂。花期5-8月，果期7-10月。

生于山坡阴湿处。

产地：辽宁省抚顺、建昌、绥中、兴城、大连。

分布：中国（辽宁、河北、山西、陕西、山东、河南、湖南、湖北、广西、四川、云南）。

可作为水土保持林的下木，或用于园林绿化。叶可杀虫。枝入药，可治全身瘫痪。根入药，可治脘腹胀痛。民间用于治疗病毒性肝炎、肾炎及肺癌。

417 东北油柑

Phyllanthus ussuriensis Rupr. et Maxim.

一年生草本，高 5-20cm。茎直立，基部分枝。叶互生，披针形、卵状披针形或椭圆状披针形，长 5-16mm，宽 2-6mm，先端稍钝，基部钝圆，表面绿色，背面色淡；叶近无柄；托叶小，卵状长三角形，宿存。花单性，雌雄同株，花小，无花瓣，腋生，通常单一，有时雄花及雌花并生于一个叶腋；花梗短；雄花花梗丝状，萼片花瓣状；雌花花梗上端棍棒状，萼片 6，披针形，子房密被乳头状小突起，花柱 3，2 裂，果期宿存。蒴果圆形，由顶部压扁，径约 3mm，表面有小瘤，具 3 果瓣，每瓣具种子 2 粒。种子三棱形，背部浑圆，褐色，表面有点状微突起。花期 7 月，果期 8-9 月。

生于多石质山坡、林缘、河边及石砬子缝间，海拔 300m 以下。

产地：黑龙江省依兰，辽宁省大连、普兰店、瓦房店、长海、鞍山、丹东、东港、庄河、海城、抚顺、沈阳、北镇、建昌、本溪。

分布：中国（黑龙江、辽宁、河北），朝鲜半岛，日本，俄罗斯。

418 叶底珠 狗杏条

Securinega suffruticosa (Pall.) Rehd.

灌木，高 1-2m，丛生细枝，树形扩展。小枝黄绿色，具棱，老枝灰褐色。叶互生，椭圆形、长圆形或倒卵状椭圆形，长 3-6cm，宽 1.5-3cm，先端钝圆或急尖，基部楔形，边缘稍有波状齿或全缘，表面绿色，背面色淡；叶柄短；托叶小。花小，单性，雌雄异株，淡黄色；雄花数朵簇生于叶腋，花梗短，萼片卵形或倒卵状椭圆形，花丝比萼片长，花药卵状长圆形，花盘腺体 5，分离，2 裂，与萼片互生，退化子房小，圆柱状，2 裂；雌花单生或 2-3 朵簇生，花梗长，直立或斜出，萼片广卵形，子房球形，柱头 3，向上膨大，2 裂。蒴果三棱状扁球形，径 3-4mm，红褐色，无毛，3 浅裂，果实开裂后果轴及萼片宿存。种子半圆形，褐色，具 3 棱。花期 6-7 月，果期 8-9 月。

生于向阳山坡灌丛，海拔 800m 以下。

产地：黑龙江省伊春、黑河、呼玛、密山、哈尔滨、通河、依兰、安达，吉林省汪清、珲春、抚松、靖宇、通化、长春、扶余、九台、前郭尔罗斯、双辽、通榆、吉林、集安，辽宁省建平、绥中、建昌、北镇、瓦房店、普兰店、庄河、葫芦岛、义县、彰武、法库、西丰、抚顺、桓仁、清原、沈阳、鞍山、凤城、宽甸、岫岩、大连、长海、本溪、铁岭，内蒙古鄂伦春旗、扎兰屯、鄂温克旗、额尔古纳、科尔沁右翼前旗、扎鲁特旗、奈曼旗、科尔沁左翼后旗、巴林右旗、宁城、喀喇沁旗、科尔沁右翼中旗、通辽、乌兰浩特、赤峰。

分布：中国（黑龙江、吉林、辽宁、内蒙古、河北、山西、陕西、甘肃、宁夏、新疆、山东、江苏、浙江、河南、湖北、四川、贵州），朝鲜半岛，日本，蒙古，俄罗斯。

茎皮纤维用于纺织。叶、花入药，有祛风活血、补肾强筋之功效，主治面神经麻痹、小儿麻痹后遗症、眩晕、耳聋、神经衰弱、嗜睡症及阳痿等症。

419 白藓 八股牛

Dictamnus dasycarpus Turcz.

多年生草本，高达 1m，全株有强烈香气。根斜出，肉质，淡黄白色。茎直立，基部木质。叶互生，集生于茎中部，奇数羽状复叶，小叶 9-13，纸质，卵形至卵状披针形，长 3-9cm，宽 1.5-3cm，先端渐尖或锐尖，基部广楔形，边缘有锯齿，沿脉被毛。总状花序顶生，花梗基部有线形苞片 1；花大，白色或淡紫色；萼片 5，宿存；花瓣 5，长 2-2.5cm，下面一片下倾并稍大；雄蕊 10，伸出花瓣外。蒴果 5 瓣裂，裂瓣先端呈锐尖的喙，密被棕黑色腺点及白色柔毛。种子广卵形或近球形，光滑。花期 5 月，果期 8-9 月。

生于草甸、林缘、疏林下及灌丛，海拔 1300m 以下。

产地：黑龙江省哈尔滨、庆安、黑河、伊春、嘉荫、萝北、友谊、密山、尚志，吉林省辉南、磐石、蛟河、安图、长白，辽宁省铁岭、法库、宽甸、兴城、建昌、开原、昌图、北镇、沈阳、鞍山、凤城、本溪、瓦房店、盖州、大连、建平、凌源、桓仁、喀左，内蒙古额尔古纳、根河、牙克石、鄂温克旗、宁城、科尔沁右翼前旗、科尔沁右翼中旗、扎鲁特旗、扎赉特旗、科尔沁左翼后旗、克什克腾旗、巴林右旗、喀喇沁旗。

分布：中国（黑龙江、吉林、辽宁、内蒙古、河北、山西、陕西、甘肃），朝鲜半岛，蒙古，俄罗斯。

为蜜源植物。根茎可制农业杀虫剂。叶可提取芳香油。根皮入药，有祛热、解毒、利尿及杀虫之功效，主治风湿性关节炎、外伤出血及荨麻疹等症。

420 黄檗 黄波罗

Phellodendron amurense Rupr.

落叶乔木，高达10-15m，胸径约50cm。树皮有厚木栓层，浅灰色或灰褐色，有深沟裂或不规则网状开裂，木栓质发达，内皮鲜黄色。枝扩展，小枝棕褐色，无毛。奇数羽状复叶对生，小叶5-13，革质，卵状披针形至卵形，长5-12cm，宽3-4.5cm，先端长渐尖，基部广楔形，边缘有细钝锯齿，齿缝处有黄色腺点，有缘毛，背面中脉基部被长柔毛。花单性，雌雄异株，排成顶生聚伞状圆锥花序；萼片5，广卵形；雄花雄蕊5，花丝基部有毛；雌花退化雄蕊鳞片状，子房有短柄，花柱短，柱头5裂。浆果状核果球形，黑色，有特殊香气与苦味。种子5粒，半卵形，带黑色，有特殊气味。花期5-6月，果期9-10月。

生于林中、沟谷及河边，海拔1100m以下。

产地：黑龙江省集贤、虎林、宝清、尚志、伊春、黑河、嫩江、密山、哈尔滨，吉林省珲春、汪清、和龙、安图、临江、抚松、蛟河、桦甸，辽宁省建昌、绥中、北镇、义县、铁岭、西丰、新宾、沈阳、抚顺、辽阳、本溪、营口、岫岩、桓仁、宽甸、丹东、庄河、瓦房店、普兰店、大连、清原，内蒙古鄂伦春旗、扎兰屯、扎赉特旗、科尔沁左翼后旗、宁城。

分布：中国（黑龙江、吉林、辽宁、内蒙古、河北），朝鲜半岛，日本，俄罗斯。

木栓层可作软木塞，内皮可作染料。树皮入药，有清热泻火、燥湿解毒之功效。

421 山花椒

Zanthoxylum schinifolium Sieb. et Zucc.

灌木，高 1-3m。树皮暗灰色，多皮刺。小枝暗紫色，节部有刺。芽小，暗紫红色。叶互生，叶轴具狭翼，背面具稀疏而略向上的小皮刺；奇数羽状复叶，小叶 13-21，纸质，披针形或卵形，长 1.5-3.5cm，宽 8-10mm，基部歪楔形，先端钝，边缘为波状细锯齿，齿缝有腺点，表面绿色，后脱落，背面色淡，疏被腺点；叶柄短。花单性，雌雄异株；花多数排成顶生伞房状圆锥花序，长 3-8cm；花梗短；苞片早落；萼片 5，广卵形；花瓣 5，长圆形或长卵形；雄花雄蕊 5，花丝线形，花药广椭圆形，药隔顶部有腺点，退化心皮小，先端 2-3 叉裂；雌花心皮 3，近无花柱，柱头头状，雄蕊退化。蓇葖果（成熟的心皮）1-3，带绿色或褐色，被腺点，先端喙极短。种子卵球形，蓝黑色，径约 4mm，有光泽。花期 7-8 月，果期 9-10 月。

生于山坡疏林中。

产地：辽宁省绥中、营口、凤城、宽甸、庄河、大连、丹东、盖州、葫芦岛、普兰店。

分布：中国（全国广布），朝鲜半岛，日本。

果皮入药，可治脘腹冷痛、呕吐、腹泻及蛔虫病等症，外用可治皮肤瘙痒、牙痛及脂溢性皮炎等症，并可作表面麻醉用。根烧成粉末可治痔疮。叶的粉末可治跌打损伤。

422 臭椿

Ailanthus altissima (Mill.) Swingle

落叶乔木，高达 20m。树皮灰色至灰黑色，浅裂或不裂。小枝褐色，被短柔毛，皮孔灰黄色。叶互生，奇数羽状复叶，小叶 13-25（-41），近对生或对生，揉搓后有臭味，小叶披针形或卵状披针形，长 7-14cm，宽 2.5-4.5cm，先端长渐尖，基部广楔形、圆形或近截形，常偏斜，边缘微波状，有缘毛，近基部有粗齿 1-3（-4），齿端背面有腺体 1，表面绿色，背面灰绿色；小叶柄短。花单性，雌雄异株或杂性；花多数，排成顶生圆锥花序；雄花萼片 5，卵形，花瓣 5，长圆形，雄花及两性花雄蕊 10；雌花及两性花子房、心皮 5，花柱合生，柱头 5 裂。翅果长圆状椭圆形或纺锤形，质薄，长 3-5cm，宽 8-12mm。种子卵圆形，微带黄褐色或淡红褐色。花期 6 月，果期 9-10 月。

生于山间路旁及人家附近，常栽培。

产地：辽宁省鞍山、盖州、瓦房店、普兰店、庄河、岫岩、大连、凌源、建昌。

分布：中国（全国广布），朝鲜半岛。

木材硬度适中，供制车辆和家具。叶可饲养春蚕。种子可榨油。树皮可提制栲胶并可入药，有清湿热、涩肠及止血之功效。根皮、果实入药，有清热利湿、收敛止痢之功效。

423 西伯利亚远志 瓜子金

Polygala sibirica L.

多年生草本，高10-30cm。根木质。茎丛生，直立。叶互生，茎下部叶卵形或长圆形，先端渐尖或钝，茎中上部叶卵状披针形、披针形或线状披针形，长1-2cm，宽3-6mm，微被短柔毛；叶无柄或近无柄。总状花序腋生，长2-7cm，通常高出茎顶；花稀疏，淡蓝色或淡蓝紫色，生于花序一侧；花梗短，花序下部花梗常俯垂；苞片绿色，易脱落；萼片5，背部及边缘有毛；外萼片3，披针形，内萼片2，花瓣状；花瓣3，中央花瓣龙骨状，背面具流苏状附属物，比侧瓣长，侧瓣2；雄蕊8，花丝下部合生成鞘状，上部离生；子房扁，倒心形，2室，花柱细长。蒴果扁平，近倒心形，长约6mm，先端凹，具狭翼，有缘毛。种子2粒，扁长圆形，密被白绢毛。花果期5-9月。

生于干山坡、草地及灌丛，海拔800m以下。

产地：黑龙江省黑河、宝清、富锦、呼玛、安达、伊春，吉林省桦甸、通化、梅河口，辽宁省凌源、绥中、义县、兴城、北镇、大连，内蒙古奈曼旗、鄂伦春旗、根河、科尔沁右翼前旗、额尔古纳、扎兰屯、扎赉特旗、牙克石、巴林右旗、翁牛特旗、宁城、喀喇沁旗、阿尔山。

分布：中国（全国广布），朝鲜半岛，蒙古，俄罗斯，尼泊尔，克什米尔地区，印度；欧洲。

根入药，可作远志入药。

424 远志

Polygala tenuifolia Willd.

多年生草本，高 15-55cm。根木质，长达 10cm。茎多数，较细，直立或斜升。叶互生，线形至线状披针形，长 1-3cm，宽 1.5-3mm，两端变狭，全缘；叶近无柄。总状花序细顶生，常偏向一侧，长 2-14cm；花较稀疏，淡蓝色至蓝紫色；花梗上短，上部稍肥大，稍下垂；苞片 3，极细小，易脱落；萼片 5，外萼片 3，线状披针形，内萼片 2，花瓣状，长圆形，基部狭，背面有宽绿条纹，边缘带紫堇色；花瓣 3，侧瓣倒卵形，中间龙骨状花瓣比侧瓣长，背部具流苏状附属物；花丝 8，合生成鞘状，基部与两侧瓣贴生；子房扁圆，2 室，花柱细长。蒴果扁平，近圆形，径约 4mm，先端凹缺。种子 2 粒，扁长圆形。花果期 6-9 月。

生于石砾质山坡、灌丛及杂木林下，海拔 500m 以下。

产地：黑龙江省黑河、集贤、密山、宁安、富锦、萝北、宝清、安达、哈尔滨，吉林省白城、镇赉、双辽、汪清、安图、洮南，辽宁省喀左、建昌、建平、凌源、义县、彰武、绥中、葫芦岛、北镇、昌图、开原、西丰、桓仁、法库、黑山、兴城、本溪、营口、盖州、沈阳、普兰店，内蒙古满洲里、海拉尔、额尔古纳、牙克石、乌兰浩特、科尔沁右翼前旗、扎赉特旗、巴林右旗、赤峰、克什克腾旗、宁城、翁牛特旗。

分布：中国（黑龙江、吉林、辽宁、内蒙古、河北、山西、陕西、甘肃、山东），朝鲜半岛，日本，蒙古，俄罗斯。

根入药，有安神镇惊、清热化痰及补心肾之功效，主治肾虚血亏、心神不宁、健忘惊悸、失眠及气逆咳嗽等症。叶亦入药，煎汁外用可治疮肿等症。

425 盐肤木 五倍子树

Rhus chinensis Mill.

落叶小乔木，高 2-3（-5）m。树皮灰褐色，有赤褐色斑点。小枝棕褐色，皮孔圆形。奇数羽状复叶，叶轴具狭翅，复叶柄基部膨大，小叶 7-13，卵状椭圆形，长 6-12cm，宽 3-7cm，先端微突尖，基部圆形或楔形，边缘具粗锯齿，表面暗绿色，背面粉绿色，密被灰褐色柔毛；小叶近无柄。花单性，雌雄同株，花多数，排成顶生圆锥花序，密被灰褐色柔毛；雄花萼裂片长卵形，边缘有缘毛，花瓣倒卵状长圆形，花期外卷，雄蕊伸出，花丝线形，花药卵形；雌花萼裂片短，花瓣椭圆状卵形，雄蕊极短，花盘无毛，子房卵形，密被白色柔毛，花柱 3，柱头头状，黄色。核果球形，稍压扁，径 4-5mm，密被具节柔毛和腺毛，萼片和花柱宿存，外果皮薄，幼时绿色，成熟时红色，中果皮肉质，干燥时微皱不开裂，内果皮骨质，深紫色，果核径 3-4mm。花期 8-9 月，果期 10 月。

生于向阳山坡、沟谷溪流旁、疏林及灌丛，海拔 600m 以下。

产地：辽宁省绥中、沈阳、普兰店、大连、盖州、庄河、长海、凤城、本溪、丹东、宽甸、桓仁。

分布：中国（全国广布），朝鲜半岛，日本，印度，马来西亚，印度尼西亚，中南半岛。

为重要的园林绿化树种和废弃地植物。枝叶上形成的五倍子为鞣革、医药、塑料及墨水工业的重要原料。茎叶可制成绿肥或饲料。根、叶、花及果均可入药。

426 髭脉槭 簇毛槭

Acer barbinerve Maxim.

落叶乔木，高 10-12m。树干平滑，淡黄色或淡褐色。幼枝初被短柔毛，淡绿色；多年生枝赤褐色，无毛。芽小，不明显。叶对生，广卵形，长 4-8cm，宽 3-7cm，3-5 裂，中裂片卵形，先端尾状锐尖，侧裂片较小，先端锐尖，最下部的两裂片很小，边缘具重锯齿，基部心形或近截形，表面近无毛，背面初被短柔毛，后仅沿脉密被黄毛。花单性，黄绿色，雌雄异株；雄花序短总状，萼片 4，卵形，边缘有缘毛，花瓣 4，菱状倒卵形，雄蕊 4，无退化子房；雌花序伞房状，萼片 5，长椭圆形，花瓣 5，倒卵形，无退化雄蕊，花盘 4 裂，子房无毛，花柱无毛，柱头 2 裂，反卷。翅果黄褐色，小坚果卵圆形，具明显粗棱纹，翅较宽，翅果开展约 120°；果梗被微毛。花期 5-6 月，果期 9 月。

生于疏林中及林缘，海拔 1600m 以下。

产地：黑龙江省尚志、饶河、宁安、勃利，吉林省抚松、和龙、安图、汪清、敦化、蛟河、临江、长白，辽宁省新宾、桓仁、宽甸、本溪、凤城。

分布：中国（黑龙江、吉林、辽宁），朝鲜半岛，俄罗斯。

427 茶条槭

Acer ginnala Maxim.

落叶灌木或小乔木，高达 6m，通常约 2m。树皮灰褐色，平滑或粗糙，浅纵裂。小枝绿色或带红色，后褐色。芽深褐色。叶对生，革质，有光泽，卵形或长卵形，先端渐尖，基部心形、圆形或截形，边缘具不规则的缺刻状重锯齿，表面深绿色，背面色淡，沿脉疏被长柔毛；叶柄长。伞房花序顶生，花多数密集，杂性，同株，黄白色；萼片 5，长圆形；花瓣 5，倒披针形；雄蕊 8；子房密被长柔毛，花柱无毛，柱头 2 裂。翅果深褐色，长 2.5cm，疏被长柔毛，微开展成锐角或两翅相重叠，小坚果长圆形，具细脉纹，翅常带红色。花期 5-6 月，果期 9 月。

生于向阳山坡、路旁、河边及杂木林中，海拔 800m 以下。

产地：黑龙江省宁安、尚志、密山、哈尔滨、伊春、萝北、饶河、黑河、呼玛、嘉荫、虎林，吉林省安图、靖宇、抚松、临江、长白、吉林、永吉、珲春、桦甸、蛟河，辽宁省西丰、抚顺、清原、本溪、凤城、桓仁、庄河、岫岩、营口、海城、宽甸、沈阳、北镇、盖州，内蒙古科尔沁左翼后旗、巴林右旗、克什克腾旗。

分布：中国（黑龙江、吉林、辽宁、内蒙古、河北、山西、陕西、甘肃、河南），朝鲜半岛，日本，蒙古，俄罗斯。

428 东北槭 关东槭 白牛槭

Acer mandshuricum Maxim.

落叶乔木，高达20m，树冠分枝整齐。树皮灰色至灰褐色，粗糙，细纹纵裂。幼枝紫黄色至紫褐色，小枝灰褐色，无毛。芽长卵形，褐色，鳞片卵形，无毛。叶对生，三出复叶，小叶长圆状披针形，长7-8.5cm，宽2-3cm，先端锐尖，基部广楔形，边缘具粗锯齿，表面暗绿色，背面淡黄绿色或稍带白色，沿主脉生被白色长毛；叶柄长6-11cm，红褐色，顶生小叶柄长约1cm，侧生小叶柄短。伞房花序顶生，具短梗，花3-5朵，杂性，雌花与两性花同株，花黄绿色，后叶开放；萼片5，卵形；花瓣5，比萼片稍短；雄蕊8-10；两性花子房紫色，无毛，花柱较短，2裂，柱头反卷。翅果褐色，长约3.8cm，开展近直角，小坚果径6mm，翅长3cm，宽约1cm；果梗长，红褐色。花期5-6月，果期9月。

生于针阔混交林中，海拔1300m以下。

产地：黑龙江省尚志、宁安、哈尔滨、勃利，吉林省蛟河、安图、和龙、临江、珲春、敦化，辽宁省辽阳、新宾、清原、桓仁。

分布：中国（黑龙江、吉林、辽宁），俄罗斯。

429 色木槭 五角枫

Acer mono Maxim.

落叶大乔木，高达 20m，树冠厚密。树皮灰色或灰褐色，粗糙，浅纵裂。幼枝细，被粗柔毛，有光泽，淡黄色或灰色，老枝灰色或暗灰色，具卵形点状皮孔。芽球形，外层鳞片卵形。叶对生，掌状 5 裂，稀 7 裂，长 5-8cm，宽 7-11cm，裂片先端尾状锐尖，基部稍心形或近截形，全缘，表面绿色，背面色淡，脉腋有黄色毛丛；叶柄长，常为淡紫色。伞房花序生于枝端，花多数，杂性同株；苞叶小；萼片 5，黄绿色，长卵形或卵形，长约 3mm；花瓣 5，白色，倒披针形；雄蕊 8，花丝纤细，花药黄色，椭圆形；子房平滑，花柱 2 裂，柱头反卷，无毛。翅果淡黄褐色，有时淡紫红色，长约 2.5cm，多开展为钝角，小坚果扁平或稍凸出，卵圆形，宽 6mm，具不明显细脉纹，翅长约 1.7cm，宽约 8mm；果梗长，多为淡紫红色。花期 5 月，果期 9 月。

生于杂木林中、林缘及河边，海拔 1200m 以下。

产地：黑龙江省桦川、伊春、哈尔滨、宝清、密山、宁安、饶河、尚志、虎林、嘉荫，吉林省九台、蛟河、敦化、珲春、吉林、安图、抚松、靖宇、临江，辽宁省丹东、本溪、岫岩、绥中、西丰、新宾、建昌、凌源、清原、鞍山、北镇、沈阳、朝阳、大连、法库、海城、兴城、彰武、凤城、桓仁，内蒙古喀喇沁旗、翁牛特旗、科尔沁右翼中旗、林西、巴林左旗、巴林右旗、乌兰浩特、克什克腾旗、宁城、科尔沁左翼后旗。

分布：中国（黑龙江、吉林、辽宁、内蒙古、河北、山西、陕西、江苏、浙江、安徽、江西、湖北、四川），朝鲜半岛，日本，俄罗斯。

树皮纤维良好，可作人造棉及造纸的原料。叶含鞣质，种子可榨油，供工业用，也可食用。木材细密，可供建筑、车辆、乐器及胶合板等制造之用。

430 梣叶槭 糖槭

Acer negundo L.

落叶乔木，高达 20m，树冠分枝多少下垂。树皮暗灰色，纵浅裂。小枝灰绿色，秋后变紫色，被白粉，老枝灰色。芽卵形，褐色，密被灰白色绒毛。羽状复叶，小叶 3-7，小叶卵形，长 5-8cm，宽 3-4cm，先端锐尖，基部广楔形或歪楔形，边缘有不整齐疏锯齿，表面绿色，背面黄绿色，沿脉及边缘被短绒毛；叶柄长 3-7cm，被短绒毛，顶生小叶柄长约 1.5cm，侧生小叶柄短。花单性，雌雄异株，先叶开放；雄花序初为紧凑的束状，后花梗伸长成伞房状，下垂，花萼狭钟形，5 裂，被柔毛，雄蕊 5，花丝毛发状，花药线形；雌花序下垂，总状花序，萼片基部合生，子房初被毛，后渐脱落。翅果扁平，长约 3cm，开展约 70º，小坚果长圆形，宽约 4mm，具疏细脉纹，翅长约 1.8cm，宽约 7mm；果梗长，稍被微毛，黄褐色。花期 4-5 月，果期 9 月。

产地：各地广泛栽培。

分布：在中国辽宁、内蒙古、河北、山东、河南、陕西、甘肃、新疆、江苏、浙江、江西、湖北等省（自治区）的主要城市都有栽培。在东北和华北各省（直辖市）生长较好。原产北美洲。

本种早春开花，花蜜很丰富，是很好的蜜源植物。本种生长迅速，树冠广阔，夏季遮阴条件良好，可作行道树或庭院树。

431 紫花槭 假色槭

Acer pseudo-sieboldianum (Pax) Kom.

落叶乔木，高达8m，树冠整齐而浓密。树皮粗糙，灰褐色，不裂。幼枝红褐色，密被白绒毛，老枝灰褐色，被白蜡粉。芽卵形，淡红色。叶对生，圆形，径6-12cm，掌状9-11中裂，裂片披针状长椭圆形，先端长渐尖，基部广深心形，边缘有内向锐尖弯重锯齿，表面绿色，无毛或疏被毛，背面苍绿色，具白色绢毛；叶柄长，密被白绒毛。伞房花序，有长梗，花10-16朵，杂性，同株，后叶开放；花梗紫色，无毛；萼片5，紫色，长圆形；花瓣5，卵形，黄色；雄蕊8，花丝紫色，无毛，花药黄色；花盘微裂，无毛；子房长形，花柱1，柱头2裂。翅果褐色，开展近90º，小坚果长卵圆形，被微毛，宽约9mm，具疏脉纹；果梗长，红褐色。花期5-6月，果期9月。

生于阔叶林及针阔混交林中及林缘，海拔900m以下。

产地：吉林省安图、抚松、靖宇、临江、长白、珲春，辽宁省宽甸、桓仁、凤城、清原、本溪、抚顺、沈阳、盖州、丹东、凌源、新宾、庄河、北镇。

分布：中国（吉林、辽宁），朝鲜半岛，俄罗斯。

为蜜源植物。木材可供制造器具。叶可作染料。

432 青楷槭 青楷子

Acer tegmentosum Maxim.

落叶乔木，高达15m。树皮平滑，灰绿色，具黑色条纹。幼枝暗红褐色，后变灰绿色。芽长圆形，长3mm，紫褐色。叶对生，稍纸质，广卵形，长达16cm，宽14cm，上部3浅裂，侧裂片稍展开，基部心形，边缘有重锯齿，表面暗绿色，背面色淡，稍有光泽；叶柄长。花杂性，同株，后叶开放；总状花序顶生，花轴稍下垂，有花10-20朵；萼片5，长卵圆形；花瓣5，倒卵圆形，先端钝，具爪，淡绿色；雄蕊8，两性花雄蕊不发育，花丝无毛；花盘无毛；柱头短，稍弯曲。翅果黄褐色，长约2.5cm，开展约140º，小坚果卵圆形，一面凸，一面凹，具不明显的疏细脉纹；果梗短。花期5月，果期9月。

生于针阔混交林及阔叶林中，海拔1400m以下。

产地：黑龙江省伊春、尚志、嘉荫、萝北，吉林省靖宇、抚松、汪清、安图、和龙、临江、敦化、珲春、蛟河、长白，辽宁省新宾、本溪、凤城、桓仁、宽甸、清原，内蒙古科尔沁左翼后旗。

分布：中国（黑龙江、吉林、辽宁、内蒙古），朝鲜半岛，俄罗斯。

433 三花槭 伞花槭 拧筋槭

Acer triflorum Kom.

落叶小乔木，高达10m。树皮灰褐色，常成薄片状剥落。小枝紫色或淡紫色，多年生枝紫褐色。芽长卵形，深褐色。叶对生，三出复叶，顶生小叶长圆形，长5-9cm，宽2-4cm，上部有1-3对疏大齿牙，基部广楔形，侧生小叶长卵形，全缘或有疏大齿牙1-3，基部歪形，表面绿色，背面黄绿色，沿脉被白色长毛；叶柄长，淡红褐色，被疏长毛，顶生小叶柄短，侧生小叶近无柄。伞房花序生于短枝上，3花聚生；花杂性，同株；花梗被褐色毛，雄花梗长；萼片5，卵圆形，黄绿色，基部及边缘被长毛；花瓣5，与萼片同形而稍短；雄蕊10-12，花丝细长，花药长圆形，两性花雄蕊花丝较短；子房密被柔毛，花柱2裂，柱头反卷。翅果宽大，黄褐色，长约4.5cm，开展近直角，小坚果密被淡黄色柔毛，翅长约3.5cm，宽约1.5cm，浅褐色；果梗长，褐色，密被白毛。花期4-5月，果期9月。

生于针阔混交林及阔叶林中，海拔900m以下。

产地：黑龙江省宁安、东宁，吉林省安图、抚松、靖宇、临江，辽宁省新宾、宽甸、桓仁、凤城、本溪、清原。

分布：中国（黑龙江、吉林、辽宁），朝鲜半岛。

434 元宝槭

Acer truncatum Bunge

落叶小乔木，高达 8m。树皮灰黄色，老时灰色，深纵皱裂。幼枝绿色，隔年赤黄色，有光泽，老枝灰褐色。芽小，卵圆形。叶对生，掌状 5 裂，长 6-8cm，宽 8-10cm，裂片三角形，先端渐尖，有时中裂片上部 3 裂，基部近截形，全缘，表面绿色，背面色淡，脉腋有黄色毛丛；叶柄长 3-5cm。伞房花序生于枝端，有花 6-10 朵，花杂性；萼片 5，淡黄色或黄绿色，长圆形；花瓣 5，淡黄色或白色，狭椭圆形；雄蕊 5-8，花丝无毛，花药黄色；花盘微裂；子房嫩时有黏性，花柱较短，2 裂，柱头反卷。翅果淡黄色或淡褐色，长约 2.5cm，开展为锐角、钝角至平角，小坚果卵圆形，压扁，具不明显的脉纹，翅较狭，翅与小坚果近等长；果梗长。花期 4-5 月，果期 9 月。

生于杂木林中、林缘，海拔约 500m。

产地：黑龙江省哈尔滨，吉林省安图、抚松、临江、双辽，辽宁省新宾、沈阳、盖州、凤城、宽甸、东港、大连、鞍山、丹东、法库、建昌、建平、凌源、义县、瓦房店、普兰店、朝阳、北镇、彰武、本溪、清原、桓仁，内蒙古宁城、翁牛特旗、扎鲁特旗、科尔沁左翼后旗。

分布：中国（黑龙江、吉林、辽宁、内蒙古、河北、山西、陕西、甘肃、山东、江苏、河南）。

秋季叶变红，尤为绚丽，是良好的行道树和庭院树种。种子可榨油，供工业用。材质细密，供建筑和家具用。树皮纤维可造纸及代用棉。

435 花楷槭 花楷子

Acer ukurunduense Trautv. et C. A. Mey.

落叶乔木，高达14m。树皮灰黄褐色，粗糙，片状剥裂。幼枝红褐色，有光泽。芽扁，长卵形，先端尖。叶对生，广卵形或近圆形，长6-12cm，宽5-10cm，5-7裂，中裂片较宽，卵形，侧裂片较狭，近基部侧裂片较小，裂片先端锐尖，边缘具缺刻状大锯齿，基部心形，表面暗绿色，疏被毛，背面密被白绒毛，脉上尤密；叶柄长，微有短柔毛或无毛。总状花序生于短枝上，花多数；花杂性，雌雄异株；花梗细长，密被毛；苞片披针形；萼片5，卵状披针形；花瓣5，黄绿色，倒披针形或稍呈篦形，比萼片长；雄蕊8，两性花雄蕊稍小，生于花盘中部，花药黄色；雄花子房不发育，子房密被绒毛，花柱2裂，柱头反卷，花盘微裂，无毛。翅果黄褐色，开展约60°，小坚果小，卵圆形，具疏网状脉纹；果梗纤细，被微毛。花期5月，果期9月。

生于疏林中、林缘及沟谷，海拔1700m以下。

产地：黑龙江省海林、勃利、饶河、伊春、尚志，吉林省安图、抚松、和龙、蛟河、汪清、临江、长白、珲春、敦化，辽宁省桓仁、宽甸、本溪、凤城、庄河、新宾。

分布：中国（黑龙江、吉林、辽宁），朝鲜半岛，日本，俄罗斯。

436 栾树 大夫树 灯笼树

Koelreuteria paniculata Laxm.

落叶小乔木，高达10m。树皮暗褐色。幼枝色较淡，被短柔毛。奇数羽状复叶或不完全的2回羽状复叶，连柄长20-40cm，小叶7-15，纸质，卵形或卵状圆形，长2-7cm，宽1.3-3cm，先端锐尖，基部楔形至圆形，边缘有不整齐的粗锯齿或羽状分裂，表面绿色，背面色淡，疏被短柔毛，沿脉较密；叶有柄，小叶柄短。圆锥花序顶生，花黄色；花萼不整齐，5深裂，萼片椭圆状卵形，先端钝圆，基部稍宽，有缘毛；花瓣4，偏向一侧，狭长圆形，长约5mm，基部心形，两侧耳状，具爪，被灰白色长柔毛；雄蕊8；子房三棱状卵形，密被灰白色长柔毛，花柱短，柱头微3裂；花盘高约1mm，先端具钝齿。蒴果长卵形，长4.5-5.5cm，宽约3cm，膜质囊状，先端渐尖，基部圆形，3瓣裂。种子近圆形，质硬。花期6月，果期9月。

生于山坡阔叶林中。

产地：辽宁省大连、瓦房店、凌源、沈阳。

分布：中国（辽宁、华北、西北、华东、西南），朝鲜半岛，日本。

树形端庄整齐，叶、花、果均可供观赏，用于行道树和绿化。木材可作小型农具。花可作黄色染料。种子榨油可作润滑油及肥皂。

437 文冠果 文冠花

Xanthoceras sorbifolia Bunge

落叶小乔木或灌木，高 8m 以上，胸径达 1m。树皮灰褐色，扭曲状条状开裂。新枝皮绿色或紫红色，小枝粗壮，红褐色。芽广卵圆形，紫褐色，鳞片多数。叶互生，奇数羽状复叶，连柄长 15-30cm，小叶 9-19，长椭圆形至披针形，长 2.5-6cm，宽 1-2cm，先端渐尖，基部楔形，边缘具粗锐锯齿，表面绿色，背面色淡；叶柄基部稍扩展，被短柔毛。总状花序顶生，先叶开放或与叶同时开放，花杂性，白色；花梗纤细；花萼 5 深裂，裂片长椭圆形；花瓣 5，基部黄绿色，后变紫红色，长圆状倒卵形；雄蕊 8；子房卵球形，花柱短粗，柱头 3 裂；花盘 5 裂，背部生一角状橙色附属物。蒴果球形，径 3.5-6cm，熟时黄绿色，室背开裂为 3 果瓣，稀 4-5 裂，果皮厚木质。种子倒卵圆形，种皮黑褐色。花期 4 月，果期 8 月。

生于山坡、沟谷、沙地及荒地。

产地：吉林省双辽，辽宁省鞍山、北镇、大连、阜新、盖州、海城、建平、凌源、沈阳、普兰店、义县，内蒙古科尔沁左翼后旗、通辽、扎鲁特旗、赤峰、宁城、翁牛特旗、喀喇沁旗。

分布：中国（吉林、辽宁、内蒙古、河北、山西、陕西、甘肃、宁夏、山东、江苏、河南）。

种子含油率高，可作油脂工业原料和生物能源原料。种仁可作精饲料。果皮可提取糠醛。叶可加工成茶叶。花为很好的蜜源。木材坚硬，抗腐性强。茎、叶及果实均可入药。

438 东北凤仙花

Impatiens furcillata Hemsl.

一年生草本，高 30-80cm。茎直立，有分枝，茎上部及分枝、总花梗均被稀少红褐色腺毛。叶互生，茎顶部者有时近轮生，菱状披针形或卵状披针形，长 2-12cm，宽 0.5-4.5cm，先端渐尖，基部楔形，有时沿叶柄下延，边缘具锐锯齿，背面色淡；叶柄长。总状花序腋生，总花梗长，花较小，带白色、淡黄色、淡紫色或间有多色，有淡红紫色斑点；苞片线状披针形或线形；萼片 3，侧生 2，卵形，绿色，中萼片花瓣状，钟状漏斗形，基部有旋涡状卷曲的距，长可达 1.5cm；旗瓣卵圆形，背部中肋有龙骨状突起，先端有短喙，翼瓣 2 裂，先端尖。蒴果长 1-1.8cm，宽约 2mm。种子 3-4 粒，椭圆形，黑褐色。花果期 8-9 月。

生于沟谷溪流旁、林下、林缘及草丛中，海拔 800m 以下。

产地：黑龙江省尚志、宁安、桦川，吉林省集安、抚松、安图、珲春、汪清、蛟河、敦化、临江、通化，辽宁省桓仁、本溪、宽甸、岫岩、丹东、新宾、普兰店、清原、鞍山，内蒙古科尔沁左翼后旗。

分布：中国（黑龙江、吉林、辽宁、内蒙古、河北、山西），朝鲜半岛，俄罗斯。

为观赏花卉。可入药。

439 水金凤

Impatiens noli-tangere L.

一年生草本，高40-80cm。茎直立，有分枝。叶互生，质薄，卵形或长椭圆形，长3-10cm，宽1.5-5cm，先端钝，基部圆形或楔形，边缘有钝锯齿，表面绿色，背面色淡；茎下部叶柄长，上部近无柄。总状花序腋生，具花2-4朵，黄色或淡黄色；花梗纤细，下垂；苞片披针形；萼片3，侧生2，卵形，淡绿色，先端尖，中萼片花瓣状，宽漏斗形，具细而内卷的距，有时具红紫色斑点；旗瓣圆形，背面中肋龙骨状突起，翼瓣2裂，有时具红紫色斑点；雄蕊5；子房纺锤形，直立。蒴果狭长圆形，长0.8-2cm，宽约2mm。种子2-6粒，椭圆形，深褐色，光滑。花期6-9月，果期7-10月。

生于山沟溪流旁、路旁、林下及林缘湿地。

产地：黑龙江省黑河、饶河、宁安、尚志、伊春、呼玛、密山，吉林省蛟河、敦化、安图、珲春、和龙、长白、抚松、靖宇、集安、临江、通化、吉林，辽宁省桓仁、清原、本溪、宽甸、岫岩、营口、葫芦岛、鞍山，内蒙古根河、额尔古纳、牙克石、科尔沁右翼前旗、科尔沁右翼中旗、科尔沁左翼后旗、克什克腾旗、巴林右旗、喀喇沁旗、宁城。

分布：中国（黑龙江、吉林、辽宁、内蒙古、河北、山西、陕西、甘肃、山东、浙江、安徽、湖北、湖南），朝鲜半岛，日本，俄罗斯，土耳其；欧洲。

全草入药，有理气和血、舒筋活络之功效，主治肾病、膀胱结石及风湿等症，外用治外伤、痔疮等症。

440 野凤仙花

Impatiens textori Miq.

一年生草本，高 40-90cm。茎直立，细弱，有分枝，茎上部及分枝、总花梗有稀少的红紫色腺毛。叶互生，茎顶部近轮生，菱状披针形、卵状披针形或广披针形，长 3-13cm，宽 2-6cm，先端渐尖，基部楔形，边缘有锐锯齿，背面色淡；叶柄长。总状花序腋生，具花 4-10 朵，总花梗长；花大，长 2.5-4cm，紫红色或淡紫红色；苞片卵状披针形；萼片 3，侧生 2，广卵形、暗紫红色，先端尖，中萼片花瓣状，钟状漏斗形，基部延长为向上卷曲的距，里面有暗紫色斑点；旗瓣卵形，背部中肋有龙骨状突起，翼瓣 2 裂，基部联合；雄蕊 5，子房短圆柱形。蒴果细纺锤形，棕褐色，长 1.1-1.8cm，宽约 2.5mm。种子椭圆形，褐色。花果期 8-9 月。

生于沟谷溪流旁，海拔约 600m。

产地：吉林省珲春，辽宁省庄河、宽甸、桓仁、本溪、大连。

分布：中国（吉林、辽宁、内蒙古），朝鲜半岛，日本，俄罗斯。

441 刺南蛇藤

Celastrus flagellaris Rupr.

落叶灌木或藤本，长达 8m。树皮褐色，有纵裂纹，粗糙。芽淡褐色。叶互生，广卵形或广椭圆形，长 3-5cm，宽 2-4.5cm，先端突尖或钝圆，基部近截形或近圆形，边缘有刚毛状细齿牙，表面绿色，背面色淡，无毛或沿脉被短毛；叶柄长；托叶小，钩刺状。花单性，1-3 朵组成聚伞花序；花梗短；花萼钟形，5 裂，裂片长圆形或圆形；花瓣淡黄绿色，匙状椭圆形；雄花雄蕊与花瓣近等长，着生于花盘边缘，子房退化；雌花雄蕊退化，子房 3 室，花柱圆柱状，基部膨大，柱头 6 裂。蒴果近球形，径 6-8mm，黄色，3 瓣裂。种子 3-6 粒，近椭圆形，假种皮橘红色。花期 5-6 月，果期 7-8 月。

生于沟谷溪流旁、河岸低湿地、林缘及灌丛，常缠绕或倚附树干上升。

产地：吉林省抚松、长白，辽宁省清原、本溪、宽甸、丹东、建昌、沈阳、大连、长海、瓦房店、桓仁。

分布：中国（吉林、辽宁、河北、山东、浙江），朝鲜半岛，日本，俄罗斯。

种子可供制润滑油等。根、藤、叶及果实入药，主治风湿性关节炎、四肢麻木、跌打损伤、腰腿痛、闭经、小儿惊风、痧症、痢疾及痈疽肿毒等症。

442 南蛇藤

Celastrus orbiculatus Thunb.

落叶灌木或藤本，长达10m。树皮灰褐色。小枝灰褐色或红褐色。芽扁卵形，褐色。叶互生，近圆形或倒卵圆形，长4-13cm，宽3-9cm，先端钝或短渐尖，基部楔形或近圆形，边缘有钝锯齿，表面绿色，背面色淡；叶柄长；托叶小，脱落。花3-7朵，杂性，组成聚伞花序，顶生或腋生；花梗短；花萼5裂；花瓣长圆状卵形，淡绿色；雄花雄蕊5，着生于花盘边缘；雌花雄蕊短，不育，子房3室，花柱短，柱头3裂。蒴果近球形，径8-10mm，橙黄色，先端有刺尖，3瓣裂。种子白色，假种皮红褐色肉质。花期5-7月，果期8-9月。

生于山坡、沟谷溪流旁及阔叶林林缘，海拔500m以下。

产地：黑龙江省哈尔滨、集贤，吉林省集安，辽宁省沈阳、西丰、抚顺、清原、新宾、本溪、凤城、东港、桓仁、岫岩、庄河、大连、长海、普兰店、瓦房店、盖州、营口、鞍山、彰武、法库、绥中、建昌、义县、北镇、葫芦岛、锦州、朝阳、凌源、丹东、宽甸，内蒙古科尔沁左翼后旗。

分布：中国（黑龙江、吉林、辽宁、内蒙古、河北、山西、陕西、甘肃、新疆、山东、江苏、浙江、安徽、福建、河南、江西、湖北、湖南、广东、四川），朝鲜半岛，日本，俄罗斯。

为优质纤维植物。种子含油，可作工业用油。根、藤、叶及果均入药，主治风湿性关节炎、跌打损伤、腰腿痛、闭经、多发性疖肿、毒蛇咬伤、神经衰弱及心悸等症。

443 卫矛

Euonymus alatus (Thunb.) Sieb.

落叶灌木，高 1-3m。枝四棱形，沿棱具 4-10mm 宽的木栓翅。芽近圆形或卵圆形。叶对生，纸质，椭圆形或倒卵形，长 3-8cm，宽 1.2-3cm，先端锐尖，基部楔形，边缘具细密浅锯齿；叶柄极短。花两性，1 至数花组成聚伞花序，腋生；花梗短；萼片 4，近圆形；花瓣 4，淡黄绿色或淡绿白色，近圆形；雄蕊 4，着生于花盘边缘，花丝短，花药紫色；雌蕊埋藏于花盘内，花柱短，花盘近四方形。蒴果椭圆形或长倒卵形，长 7-8mm，褐色。种子褐色，卵圆形，假种皮橘红色。花期 5-6 月，果期 9-10 月。

生于采伐迹地、山坡阔叶林下、林缘及灌丛，海拔 900m 以下。

产地：黑龙江省哈尔滨、富锦、勃利、宝清、宁安、尚志、虎林、饶河、密山、伊春，吉林省和龙、安图、敦化、汪清、珲春、长白、吉林、抚松、蛟河、桦甸、通化、集安，辽宁省鞍山、瓦房店、大连、庄河、东港、桓仁、沈阳，内蒙古巴林右旗、克什克腾旗、喀喇沁旗、宁城、科尔沁左翼后旗。

分布：中国（黑龙江、吉林、辽宁、内蒙古、河北、山西、陕西、甘肃、江苏、浙江、安徽、河南、江西、湖北、湖南、四川、贵州），朝鲜半岛，日本。

嫩叶及霜叶紫红色，秋叶鲜艳，适植于庭院观赏。种子油可作工业用油。木翅入药，有破血、止痛、通经、泻下及杀虫之功效。

444 白杜卫矛

Euonymus bungeanus Maxim.

落叶灌木或小乔木，高3-4m。树皮暗灰色，浅纵裂。枝圆柱状四棱形，灰褐色，小枝绿色或灰绿色。芽卵状圆锥形。叶对生，革质，披针状长圆形或长圆形，长4-11cm，宽2-4cm，先端长渐尖或渐尖，基部楔形或近圆形，边缘具锐尖细锯齿；叶柄短；托叶小。聚伞花序，花10朵以上；花萼4裂，裂片近圆形；花瓣4，带黄白色，长圆形或长圆状倒卵形，先端钝；雄蕊4，花丝长2-4mm，花药暗紫红色；子房光滑，花柱圆筒状，与雄蕊近等长，花盘绿色。蒴果无翅，倒圆锥形，4深裂，直径约1cm，粉红色。种子红色，假种皮橘红色。花期5-6月，果期9月。

生于河边、阔叶林中及林缘，海拔600m以下。

产地：黑龙江省哈尔滨、逊克、五大连池，吉林省长春、汪清，辽宁省沈阳、西丰、鞍山、普兰店、大连、彰武、阜新、北镇、凤城、法库、义县、朝阳、建昌、凌源，内蒙古科尔沁左翼后旗、宁城、翁牛特旗、扎赉特旗。

分布：中国（黑龙江、吉林、辽宁、内蒙古、河北、山西、陕西、甘肃、山东、安徽、江苏、浙江、福建、河南、江西、湖北、四川），朝鲜半岛，日本。

可作庭园绿化树种。木材黄白色，致密，稍硬，可供细木工、雕刻及器具等用。根皮含硬质橡胶。

445 华北卫矛

Euonymus maackii Rupr.

落叶灌木或小乔木，高达6m。树皮暗灰色，浅纵裂。枝圆柱状四棱形，灰褐色。芽卵状圆锥形。叶对生，革质，卵状椭圆形、卵圆形或狭椭圆形，长4-11cm，宽2-5cm，先端长渐尖或渐尖，基部楔形或近圆形，边缘具锐尖细锯齿，两面无毛；叶柄细，为叶长的1/5-1/4；托叶小，细裂成狭线形。花两性，聚伞花序侧生，有花3-10朵；花梗短；花萼4裂，裂片三角状近圆形；花瓣4，白绿色到淡黄绿色，椭圆形或长圆状倒卵形，先端钝；雄蕊花丝短，着生在花盘上，花药暗紫红色；子房光滑，下部与花盘合生，花柱圆筒状，与雄蕊近等长，花盘近方形。蒴果无翅，倒圆锥形，4深裂，径约1cm，粉红色。种子卵圆形，红色，假种皮橘红色。花期5-6月，果期9月。

生于较疏的阔叶林中、沟谷、河边及沙地，海拔1000m以下。

产地：黑龙江省嫩江、虎林、饶河、依兰、富锦、逊克、黑河、伊春、萝北、密山、宁安、哈尔滨，吉林省长春、扶余、双辽、洮南、安图、抚松、敦化，辽宁省彰武、阜新、义县、葫芦岛、沈阳、西丰、抚顺、新宾、鞍山、营口、大连、庄河、桓仁、丹东、本溪、凤城，内蒙古科尔沁右翼前旗、额尔古纳、鄂温克旗、巴林右旗、奈曼旗、海拉尔、科尔沁左翼后旗、敖汉旗。

分布：中国（黑龙江、吉林、辽宁、内蒙古、河北、山西、河南），朝鲜半岛，俄罗斯。

为园林观赏树种、庭荫树种和行道树种。根、茎皮及枝叶入药，主治膝关节痛、腰痛、血栓闭塞性脉管炎、衄血及漆疮等症。

446 翅卫矛

Euonymus macropterus Rupr.

落叶灌木或小乔木，高 2-5m。树皮暗紫褐色或灰褐色。小枝红褐色。芽长纺锤形，灰绿色。叶对生，纸质，倒卵形、长圆状卵形或广椭圆形，长 5-13cm，宽 3-6cm，先端渐尖或突尖而钝，基部楔形，边缘有细锯齿，表面绿色，背面色淡；叶柄短；托叶早落。花两性，聚伞花序，花 3-21 朵；花梗细弱；萼片近圆形；花瓣黄绿色，长圆形或近圆形；雄蕊花丝极短；子房埋藏在花盘中，无明显花柱。蒴果下垂，径 2.5-4cm，具 4 长翅，长三角形，红玫瑰色。种子椭圆形，长约 6mm，假种皮橘红色。花期 5-6 月，果期 8-9 月。

生于阔叶林或针阔混交林中、林缘及路旁，海拔 1200m 以下。

产地：黑龙江省哈尔滨、尚志、勃利、海林、宁安，吉林省蛟河、柳河、临江、长白、和龙、安图，辽宁省清原、本溪、桓仁、丹东、宽甸、庄河。

分布：中国（黑龙江、吉林、辽宁、河北、甘肃），朝鲜半岛，日本，俄罗斯。

为庭园观赏绿化树种。木材可供细木工用。茎皮纤维可制绳索和造纸。种子榨油可作油脂原料。根茎入药，主治月经不调、产后瘀阴腹痛、跌打损伤及风湿痹痛等症。

447 瘤枝卫矛

Euonymus pauciflorus Maxim.

落叶灌木，高 1-3m。树皮暗灰色，密生小黑瘤。枝多数；小枝黄绿色，具多数小黑瘤或黑褐色瘤。芽卵形，先端尖。叶对生，纸质，倒卵形或椭圆形，长 3-10cm，宽 2-3cm，先端锐尖或渐尖，基部广楔形或近圆形，边缘具细密钝锯齿，表面暗绿色，背面色淡，两面密被短柔毛；叶柄极短，密被毛；托叶线状。花两性，聚伞花序腋生，花 1-3 朵；花梗长 3mm；苞片线形；花萼 4 裂，裂片近圆形；花瓣 4，带紫绿色，边缘灰白色，近圆形，膜质；雄蕊 4，无花丝，花药黄色；子房基部着生于花盘内，花盘扁平圆形，花柱不明显。蒴果倒卵形，黄红色，4 深裂，上部扩大，下部渐狭。种子黑紫色，有光泽，假种皮橘红色，先端裂开。花期 6 月，果期 9 月。

生于阔叶林或针阔混交林下，海拔 1500m 以下。

产地：黑龙江省哈尔滨、尚志、伊春、宝清、饶河、宁安，吉林省吉林、临江、抚松、靖宇、长白、珲春、和龙、安图，辽宁省西丰、新宾、本溪、桓仁、凤城、宽甸。

分布：中国（黑龙江、吉林、辽宁），朝鲜半岛，俄罗斯。

可作园林绿化树种。树皮含橡胶。

448 短翅卫矛

Euonymus planipes (Koehne) Koehne

落叶灌木，高 2-3m。枝暗褐色或带红色，小枝褐绿色。芽长纺锤形，先端锐尖。叶椭圆状菱形或卵形，稀长圆状倒卵形，长 6-13cm，宽 2-6cm，先端渐尖，基部楔形或近圆形，边缘有锯齿；叶柄短。复聚伞花序腋生，花多数；花梗直立；萼片 5，近圆形；花瓣 5，绿白色，卵圆形，边缘有毛；雄蕊 5，花丝极短；花柱短，柱头盘状。蒴果扁球形，具 4-5 棱，每棱具短翅，翅三角形，稍被毛，暗橙褐色。种子长圆形，长 5-7mm，假种皮带黄色。花期 5 月，果期 9 月。

生于阔叶林或针阔混交林中，海拔约 500m。

产地：吉林省长白，辽宁省西丰、清原、本溪、桓仁、鞍山、岫岩、凤城、宽甸、营口、盖州。

分布：中国（吉林、辽宁），朝鲜半岛，日本，俄罗斯。

449 省沽油

Staphylea bumalda DC.

落叶灌木，高 2-3m。树皮灰褐色。枝细长。芽卵形。叶对生，小叶 3，卵形、卵圆形或卵状菱形，长 2.5-8cm，宽 1.5-4cm，先端渐尖或长渐尖，基部楔形或圆形，边缘有细锯齿，表面绿色，背面色淡；叶柄长，顶生小叶柄和侧生小叶柄短；托叶线状披针形，花后脱落。圆锥花序顶生或腋生；苞片线状披针形，有锯齿；萼片 5，长圆形，绿白色；花瓣 5，长倒卵圆形，乳白色；雄蕊 5，花丝有毛。蒴果膀胱状，扁平，膨胀，先端 2 浅裂，黄绿色，长 1.5-2cm。种子球状倒卵形，淡黄色，有光泽。花期 5 月，果期 8-9 月。

生于向阳山坡、路旁、山沟杂木林中、溪流旁及林缘。

产地：吉林省集安、柳河，辽宁省本溪、桓仁、凤城、宽甸。

分布：中国（吉林、辽宁、河北、山西、陕西、江苏、浙江、安徽、河南、湖北、四川），朝鲜半岛，日本。

450 锐齿鼠李

Rhamnus arguta Maxim.

落叶灌木，高 1-3m。树皮灰紫褐色。枝对生或近对生，具短枝，小枝赤褐色或微带紫色，二年生枝暗紫褐色或灰褐色，枝顶端有针刺。芽长卵形，有光泽。叶对生或近对生，短枝上叶簇生，卵形至卵圆形，长 2-5（-7.8）cm，宽 1.5-4（-6）cm，先端急尖或短渐尖，基部圆形或浅心形，边缘具锐细锯齿，齿端刺芒状，两面无毛，侧脉 4-5 对，带赤色；叶柄长，带赤色。花单性，雌雄异株，腋生，在短枝上簇生；花梗长；雌花子房球形，3-4 室，柱头 3-4 裂。核果近球形，紫黑色，内具（2-）3-4 核，内果皮薄革质，易与种子分开；果梗长 1-1.8（-2）cm，无毛。种子倒广卵形，淡黄褐色，背面种沟开口长为种子的 1/5。花期 4 月中下旬至 5 月下旬，果期 6 月中旬至 9 月下旬。

生于气候干燥、土质瘠薄的山脊及山坡。

产地：辽宁省沈阳、北票、凌源、建平、铁岭、抚顺、新宾、本溪、鞍山、瓦房店、盖州、锦州、北镇、义县、绥中、建昌，内蒙古额尔古纳、科尔沁右翼中旗、扎鲁特旗、科尔沁左翼后旗、赤峰、宁城、巴林右旗、翁牛特旗、喀喇沁旗、敖汉旗。

分布：中国（辽宁、内蒙古、河北、山西、陕西、山东）。

本种适应性较强，用作固土护坡、防风防沙等防护性（包括防人畜为害）栽植。木材坚硬致密，供制手杖、工具把柄、小型器具及细工用材。树皮、果实药用或作染料。种子富含油脂，供制肥皂、油墨及润滑油用。茎叶及种子熬成液汁可作杀虫剂。

451 鼠李

Rhamnus davurica Pall.

小乔木或灌木，高约达 10m。树皮暗灰褐色，环状剥裂。枝对生或近对生，具短枝，小枝灰褐色、褐色或带赤色，较粗壮，具较大的锥形顶芽，稀不具芽而成锥形刺。芽卵形，淡褐色。叶对生或近对生，在短枝上簇生，倒卵状椭圆形、倒卵状广披针形或倒卵形，长 3-12cm，宽 2-5cm，先端短渐尖或急尖，基部广楔形、楔形或近圆形，边缘具细钝锯齿，齿端常具腺体，表面深绿色，有光泽，背面色淡，侧脉 4-5(-6)对，弧曲状；叶柄较粗壮，无毛或仅沟槽有疏毛。花单性，雌雄异株，腋生，短枝上簇生；花梗长；雄花萼片 4 裂，裂片卵形，花瓣 4，不明显；雌花花萼裂片 4，子房近球形。核果近球形，黑色，径约 0.6cm。种子卵形，黄褐色或暗黄褐色，背部具狭长种沟，无开口。花期 5 月上旬至 6 月中下旬，果期 7 月下旬至 9 月。

生于低山地杂木林内阴湿处、河边及溪流旁灌丛。

产地：黑龙江省哈尔滨、尚志、黑河、孙吴、伊春、萝北、宝清、宁安，吉林省磐石、桦甸、集安、临江、抚松、靖宇、长白、敦化、珲春、汪清、安图，辽宁省沈阳、铁岭、西丰、抚顺、新宾、清原、本溪、桓仁、鞍山、岫岩、丹东、凤城、宽甸、庄河、盖州、北镇、建昌，内蒙古海拉尔、扎兰屯、牙克石、根河、新巴尔虎左旗、鄂伦春旗、阿尔山、突泉、科尔沁右翼前旗、扎赉特旗、科尔沁左翼后旗、宁城、阿鲁科尔沁旗、巴林右旗、克什克腾旗、翁牛特旗、喀喇沁旗、敖汉旗。

分布：中国(黑龙江、吉林、辽宁、内蒙古、河北、山西、陕西、山东、河南)，蒙古，俄罗斯。

本种适应性较强，用作固土护坡、防风防沙等防护性(包括防人畜为害)栽植。木材坚硬致密，供制手杖、工具把柄、小型器具及细工用材。树皮、果实药用或作染料。种子富含油脂，供制肥皂、油墨及润滑油用。

452 金刚鼠李

Rhamnus diamantiaca Nakai

落叶灌木，高 1-3m。树皮暗灰褐色。枝对生或近对生，紫褐色，具短枝，小枝淡紫褐色，有光泽，无顶芽，顶端有针刺。芽卵形或长卵形，灰褐色或淡灰褐色。叶对生或近对生，在短枝上簇生，卵形、广卵形或菱状卵形，长 2.5-6（-7）cm，宽 1.5-4cm，先端短渐尖或渐尖，基部楔形或广楔形，边缘具细钝锯齿，表面暗绿色，背面色淡，侧脉 4（-5）对；叶柄长，常带紫红色；托叶披针形，早落。花单性，雌雄异株，腋生，在短枝上簇生；花梗短；花萼 4 裂，裂片披针形；花瓣 4；雄花雄蕊 4，有退化雌蕊；雌花有退化雄蕊。核果近球形，径 0.5-0.6cm，紫黑色。种子倒卵形，暗褐色，腹面平或稍凹入，背面隆起，基部开口狭卵形，长约为种子的 1/3。花期 4 月下旬至 6 月上旬，果期 7 月下旬至 9 月。

生于低山杂木林、灌丛及林缘湿润处，海拔 800m 以下。

产地：黑龙江省哈尔滨、尚志、黑河、伊春、萝北、宝清、虎林、密山，吉林省前郭尔罗斯、吉林、蛟河、桦甸、双辽、集安、临江、靖宇、珲春、和龙、汪清、安图，辽宁省沈阳、建平、阜新、抚顺、新宾、清原、本溪、桓仁、鞍山、丹东、凤城、宽甸、大连、长海、北镇、黑山、葫芦岛、兴城，内蒙古扎兰屯、扎赉特旗、科尔沁左翼后旗、宁城、翁牛特旗、喀喇沁旗。

分布：中国（黑龙江、吉林、辽宁、内蒙古），朝鲜半岛，俄罗斯。

本种适应性较强，用作固土护坡、防风防沙等防护性（包括防人畜为害）栽植。木材坚硬致密，供制手杖、工具把柄、小型器具及细工用材。树皮、果实药用或作染料。种子富含油脂，供制肥皂、油墨及润滑油用。

453 小叶鼠李

Rhamnus parvifolia Bunge

落叶灌木,高约2m。树皮灰色或暗灰色。枝对生或近对生,具短枝,小枝灰褐色,成长枝褐色或紫褐色,有光泽,无顶芽,顶端有针刺。芽卵形,灰黄褐色。叶对生或近对生,在短枝上簇生,质较厚,菱状倒卵形或菱状卵形,长(1-)1.5-2.5(-3)cm,宽0.5-1.5(-2)cm,先端短渐尖,基部楔形,边缘具细锯齿,表面暗绿色,背面色淡,脉腋被须毛,侧脉2-3(-4)对;叶柄长。花单性,雌雄异株,黄绿色,在短枝上簇生;花梗短;花萼、花瓣和雄蕊均为4;雌花柱头2裂。核果倒卵形或卵形,淡绿色或带紫黑色,干硬,易开裂。种子倒卵圆形,背沟长约为种子的3/4。花期4月下旬至5月中旬,果期6月下旬至9月。

生于石质山地的阳坡或山脊、沙丘及灌丛,海拔500m以下。

产地:黑龙江省尚志,吉林省双辽,辽宁省沈阳、法库、朝阳、北票、凌源、建平、喀左、阜新、彰武、丹东、大连、锦州、北镇、义县、葫芦岛、兴城、绥中、建昌,内蒙古扎兰屯、科尔沁右翼前旗、科尔沁右翼中旗、扎赉特旗、通辽、奈曼旗、扎鲁特旗、科尔沁左翼中旗、科尔沁左翼后旗、赤峰、宁城、林西、阿鲁科尔沁旗、巴林右旗、巴林左旗、克什克腾旗、翁牛特旗、喀喇沁旗。

分布:中国(黑龙江、吉林、辽宁、内蒙古、河北、山西、陕西、山东、河南),朝鲜半岛,蒙古,俄罗斯。

本种适应性强,耐干旱,可用作干旱地区、土质瘠薄及多岩石处的造林树种及固土护坡等防护性的栽植植物。树皮、果实可供药用及染料用。种子榨油,用作工业用油。

454 乌苏里鼠李

Rhamnus ussuriensis J. Vass.

灌木，高达 5m。枝对生或近对生，具短枝，小枝褐色、灰褐色或微带紫色，先端具针刺。无顶芽，腋芽卵形。叶对生或近对生，长椭圆形、狭长圆形或椭圆状披针形，长 2-10（-12）cm，宽 1.5-4cm，先端渐尖或短渐尖，基部楔形、广楔形或近圆形，稍偏斜，边缘具钝齿，齿端具腺，表面暗绿色，稍有光泽，背面色淡，脉腋被白色短柔毛，侧脉 4-5（-6）对，短枝上叶簇生，长椭圆形；叶柄长；托叶狭披针形，早落。花单性，雌雄异株，腋生，短枝上簇生；花梗短；花萼漏斗状，先端 4 裂，裂片卵形；花瓣 4，不明显；雌花花柱 2 裂，有退化雄蕊。核果近球形，黑色，内具 2 核，内果皮膜质，不开裂。种子卵圆形，黑褐色，背面基部具短沟，无开口。花期 4 月中旬至 5 月中下旬，果期 7-9 月。

生于低山地山坡、河边、溪流旁、杂木林及灌丛，海拔 900m 以下。

产地：黑龙江省哈尔滨、尚志、黑河、伊春、萝北、汤原、密山、宁安，吉林省长春、九台、吉林、磐石、桦甸、集安、通化、临江、抚松、敦化、珲春、和龙、汪清、安图，辽宁省沈阳、法库、彰武、铁岭、开原、西丰、昌图、抚顺、新宾、清原、本溪、桓仁、鞍山、岫岩、丹东、凤城、宽甸、庄河、盖州、锦州、北镇、建昌，内蒙古海拉尔、扎兰屯、额尔古纳、突泉、科尔沁右翼前旗、扎赉特旗、科尔沁左翼后旗、宁城、克什克腾旗、翁牛特旗、喀喇沁旗。

分布：中国（黑龙江、吉林、辽宁、内蒙古、河北、山西、山东），朝鲜半岛，俄罗斯。

本种适应性较强，用作固土护坡、防风防沙等防护性（包括防人畜为害）栽植。木材坚硬致密，供制手杖、工具把柄、小型器具及细工用材。树皮、果实药用或作染料。种子富含油脂，供制肥皂、油墨及润滑油用。

455 蛇葡萄 蛇白蔹

Ampelopsis brevipedunculata (Maxim.) Trautv.

木质藤本。茎具长节。枝粗壮，髓白色，小枝淡黄色，具细棱线；卷须分叉，与叶对生。叶互生，纸质，广卵形，长宽近相等，长6-12cm，3浅裂，稀5浅裂，基部心形，边缘具粗齿，表面深绿色，背面色淡，基出脉3；叶柄长，密被绒毛。花两性，二歧聚伞花序，与叶对生；花序梗长，疏被毛；萼片5，稍分裂；花瓣5，椭圆形，黄绿色；雄蕊5，与花瓣对生；子房2室，基部与花盘合生，花柱圆柱状；花盘杯状，边缘浅裂。浆果球形，径5-8mm，鲜蓝色或蓝紫色，散生暗色小斑；果梗长，被毛。种子2粒，种皮坚硬。花期6月，果期8月。

生于干山坡、林下、河边灌丛、疏林与沟谷多石质地，海拔900m以下。

产地：吉林省梅河口、集安、通化、柳河、临江、抚松、靖宇、敦化、安图，辽宁省沈阳、凌源、建平、西丰、抚顺、本溪、桓仁、鞍山、岫岩、丹东、凤城、大连、瓦房店、普兰店、庄河、长海、盖州、北镇、葫芦岛、建昌，内蒙古宁城。

分布：中国（全国广布），朝鲜半岛，日本，俄罗斯。

果实可酿酒。根和茎叶入药，有清热解毒、消肿祛湿之功效。

456 葎叶蛇葡萄 葎叶白蔹

Ampelopsis humulifolia Bunge

木质藤本。枝光滑，髓白色，小枝稍带绿褐色，具棱线；卷须分叉，与叶对生。叶互生，质厚，心状卵形或肾状五角形，长宽近相等，6-12cm，3-5 中裂至深裂，裂隙圆弯缺，基部心形或近截形，边缘具粗齿，表面深绿色，有光泽，背面苍白色；叶柄长。花两性，二歧聚伞花序，与叶对生，花序梗长；花 5 浅裂；花瓣 5，卵状椭圆形，黄绿色；雄蕊 5，与花瓣对生；子房 2 室，基部与花盘合生，花柱细，柱头单一；花盘杯状，边缘浅裂。浆果球形，径 6-8mm，淡黄色，散生暗色小斑。种子 2-4 粒，种皮坚硬。花期 6-7 月，果期 8-9 月。

生于干山坡、林下、林缘、灌丛及岩石缝中，海拔 800m 以下。

产地：辽宁省沈阳、法库、朝阳、凌源、建平、阜新、彰武、开原、本溪、鞍山、东港、大连、瓦房店、营口、盖州、北镇、葫芦岛、兴城、绥中、建昌，内蒙古科尔沁左翼后旗、宁城、巴林左旗、敖汉旗。

分布：中国（辽宁、内蒙古、河北、山西、陕西、甘肃、山东、安徽、河南）。

可作树篱用于绿化。根皮入药，有活血散瘀、消炎解毒、生肌长骨及除风祛湿之功效，主治跌打损伤、骨折、疮疖肿痛及风湿性关节炎等症。

457 白蔹

Ampelopsis japonica (Thunb.) Makino

木质藤本。块根肉质，纺锤形。茎褐绿色。枝多数，髓白色，小枝淡紫色，有细条纹；卷须与叶对生。叶互生，掌状复叶，小叶3-5，长圆状卵形或卵形，长5-10cm，宽6-12cm，一部分小叶羽状分裂，一部分小叶羽状缺刻，顶生小叶大，长4-10cm，侧生小叶常不分裂，小叶先端短尖或渐尖，基部楔形，边缘疏生粗齿，表面暗绿色，有光泽，背面色淡，稍带蓝色，两面无毛；叶柄长；叶轴与小叶柄有狭翅，羽状裂片与叶轴间有关节。花两性，聚伞花序，与叶对生，花序梗长，常缠绕；花萼5浅裂；花瓣5，黄绿色；雄蕊5；子房下部与花盘合生，花柱短棒状；花盘发达，边缘波状浅裂。浆果球形，径6-10mm，蓝色或蓝紫色，散生暗色小斑。种子1-2粒，种皮坚硬。花期6-7月，果期8-9月。

生于干山坡及林下、路旁杂草丛中及灌木丛间，海拔500m以下。

产地：黑龙江省哈尔滨、依兰，吉林省双辽，辽宁省沈阳、法库、凌源、昌图、抚顺、大连、瓦房店、普兰店、营口。

分布：中国（黑龙江、吉林、辽宁、河北、山西、陕西、江苏、浙江、福建、河南、江西、湖北、湖南、广东、广西、四川），朝鲜半岛，日本，蒙古，俄罗斯。

可作农药用。块根入药，有清热解毒、消肿止痛之功效。

458 爬山虎

Parthenocissus tricuspidata (Sieb. et Zucc.) Planch

木质藤本。枝粗壮，多分枝，小枝灰褐色，生有多数短小而分枝的卷须，卷须先端具圆形吸盘，短枝粗短。叶互生，短枝端两叶对生，广卵形，长 10-20cm，宽 8-17cm，3 裂或不分裂，基部心形，边缘具粗锯齿，表面暗绿色，有光泽，背面色淡，沿脉上被柔毛；叶柄长。聚伞花序腋生于短枝顶端；花梗短而无毛，常比叶柄短数倍；花小，两性，有短梗；萼片 5；花瓣 5，黄绿色，长圆形；雄蕊 5；子房 2 室；花盘不明显。浆果球形，径 6-8mm，蓝黑色，具白霜。种子 1-2 粒，种皮坚硬。花期 6-7 月，果期 9-10 月。

生于山地岩石上，海拔 600m 以下。

产地：辽宁省铁岭、桓仁、鞍山、丹东、凤城、大连、瓦房店、庄河、营口。

分布：中国（辽宁、河北、山东、安徽、江苏、浙江、福建、河南、台湾），朝鲜半岛，日本。

常为庭院及公园的观赏植物。根状茎入药，有破瘀血、消肿毒之功效。

459 山葡萄

Vitis amurensis Rupr.

木质藤本。枝粗大，长15m以上，髓褐色，幼枝淡紫红色、绿色或黄褐色，被细毛，后脱落，有不明显棱线；卷须二叉，与叶对生。叶互生，纸质，广卵形，长10-25cm，宽8-20cm，3-5裂，稀不分裂，基部广心形，两侧分开，弯缺宽广，边缘有粗齿，表面深绿色，背面色淡，沿脉被柔毛；叶柄长，被毛。花单性，雌雄异株，圆锥花序与叶对生；花多数；花梗短；雄花序形状不等，长7-12cm，疏被绒毛，退化雄蕊5；雄花序有分枝，疏被长毛；萼片轮状截形；花瓣5，黄绿色，顶部愈合，下部分离；雄蕊5，雌蕊退化；子房近球形；花盘浅杯形。浆果球形，径8-10mm，黑色或黑蓝色，被白霜。种子2-3粒，卵圆形，稍带红色。花期5-6月，果期8-9月。

生于林中及林缘，海拔1000m以下。

产地：黑龙江省尚志、依兰、伊春、萝北、密山，吉林省长春、蛟河、通化、临江、抚松、靖宇、长白、珲春、和龙、汪清、安图，辽宁省沈阳、法库、凌源、彰武、铁岭、西丰、清原、本溪、桓仁、鞍山、岫岩、丹东、凤城、宽甸、大连、庄河、盖州、北镇、义县，内蒙古科尔沁右翼前旗、扎赉特旗、科尔沁左翼后旗、宁城、巴林右旗、喀喇沁旗、敖汉旗。

分布：中国（黑龙江、吉林、辽宁、内蒙古、河北、山西、山东、安徽、浙江、河南），朝鲜半岛，俄罗斯。

种子可榨油。叶可用作提取酒石酸。根茎可作培育葡萄的砧木。果实可食，亦用于酿酒。可入药，有清热利尿、营养壮阳及祛风止痛之功效。

460 光果田麻

Corchoropsis psilocarpa Harms et Loes.

一年生草本，高（10-）20-50cm。茎纤细，圆柱形，基部木质化，上部被星状毛、短柔毛，并间生平展的长柔毛。枝紫红色。叶卵形或狭卵形，长 1.5-4.5cm，宽 0.6-2.8cm，先端短尖或钝，基部圆形至截形，边缘有钝齿牙，两面密被星状毛和柔毛；叶柄长；托叶钻形，脱落。花单生于叶腋；萼片 5，狭披针形，被星状毛、短柔毛和长柔毛；花瓣 5，倒卵形，发育雄蕊比退化雄蕊稍短或近等长；子房无毛。蒴果无毛，3 瓣裂。种子无横纹。花期 8-9 月，果期 9-10 月。

生于山坡草地、林下及荒地。

产地：辽宁省朝阳、鞍山、大连、普兰店、庄河。

分布：中国（辽宁、河北、甘肃、山东、江苏、安徽、河南、湖北），朝鲜半岛。

茎皮纤维可代麻制作麻袋和麻绳等。

461 扁担木

Grewia parviflora Bunge

落叶灌木，高 1-3m，全株密被星状毛，基部多分枝。树皮灰褐色，幼枝褐色，有纵向条纹。叶互生，卵形或菱状卵形，长 3-11cm，宽 2-7cm，先端尖至狭尖，基部圆形至楔形，边缘具重锯齿，表面无毛，背面密被黄褐色星状毛，基出 3 脉；叶柄短；托叶线形。聚伞花序与叶对生或腋生，花序梗长约 1cm；花 5-8 朵；花梗短；萼片 5，长圆状披针形；花瓣 5，乳黄色，长圆形，基部有圆形鳞片状腺体，腺体边缘被长柔毛；雄蕊多数，花丝较短，花药圆形；子房密被灰白色柔毛，花柱单一，柱头分裂。核果橙红色至红色，双球形，径 8-12mm，2-4 裂。种子三棱状卵形，黑红色，有光泽。花期 7 月，果期 9-10 月。

生于山坡、沟谷及灌丛。

产地：辽宁省沈阳、朝阳、凌源、丹东、大连、长海、绥中。

分布：中国（辽宁、河北、山西、陕西、甘肃、山东、安徽、江苏、浙江、福建、河南、江西、湖南、湖北、广东、广西、四川、贵州、云南），朝鲜半岛。

果实成熟后宿存枝头，系秋季观果树种。园林中可丛植或与山石配植。茎皮纤维可制人造棉。

462 紫椴

Tilia amurensis Rupr.

落叶乔木，高达 30m，胸径达 1m。树皮灰色或暗灰色，浅纵裂，片状剥落。小枝绿色、淡褐色至红褐色，无毛或初被毛，后脱落，老枝被毛。芽卵圆形，先端钝或稍尖。叶互生，纸质，广卵形或卵圆形，长 4-8cm，宽 4-7cm，先端尾状渐尖，基部心形，边缘有尖锯齿，表面暗绿色，无毛，背面灰绿色，仅脉腋簇生褐色毛；叶柄长；托叶膜质，早落。聚伞花序长 5-9cm，花序梗及花梗均无毛；花 3-20 朵；花梗短；苞片倒披针形，具短柄；萼片 5，广披针形，被星状毛；花瓣 5，黄白色；雄蕊多数，无退化雄蕊；子房球形，被短毛，花柱单一，柱头 5 裂。核果球形或长圆形，径 5-8mm，被褐色短绒毛。种子倒卵形，褐色。花期 6-7 月，果期 9 月。

生于针阔混交林及阔叶林中，海拔 1700m 以下。

产地：黑龙江省哈尔滨、尚志、黑河、嫩江、孙吴、大庆、伊春、萝北、宝清、勃利、密山、宁安、安达，吉林省蛟河、通化、临江、抚松、靖宇、长白、敦化、珲春、和龙、汪清、安图，辽宁省沈阳、法库、朝阳、凌源、彰武、铁岭、清原、本溪、桓仁、鞍山、丹东、凤城、大连、营口、盖州、北镇、义县、绥中，内蒙古扎鲁特旗、科尔沁左翼后旗、宁城、喀喇沁旗。

分布：中国（黑龙江、吉林、辽宁、内蒙古、河北、山西、山东、河南），朝鲜半岛，俄罗斯。

为重要蜜源植物。也是较好的绿化树种，特别适合烟尘较大的工厂矿区。树皮纤维可替代麻制品。果实榨油，作工业油脂。木材为优良工业和民用材，特别是胶合板面材。花入药。

463 糠椴 大叶椴

Tilia mandshurica Rupr. et Maxim.

落叶乔木，高达20m，胸径达50cm。树皮灰黑色，交叉状深纵裂。小枝黄绿色，密被灰白色至淡黄褐色星状毛，二年生枝暗灰褐色，被灰白色绒毛。芽卵球形，先端稍尖。叶互生，纸质，广卵形或卵圆形，长5-11cm，宽5-10cm，先端短渐尖或突长尖，基部心形，边缘有不等三角形粗锯齿，齿端有芒尖，表面绿色，有光泽，无毛，背面密被淡灰色星状毛；叶柄长，密被淡灰色星状毛，后渐脱落；托叶膜质，早落。花两性，聚伞花序长9-14cm，花序梗和花梗密被淡黄褐色星状毛；花多数；花梗短；苞片倒披针形，先端密被星状毛，具短柄或近无柄；萼片5，披针形，被星状毛；花瓣5，黄色；雄蕊多数，退化雄蕊花瓣状；子房球形，被星状毛，花柱单一，柱头5裂。核果近圆球形，径8-10mm，密被星状毛，果皮较厚，具不明显5棱。花期7月，果期9月。

生于山谷、山坡阔叶林及针阔混交林中及林缘。

产地：黑龙江省尚志、依兰、伊春、饶河、勃利、虎林、密山，吉林省临江、抚松、长白、敦化、珲春、安图，辽宁省沈阳、法库、西丰、清原、桓仁、鞍山、岫岩、丹东、凤城、庄河、营口、北镇、义县、葫芦岛、建昌，内蒙古宁城、克什克腾旗、喀喇沁旗、敖汉旗。

分布：中国（黑龙江、吉林、辽宁、内蒙古、河北、陕西、山东、江苏、河南），朝鲜半岛，俄罗斯。

树皮纤维可制麻袋。果实榨油，作工业油脂。木材适作胶合板、铅笔杆、家具、文具、玩具、室内装修及包装用材。花入药，有解表清热之功效。

464 苘麻

Abutilon theophrasti Medicus

一年生草本，高 1-2m。茎直立，圆柱状，单一或上部分枝。叶互生，圆形，径 5-10cm，先端长渐尖，基部心形，边缘具浅圆锯齿，两面密被星状毛；叶柄长，被星状细柔毛；托叶早落。花单生于叶腋；花梗长，被柔毛，近端处有节；花萼杯状，密被短柔毛，5 裂，裂片卵形；花瓣倒卵形，长 1cm，先端微缺，黄色；雄蕊柱平滑无毛；心皮 15-20，先端平截，排列成轮状，密被星状软毛。蒴果半球形，径 2cm，分果 15-20，被粗毛，先端有长芒 2。种子肾形，暗褐色，被星状柔毛。花期 7-8 月，果期 9 月。

生于路旁、荒地及河边。

产地：各地广泛分布。

分布：中国（全国广布），日本，越南，印度；欧洲，北美洲。

茎皮纤维供纺织用。种子油供制皂、油漆等。种子入药，有利尿、通乳之功效。根及全草入药，有祛风解毒之功效。

465 野西瓜苗

Hibiscus trionum L.

一年生草本，高 30-60cm。茎直立，多分枝，被毛。叶质薄，茎下部叶圆形，不分裂，中上部叶掌状 3-5 全裂；裂片倒卵形，羽状分裂，两面被星状毛；叶柄长 2-4cm。花单生于叶腋；花梗长 2-5cm；小苞片多数，线形；萼钟形，淡绿色，裂片 5，膜质，三角形，有紫色条纹；花冠淡黄色，内面基部紫色；花瓣 5，倒卵形；花丝细长，花药黄色；花柱分枝 5，无毛。蒴果长圆状球形，径约 1cm，被粗毛，果瓣 5，果皮薄，黑色。种子肾形，黑色。花期 6-8 月，果期 6-10 月。

生于山坡草地、河边、路旁及荒地，海拔 900m 以下。

产地：黑龙江省哈尔滨、齐齐哈尔、黑河、萝北、宁安，吉林省镇赉、吉林、临江、抚松、敦化、珲春、汪清、安图，辽宁省沈阳、新民、凌源、建平、彰武、铁岭、开原、西丰、抚顺、本溪、桓仁、海城、丹东、宽甸、大连、普兰店、庄河、营口、葫芦岛，内蒙古科尔沁左翼后旗。

分布：现中国各地广泛分布，原产非洲。

种子可榨油。全草入药，有清热解毒、祛风除湿、止咳及利尿之功效。种子有润肺止咳、补肾之功效。根和花也可入药。

466 北锦葵

Malva mohileviensis Dow

一年生草本，高40-100cm，全株有黏液。茎直立或上升，单一或数个，无毛或上部疏被星状毛。叶近圆形，5-7裂，基部深心形，茎下部叶裂片有时不明显，裂片卵状三角形，先端钝圆或锐尖，边缘具圆齿，表面无毛，背面疏被星状毛、单毛或二叉状毛；叶柄长；托叶广披针形，被星状毛。花多数，径约1.5cm，近无梗，簇生于叶腋；小苞片3，线状披针形，边缘具毛；花萼5裂，裂片卵状三角形，先端锐尖；花瓣淡紫色或淡红色，倒卵形，先端微凹。果实稍呈圆盘状，先端微凹，分果10-20。种子肾形，暗褐色。花果期7-9月。

生于山坡草地、田间、耕地旁及人家附近，海拔600m以下。

产地：黑龙江省哈尔滨、齐齐哈尔、富裕、黑河、萝北、宁安、安达，吉林省白城、镇赉、长白、和龙、汪清、安图，辽宁省凌源、建平、彰武、清原、桓仁，内蒙古海拉尔、满洲里、乌兰浩特、科尔沁左翼后旗、宁城、阿鲁科尔沁旗。

分布：中国（黑龙江、吉林、辽宁、内蒙古、河北、山西、西北），蒙古，俄罗斯；中亚。

嫩叶可供蔬食。根、种子及全株可入药。

467 狼毒

Stellera chamaejasme L.

多年生草本，高20-45cm。根粗大，木质，棕褐色。茎丛生，直立。叶互生，长圆状披针形或线状披针形，长1-2.4cm，宽（2-）3-4（-7）mm，先端渐尖，基部钝圆或楔形，全缘，两面无毛；有短柄或近无柄。头状花序顶生；花后期色淡，具明显脉纹，先端5裂，裂片近椭圆形；花被管（花萼）管状，紫红色，花被管内面为白色；雄蕊数为裂片数的2倍，花丝极短，花药细长，2轮，着生在花筒内中上部；子房卵圆形，先端被淡黄色毛，花柱极短，近头状。小坚果长梨形，褐色，为花被管基部所包。花期6-7月。

生于草原及多石干山坡，海拔800m以下。

产地：黑龙江省齐齐哈尔、黑河、北安、安达，吉林省双辽，辽宁省建平、彰武，内蒙古海拉尔、满洲里、牙克石、额尔古纳、乌兰浩特、阿尔山、科尔沁右翼前旗、扎鲁特旗、科尔沁左翼后旗、赤峰、宁城、克什克腾旗。

分布：中国（黑龙江、吉林、辽宁、内蒙古、河北、山西、甘肃、青海、云南、西藏），朝鲜半岛，蒙古，俄罗斯。

根入药，可治疥癣、痈疽等症。毒性大，一般不内服。

468 中国沙棘

Hippophae rhamnoides L. subsp. **sinensis** Rousi

灌木或乔木，高 1m。枝灰色，幼枝被褐锈色鳞片。叶互生或近对生，线形至线状披针形，长 2-6cm，宽 0.4-1.2cm，表面具银白色鳞片，后渐脱落绿色，背面密被淡白色鳞片，中脉明显隆起；叶柄极短。花单性，雌雄异株；雄花先叶开放，淡黄色，花萼 2 裂，雄蕊 4；雌花比雄花后开放，具短梗，花萼筒囊状，先端微 2 裂。果实橙黄色或橘红色，近球形，径 5-10mm。种子卵形，种皮坚硬，黑褐色，有光泽。花期 5 月，果期 9-10 月。

生于向阳山坡、沟谷、河漫滩、丘陵疏林及灌丛。

产地：辽宁省建平，内蒙古巴林左旗、克什克腾旗、翁牛特旗、喀喇沁旗、敖汉旗。

分布：中国（辽宁、内蒙古、河北、山西、陕西、甘肃、青海、四川）。

是防风固沙、水土保持的优良树种，也用作观赏植物。根瘤可增加土壤肥力。果可食、可酿酒及制饮料。果油具有抗疲劳、抗氧自由基损伤，增强机体活力及抗癌等药理性能。

469 紫花地丁

Vilor yedoensis Makino

多年生草本，高 4-22cm。根状茎稍粗，垂直；无地上茎。基生叶 3-6 或多数，舌形、长圆形、卵状长圆形或长圆状披针形，两侧边缘略平行或明显平行，长 2.5-4cm，宽 0.5-1.2cm，先端钝，基部截形、钝圆形或楔形，边缘具圆齿，两面淡绿色，散生或密被短毛；叶柄具狭翼，上部翼较宽；托叶白色、淡绿色或带堇色，1/4-1/2 处与叶柄合生，离生部分线状披针形。花梗被短硬毛或近无毛；苞片 2；萼片披针形或卵状披针形，先端稍尖或稍渐尖，边缘狭膜质，基部附属物短，末端圆形或截形；花瓣紫堇色或紫色，侧瓣无须毛或稍有须毛，下瓣连距长 14-18（-20）mm，距细，末端微向上弯曲或直；子房无毛，花柱棍棒状，基部弯曲。蒴果长圆形，长 6.5-10（-12）mm，无毛。花果期 4 月中旬至 9 月。

生于路旁、荒地、山坡草地、林缘、灌丛、草甸草原、沙地及人家附近，海拔 800m 以下。

产地：黑龙江省哈尔滨、尚志、杜尔伯特、呼玛，吉林省长春、九台、通榆、乾安、梅河口、集安、通化、辉南、柳河、临江、抚松、靖宇、长白、汪清、安图，辽宁省沈阳、凌源、建平、阜新、彰武、开原、西丰、抚顺、新宾、本溪、鞍山、台安、岫岩、丹东、凤城、宽甸、大连、庄河、长海、盖州、北镇、葫芦岛、绥中、建昌，内蒙古扎兰屯、乌兰浩特、突泉、科尔沁右翼前旗、科尔沁左翼后旗、克什克腾旗、翁牛特旗、喀喇沁旗。

分布：中国（黑龙江、吉林、辽宁、内蒙古、河北、山西、陕西、甘肃、山东、河南、江苏、安徽、浙江、江西、福建、湖北、湖南、云南），朝鲜半岛，日本，俄罗斯。

嫩茎叶可作野菜。全草入药，有清热解毒之功效，主治乳腺炎、慢性阑尾炎、疮疖、疔毒、痈肿、瘰疬恶疮及毒蛇咬伤等症。煎服。

470 鸡腿堇菜

Viola acuminata Ledeb.

多年生草本，高 10-40（-50）cm。根状茎较粗壮，垂直或倾斜；茎直立，丛生（茎 2-6），无毛或上部有毛。叶广卵状心形或卵状心形，长 2.5-5.5（-7）cm，宽 2-5cm，先端短渐尖至长渐尖，基部心形，边缘具钝齿，两面被细短毛或仅沿脉有毛；叶柄无翼，茎下部叶柄较长，上部叶柄较短；托叶大，长 1-2（-3）cm，羽状深裂，裂片细长，有时为齿牙状中裂，基部与叶柄合生。花梗纤细，苞片生于花梗中上部；萼片线状披针形，被细短毛或无毛，基部附属物短，末端截形或近圆形；花瓣白色或带淡紫色，侧瓣里面有须毛，下瓣连距长（10-）11-16mm，距较粗短；子房无毛，花柱自基部向上渐粗，顶部稍弯，顶面和侧面稍有乳头状突起，柱头孔较大。蒴果长 7-12mm，无毛。花果期 5-9 月。

生于阔叶林下、林缘、灌丛、山坡草地及河谷，海拔 800m 以下。

产地：黑龙江省哈尔滨、尚志、黑河、伊春、嘉荫、宝清、饶河、呼玛、漠河，吉林省九台、吉林、蛟河、桦甸、梅河口、集安、通化、辉南、柳河、临江、抚松、靖宇、长白、珲春、和龙、汪清、安图，辽宁省沈阳、法库、朝阳、开原、西丰、抚顺、新宾、清原、本溪、桓仁、鞍山、海城、岫岩、丹东、凤城、宽甸、大连、庄河、盖州、北镇、义县、建昌，内蒙古扎兰屯、牙克石、额尔古纳、新巴尔虎右旗、鄂伦春旗、阿尔山、科尔沁右翼前旗、扎赉特旗、科尔沁左翼中旗、科尔沁左翼后旗、宁城、阿鲁科尔沁旗、克什克腾旗、喀喇沁旗、敖汉旗。

分布：中国（黑龙江、吉林、辽宁、内蒙古、河北、山西、陕西、甘肃、宁夏、山东、江苏、浙江、安徽、河南、江西、湖南、湖北、广西、四川、贵州、云南），朝鲜半岛，日本，俄罗斯。

嫩茎叶可作野菜。全草入药，主治肺热咳嗽、跌打损伤及疮疖肿毒等症。

471 双花堇菜

Viola biflora L.

多年生草本，高 2-20cm。根状茎，斜生或匍匐；地上茎纤弱、直立或上升。基生叶 2 至数枚，叶肾形，稀近圆形，先端钝圆，基部心形或深心形，边缘钝齿较平，两面散生细毛；叶柄长 1-10cm，无毛；托叶卵形、广卵形或卵状披针形。花 1-2 朵生于茎上部叶腋；花梗细；苞片披针形，极微小，果期常脱落；萼片线状披针形或披针形，先端锐尖或稍钝，基部附属物不发育；花瓣淡黄色或黄色，长圆状倒卵形，具褐色脉纹，侧瓣无须毛，下瓣连距长约 1cm，距短小；子房无毛，花柱直立，基部较细，上半部深裂。蒴果长圆状卵形，长 4-7mm，无毛。花果期 5-9 月。

生于高山山坡、湿草地及林下，海拔 1900m 以下。

产地：黑龙江省尚志，吉林省抚松、长白、安图，辽宁省宽甸，内蒙古扎兰屯、牙克石、阿尔山、宁城、喀喇沁旗、敖汉旗。

分布：中国（黑龙江、吉林、辽宁、内蒙古、河北、山西、陕西、甘肃、青海、宁夏、新疆、山东、河南、四川、云南、西藏、台湾），朝鲜半岛，日本，蒙古，俄罗斯，印度，马来西亚；欧洲，北美洲。

472 兴安圆叶堇菜

Viola brachyceras Turcz.

多年生草本，花期高 6cm，果期高达 10cm 以上。根状茎斜生或垂直；无地上茎。基生叶花期 1-2，果期 2-5，较大，圆形，稀为广卵形，基部深心形，先端圆形或渐尖，边缘具圆齿，表面绿色，背面苍绿色或带灰紫色，无毛；叶柄长，微具狭翼；托叶披针形，下部 1/2 贴生于叶柄。花梗细；苞片 2；萼片卵状披针形，先端渐尖，边缘狭膜质，基部附属物短，末端圆形或截形；花瓣淡紫色或近白色，长圆状倒卵形，侧瓣无须毛，下瓣具堇色的脉纹，下瓣连距长约 8mm，距短，稍粗；子房无毛，花柱基部微弯曲。蒴果长 5-10mm，具褐色斑或不明显，无毛。花果期 5-8 月。

生于落叶松林下及林区河岸石砾地，海拔 900m 以下。

产地：黑龙江省伊春、密山，吉林省蛟河、安图，内蒙古牙克石、根河、额尔古纳、科尔沁右翼前旗。

分布：中国（黑龙江、吉林、内蒙古），俄罗斯。

473 南山堇菜

Viola chaerophylloides (Regel) W. Beck.

多年生草本，高 4-35cm。根状茎短；无地上茎。基生叶 2-6，掌状，3-6 全裂或深裂并再裂，终裂片多变化，通常为卵状披针形、披针形或线状披针形，边缘具缺刻或不整齐深锯齿，两面无毛；叶柄狭翼或无翼；托叶膜质，广披针形，约 2/3 与叶柄合生，边缘疏具细齿或近全缘。花梗带紫色；苞片线状披针形；萼片长圆状卵形或卵圆形，边缘膜质，基部附属物长；花瓣白色或淡紫色，侧瓣里面稍生须毛，基部常带淡黄色，下瓣具紫色条纹，连距长 1.8-2.3cm，距较粗，直或微向下弯，末端粗圆；子房无毛，花柱基部细，微向前弯曲。蒴果较大，长 1-1.4cm。种子深黄色，卵形。花果期 4 月下旬至 9 月。

生于山地腐殖层厚的阔叶林下、向阳山坡灌丛、河边及溪流旁的阴湿地。

产地：辽宁省清原、本溪、桓仁、鞍山、丹东、凤城、东港、宽甸、大连、普兰店、庄河，内蒙古翁牛特旗。

分布：中国（辽宁、内蒙古、河北、山西、陕西、甘肃、青海、山东、江苏、安徽、浙江、河南、江西、湖北、四川），朝鲜半岛，日本，俄罗斯。

474 球果堇菜

Viola collina Bess.

多年生草本，高 3-8cm。根状茎肥厚，垂直、斜生或横走；无地上茎。基生叶多数，近圆形或广卵形，先端锐尖或钝，基部心形，边缘具钝齿，两面密被白色短柔毛；叶柄具狭翼，被毛；托叶披针形，先端尖，长 1-1.3（-2）cm，基部与叶柄合生，边缘具疏齿。花梗细；苞片 2；萼片长圆状披针形或狭长圆形，先端圆或钝，被毛，基部附属物短；花瓣淡紫色或近白色，较小，开后易迅速脱落，侧瓣里面有毛或近无毛，下瓣连距长 1.2-1.4cm，距较短，直或稍向上弯，末端钝；子房有毛，花柱基部微向前弯曲。蒴果球形，密被白色长柔毛，果梗通常向下弯曲，常使果实与地面接触。花果期 4 月下旬至 8 月。

生于阔叶林、针阔混交林、灌丛及沟谷等处腐殖质层厚的较阴湿处，海拔 900m 以下。

产地：黑龙江省哈尔滨、尚志、伊春、宁安，吉林省磐石、梅河口、集安、通化、辉南、柳河、临江、抚松、靖宇、长白、珲春、安图，辽宁省沈阳、新宾、清原、本溪、桓仁、鞍山、凤城、宽甸、大连、庄河、营口，内蒙古扎兰屯、乌兰浩特、科尔沁右翼前旗、扎赉特旗、科尔沁左翼后旗、赤峰、宁城、克什克腾旗、喀喇沁旗、敖汉旗。

分布：中国（黑龙江、吉林、辽宁、内蒙古、河北、山西、陕西、甘肃、宁夏、山东、江苏、安徽、浙江、福建、河南、湖北、湖南、四川、贵州、台湾），朝鲜半岛，日本，俄罗斯；中亚，欧洲。

幼苗可作野菜。全草入药，主治刀伤、跌打损伤及疮毒等症。

475 裂叶堇菜

Viola dissecta Ledeb.

多年生草木，高 5-20（-25）cm。根状茎短，垂直，节密；无地上茎。基生叶掌状，3-5 全裂、深裂或近羽状浅裂，裂片线形，全缘或具不整齐缺刻状钝齿，背面脉明显隆起，被短柔毛或无毛；叶柄花期近无翼，果期叶柄具狭翼；托叶披针形，2/3 以上与叶柄合生，淡绿色，边缘疏具细齿。花较大，淡紫色至紫堇色；花梗与叶等长或稍超出叶；小苞片 2，线形；萼片卵形、长圆状卵形或披针形，长 4-7mm，先端稍尖，边缘狭膜质，基部附属物短，末端截形，全缘或具细齿 1-2；花瓣侧瓣长圆状倒卵形，里面基部有须毛，下瓣连距长 1.4-2.2cm，距明显，圆筒形，末端钝而稍膨胀；子房无毛，花柱细，微向前弯曲，柱头先端短喙，喙端具明显的柱头孔。蒴果长圆形或椭圆形，先端尖。花期 4-9 月，果期 5-10 月。

生于山坡草地、杂木林林缘、灌丛、田边及路旁。

产地：黑龙江省哈尔滨、齐齐哈尔、泰来、大庆、安达、呼玛，吉林省长春、九台、大安、通榆、乾安、抚松、靖宇、长白、安图，辽宁省法库、凌源、建平、清原、本溪、海城、大连、瓦房店、庄河，内蒙古扎兰屯、牙克石、根河、陈巴尔虎旗、乌兰浩特、突泉、科尔沁右翼前旗、扎赉特旗、扎鲁特旗、科尔沁左翼后旗、克什克腾旗。

分布：中国（黑龙江、吉林、辽宁、内蒙古、河北、山西、陕西、甘肃、青海、宁夏、山东、安徽、浙江、河南、湖北、四川、西藏），朝鲜半岛，蒙古，俄罗斯；中亚。

全草入药，有清热解毒、消痈肿之功效，主治无名肿毒、疮疖及麻疹热毒等症。

476 溪堇菜

Viola epipsila Ledeb.

多年生草本，高 5-20cm。根状茎细长横走或斜生；无地上茎。基生叶 2（-3），广卵形、圆形或肾形，长 1.5-2.5cm，宽 2-3cm，先端急尖或稍钝，基部深心形，边缘具浅圆齿，表面无毛，背面初多少被柔毛，后渐脱落；叶柄有狭翼；托叶膜质，卵状披针形，白色，先端渐尖，全缘或有时具 2-3 细齿。花梗较粗；苞片 2，线形；萼片卵状披针形，边缘狭膜质，基部附属物短，末端截形；花瓣紫色或淡紫色，长圆状倒卵形，侧瓣里面疏被微毛，下瓣有紫色条纹，连距长 1.5-1.8cm，距短粗，平直或微向上弯；子房无毛，花柱棍棒状，基部稍弯曲。蒴果椭圆形，无毛，先端稍尖。花果期 5 月中旬至 8 月。

生于灌丛、林下、林缘及湿草地，海拔 400m 以下。

产地：黑龙江省尚志、伊春、呼玛，吉林省敦化、安图，辽宁省宽甸，内蒙古牙克石、科尔沁右翼前旗。

分布：中国（黑龙江、吉林、辽宁、内蒙古），朝鲜半岛，俄罗斯；欧洲。

477 凤凰堇菜

Viola funghuangensis P. Y. Fu et Y. C. Teng

多年生草本，高 5-15cm。根状茎较细，斜生，稍弯；无地上茎。基生叶多数，卵形、广卵形或长卵形，长 1.8-5（-11）cm，宽 1.2-3（-6）cm，先端尾状渐尖，基部心形，边缘具钝锯齿，两面被短柔毛或无毛；叶柄无翼或微有狭翼；托叶披针形或卵状披针形，全缘或稍有疏齿，中下部与叶柄合生。花梗超出叶；苞片 2；萼片卵状披针形，基部附属物短，末端钝或稍有齿；花瓣白色，侧瓣里面有须毛，下瓣连距长 1.4-1.8cm，距直或微弯，末端圆；子房无毛。蒴果椭圆形，无毛。花果期 4 月下旬至 7 月。

生于山阴坡腐殖质层较厚的阔叶林林下及林缘，海拔 700m 以下。

产地：吉林省抚松、安图，辽宁省西丰、清原、本溪、桓仁、鞍山、凤城、宽甸、庄河。

分布：中国（吉林、辽宁）。

478 兴安堇菜

Viola gmeliniana Roem. et Schult.

多年生低矮草本，高 4-10cm。根状茎褐色，肥厚，垂直；无地上茎。基生叶多数，莲座状，近革质，匙形、长椭圆形或披针形，长 2-5cm，宽 0.5-1.2cm，先端钝或稍尖，基部狭，下延至柄，边缘具钝齿，两面无毛或密被粗毛；花期叶柄短或近无炳，果期叶柄较长；托叶淡绿色或苍白色，1/2-3/4 与叶柄合生，离生部分披针形，先端尖。花梗带紫色，无毛；苞片 2，线形；萼片卵状披针形或披针形，先端尖，边缘狭膜质，基部附属物近方形，末端圆或截形；花瓣紫堇色，长圆状倒卵形，侧瓣基部里面有须毛，下瓣连距长 10-13mm，距短，末端圆，稍向上弯曲；子房卵球形，沿背棱有颗粒状附属物，花柱棍棒状，基部向前弯曲。蒴果长椭圆形，长约 9mm，无毛，黄褐色，果梗直立，不超出于叶。花果期 5-8 月。

生于山坡草地、河边、灌丛、疏林下、沙地及沙丘草地。

产地：黑龙江省黑河、密山、呼玛，内蒙古海拉尔、扎兰屯、牙克石、额尔古纳、陈巴尔虎旗、乌兰浩特、阿尔山、科尔沁右翼前旗。

分布：中国（黑龙江、内蒙古），蒙古，俄罗斯。

479 毛柄堇菜

Viola hirtipes S. Moore

多年生草本，高7-15cm。根状茎缩短，垂直；无地上茎和匍匐枝。基生叶2-4（-8），长圆状卵形或卵形，长2-7cm，宽1-4cm，先端钝或稍尖，基部心形，边缘具圆齿，两面无毛；叶柄密被白色长毛；托叶淡近膜质，绿色或苍白色，1/2以上与叶柄合生，离生部分线状披针形，先端渐尖。花梗细长，疏被或密被白色长毛；苞片2，线形；萼片长圆状披针形或狭披针形，先端尖，边缘狭膜质，基部附属物短，末端截形或圆钝；花瓣淡紫色，倒卵形，长约1.6cm，宽约7.5mm，侧瓣长约1.5cm，宽约6mm，里面基部有长须毛，下瓣基部白色有紫色条纹，连距长2-2.5cm，距圆筒形，直或稍向上弯曲，末端圆；子房长卵状，花柱基部微弯曲，柱头2裂。蒴果长椭圆形，无毛。花期4-6月，果期5-7月。

生于阔叶林下、林缘、灌丛及草丛。

产地：吉林省柳河、安图，辽宁省本溪、桓仁、鞍山、丹东、凤城、东港、宽甸、大连、庄河。

分布：中国（吉林、辽宁、河北），朝鲜半岛，日本，俄罗斯。

480 东北堇菜

Viola mandshurica W. Beck.

多年生草本，高 6-18cm。根状茎垂直，长 5-12mm，暗褐色；无地上茎。基生叶少数至多数，长圆形、舌形或卵状披针形，长 2-6cm，宽 0.5-1.5cm，花后渐增大，长三角形、椭圆状披针形，先端钝或圆，基部截形或广楔形，下延至柄，边缘疏具圆齿，两面无毛或疏被柔毛；叶柄较长，具翼，被短毛或无毛；托叶膜质，外侧鳞片状，褐色，内侧淡褐色、淡紫色或苍白色，2/3 以上与叶柄合生，离生部分线状披针形，先端渐尖。花梗细长，无毛或被短毛；苞片 2，线形；萼片卵状披针形或披针形，基部附属物短，较宽，末端圆或截形；花瓣紫堇色或淡紫色，侧瓣长圆状倒卵形，基部里面有长须毛，下瓣连距长 15-23mm，距圆筒形，末端圆，向上弯或直；子房卵球形，无毛，花柱棍棒状，基部细，向前方弯曲。蒴果长圆形，长 1-1.5cm，无毛，先端尖。种子卵球形，淡棕红色。花果期 4 月下旬至 9 月。

生于草地、草坡、灌丛、林缘、疏林下、荒地及河边沙地，海拔 500m 以下。

产地：黑龙江省哈尔滨、尚志、齐齐哈尔、大庆、伊春、嘉荫、萝北、呼玛，吉林省蛟河、桦甸、梅河口、集安、通化、辉南、柳河、临江、抚松、靖宇、长白、珲春、安图，辽宁省沈阳、彰武、开原、西丰、新宾、清原、本溪、桓仁、鞍山、岫岩、丹东、凤城、东港、宽甸、大连、瓦房店、庄河、长海、北镇、绥中，内蒙古扎兰屯、牙克石、根河、额尔古纳、乌兰浩特、阿尔山、科尔沁右翼前旗、科尔沁左翼后旗、宁城、翁牛特旗。

分布：中国（黑龙江、吉林、辽宁、内蒙古、河北、山西、陕西、甘肃、山东、河南、湖北、四川、台湾），朝鲜半岛，日本，俄罗斯。

全草入药，有清热解毒之功效，外敷可排脓消炎。

481 奇异堇菜

Viola mirabilis L.

多年生草本，高 6-23cm。根状茎斜生或直立；地上茎直立。茎中部叶 1，上部密生叶，广心形或肾形，长 3-5cm，宽 4-6cm，先端圆或短尖，基部心形，边缘具浅圆齿，表面两侧被柔毛，花期两侧内卷，背面沿脉被柔毛，茎生叶披针形，边缘被缘毛；基生叶柄长，有狭翼，茎生叶柄长短不等，中部者长，上部者极短或近无柄；托叶大，基部者鳞片状，卵形，赤褐色，先端钝或微渐尖。花较大，淡紫色或紫堇色，生于基生叶叶腋者通常不结实；花梗长；小苞片 2，线形，生于茎生叶叶腋者结实，具短梗；萼片长圆状披针形、卵状披针形或披针形，先端锐尖，基部附属物末端钝圆，边缘被缘毛或近无毛；花瓣倒卵形，侧瓣里面有须毛，下瓣连距长 2cm，距较粗，长约 5mm，通常向上弯；子房无毛，花柱基部近直立或微向前曲，上部稍增粗，顶端微弯。蒴果椭圆形，先端锐尖，无毛，长 1-1.4cm。花果期 5-8 月。

生于阔叶林或针阔混交林下、林缘、山地灌丛及草丛。

产地：黑龙江省富锦、萝北、伊春，吉林省九台、长春、安图、龙井，辽宁省沈阳、凤城、本溪、桓仁，内蒙古科尔沁右翼前旗、阿尔山、根河、牙克石、鄂伦春旗、陈巴尔虎旗、乌兰浩特、克什克腾旗。

分布：中国（黑龙江、吉林、辽宁、内蒙古、河北、甘肃、宁夏），朝鲜半岛，日本，俄罗斯，土耳其；中亚，欧洲。

482 大黄花堇菜

Viola muehldorfii Kiss.

多年生草本，高 12-25cm。根状茎细长，横生；地上茎单一，直立，密被或疏被长毛。基生叶 1-3，肾形或圆状肾形，先端短突尖或钝，基部深心形，边缘钝齿稍内弯，两面被细毛；茎生叶 3-4，广心形、广椭圆形或近肾形，先端短渐尖或突尖，基部心形或钝圆，边缘疏具锯齿或有时近全缘（其中之小形叶），并具缘毛，两面被毛；基生叶叶柄长，茎生叶有柄；托叶离生。花 1-2 朵着生于顶部叶腋；花梗无毛或稍被柔毛；苞片广卵形；萼片披针形，先端稍尖，具 3 脉，基部具附属物，无毛；花瓣黄色，倒卵形，具暗色脉纹，侧瓣里面有须毛，下瓣连距长 2-2.3（-2.5）cm，末端粗；子房无毛，花柱向上渐粗，柱头头状，两侧有须毛。蒴果卵状，先端稍尖。花期始于 5 月上旬。

生于林下阴湿处。

产地：黑龙江省尚志、伊春，吉林省临江，辽宁省桓仁、宽甸。

分布：中国（黑龙江、吉林、辽宁），朝鲜半岛，俄罗斯。

483 白花堇菜

Viola patrinii DC. ex Ging.

多年生草本，高 10-18cm。根状茎稍粗，垂直或斜生；无地上茎。基生叶多数，长三角形或长圆形，长 2-6cm，宽 0.5-2（-2.5）cm，先端钝，基部心形或截形，边缘具圆齿，两面无毛；叶柄无翼；托叶近膜质，中部以上与叶柄合生，离生部分线状披针形。花梗超出叶；苞片 2，线形；萼片披针形或广披针形，先端渐尖，基部附属物短；花瓣白色，倒卵形，侧瓣有明显须毛，下瓣连距长 9-13（-16）mm，距短粗，末端微向上弯曲或直；子房无毛，花柱棍棒状，基部微弯曲。蒴果椭圆形，无毛。种子卵圆形，淡褐色。花果期5-9月。

生于林缘、山坡草地，海拔 1300m 以下。

产地：黑龙江省哈尔滨、尚志、齐齐哈尔、伊春、嘉荫、萝北、呼玛，吉林省蛟河、桦甸、通化、柳河、临江、抚松、安图，辽宁省沈阳、桓仁、凤城、宽甸、大连、北镇，内蒙古海拉尔、扎兰屯、牙克石、根河、额尔古纳、阿荣旗、乌兰浩特、阿尔山、扎赉特旗、科尔沁左翼后旗。

分布：中国（黑龙江、吉林、辽宁、内蒙古、河北、甘肃、安徽、河南、湖北），朝鲜半岛，日本，俄罗斯。

484 茜堇菜

Viola phalacrocarpa Maxim.

多年生草本，高 6-17cm。根状茎短粗，垂直；无地上茎。基生叶多数，卵形、广卵形或卵状圆形，长 1.5-4（-6）cm，宽 1-2.5cm，先端钝，基部心形，边缘具圆齿，两面散生或密被毛；叶柄具狭翼；托叶膜质，1/2 处与叶柄合生，离生部分披针形或狭披针形。花梗细弱，被短毛；苞片 2；萼片披针形或卵状披针形，先端尖，边缘狭膜质，基部附属物短，末端钝圆或截形；花瓣堇色，有深紫色条纹，侧瓣长圆状倒卵形，基部有长须毛，下瓣连距长 1.7-2.2mm，距细长，直或稍向上弯曲，末端圆；子房卵球形，密被短柔毛，花柱棍棒状，基部弯曲。蒴果椭圆形。种子卵球形，红棕色。花果期 4 月下旬至 9 月。

生于向阳山坡草地、灌丛及林缘，海拔 500m 以下。

产地：黑龙江省尚志，吉林省蛟河、永吉、柳河、抚松、安图，辽宁省沈阳、凌源、建平、阜新、本溪、桓仁、鞍山、丹东、凤城、东港、宽甸、大连、庄河、锦州、北镇、绥中，内蒙古喀喇沁旗。

分布：中国（黑龙江、吉林、辽宁、内蒙古、河北、山西、陕西、甘肃、宁夏、山东、河南、湖北、湖南、四川、贵州），朝鲜半岛，日本，俄罗斯。

485 早开堇菜

Viola prionantha Bunge

多年生草本，高4-15(-20)cm。根状茎稍粗，伸展或横生；无地上茎。基生叶多数，长圆状卵形或卵形，长1-4cm，宽0.7-2cm，先端钝或稍尖，基部钝圆状或截形，边缘具钝锯齿，两面被细毛或仅脉上有毛；叶柄具狭翼；托叶1/2-2/3处与叶柄合生，离生部分线状披针形或披针形。花梗1至多数；苞片2；萼片披针形至卵状披针形，近膜质，先端锐尖或渐尖，基部附属物短；花瓣紫堇色、淡紫色或淡蓝色，侧瓣长圆状倒卵形，有须毛或近无毛，下瓣中下部白色并具紫色脉纹，连距长(11-)13-20(-23)mm，距末端较粗，微向下弯曲；子房无毛，花柱棍棒状，基部微弯曲。蒴果椭圆形至长圆形，无毛。花果期4月中旬至9月。

生于向阳山坡草地、荒地、路旁、沟边、林缘及疏林下，海拔500m以下。

产地：黑龙江省哈尔滨、尚志、杜尔伯特、安达，吉林省九台、吉林、柳河，辽宁省沈阳、凌源、建平、彰武、开原、抚顺、本溪、桓仁、鞍山、丹东、凤城、东港、宽甸、大连、瓦房店、庄河、长海、盖州、盘山、锦州、北镇、葫芦岛、绥中、建昌，内蒙古海拉尔、扎兰屯、牙克石、乌兰浩特、科尔沁右翼前旗、科尔沁右翼中旗、扎赉特旗、科尔沁左翼后旗、宁城、喀喇沁旗、敖汉旗。

分布：中国(黑龙江、吉林、辽宁、内蒙古、河北、山西、陕西、甘肃、宁夏、青海、山东、江苏、河南、湖北、湖南、四川、云南)，俄罗斯。

嫩茎叶可为野菜。全草入药，有清热解毒之功效，主治疮疖、乳腺炎、目赤肿痛、咽炎、黄疸型肝炎、肠炎及毒蛇咬伤等症。

486 辽宁堇菜 洛氏堇菜

Viola rossii Hemsl.

多年生草本，高 6-19cm。根状茎粗壮，垂直或斜生；无地上茎。基生叶 3-10，近圆形或广卵形，长 2-9cm，宽 1.6-8cm，先端尾状渐尖或渐尖，基部浅心形，果期前叶两侧边缘内卷，表面绿色，背面色淡，有时带紫色，密被毛，果期毛渐少，边缘有锯齿；叶柄有狭翼；托叶离生。花梗 1-4，无毛；苞片披针形或卵状披针形；萼片卵形或长圆状卵形，基部附属物短，钝圆；花瓣淡紫堇色或紫堇色，侧瓣里面微有须毛，下瓣白色，具紫色条纹，连距长 1.8-2.3cm，距有时近白色，囊状；子房无毛，花柱较长，基部微向前弯曲。蒴果无毛，较大，长 1.2-1.3cm。花果期 4 月下旬至 9 月。

生于阔叶林与针阔混交林下、林缘、灌丛、沟谷等腐殖质层厚的较阴湿处。

产地：辽宁省本溪、桓仁、鞍山、岫岩、丹东、凤城、宽甸、大连、庄河，内蒙古科尔沁左翼后旗。

分布：中国（辽宁、内蒙古、甘肃、江西、山东、江苏、安徽、浙江、河南、湖南、广西、四川），朝鲜半岛，日本。

可作观赏植物。

487 库页堇菜

Viola sacchalinensis H. Boiss.

多年生草本，高 15-20 (-25) cm。地上茎直立。叶卵形、卵圆形或广卵形，先端钝圆或稍渐尖，基部心形，边缘具钝锯齿，表面无毛或疏被毛，长及宽为 1.5-3cm，果期长达 2.5-3.8(-5.7)cm，宽 2.2-3.2(-4.7)cm；基生叶柄长，茎生叶柄短；茎下部托叶披针形，边缘多为流苏状，褐色，上部托叶卵状披针形、长卵形或广卵形，边缘有不整齐的细尖齿牙，绿色。花梗生于茎叶的叶腋，超出于叶；苞片生于花梗上部；萼片披针形，先端锐尖，基部附属物较发达，末端齿裂；花瓣淡紫色，侧瓣密被须毛，下瓣连距长 1.7cm，距较细，直或稍向上弯；子房无毛，花柱基部微向前弯曲，向上渐粗，先端稍弯，柱头钩状，柱头孔较宽。蒴果椭圆形，先端稍尖，无毛。花果期 5 月中旬至 8 月。

生于山地阔叶林、针阔混交林、针叶林及湖边湿草地。

产地：黑龙江省伊春、宁安、呼玛，吉林省临江、抚松、长白、安图，辽宁省凤城、宽甸，内蒙古海拉尔、牙克石、根河、额尔古纳、鄂温克旗、科尔沁右翼前旗、克什克腾旗。

分布：中国（黑龙江、吉林、辽宁、内蒙古），朝鲜半岛，日本，蒙古，俄罗斯。

488 深山堇菜

Viola selkirkii Pursh.

多年生草本，高 5-10（-15）cm。根状茎细，垂直或斜生；无地上茎。基生叶多数，近圆形或广卵状心形，先端稍尖或钝，基部深心形，边缘具钝齿或圆齿，表面疏被短柔毛或近无毛，背面无毛或多少被短柔毛；叶柄具狭翼；托叶卵形、卵状广披针形或披针形，下部与叶柄合生。花梗稍超出叶；苞片 2；萼片广披针形或卵状披针形，基部附属物短，末端齿裂；花瓣淡紫色，侧瓣无须毛，下瓣连距长 1.4-1.8（-2）cm，直或稍向上弯曲，末端钝圆；子房无毛。蒴果卵状椭圆形，较小，先端钝。花果期 5-9 月。

生于针阔混交林或阔叶林下及林缘、山坡及沟谷草地，海拔 1100m 以下。

产地：黑龙江省依兰、伊春、嘉荫、饶河，吉林省抚松、珲春、安图，辽宁省法库、铁岭、本溪、桓仁、鞍山、凤城、宽甸、大连、庄河、北镇、绥中，内蒙古阿尔山、科尔沁右翼前旗、扎赉特旗、扎鲁特旗、科尔沁左翼后旗、宁城。

分布：中国（黑龙江、吉林、辽宁、内蒙古、河北、山西、陕西、甘肃、山东、江苏、安徽、浙江、河南、江西、湖北、湖南、广东、四川、云南），朝鲜半岛，日本，蒙古，俄罗斯；北美洲。

489 细距堇菜

Viola tenuicornis W. Beck.

多年生草本，高 4-10（-14）cm。根状茎细，垂直或斜生；无地上茎。基生叶多数，卵形、广卵形至卵圆形，长（1.5-）2-4cm，宽 1.5-2.5（-3）cm，先端钝圆或稍尖，基部心形或近圆形，边缘具圆齿，表面近无毛或仅脉上被微毛，背面沿脉被微柔毛，两面绿色；叶柄近无翼或上端微具狭翼；托叶 1/2-2/3 处与叶柄合生，离生部分披针形或三角状披针形。花梗细；苞片 2；萼片披针形、长圆状披针形至卵状披针形，先端稍渐尖或钝，边缘狭膜质，基部附属物短；花瓣堇色，长圆状倒卵形或倒卵形，侧瓣稍有须毛至无毛，下瓣连距长 14-18（-20）mm，距细长，直；子房无毛，花柱棍棒状。蒴果卵圆形，长 4-6mm，无毛。花果期 4 月中旬至 9 月。

生于湿草地、山坡草地、灌丛、杂木林下及林缘，海拔 700m 以下。

产地：黑龙江省哈尔滨、尚志、呼玛，吉林省长春、蛟河、桦甸，辽宁省沈阳、朝阳、凌源、建平、阜新、铁岭、西丰、本溪、桓仁、鞍山、宽甸、大连、瓦房店、庄河、盖州、北镇、绥中，内蒙古扎兰屯、牙克石、科尔沁左翼后旗。

分布：中国（黑龙江、吉林、辽宁、内蒙古、河北、山西、陕西、甘肃、山东、云南），俄罗斯。

490 斑叶堇菜

Viola variegata Fisch. ex Link

多年生草本，高 3-12cm。根状茎较短；无地上茎。基生叶多数，圆形或卵圆形，长 1.2-5cm，宽 1-4.5cm，先端圆形或钝，基部心形，边缘具钝齿，表面暗绿色或绿色，沿脉具白色斑纹，背面稍带紫红色，两面密被短粗毛；叶柄具狭翼；托叶膜质，2/3 处与叶柄合生，离生部分披针形。花梗带紫红色，被短毛或近无毛；苞片 2，线形；萼片带紫色，长圆状披针形或卵状披针形，先端尖，边缘狭膜质，有缘毛，基部附属物较短，末端截形或疏具浅齿；花瓣红紫色或暗紫色，倒卵形，侧瓣基部有须毛，下瓣基部白色并有堇色条纹，连距长 1.2-2.2cm，距粗或较细，末端钝，直或稍向上弯曲；子房近球形，被粗短毛或近无毛，花柱棍棒状，基部稍弯曲。蒴果椭圆形，长约 7mm，无毛或疏被短毛。花期 4 月下旬至 8 月，果期 6-9 月。

生于山坡草地、林下、灌丛及阴处岩石缝隙中，海拔 1400m 以下。

产地：黑龙江省哈尔滨、尚志、齐齐哈尔、萝北、呼玛，吉林省磐石、柳河、临江、珲春、安图，辽宁省建平、铁岭、开原、西丰、抚顺、新宾、本溪、桓仁、岫岩、丹东、凤城、宽甸、庄河、绥中，内蒙古海拉尔、扎兰屯、牙克石、额尔古纳、鄂温克旗、乌兰浩特、阿尔山、突泉、科尔沁右翼前旗、科尔沁右翼中旗、扎赉特旗、扎鲁特旗、科尔沁左翼后旗、赤峰、宁城、阿鲁科尔沁旗、克什克腾旗、喀喇沁旗。

分布：中国（黑龙江、吉林、辽宁、内蒙古、河北、山西、陕西、甘肃、山东、江苏、安徽、河南、湖北、四川），朝鲜半岛，日本，俄罗斯。

全草入药，有清热解毒之功效。

491 堇菜

Viola verecunda A. Gray

多年生草本，高8-15(-23)cm，全株无毛。茎上升或直立。基生叶肾形或卵状心形，长1.2-3.6cm，宽1.5-3.8cm，先端圆或钝，基部心形；茎生叶卵状三角形、三角状心形或肾状圆形，先端钝或稍尖，基部心形，边缘具圆齿；基生叶柄较长，有翼，茎生叶柄短，具狭翼；基生叶托叶狭披针形，边缘疏具细齿，一半以上与叶柄合生，茎生叶托叶披针形、卵状披针形或匙形，全缘，离生。花生于茎生叶腋；花梗短，细弱；萼片小，卵状披针形或披针形，基部附属物很小；花瓣小，白色，侧瓣长6-8.5mm，里面有须毛，下瓣中下部有紫色条纹，连距长7-9.5mm，距短小，囊状；子房无毛，花柱基部细，向前膝曲，柱头先端具稍斜上的小喙。蒴果小，长圆形，先端锐尖。花果期5-8月。

生于灌丛、山坡草地、湿草地、疏林下及路旁，海拔800m以下。

产地：黑龙江省尚志、方正、汤原、饶河、虎林、密山、穆棱、宁安、东宁、林口、安达，吉林省舒兰、通化、临江、抚松、靖宇、敦化、安图，辽宁省桓仁、丹东、凤城、宽甸，内蒙古额尔古纳。

分布：中国(黑龙江、吉林、辽宁、内蒙古、河北、山西、陕西、甘肃、山东、江苏、安徽、浙江、福建、河南、湖北、湖南、江西、广东、广西、四川、贵州、云南、台湾)，朝鲜半岛，日本，俄罗斯。

全草入药，有清热解毒、止咳及止血之功效，主治肺热咯血、扁桃腺炎、眼结膜炎及腹泻等症，外用可治外伤出血、毒蛇咬伤等症。

492 黄花堇菜

Viola xanthopetala Nakai

多年生草本，高 8-15（-22）cm。根状茎粗，垂直或倾斜；地上茎，茎直立或丛生。基生叶少数，卵圆形、广卵形或卵状三角形，先端短渐尖，基部心形，边缘具钝锯齿；茎生叶卵形或广卵形，先端渐尖，基部心形、近圆形或近截形，表面鲜绿色，背面灰绿色有时稍带紫色；基生叶叶柄长，中上部叶柄较短，茎顶部叶柄最短；托叶卵形或卵圆形，仅基部与叶柄合生。花 1-3 朵生于茎生叶叶腋；花梗无毛或有毛；苞片生于花梗上部；萼片披针形或狭披针形，先端锐尖或钝，基部附属物短小；花瓣黄色，上瓣及侧瓣外翻，侧瓣里面有须毛，下瓣连距长 1-1.5cm，瓣片有暗紫色条纹，距囊状，长 1-2mm，稍向上弯；子房无毛，柱头头状，两侧有须毛。蒴果卵形、椭圆形或长圆形，长（0.6-）1-1.2cm，无毛。花期 4 月中旬。

生于山坡草地、灌丛、林缘及杂木林下，海拔 800m 以下。

产地：黑龙江省哈尔滨，吉林省安图，辽宁省本溪、桓仁、丹东、凤城、东港、宽甸、庄河。

分布：中国（黑龙江、吉林、辽宁），朝鲜半岛，日本。

493 阴地堇菜

Viola yezoensis Maxim.

多年生草本，高 6-12（-18）cm，全株被短毛。根状茎较粗，垂直或斜生；无地上茎。基生叶多数，广卵形、广卵状心形或卵形，长 2-5cm，宽 2-4（-8.5）cm，先端钝或锐尖，基部心形，边缘具圆齿，两面被短柔毛；叶柄具狭翼；托叶近 1/2 或以上处与叶柄合生。花梗 3-5；苞片 2；萼片狭长圆形或广披针形，先端锐尖或钝，基部附属物较发达，末端有疏齿牙；花瓣白色，侧瓣里面无须毛或稍有须毛，下瓣连距长 1.8-2.2cm，距较长，稍向上弯曲或直；子房无毛。蒴果长 8-10mm，无毛。花果期 5-8 月。

生于阔叶林疏林下、林缘、山坡灌丛间及草丛，海拔 700m 以下。

产地：辽宁省西丰、本溪、鞍山、大连，内蒙古扎兰屯、牙克石、扎鲁特旗、宁城。

分布：中国（辽宁、内蒙古、河北、甘肃、山东），朝鲜半岛，日本。

494 柽柳

Tamarix chinensis Lour.

落叶小乔木或灌木，高达 7m。树皮暗红褐色至暗灰褐色，纵沟裂。幼枝细长，扩展下垂，紫红色或淡棕色，无毛。芽广卵形，先端钝圆。叶极小，钻形或卵状披针形，长 1-3mm，淡蓝绿色，先端尖、渐尖或稍钝，基部抱茎，全缘，两面无毛，背面中脉隆起成脊。花每年开放 2-3 次，总状花序，春季者侧生于去年生枝上，长 3-6cm，花疏生，花序梗短，夏秋季者生于当年生枝顶端，长 2-5cm，花序密生，组成圆锥花序，花淡粉红色；花梗短；苞片线状锥形，膜质；萼片 5，卵形，先端尖，绿色，边缘及中部以上膜质，黄白色，基部合生；花瓣 5，倒卵状椭圆形，先端钝，宿存；雄蕊 5；子房上位，卵状披针形，花柱 3，棍棒状；花盘紫红色，5 深裂。蒴果狭卵状锥形。种子多数，长圆形，先端有丛毛。花期 5-8 月，果期 9-10 月。

生于内陆或滨海盐碱地、草原沙地或沙荒地、河岸或山谷滩地及冲积地。

产地：辽宁省大连、普兰店、盘山，内蒙古科尔沁左翼后旗。

分布：中国（辽宁、内蒙古、河北、山西、陕西、甘肃、宁夏、青海、山东、河南）。

为护岸、固沙和改良盐碱地的优良树种。供观赏。枝条供编制筐篮等。嫩枝可供药用。

495 盒子草

Actinostemma tenerum Griff.

一年生草本。茎细长，长 1.5-2m，被柔毛，卷须 2 分叉，与叶对生。叶形变化较大，心状戟形、心状狭卵形或披针状三角形，长 4-7（-10）cm，宽 3-6cm，不分裂或 3-5 裂或仅基部分裂，边缘波状或具疏齿，基部弯曲半圆形、长圆形、深心形，顶裂片狭三角形，先端渐尖，两面具疏散疣状凸起，长 3-12cm，宽 2-8cm；叶柄长，被短柔毛。花单性；雄花序总状或圆锥状，总苞片叶状，3 裂，花萼裂片线状披针形，边缘疏具小齿，花冠裂片黄绿色，披针形，具脉 1，疏被短柔毛，雄蕊 5，花丝有毛或无毛；雌花单生、双生或雌雄同序，雌花梗具关节，花萼和花冠同雄花，子房卵状，有疣状突起。蒴果绿色，卵形、广卵形或长圆状椭圆形，长 1.6-2.5cm，径 1-2cm，疏生暗绿色鳞片状凸起，近中部盖裂，果盖锥形。种子 2-4 粒，表面有不规则的雕纹。花期 7-9 月，果期 9-11 月。

生于山坡阴湿草地、沟边及灌丛。

产地：黑龙江省哈尔滨、齐齐哈尔、伊春，吉林省长春、扶余、吉林、临江、安图，辽宁省沈阳、新民、彰武、铁岭、开原、抚顺、本溪、辽阳、营口，内蒙古科尔沁左翼后旗。

分布：中国（黑龙江、吉林、辽宁、内蒙古、河北、山东、江苏、安徽、浙江、福建、河南、江西、湖南、湖北、广东、广西、四川、云南、西藏、台湾），朝鲜半岛，日本，俄罗斯，印度，中南半岛。

种子油中含有多种不饱和脂肪酸。种子及全草入药，有小毒，有利尿消肿、清热解毒之功效，另可治毒蛇咬伤等症。

496 裂瓜

Schizopepon bryoniaefolius Maxim.

一年生草本，长达 2-3m。茎细弱，长 2-3m，近无毛或疏被短柔毛；卷须丝状，中部以上 2 分叉，螺旋状卷曲，无毛。叶膜质，卵状圆形或广卵状心形，长 6-10cm，宽 5-9cm，先端渐尖，基部弯缺半圆形，边缘不规则波状浅裂，两面光滑或有疣状凸起；叶柄长。花极小，两性，单生于叶腋或 3-5 朵聚生于花序轴顶端，形成密集的总状花序，花序轴纤细；单生花的花梗长，花序上的花梗短，丝状；花萼裂片披针形，全缘，长 1.5mm；花冠白色，裂片长椭圆形，全缘，膜质，布有颗粒状小点；雄蕊 3，花丝线形，花药长圆状椭圆形；子房卵形，花柱短，柱头 3。果实广卵形，先端锐尖，由先端向基部 3 瓣裂。种子卵形，压扁状，先端截形，边缘有不规则齿。花期 7-8 月，果期 8-10 月。

生于林下、灌丛及溪流旁，海拔 1400m 以下。

产地：黑龙江省尚志、伊春、汤原、宁安，吉林省九台、临江、抚松、靖宇、敦化、汪清、安图，辽宁省沈阳、西丰、清原、本溪、桓仁，内蒙古宁城。

分布：中国（黑龙江、吉林、辽宁、内蒙古、河北），朝鲜半岛，日本，俄罗斯。

497 赤瓟

Thladiantha dubia Bunge

草质藤本，全株被黄白色的长柔毛状硬毛。根块状。茎稍粗壮，有棱沟，卷须纤细，不分叉，与叶对生。叶广卵状心形，长 5-8cm，宽 4-8cm，先端锐尖，边缘浅波状，有大小不等的细齿，表面具倒生钩，有黏着力；叶柄长 2-6cm。花单性，雌雄异株；雄花单生或聚生于短枝上端呈假总状花序，花萼筒极短，近辐状，裂片披针形，向外反折，两面被长柔毛，花冠黄色，裂片长圆形，雄蕊 5，花丝极短，退化子房半球形；雌花单生，花梗细，被柔毛，退化雄蕊 5，棒状，子房长圆形，密被淡黄色长柔毛，花柱无毛，自 3-4mm 处分 3 叉，柱头膨大，肾形，2 裂。果实卵状长圆形，表面橙黄色或红棕色，有光泽，被柔毛，具 10 条明显的纵纹。种子卵形，黑色，无毛。花期 6-8 月，果期 8-10 月。

生于人家附近、沟谷及山坡草地，海拔 700m 以下。

产地：黑龙江省哈尔滨，吉林省吉林、通化、珲春，辽宁省沈阳、彰武、西丰、新宾、本溪、桓仁、鞍山、岫岩、丹东、凤城、宽甸、大连、盖州，内蒙古扎兰屯、科尔沁右翼中旗、扎赉特旗、扎鲁特旗、科尔沁左翼后旗、宁城、敖汉旗。

分布：中国（黑龙江、吉林、辽宁、内蒙古、河北、山西、陕西、甘肃、宁夏、山东），朝鲜半岛，俄罗斯。

果实及根入药，果实有理气、活血、祛痰及利湿之功效，根有活血祛瘀、清热解毒及通乳之功效。

498 千屈菜

Lythrum salicaria L.

多年生草本，高 40-100cm，全株被白色柔毛，后渐脱落。根状茎匍匐，粗壮；茎直立，多分枝。枝具 4 棱或 6 棱。叶对生或 3 叶轮生，有时上部叶互生，披针形或长圆状披针形，长 3-7cm，宽 0.5-1.5cm，先端钝尖或渐尖，基部心形或圆形，两面被灰白色短毛或仅背面有毛，全缘；无叶柄。花两性，具短梗，数花簇生于叶状苞腋，排成顶生总状花序，花序梗长 20-35cm；苞片线状披针形至卵形；花萼筒状，多少带紫色，有 12 条明显的脉，被毛；萼齿 6，广三角形，先端急尖，齿间有附属物；花瓣 6，紫红色或淡紫色；雄蕊 12，6 长 6 短，2 轮；子房上位，2 室。蒴果扁圆形，藏于宿存的萼筒内，2 裂，裂片再 2 裂。花期 7 月，果期 9 月。

生于河边、湖畔、沟谷溪流旁、沼泽地及湿草地，海拔 1200m 以下。

产地：黑龙江省萝北、饶河、鸡西、虎林、密山、宁安，吉林省镇赉、吉林、蛟河、集安、抚松、长白、敦化、珲春、和龙、汪清、安图，辽宁省凌源、喀左、大连，内蒙古扎兰屯、牙克石、新巴尔虎右旗、鄂伦春旗、科尔沁右翼前旗、克什克腾旗、喀喇沁旗。

分布：中国（全国广布），朝鲜半岛，日本，蒙古，俄罗斯；中亚，欧洲，非洲，大洋洲，北美洲。

姿态优美，花色鲜艳，多用于水边丛植和水池遍植，作为花境背景，也可盆栽供观赏。全草入药，有收敛止泻之功效。

499 柳兰

Chamaenerion angustifolium (L.) Scop.

多年生草本，高达1m。根状茎粗，匍匐；茎直立，圆柱形，不分枝，无毛或上部疏被柔毛。叶互生，披针形，长7-15（-23）cm，宽1-2.5（-3.5）cm，先端渐尖，基部广楔形，近全缘或有稀疏细锯齿，表面暗绿色，背面灰绿色；叶无柄或具短柄。总状花序顶生，伸长，花序轴被短柔毛；苞片线形；花大，不整齐，两性，红紫色或淡红色；花梗长，被短柔毛；萼筒极短，4深裂，裂片4，线状披针形，稍带紫红色；花瓣4，倒卵形，先端钝圆或微缺，基部具短爪；雄蕊8；子房下位，棒状，密被毛；花柱弓状弯曲，柱头4裂。蒴果圆柱形，稍呈四棱状，长6-8cm，具长梗，密被白毛。种子多数，顶端具1簇白色种缨，长约1.5cm。花果期6月中旬至9月。

生于林区火烧迹地、开阔地、林缘、山坡草地、河岸及沟谷沼泽地，海拔1200m以下。

产地：黑龙江省哈尔滨、尚志、伊春、嘉荫、鹤岗、萝北、集贤、虎林、密山、宁安，吉林省梅河口、集安、通化、辉南、柳河、临江、抚松、靖宇、长白、敦化、珲春、和龙、汪清、安图，辽宁省凌源、桓仁、宽甸，内蒙古海拉尔、满洲里、扎兰屯、牙克石、根河、额尔古纳、鄂伦春旗、乌兰浩特、阿尔山、突泉、科尔沁右翼前旗、科尔沁右翼中旗、扎赉特旗、扎鲁特旗、宁城、阿鲁科尔沁旗、巴林右旗、克什克腾旗、翁牛特旗、喀喇沁旗、敖汉旗。

分布：中国（黑龙江、吉林、辽宁、内蒙古、河北、山西、甘肃、宁夏、青海、新疆、四川、云南、西藏），朝鲜半岛，日本，蒙古，俄罗斯；欧洲，北美洲。

为良好的蜜源植物。全株含鞣质，可提制栲胶。

500 高山露珠草

Circaea alpina L.

多年生草本，高 5-15cm。根状茎细，具块茎及匍匐枝；茎直立，单一或分枝，无毛。叶对生，卵形，长 1.5-5.5cm，宽 1-3.5cm，先端急尖，基部心形或圆截形，缘具少数锐锯齿及缘毛，两面无毛；叶柄长扁平，具狭翼。总状花序顶生及腋生，花后伸长；花梗短；苞片锥形；萼片 2，有时带红色；花瓣白色，倒卵形；雄蕊 2；子房 1 室，柱头头状，先端凹缺。果实长圆状倒卵形或棍棒状，基部渐狭，疏被钩状毛。

生于林缘、山坡潮湿岩石缝、溪流旁、针阔混交林及针叶林下阴湿处，海拔 1800m 以下。

产地：黑龙江省黑河、伊春、饶河、海林、宁安、呼玛，吉林省抚松、长白、敦化、安图，辽宁省清原、本溪、桓仁、岫岩、宽甸、庄河，内蒙古牙克石、根河、额尔古纳、突泉、科尔沁右翼前旗、扎赉特旗、宁城、巴林右旗、克什克腾旗、喀喇沁旗。

分布：中国（黑龙江、吉林、辽宁、内蒙古、河北、山西、陕西、甘肃、宁夏、青海、新疆、山东、江苏、浙江、福建、河南、安徽、江西、湖北、湖南、四川、贵州、云南、西藏、台湾），朝鲜半岛，日本，俄罗斯，土耳其；欧洲。

501 露珠草

Circaea cordata Royle

多年生草本，高40-80cm。根状茎匍匐或斜生；茎直立，圆柱形，密被腺毛及长毛。叶对生，广卵形或卵状心形，长4-8cm，宽2-6cm，先端短尖或长渐尖，基部心形，边缘疏生锯齿及缘毛，两面疏被短柔毛。总状花序顶生或腋生，长约5cm，果期伸长，花轴密被腺毛及疏被长毛；花梗密被腺毛；苞片小；萼片长卵形，绿色，花期反卷；花瓣白色，广倒卵形，先端2深裂；雄蕊2，花丝细；子房2室，花柱细长，柱头头状，先端凹缺。果实倒卵状球形，径约3mm，具纵沟，黑褐色，密被淡褐黄色钩状毛；果梗果期下倾。种子2粒。花期6-7月，果期7-8月。

生于林缘、灌丛、山坡疏林下及沟边湿地，海拔1200m以下。

产地：黑龙江省哈尔滨、尚志、伊春、饶河、虎林、宁安，吉林省临江、珲春、和龙、安图，辽宁省西丰、新宾、清原、本溪、桓仁、鞍山、凤城、宽甸、庄河，内蒙古敖汉旗。

分布：中国（黑龙江、吉林、辽宁、内蒙古、河北、山西、陕西、甘肃、山东、安徽、浙江、河南、江西、湖北、湖南、四川、贵州、云南、西藏、台湾），朝鲜半岛，日本，俄罗斯，印度。

502 水珠草

Circaea quadrisulcata (Maxim.) Franch.

多年生草本，高 30-80cm。根状茎具细的地下匍匐枝；茎直立，单一或上部分枝。叶质薄，狭卵形或卵状披针形，长 5-11cm，宽 2-5cm，先端渐尖，基部近圆形或广楔形，边缘具稀疏的小锯齿及缘毛，背面无毛，仅沿脉稍被弯曲的短毛；叶柄长 2-5cm。总状花序顶生或茎上部腋生，花后伸长，花轴被短腺毛；花梗果期伸长，下垂，被短腺毛；萼片 2，卵形，紫红色，疏生腺毛，花期反卷；花瓣 2，白色或粉红色，倒卵形，先端深裂，较萼片短；雄蕊 2，花丝细弱；子房 2 室，花柱细长，柱头头状，先端微凹。果实倒卵形，黑褐色，有沟，密被淡褐黄色钩状毛；果梗下垂。种子 2 粒。花期 7-8 月，果期 8-9 月。

生于针阔混交林下、灌丛间、河边及山坡草地，海拔 1500m 以下。

产地：黑龙江省哈尔滨、伊春、宝清、宁安、呼玛，吉林省九台、蛟河、抚松、敦化、珲春、汪清、安图，辽宁省铁岭、西丰、新宾、本溪、桓仁、鞍山、岫岩、凤城、宽甸、瓦房店、普兰店、庄河，内蒙古科尔沁右翼前旗、科尔沁右翼中旗、扎赉特旗、科尔沁左翼后旗、宁城、敖汉旗。

分布：中国（黑龙江、吉林、辽宁、内蒙古、河北、山东），朝鲜半岛，日本，俄罗斯。

503 水湿柳叶菜

Epilobium palustre L.

多年生草本，高 20-70cm。根状茎短，具匍匐枝；茎直立，圆柱形，单一或上部分枝。叶对生，上部互生，线形、线状披针形或长圆状披针形，长 2-7cm，宽 3-10mm，先端渐尖，基部楔形或近圆形，全缘或微具细锯齿，脉明显；近无柄。花单生于上部叶腋，淡红色、白色或红紫色；萼片披针形；花瓣倒卵形，先端凹缺；子房被白色弯曲短毛，沿棱线较密。蒴果长，沿棱被短毛；果梗长 2-2.5cm。种子倒披针形，先端钝，附属物极短，基部狭楔形，先端种缨淡褐色，被细小的乳头状突起。花期 7-9 月，果期 9 月。

生于河岸、湖边湿地、沼泽地及阴湿山坡，海拔 1700m 以下。

产地：黑龙江省哈尔滨、依兰、黑河、伊春、密山、宁安、呼玛，吉林省扶余、蛟河、抚松、敦化、珲春、安图，辽宁省西丰、本溪、大连、绥中，内蒙古海拉尔、牙克石、根河、额尔古纳、乌兰浩特、阿尔山、突泉、科尔沁右翼前旗、科尔沁右翼中旗、扎赉特旗、科尔沁左翼后旗、赤峰、阿鲁科尔沁旗、克什克腾旗、翁牛特旗、敖汉旗。

分布：中国（黑龙江、吉林、辽宁、内蒙古、河北、山西、陕西、甘肃、宁夏、青海、新疆、四川、云南、西藏），朝鲜半岛，蒙古，俄罗斯；中亚，欧洲，北美洲。

504 月见草

Oenothera biennis L.

二年生草本，高 50-100cm。根粗壮，肉质多汁，第一年形成丛生莲座状叶，伏于地面，倒披针形，密被白色伏毛，具长柄，第二年抽出花茎，粗壮，圆柱形，单一或上部稍分枝，疏被白色长硬毛。叶披针形或倒披针形，长 5-10cm，宽 1-2cm，先端渐尖，基部楔形，边缘疏具浅齿或近全缘，两面疏被毛；叶柄较短，上部叶无柄。花单生于茎上部叶腋，浅黄色或黄色，夜间开放；萼筒长达 3cm，先端 4 裂，每 2 枚裂片的上部常相连，花期反卷，先端具长尖，疏被白色长毛及腺毛；花瓣 4，平展，倒卵状三角形，先端微凹；雄蕊 8；子房下位，柱头 4 裂。蒴果长圆状四棱形，稍弯，基部比上部粗，被疏长毛，4 瓣裂。种子具棱角，有蒴果内呈水平状排列，紫褐色。花果期 6-9 月。

生于向阳山坡草地、砂质地、荒地、铁路旁，海拔 1300m 以下。

产地：黑龙江省尚志、依兰、密山，吉林省蛟河、通化、临江、抚松、靖宇、珲春、汪清、安图，辽宁省沈阳、西丰、抚顺、新宾、清原、本溪、桓仁、鞍山、岫岩、丹东、凤城、宽甸、大连、庄河，内蒙古乌兰浩特、赤峰。

分布：现中国各地广布，原产北美洲。

种子可榨油。茎皮纤维为人造棉原料。花可提取芳香油，用于调和香精。根可酿酒。幼苗及根可供猪饲料用。根入药，有强筋骨、祛风湿之功效，可治风湿、筋骨痛等症。

505 瓜木 八角枫

Alangium platanifolium (Sieb. et Zucc.) Harms

落叶灌木或小乔木，高 3-7m。树皮浅灰色，光滑，不开裂。一年生枝绿色至淡黄褐色，被短柔毛，二年生枝灰褐色，无毛，髓白色。芽圆锥状卵形。叶纸质，互生，近圆形或广倒卵形，长 7-24cm，宽 7.5-18cm，基部心形或广楔形，3-5 裂，裂片三角形，先端锐尖至短尾状尖，表面暗绿色，背面色淡，两面幼时密被短柔毛，老时沿脉疏被毛，脉腋有簇毛；叶柄长，圆柱形。聚伞花序腋生，有花 3-5 朵；苞片 2，线形，早落；花萼钟形，萼齿 6-7；花瓣 6，白色或黄白色，线形，花期反卷，有香味；雄蕊 7-9；子房圆柱形，花柱粗壮，柱头扁平，花盘发达。核果卵圆形，长 0.8-1.2cm，宽 4-8mm，蓝黑色，花萼宿存。花期 6 月，果期 9 月。

生于林下、林缘，海拔 700m 以下。

产地：吉林省集安、辉南、临江、抚松、靖宇、长白，辽宁省西丰、新宾、本溪、桓仁、鞍山、岫岩、凤城、宽甸、北镇。

分布：中国（吉林、辽宁、河北、山西、陕西、甘肃、山东、浙江、河南、江西、湖北、四川、贵州、云南、台湾），朝鲜半岛，日本。

为庭园观赏植物。其根、叶、花含生物碱，有祛风除湿、舒筋活血及散瘀止痛之功效，但过量会出现中毒反应。

506 红瑞木

Cornus alba L.

落叶灌木，高达 3m。树皮暗红色。枝血红色，无毛，髓白色。芽卵状披针形，带紫红色。叶对生，卵形、椭圆形或广椭圆形，长 4-10cm，宽 2-5cm，先端渐尖、锐尖或突尖，基部圆形、广楔形，全缘，表面绿色，背面灰白色，两面被短柔毛；叶柄长。圆锥状聚伞花序顶生；花萼卵状球形，疏被白色短柔毛，萼齿不明显，三角状；花瓣 4，白色，长卵形或椭圆状卵形；雄蕊 4，花丝细，花药椭圆形；子房近倒卵形，疏被伏毛，柱头头状，花盘垫状。核果斜卵圆形，长 5-8mm，乳白色，花柱宿存；核扁平，两端尖。花期 5-7 月，果期 8-10 月。

生于河边、溪流旁及阔叶林下较湿处，海拔 1400m 以下。

产地：黑龙江省黑河、逊克、孙吴、伊春、嘉荫、饶河、虎林、密山、宁安、呼玛，吉林省辉南、抚松、长白、敦化、汪清、安图，辽宁省本溪、桓仁、宽甸，内蒙古海拉尔、牙克石、额尔古纳、鄂伦春旗、鄂温克旗、阿尔山、科尔沁右翼前旗、科尔沁右翼中旗、宁城、阿鲁科尔沁旗、克什克腾旗、喀喇沁旗。

分布：中国（黑龙江、吉林、辽宁、内蒙古、河北、山西、陕西、甘肃、青海、山东、江苏、河南、江西），朝鲜半岛，日本，蒙古，俄罗斯。

为园林观赏树种。种子含油，供工业用。红色茎皮入药，主治湿热痢疾、肾炎、风湿关节痛、目赤肿痛、中耳炎、咯血及便血等症。

507 灯台树 灯台山茱萸

Cornus controversa Hemsl. ex Prain

落叶小乔木，高 4-15m。树皮暗灰色，光滑，浅裂。一年生枝暗紫红色，初被短柔毛，后渐无毛，二年生枝深褐色。芽卵状长圆形，紫红色，被褐色短柔毛。叶纸质，互生，簇生于枝梢，广卵形、广椭圆形或广椭圆状卵形，长 6-13cm，宽 3-9cm，先端突渐尖，基部圆形，全缘或微波状，表面暗绿色，背面灰绿色，侧脉 6-8 对，向上弧状弯曲；叶柄长 1-8.5cm。伞房状聚伞花序顶生，花多数；花梗长 0.5-1cm；萼筒卵形，密被白色绒毛，4 裂，萼齿三角形；花瓣 4，白色，披针状长椭圆形；雄蕊 4；子房下位，倒卵圆形，花柱细长，柱头头状。核果近球形，径 5-7mm，紫黑色；核扁球形，有条纹，黄褐色，顶端有近四方形的孔穴。花期 5-6 月，果期 9-10 月。

生于杂木林中、溪流旁，海拔 1100m 以下。

产地：吉林省集安、珲春、安图，辽宁省铁岭、西丰、清原、本溪、桓仁、鞍山、岫岩、丹东、凤城、宽甸、大连。

分布：中国（吉林、辽宁、河北、陕西、甘肃、山东、江苏、浙江、安徽、福建、河南、江西、湖北、湖南、广东、广西、贵州、四川、云南、台湾），朝鲜半岛，日本。

为庭荫树和行道树。木材可供建筑、器具、雕刻等用。叶及嫩枝入药，但过量有毒。

508 刺五加

Acanthopanax senticosus (Rupr. et Maxim.) Harms

灌木，高 1-3（-5）m，多分枝。一年生和二年生枝通常密生针状皮刺，稀仅节上有刺或近无刺。掌状复叶，小叶 3-5，椭圆状倒卵形或狭倒卵形，长 5-10（-15）cm，宽 3-6（-8）cm，先端渐尖或突尖，基部广楔形或楔形，边缘具锐重锯齿，表面深绿色，散生微小的糙毛或近无毛，背面色淡，被糙伏毛；叶柄具淡褐色糙毛，小叶具短柄。伞形花序，花多数排列成球形，于枝端顶生 1 簇或数簇；花梗长 1.2-2.5cm，总花梗长 4-8（-12）cm；花萼先端有小齿 5 或近无齿；花瓣 5，紫黄色，卵形；雄蕊 5，花药白色；子房 5 室，花柱合生成柱状。果实近球形，黑色。花期 7-8 月，果期 8-9 月。

生于阔叶林与针阔混交林下及林缘、山坡灌丛、沟谷及溪流旁，海拔 100-1600m。

产地：黑龙江省哈尔滨、尚志、黑河、伊春、萝北、宝清、饶河、虎林、密山、海林、宁安，吉林省吉林、蛟河、通化、临江、抚松、长白、敦化、珲春、和龙、汪清、安图，辽宁省西丰、清原、本溪、桓仁、鞍山、岫岩、凤城、宽甸，内蒙古科尔沁左翼后旗、宁城、克什克腾旗、喀喇沁旗。

分布：中国（黑龙江、吉林、辽宁、内蒙古、河北、山西），朝鲜半岛，日本，俄罗斯。

509 无梗五加

Acanthopanax sessiliflorus (Rupr. et Maxim.) Seem.

灌木或小乔木，高 1.5-3.5（-5）m。树皮灰色至暗灰色，有纵裂纹。枝灰色，疏生短刺或无刺。掌状复叶，小叶 3-5，卵形、倒卵形或椭圆形至长圆状披针形，长 7-18cm，宽 3-9cm，先端渐尖，基部楔形或广楔形，边缘具不整齐重锯齿，表面无毛或沿脉有微小刺毛，背面沿脉贴生刺毛或小刺，有时近无毛；叶柄无刺或疏生刺，小叶有短柄。头状花序球形，花多数，无梗，密集，总花梗长（0.5-）1-3cm，每 4-6（-10）个头状花序排列成伞形或圆锥花序；萼先端有小齿 5，密被白色绒毛；花瓣 5，暗紫色，卵形；雄蕊超出花瓣，花药黄白色；子房 2 室，花柱合生成柱状，柱头离生。果实倒卵状椭圆形，黑色。花期 8-9 月，果期 9-10 月。

生于阔叶林下、林缘、山坡灌丛及溪流旁，海拔 1600m 以下。

产地：黑龙江省尚志、伊春、宝清、密山、海林、宁安，吉林省蛟河、临江、抚松、靖宇、长白、珲春、安图，辽宁省沈阳、西丰、新宾、清原、本溪、桓仁、鞍山、岫岩、凤城、宽甸、大连、庄河，内蒙古宁城。

分布：中国（黑龙江、吉林、辽宁、内蒙古、河北、山西），朝鲜半岛，俄罗斯。

510 辽东楤木

Aralia elata (Miq.) Seem.

小乔木，高 1.5-4（-6）m。树皮灰色。小枝灰褐色，稍密生或疏生细刺，嫩枝上的刺较长。叶 2-3 回奇数羽状复叶，小叶（7-）9-13，卵形、广卵形或椭圆状卵形，长 6-13cm，宽 2.5-8cm，先端渐尖，基部圆形至微心形，边缘稍疏生锯齿，有时为粗大齿牙，表面绿色，无毛、近无毛或沿脉稍有刺毛，背面色淡，沿脉生有刺毛；叶柄长，基部抱茎，叶轴基部有刺。由小伞形花序聚生成圆锥花序，顶生；苞片及小苞片披针形，有缘毛；花萼杯状，先端 5 裂；花瓣 5，淡黄白色，卵状三角形；雄蕊 5；子房 5 室，花柱 5，离生或基部合生。果实近球形，黑色。花期 8 月，果期 9（-10）月。

生于阔叶林及针阔混交林下、林缘、山阴坡及沟边，海拔 100-1100m。

产地：黑龙江省哈尔滨、尚志、伊春、饶河、勃利、穆棱，吉林省蛟河、集安、通化、临江、抚松、长白、珲春、汪清、安图，辽宁省沈阳、西丰、抚顺、清原、本溪、桓仁、鞍山、凤城、宽甸、庄河。

分布：中国（黑龙江、吉林、辽宁），朝鲜半岛，日本，俄罗斯。

嫩叶、芽为上等食用野菜。种子含油量 30% 以上，可供制肥皂等用。根皮入药，有健胃、利水、祛风除湿及活血止痛之功效。

511 东北羊角芹 小叶芹

Aegopodium alpestre Ledeb.

多年生草本，高 30-60cm。根状茎短，褐色，横走；茎直立，单一，中空，上部稍分枝。基生叶有柄，叶鞘膜质，叶片三角形，长 3-9cm，宽 3.5-12cm，2-3 回三出羽状分裂，裂片无柄或具短柄，终裂片卵形或长卵状披针形，先端渐尖，基部楔形，边缘具不规则锯齿或缺刻状分裂；茎生叶 2-3，叶柄较短，基部鞘状叶抱茎，叶片较小，最上部叶叶柄成鞘，叶片三出羽状分裂，裂片狭长。复伞形花序顶生或侧生，花序梗长 7-15cm，伞梗 9-17；小伞形花序花多数；花梗不等长；萼齿退化；花瓣白色，倒卵形，先端微凹，有内折的小舌片；花柱基圆锥形，花柱反卷。双悬果长圆形或长圆状卵形。花果期 6-8 月。

生于杂木林下、林缘及山坡草地，海拔 1800m 以下。

产地：黑龙江省尚志、伊春、穆棱、呼玛，吉林省通化、临江、抚松、长白、敦化、珲春、汪清、安图，辽宁省开原、西丰、清原、本溪、桓仁、鞍山、凤城、宽甸，内蒙古牙克石、额尔古纳、鄂伦春旗、科尔沁右翼前旗、喀喇沁旗。

分布：中国（黑龙江、吉林、辽宁、内蒙古、新疆），朝鲜半岛，日本，蒙古，俄罗斯；中亚。

512 狭叶当归

Angelica anomala Lallem.

多年生草本，高 80-150cm。根粗大，纺锤形至圆柱形，常分枝。茎直立，基部径 1-2cm，带紫色。基生叶开展，几贴伏地面，3 回羽状全裂，花期枯萎；茎生叶叶柄基部膨大成叶鞘，抱茎，叶片 2-3 回羽状全裂，终裂片椭圆形至披针形，长 2-4cm，宽 0.3-1.5cm，有时 3 裂，先端渐尖至急尖，基部不下延或稍下延成翼，边缘具锐尖锯齿，并有白色软骨质边；上部叶柄成长圆筒状鞘，不膨大，贴伏抱茎，带紫色。复伞形花序，花序梗、伞梗和花梗均密被短糙毛，伞梗多数，开展；无总苞片或 1 片早落；小总苞片 3-7，线状锥形，膜质，被短毛；小伞形花序有花 20-40 朵；萼齿不明显；花瓣白色，倒卵形，短花柱基圆锥状。双悬果背腹扁平，长圆形至卵形，背棱隆起，侧棱宽翼状，棱槽内有油管 1，黑褐色，合生面油管 2。花期 7-8 月，果期 8-9 月。

生于山坡草地、路旁、林缘、溪流旁、阔叶林下及石砾质河滩上，海拔 1000m 以下。

产地：黑龙江省依兰、宁安、呼玛、漠河，吉林省梅河口、临江、抚松、靖宇、珲春、安图，内蒙古扎兰屯、额尔古纳、鄂伦春旗、科尔沁右翼前旗、宁城。

分布：中国（黑龙江、吉林、内蒙古），朝鲜半岛，俄罗斯。

根入药。

513 黑水当归

Angelica cincta Boiss.

多年生草本，高 60-150cm。根圆锥形，黑褐色。茎直立，粗壮，中空。基生叶有长柄，2-3 回羽状全裂；茎生叶叶柄较叶短，基部膨大成叶鞘，叶鞘开展，叶片 3 回或 2-3 回羽状全裂，终裂片卵形至卵状披针形，先端急尖，基部楔形，边缘有不整齐锯齿，带白色软骨质尖，表面深绿色，背面带苍白色；最上部叶简化成膨大的鞘，鞘广椭圆形。复伞形花序，花序梗、伞梗及花梗均密被短糙毛，伞梗多数；无总苞片；小总苞片 5-7，披针形，膜质，被长柔毛；小伞形花序有花 30-45 朵；萼齿不明显；花瓣白色，广阔卵形，先端内卷；子房无毛，花柱基短圆锥状，花柱反卷。双悬果广椭圆形，背棱隆起，线形，侧棱宽翼状，棱槽中有油管 1，黑褐色，合生面油管 4。花期 7-8 月，果期 8-9 月。

生于山坡草地、杂木林下、林缘、灌丛及河岸溪流旁，海拔 1200m 以下。

产地：黑龙江省尚志、黑河、嫩江、伊春、虎林、呼玛，吉林省抚松、安图，辽宁省本溪、桓仁、凤城、宽甸，内蒙古牙克石、根河、鄂伦春旗。

分布：中国（黑龙江、吉林、辽宁、内蒙古），朝鲜半岛，俄罗斯。

叶柄和嫩茎用水煮后可作菜食。带花蕾的顶梢部分和嫩叶用作饲料。

514 大活 独活

Angelica dahurica (Fisch. ex Hoffm.) Benth. et Hook. f. ex Franch. et Sav.

多年生草本，高 1-2.5m。根圆柱形，有分枝，黄褐色至褐色，有特殊香气。茎粗壮，圆筒形，中空，带紫色，有纵长沟纹。基生叶有长柄，基部膨大呈鞘状抱茎；茎上部叶有柄，基部膨大呈膜质鞘，带紫色，叶片 2-3 回羽状分裂，终裂片长圆形、卵形或线状披针形，先端急尖，边缘有不规则的白色软骨质粗锯齿，具短尖头，基部沿叶轴下延成翼。复伞形花序顶生或侧生，花序梗长 5-20cm，伞梗多数；无萼齿；花瓣白色，倒卵形；花柱基短圆锥状。双悬果背腹扁平，广椭圆形或近圆形，分生果背棱稍隆起，钝圆，侧棱宽翼状，棱槽中有油管 1，合生面有油管 2。花期 7-8 月，果期 8-9 月。

生于林下、林缘、溪流旁、灌丛及山坡草地，海拔 1000m 以下。

产地：黑龙江省尚志、黑河、伊春、饶河、宁安、呼玛、漠河，吉林省集安、通化、辉南、临江、抚松、靖宇、敦化、和龙、汪清、安图，辽宁省沈阳、西丰、新宾、清原、本溪、桓仁、辽阳、海城、岫岩、凤城、宽甸、营口、盖州、北镇、绥中，内蒙古根河、额尔古纳、鄂温克旗、科尔沁右翼前旗、扎鲁特旗、科尔沁左翼后旗、克什克腾旗。

分布：中国（黑龙江、吉林、辽宁、内蒙古、河北、山西），朝鲜半岛，日本，俄罗斯。

根入药，有祛风湿、活血排脓及生肌止痛之功效。

515 朝鲜当归 大独活 当归

Angelica gigas Nakai

多年生草本，高 1-2m。根圆锥形，灰褐色，有特异的辛辣香气。茎直立，粗壮，中空，带紫色，单一或上部稍分枝，无毛，有纵深沟纹。基生叶及茎下部叶柄长达 30cm，中部叶柄长近 20cm，叶柄基部渐成抱茎的狭鞘，上部叶简化成囊状膨大叶鞘；叶片三角形，长 20-40cm，宽 20-30cm，2-3 回三出羽状分裂或羽状全裂，终裂片长圆状披针形，先端尖或渐尖，基部楔形，有时具缺刻状裂片，边缘有不整齐锐尖锯齿或重锯齿，表面绿色，沿脉稍粗糙或近无毛，背面色淡，无毛；茎上部叶细裂，紫色，无毛。复伞形花序近球形，花序梗长 2-6cm，伞梗多数；总苞片 2，膨大成囊状，深紫色；小伞形花序密集成小球形；小总苞数片，紫色，膜质；花梗长 3-8mm；萼齿不明显；花瓣深紫色，倒卵形，先端渐尖内卷；雄蕊暗紫色，花柱基稍扁，宽而肥厚。双悬果卵圆形，幼时紫红色，成熟后黄褐色，背棱隆起，肋状，侧棱翅状，每棱槽内有油管 1-2，合生面油管 2-4。花期 7-9 月，果期 8-10 月。

生于沟边、林缘和林下，海拔 1000m 以下。

产地：黑龙江省尚志，吉林省蛟河、抚松、敦化、安图，辽宁省本溪、桓仁、凤城、宽甸、庄河。

分布：中国（黑龙江、吉林、辽宁），朝鲜半岛，日本。

根入药，有祛风通络、活血止痛之功效，主治风湿痹痛、跌打肿痛等症。

516 峨参

Anthriscus aemula (Woron.) Schischk.

多年生草本，高约1m。根纺锤状圆锥形，根头具皱纹。茎直立，疏分枝。叶片三角形，2-3回羽状全裂，终裂片卵状披针形、披针形或长卵形，羽状深裂或羽状深齿，背面脉上及边缘散生白硬毛；叶有长柄。复伞形花序，伞梗7-11；无总苞片或有1；小伞形花序有花10朵以上；小总苞片5，广披针形，边缘具缘毛，反折；花瓣白色，外侧花瓣增大；无萼齿。双悬果线状长圆形，长7-8mm，基部有一圈白刺毛，先端呈短喙状；花柱基短圆锥状；分生果果棱不明显，棱槽中具油管1，合生面有油管2，果熟时油管几消失。花果期4-5月。

生于山坡林下、路旁及山谷溪流旁石缝中，海拔700m以下。

产地：黑龙江省尚志、五常、伊春、虎林、宁安，吉林省磐石、蛟河、通化、临江、抚松、靖宇、安图，辽宁省沈阳、开原、本溪、桓仁、凤城、宽甸，内蒙古科尔沁右翼前旗、扎鲁特旗、克什克腾旗。

分布：中国（黑龙江、吉林、辽宁、内蒙古、河北、山西、陕西、甘肃、新疆、江苏、安徽、浙江、河南、江西、湖北、四川、云南），朝鲜半岛，日本，蒙古，俄罗斯；中亚。

根入药，为滋补强壮剂，可治脾虚食胀、肺虚咳喘及水肿等症。

517 北柴胡

Bupleurum chinense DC.

多年生草本，高 50-85cm。主根较粗大，棕褐色，质坚硬。茎单一或数茎丛生，上部多回分枝。基生叶倒披针形或狭椭圆形，长 4-7cm，宽 6-8mm，先端渐尖，基部收缩成柄，早枯落；茎中部叶倒披针形或广线状披针形，长 4-12cm，宽 6-18mm，有时达 3cm，先端渐尖或急尖，有短芒尖头，基部收缩成叶鞘抱茎，表面绿色，背面色淡，常有白霜，脉 7-9；茎上部叶小，同形。复伞形花序多数，伞梗 3-8，不等长；总苞片 2-3 或无，狭披针形，脉 3；小总苞片 5，披针形，先端锐尖，脉 3；小伞形花序有花 5-10 朵；花瓣鲜黄色，先端内卷；花柱基深黄色，宽于子房。双悬果广椭圆形，棕色，两侧略扁，棱具狭翼，淡棕色，每棱槽油管 3，稀 4，合生面油管 4。花期 9 月，果期 10 月。

生于向阳山坡路边、河边及草丛，海拔 700m 以下。

产地：黑龙江省哈尔滨、伊春、鸡西、虎林、宁安、呼玛，吉林省长春、九台、吉林、蛟河、永吉、长白、敦化、珲春、汪清、安图，辽宁省沈阳、康平、法库、朝阳、凌源、建平、喀左、开原、西丰、抚顺、新宾、清原、本溪、桓仁、鞍山、岫岩、丹东、瓦房店、普兰店、庄河、营口、盖州、北镇、义县、葫芦岛、绥中、建昌，内蒙古宁城、克什克腾旗、喀喇沁旗。

分布：中国（黑龙江、吉林、辽宁、内蒙古、河北、山西、山东、河南、湖北、四川）。

根、茎入药，名“柴胡”，有解表和里、升阳及疏肝解郁之功效。

518 大苞柴胡

Bupleurum euphorbioides Nakai

多年生草本，高（8-）12-60cm。根细长，粗 2-6mm。茎直立，单一，上部有 1-2 分枝。基生叶线形，长 7-15cm，宽 1-3mm，先端渐尖，基部渐狭成柄，脉 5-7；茎生叶无柄，叶片狭披针形或线形，先端渐尖，基部稍窄，脉 7-9；茎上部叶披针形或卵形，先端尾状长渐尖，基部扩大，基部近心形抱茎；最上部叶渐短，卵形。伞形花序数个，径 2-11cm，伞梗 4-11，不等长，弧状弯曲；总苞片 2-5，先端渐尖，基部圆形，脉 5-15；小总苞片 5-7，广椭圆形、倒卵形至近圆形，先端急尖；小伞形花序有花 16-24 朵；花梗较粗，有棱；花瓣带紫色；花柱基紫色，肥厚，超过子房。双悬果广卵形，长 3mm，宽 2mm，紫色，棱细线状，棱槽中具油管 3，稀 4-5，合生面油管 4。花期 7-8 月，果期 8-9 月。

生于高山冻原、高山草地、山顶石砬子上、林缘及灌丛，海拔 1700-2500m（长白山）。

产地：黑龙江省尚志，吉林省抚松、长白、安图。

分布：中国（黑龙江、吉林），朝鲜半岛。

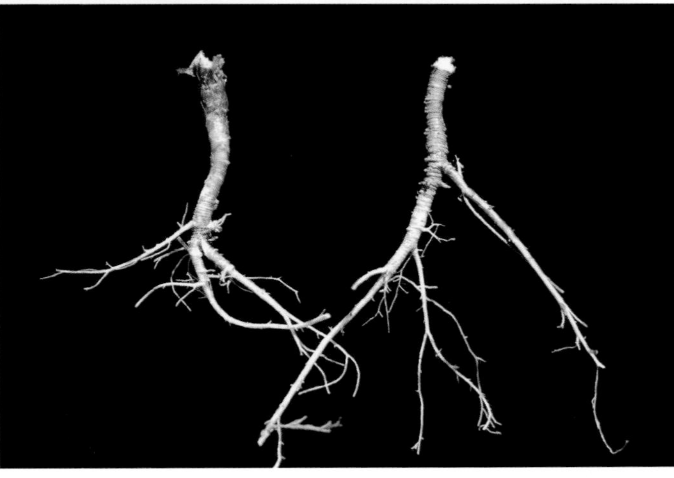

519 柞柴胡 长白柴胡

Bupleurum komarovianum Lincz.

多年生草本，高 70-100cm。主根不明显，须根发达，黑褐色。茎单一，基部分枝。基生叶和茎下部叶近革质，披针形或狭椭圆形，长 15-20cm，宽 1.6-25mm，先端渐尖或稍圆，中部以下渐狭成叶柄，抱茎，表面鲜绿色，背面带蓝灰色，脉 7-9，近弧形；中部叶广披针形或长圆状椭圆形，先端急尖或近圆形，基部楔形或广楔形，有短柄或无柄，脉 7-9；上部叶较小，椭圆形，先端渐尖或圆。复伞形花序多数，伞梗 4-13，不等长；总苞片无或 1-3，披针形或线形，先端锐尖，1-3 脉；小总苞片 5，狭披针形，先端锐尖，脉 3；小伞形花序有花 6-14 朵；花瓣鲜黄色，扁圆形，质厚，先端 2 浅裂；花柱基淡黄色。双悬果褐色，短椭圆形，幼果棱槽中油管 5，稀 4，合生面油管 6-8，成熟后油管数目尚不清楚，有的已消失。花期 7-8 月，果期 8-9 月。

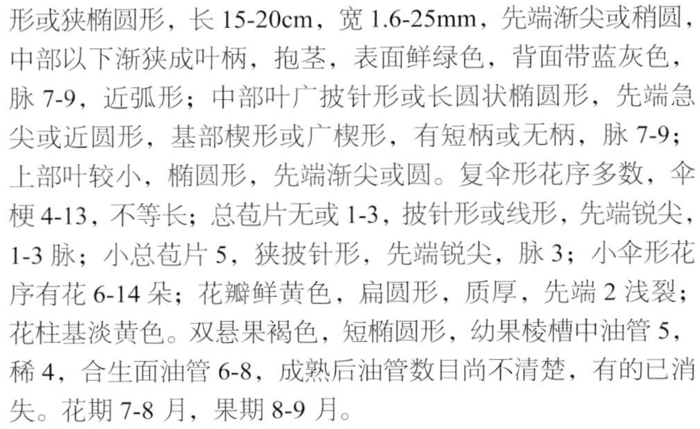

生于柞树疏林下、林缘及灌丛，海拔 500m 以下。

产地：黑龙江省伊春、宝清、宁安，吉林省吉林、通化、珲春、和龙、汪清、安图，辽宁省沈阳、岫岩、北镇。

分布：中国（黑龙江、吉林、辽宁），朝鲜半岛，俄罗斯。

520 大叶柴胡

Bupleurum longiradiatum Turcz.

多年生草本，高50-150cm。茎直立，单生或2-3，多分枝。叶大型，稍稀疏，基生叶广卵形、椭圆形或披针形，先端急尖或渐尖，基部渐狭成长柄，柄带紫色，叶片长8-17cm，宽2.5-5（-8）cm，表面鲜绿色，背面带粉蓝绿色，脉9-11；茎中部叶无柄，卵形或狭卵形，脉7-9；茎上部叶渐小，卵形或广披针形，脉9-11，先端渐尖，基部心形，抱茎。复伞形花序多数，顶生或腋生，伞梗（3-）4-6（-9），不等长；总苞片1-5，不等长，黄绿色，披针形，脉3-7；小总苞片5-6，广披针形或倒卵形，先端锐尖，脉3-5；小伞形花序有花5-16朵；花瓣黄色，扁圆形，先端内卷。双悬果暗褐色，被白粉，长圆状椭圆形，分生果横切面近圆形，每棱槽内油管3-4，合生面油管4-6。花期8-9月，果期9-10月。

生于林下、林缘、灌丛、山坡草地及草甸，海拔1800m以下。

产地：黑龙江省哈尔滨、尚志、黑河、伊春、嘉荫、萝北、汤原、宝清、饶河、虎林、密山、绥芬河、宁安、呼玛，吉林省蛟河、通化、临江、抚松、靖宇、长白、敦化、珲春、和龙、汪清、安图，辽宁省凌源、新宾、清原、本溪、桓仁、岫岩、丹东、凤城、东港、宽甸、庄河、营口，内蒙古牙克石、根河、额尔古纳、鄂伦春旗。

分布：中国（黑龙江、吉林、辽宁、内蒙古、甘肃），朝鲜半岛，日本，蒙古，俄罗斯。

521 红柴胡 香柴胡

Bupleurum scorzonerifolium Willd.

多年生草本，高 30-60cm。主根发达，圆锥形，红棕色。茎单一或 2-3，基部具多数叶柄残余纤维，上部多分枝。基生叶及茎下部叶有长柄，叶片质厚，细线形，长 6-16cm，宽 2-7mm，先端长渐尖，基部渐狭抱茎，3-5 脉；上部叶小，同形。复伞形花序多数，腋生或顶生，伞梗（3-）4-6（-8），弧形弯曲；总苞片 1-3，针形，脉 1-3，早落；小伞形花序有花 8-12 朵，线状披针形，先端锐尖；花瓣黄色，先端 2 浅裂，花柱基厚垫状，深黄色，柱头向两侧弯曲。双悬果广椭圆形，深褐色，果棱粗钝，浅褐色，每棱槽中有油管 5-6，合生面油管 4-6。花期 7-8 月，果期 8-9 月。

生于干燥的草原、向阳山坡及灌丛，海拔 800m 以下。

产地：黑龙江省哈尔滨、依兰、黑河、北安、逊克、大庆、伊春、集贤、虎林、密山、宁安、安达、呼玛，吉林省镇赉、双辽、汪清、安图，辽宁省沈阳、法库、朝阳、凌源、建平、彰武、大连、瓦房店、普兰店、锦州、葫芦岛、绥中、建昌，内蒙古海拉尔、满洲里、扎兰屯、牙克石、根河、额尔古纳、新巴尔虎右旗、鄂伦春旗、鄂温克旗、阿尔山、科尔沁右翼前旗、通辽、扎鲁特旗、科尔沁左翼后旗、赤峰、宁城、克什克腾旗、翁牛特旗。

分布：中国（黑龙江、吉林、辽宁、内蒙古、河北、山西、陕西、甘肃、山东、江苏、安徽、广西），朝鲜半岛，日本，蒙古，俄罗斯。

全草可作饲料。根入药，有解表和里、升阳及疏肝解郁之功效。

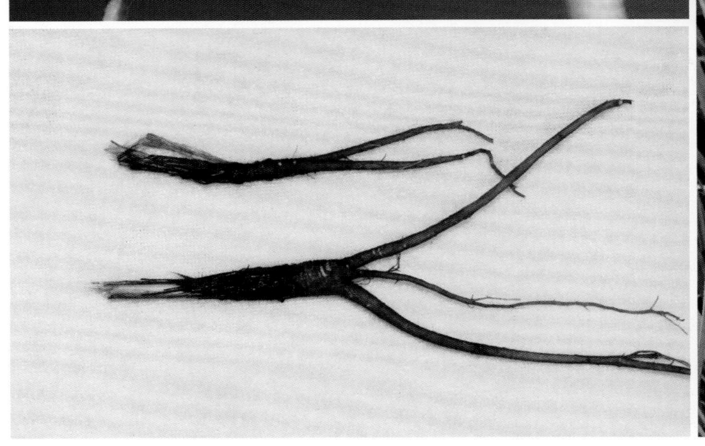

522 兴安柴胡

Bupleurum sibiricum Vest

多年生草本，高25-60cm。茎直立，数个丛生，稀单一，具较锐的棱，上部稍分枝。基生叶披针形或线状披针形，先端渐尖，近突尖，基部渐狭成长柄状，具脉5-9；茎下部叶与基生叶同形，无柄，基部稍狭，半抱茎；中部以上叶渐小，披针形至广披针形，先端长渐尖，基部渐狭，半抱茎，具脉7-15或更多。复伞形花序顶生兼腋生，伞梗5-11，不等长，稍呈弧状弯曲；总苞片1-3（-5），淡黄绿色，有时不发育或脱落；小伞形花序具花10-20朵；小总苞片（5-）6-9，椭圆形、卵状披针形或长圆状披针形，先端渐尖或短尖，黄绿色，具脉5-7；花瓣黄色，花柱基带红褐色。双悬果椭圆形或卵状椭圆形，分生果果棱具狭翼，各棱槽中具油管3，合生面上有油管4-6。花期7月中旬至8月，果期8-9月。

生于山坡草地、荒山坡，海拔800m以下。

产地：黑龙江省黑河、呼玛，内蒙古扎兰屯、牙克石、根河、额尔古纳、科尔沁右翼前旗、科尔沁右翼中旗、宁城、克什克腾旗、翁牛特旗。

分布：中国（黑龙江、内蒙古），蒙古，俄罗斯。

根入药。

523 山茴香

Carlesia sinensis Dunn

多年生草本，高 15-30cm。根粗壮肥厚，褐色，圆锥状。茎直立，单一或多数，基部分枝。基生叶丛生，有长柄，基部加宽，叶片 3 回羽状全裂，终裂片线形，长（3-）5-8（-15）mm，宽约 1mm，先端尖；茎生叶少数，叶柄较短，基部稍加宽，抱茎，叶片较短小，分裂次数较少。复伞形花序顶生，伞梗 12-26，较粗壮，不等长；总苞片及小苞片多数，线形，先端尖，边缘有毛；小伞形花序具花 10-20 朵；萼齿披针状锥形，背面及边缘有毛，果期宿存；花瓣白色，倒卵形或广倒卵形；子房密被毛，花柱基短圆锥状或近半球形，花柱直立，下部疏被毛，果期叉开。双悬果长圆形，长（连萼齿在内）5-6mm，被粗毛，分生果的果棱丝状，稍凸起，钝，各棱槽中有油管 3，合生面有油管 4，油管数有时稍有变化。花期 8-9 月，果期 9-10 月。

生于山顶岩石缝间、干山坡，海拔 400m 以下。

产地：辽宁省朝阳、鞍山、丹东、凤城、东港、大连、庄河、建昌。

分布：中国（辽宁、山东），朝鲜半岛。

524 毒芹

Cicuta virosa L.

多年生草本，高 50-120cm。根状茎粗短，节间相接，内有横隔膜，不定根多数，肉质，黄色；茎直立，单一，中空，上部分枝。基生叶及茎下部叶有长柄，基部叶鞘膜质，抱茎，叶片 2-3 回羽状分裂，终裂片披针形，先端渐尖，基部楔形，边缘有深浅不等的粗锯齿；中上部叶柄较短，叶片较小。复伞形花序顶生或腋生，伞梗 14-18，不等长；无总苞片；小伞形花序有花 28-31 朵；小总苞片多数，长披针形；花白色；萼齿明显，卵状三角形；花瓣白色，倒卵形或近圆形，先端内卷；子房下位，花柱基扁平。双悬果卵球形，基部微心形，有黄色粗棱，每棱槽内有油管 1，合生面有油管 2。花期 7-8 月，果期 8-9 月。

生于林下阴湿处、湿草地及沼泽，海拔 900m 以下。

产地：黑龙江省哈尔滨、齐齐哈尔、黑河、伊春、密山，吉林省临江、抚松、靖宇、敦化、安图，辽宁省沈阳、新民、彰武、铁岭、开原、西丰、本溪、桓仁，内蒙古满洲里、额尔古纳、新巴尔虎左旗、鄂伦春旗、乌兰浩特、科尔沁右翼前旗、扎赉特旗、扎鲁特旗、科尔沁左翼后旗、克什克腾旗。

分布：中国（黑龙江、吉林、辽宁、内蒙古、河北、山西、陕西、甘肃、新疆、四川），朝鲜半岛，日本，蒙古，俄罗斯；中亚，欧洲。

本种含有毒物质，牲畜误食会引起中毒。

525 蛇床

Cnidium monnieri (L.) Cuss.

一年生草本，高 10-60cm。根圆锥状，较细长。茎直立，单一，中空，上部分枝。基生叶花期枯萎；茎下部叶柄短，叶鞘短宽，抱茎，边缘膜质，叶片 2-3 回三出羽状全裂，羽片先端尾状，终裂片线形或线状披针形，先端锐尖，具白色小刺尖；上部叶柄全部鞘状抱茎。复伞形花序顶生或腋生，伞梗 15-30，稍不等长；总苞片 6-10，线形至线状披针形，边缘膜质，具缘毛；小伞形花序具花 15-20 朵，伞梗 8-20，不等长；小总苞片多数，线形；无萼齿；花瓣白色，先端内卷，花柱基稍隆起。双悬果广椭圆形，分生果长圆形，横切面近五角形，主棱 5，扩大成翼，每棱槽内油管 1，合生面油管 2。花期 4-7 月，果期 6-10 月。

生于田边、路旁、草地及河边湿地，海拔 700m 以下。

产地：黑龙江省哈尔滨、齐齐哈尔、萝北、饶河、虎林、密山、东宁、安达、呼玛，吉林省九台、镇赉、双辽，辽宁省沈阳、法库、西丰、昌图、清原、本溪、桓仁、辽阳、丹东、凤城、宽甸、大连、瓦房店、庄河、长海、营口、盘锦、黑山、义县，内蒙古海拉尔、满洲里、根河、新巴尔虎右旗、科尔沁左翼后旗、克什克腾旗。

分布：中国（全国广布），朝鲜半岛，俄罗斯。

果实入药，称“蛇床子”，有燥湿、杀虫止痒及壮阳之功效。

526 长白高山芹

Coelopleurum nakaianum (Kitag.) Kitag.

二年生草本，高 20-40cm。根圆柱形，棕褐色。茎单一，直立，有浅纵沟纹，有时带暗紫色，中空，基部分枝。基生叶有长柄，叶片 2 回羽状全裂，花期枯萎；茎下部叶有柄，基部加宽成叶鞘抱茎，2 回羽状分裂，两面无毛，终裂片长圆形至广卵形，长达 2cm，宽达 1.2cm，先端急尖或渐尖，基部楔形，无柄，边缘有缺刻状锯齿，齿端有芒尖，表面沿叶脉被白色短毛，背面无毛；上部叶渐简化，叶柄成宽鞘，叶片羽状深裂。复伞形花序径 3-7cm，果期达 10cm，伞梗 12-25，被短糙毛；无总苞片；小伞形花序花多数；小总苞片 6-10，长线形，疏被毛，远比花长；萼齿不明显；花瓣白色，广倒卵形，先端内卷，花药暗紫色，花柱基扁压，边缘波状，花柱短。双悬果卵状椭圆形，分生果卵圆形，背棱及侧棱为近等长的翼，稍有光泽，棱槽中有油管 1-3，合生面有油管 3-4。花期 7-8 月，果期 8-9 月。

生于高山冻原，海拔 2100-2500m。

产地：吉林省抚松、长白、安图。

分布：中国（吉林），朝鲜半岛。

527 高山芹

Coelopleurum saxatile (Turcz.) Drude

二年生草本，高 60-80cm。根圆柱形，褐色，约 2cm，上部有横皱纹。茎单一，常带紫色，中空，有浅沟纹，上部分枝。基生叶及茎下部叶有长柄，花期枯萎；中部叶有短柄，叶柄下半部具宽叶鞘，边缘薄膜质，叶片 2-3 回三出分裂，终裂片菱状卵形或斜卵形，长达 7cm，宽达 4cm，有柄或无柄，先端渐尖，基部楔形或近圆形，边缘密生粗大的近缺刻状单齿或重锯齿，两面无毛；上部叶渐简化，叶柄成宽叶鞘，叶片 2 回三出分裂。主伞的复伞形花序直径达 9cm，伞梗 20-27，密被短毛，斜上；无总苞片；小伞形花序有花 24-30 朵；小总苞片 7-8，长近锥形，通常远比花梗长，边缘有短毛；花梗被短糙毛；萼齿不明显；花瓣白色，倒卵形，先端内卷；花柱基扁平。双悬果腹背压扁，分生果椭圆形，果棱为较厚的翼，侧棱翼较宽，棱槽内有油管 1，合生面有油管 2。花期 7-8 月，果期 8-9 月。

生于高山冻原、较阴湿的岩石缝间及林下，海拔 1800-2200m。

产地：吉林省抚松、长白、安图。

分布：中国（吉林），朝鲜半岛。

528 鸭儿芹

Cryptotaenia japonica Hasskarl

多年生草本，高30-60cm，全株无毛。根状茎短，具细长成簇的根；茎直立，具细槽，呈叉状疏分枝。基生叶及茎下部叶有长柄，叶片三出复叶，顶生小叶菱状广椭圆形或广卵形，长3-8cm，宽2-6cm，侧生小叶歪卵形，先端尖，基部楔形，边缘具缺刻状及不整齐的锐锯齿或重锯齿；中上部叶柄渐短，基部或全部成鞘抱茎，边缘宽膜质，叶渐狭小，小叶披针形。花序分枝呈叉状不等长，复伞形花序具伞梗2-3，不等长，通常彼此靠近，花序圆锥状；总苞片及小总苞片1-3，线形，早落；小伞形花序具花2-4朵；花梗细，不等长；萼齿小；花瓣长卵形，白色，稀淡红色，先端内卷，花柱基圆锥形，花柱短，直立。双悬果狭长圆形；分生果圆柱状长圆形，先端细尖，果棱丝状，圆钝，棱槽内有油管1-3，合生面有油管4。花期7-8月，果期8-9月。

生于高山冻原，海拔2100-2500m。

产地：辽宁省抚顺、本溪。

分布：中国（辽宁、河北、山西、陕西、甘肃、安徽、江苏、浙江、福建、湖北、湖南、江西、广东、广西、四川、贵州、云南），朝鲜半岛，日本，俄罗斯。

种子含油，可用于制肥皂和油漆。全草入药，可治虚弱、尿闭及肿毒等症。民间有用全草捣烂外敷治蛇咬伤。

529 柳叶芹

Czernaevia laevigata Turcz.

二年生草本，高 90-150cm。根直生，肉质。茎直立，圆柱形，中空，具细棱槽，上部不分枝或稍有分枝。叶片 2 回羽状全裂，终裂片披针形至长圆状披针形，先端尖或渐尖，基部稍歪斜，具稍不整齐的尖锯齿或重锯齿，齿尖白色软骨质，表面脉稍粗糙，背面无毛；上部叶柄全成鞘状，叶具长柄，基部鞘状抱茎。复伞形花序有长梗，伞梗 10-13，不等长；无总苞片；小伞形花序有花 20-30 朵；小总苞片 2-5（-7），线形；萼齿不明显；花瓣白色，花序外缘的花瓣比内侧花瓣显著增大。双悬果广椭圆形，背部稍扁；分生果背棱有狭翼，侧棱有宽翼，棱槽中有油管 3-5，合生面有油管（8-）10-14。花期 7-8 月，果期 9 月。

生于灌丛、阔叶林下、林缘及草甸，海拔 900m 以下。

产地：黑龙江省哈尔滨、尚志、依兰、伊春、萝北、桦川、虎林、呼玛、漠河，吉林省吉林、通化、临江、敦化、珲春、和龙、汪清、安图，辽宁省沈阳、西丰、抚顺、本溪、桓仁、辽阳、鞍山、凤城、大连、庄河、绥中，内蒙古扎兰屯、牙克石、根河、额尔古纳、鄂伦春旗、阿尔山、科尔沁右翼前旗、通辽、扎鲁特旗、宁城、克什克腾旗。

分布：中国（黑龙江、吉林、辽宁、内蒙古、河北），朝鲜半岛，俄罗斯。

幼苗可作春季山菜（辽宁）。嫩茎叶可作饲料。

530 珊瑚菜

Glehnia littoralis (A. Gray) Fr. Schmidt ex Miq.

多年生草本，高 15-20cm，全株密被淡灰色柔毛。主根细长，圆柱形，肉质，表面黄白色。茎大部埋在沙中，仅上部露出地面，单一或稍分枝。叶有长柄，基部鞘状，叶片质厚，三出、2 回三出或近羽状深裂，终裂片卵圆形或倒卵状椭圆形，先端钝圆，边缘具不整齐的粗锯齿，锯齿边缘为白色软骨质，表面有光泽，无毛，背面稍被柔毛。复伞形花序顶生，径 4-10cm，花序梗被白色柔毛；伞梗 10-15，不等长；无总苞片；小伞形花序有花 15-20 朵；小总苞片 8-12，线状披针形；萼齿卵状披针形；花瓣白色或稍带紫堇色；花柱基短圆锥状。双悬果倒卵形或广倒卵形，密被白色柔毛，果棱 5，有木栓质翼，肥厚，油管多数，紧贴于内果皮外围；分生果有油管 17-20。花果期 6-8 月。

生于海边沙滩。

产地：辽宁省凌海、葫芦岛、兴城、绥中、盖州、瓦房店、普兰店、长海、大连。

分布：中国（辽宁、河北、山东、江苏、浙江、福建、广东、台湾），朝鲜半岛，日本，俄罗斯。

根入药，有清肺、养阴止咳之功效。

531 兴安牛防风 兴安独活

Heracleum dissectum Ledeb.

多年生草本，高 0.7-1.5m。根斜生，近纺锤形，带灰黄色，具轻微的香气。茎直立，圆筒形，中空，被开展的粗毛。基生叶早枯；茎生叶叶柄被粗毛，基部肥大成鞘状抱茎，叶片三出或羽状复叶，叶轴被粗毛，小叶有柄，侧生小叶 2 对，广卵形，顶生小叶较宽，近圆形或广椭圆状卵形，基部微心形、楔形或歪斜，多少呈羽状深裂或缺刻，小裂片卵状长圆形，边缘具锯齿状齿牙，表面被较稀疏的微细伏毛，背面密被短绒毛，灰白色；茎上部叶渐简化，叶柄全部成宽鞘，叶片极小。复伞形花序，伞梗 20-40，不等长；无总苞片；小伞形花序花多数；小总苞片数枚，线状披针形；萼齿狭三角形，花瓣白色，二型；子房有毛，花柱基短圆锥形。双悬果倒卵状圆形或广椭圆形，无毛或稍被毛；分生果的棱槽中有油管 1，合生面有油管 2。花期 7-8 月，果期 8-9 月。

生于湿草地、草甸子、山坡林下及林缘，海拔 600m 以下。

产地：黑龙江省伊春、密山、虎林、黑河、嫩江、呼玛，吉林省汪清、珲春，内蒙古额尔古纳、海拉尔、牙克石、科尔沁右翼中旗、宁城。

分布：中国（黑龙江、吉林、内蒙古、新疆），朝鲜半岛，蒙古，俄罗斯；中亚。

532 东北牛防风 短毛独活

Heracleum moellendorffii Hance

多年生草本，高 70-150cm。根圆锥形，微具香气。茎直立，圆筒形，中空。基生叶有长柄，基部鞘状，叶片三出羽状全裂，裂片 3-5，有柄，侧裂片广卵状椭圆形，3 裂，稀 5 裂至深裂，先端尖，基部楔形或微心形，边缘具不整齐粗大尖锐锯齿或不整齐缺刻，顶裂片 3-5 裂，基部楔形下延；茎生叶与基生叶相似，叶柄渐短，基部鞘状抱茎，叶片较大，上部叶柄全部成宽鞘。复伞形花序 10cm，花序梗有短毛，伞梗 11-20 及以上，不等长；无总苞片或总苞片 1-2（-5），披针形；小伞形花序具花 10-20 朵；小总苞片 3-5，线状披针形；萼齿锥形；花瓣白色，二型；雄蕊长，超出花瓣；子房被短毛，随果实成长逐渐消失，花柱基圆锥形。双悬果倒卵状椭圆形或近圆形，扁平，无毛，棱槽不明显，每棱槽中有油管 1，合生面有油管 2。花期 7 月，果期 8-10 月。

生于阴坡山沟旁、林缘及草甸子，海拔 1900m 以下。

产地：黑龙江省哈尔滨、尚志、伊春，吉林省抚松、靖宇、长白、敦化、汪清、安图，辽宁省朝阳、凌源、铁岭、开原、西丰、新宾、清原、本溪、桓仁、鞍山、海城、岫岩、凤城、东港、宽甸、大连、瓦房店、庄河、营口、盖州、北镇、义县、绥中、建昌，内蒙古阿尔山、扎鲁特旗、宁城。

分布：中国（黑龙江、吉林、辽宁、内蒙古、河北、陕西、山东、江苏、安徽、浙江、湖北、湖南、江西、云南），朝鲜半岛。

533 水芹 水芹菜

Oenanthe javanica (Blume) DC.

多年生草本，高 20-60cm。根状茎匍匐，须根多数；茎圆筒形，中空，具纵棱，下部伏卧，有时带紫色，上部直立。茎下部叶有长柄，基部鞘状抱茎，叶片 2 回羽状全裂，终裂片披针形、长圆状披针形或卵状披针形，长 1.5-5cm，宽 0.5-2cm，先端渐尖，基部楔形，边缘具不整齐的尖锯齿；中上部叶柄渐短，基部或全部成宽鞘，边缘宽膜质。复伞形花序有长梗，伞梗 6-20，不等长；无总苞片或总苞片 1-3，早落；小伞形花序径有花 20 余朵；小总苞片 2-8，线形，与花近等长或稍短；花梗不等长；萼齿近卵形；花瓣白色；花柱基圆锥形，花柱细长。双悬果椭圆形，果棱肥厚，钝圆，显著隆起，侧棱比背棱宽厚，棱槽有油管 1，合生面有油管 2。花期 6-7 月，果期 8-9 月。

生于浅水低洼处、池沼及沟旁，海拔 500m 以下。

产地：黑龙江省哈尔滨、双城、尚志、依兰，吉林省长春、九台、长白、珲春、汪清，辽宁省沈阳、法库、铁岭、开原、西丰、新宾、本溪、桓仁、台安、丹东、大连、营口，内蒙古乌兰浩特、突泉、科尔沁右翼前旗、科尔沁左翼后旗。

分布：中国（全国广布），朝鲜半岛，日本，俄罗斯，印度，缅甸，马来西亚，印度尼西亚，菲律宾。

茎叶可作蔬菜食用。全草民间入药，有降低血压之功效。

534 香根芹

Osmorhiza aristata (Thunb.) Makino et Yabe

多年生草本，高 30-80cm。根粗硬，淡褐色，有清香气。茎直立，单一或稍有分枝，具纵棱，节上稍有毛或无毛。基生叶有长柄，被开展的疏长毛，叶片质薄，2-3 回羽状全裂，叶轴被开展的疏长毛，终裂片卵形或椭圆形，长 1-2.5cm，宽 5-10mm，先端渐尖，基部楔形，边缘具不整齐缺刻或大锯齿，表面绿色，背面色淡，两面脉上及边缘疏生贴伏的长硬毛，背面毛较密；茎下部叶柄较长，基部鞘状抱茎，边缘膜质；茎上部叶柄短或全部成宽鞘。复伞形花序有长梗，伞梗 3-8，长而开展，不等长；无总苞片或总苞片 1-5，线形，早落；小伞形花序有花 3-10 朵，其中 2-5 朵花结实；小总苞片 3-6，披针状线形或线形，先端尖，有缘毛，果期反折；花梗果期伸长；萼齿不明显；花瓣白色。双悬果线状棍棒形，先端尖细，喙状，基部狭尾状；分生果果棱线形，明显，棱上疏被刺毛，尾部刺毛较密，棱槽宽，油管早期消失。花果期 5-7 月。

生于山坡林下、溪流旁及路旁草丛，海拔 900m 以下。

产地：黑龙江省饶河、虎林，吉林省临江、抚松、长白、珲春、安图，辽宁省清原、本溪、桓仁、鞍山。

分布：中国（黑龙江、吉林、辽宁、河北、陕西、安徽、江苏、浙江、江西、四川），朝鲜半岛，日本，俄罗斯。

根及全草入药，有散寒发表、止痛之功效，可治风寒感冒、头痛及周身疼痛等症。

535 碎叶山芹 大齿山芹 朝鲜独活

Ostericum grosseserratum (Maxim.) Kitag.

多年生草本，高可达 1m。根细长，圆锥状或纺锤形。茎直立，单一或稍有分枝，圆筒状，具细棱。基生叶花期枯萎；茎下部叶有长柄，基部鞘状抱茎，叶片 2-3 回羽状全裂，终裂片广卵形、卵形或长卵形，先端渐尖，基部楔形或广楔形，边缘具粗大锯齿或缺刻状齿牙；茎上部叶柄全成宽鞘，叶片小。复伞形花序顶生和腋生，伞梗 6-17，稍不等长；总苞片 4-8，线形；小总苞片 6-10，线形；萼齿卵状三角形；花瓣白色。双悬果广倒卵形，扁平；分生果背棱稍隆起，成狭翼，侧棱有宽翼，棱槽中有油管 1，合生面有油管 2-4（-5）。花期 8-9 月，果期 9-10 月。

生于山坡草地、溪流旁、林缘及灌丛，海拔 800m 以下。

产地：吉林省长春、九台、通化、珲春、和龙、安图，辽宁省凌源、建平、开原、西丰、新宾、清原、本溪、桓仁、辽阳、鞍山、岫岩、丹东、凤城、东港、宽甸、大连、庄河、长海、营口、锦州、北镇、绥中、建昌。

分布：中国（吉林、辽宁、河北、山西、陕西、四川、安徽、江苏、浙江、福建、河南），朝鲜半岛，俄罗斯。

春季采摘幼苗作野菜供食用。根入药，有些地区用以代“独活”或“当归”使用。

536 全叶山芹

Ostericum maximowiczii (Fr. Schmidt ex Maxim.) Kitag.

多年生草本，高 40-100cm，有细长的地下匍匐枝，节上生根。茎直立，单一或上部稍分枝，具纵棱。茎下部叶有长柄，基部鞘状抱茎，叶片 2-3 回羽状分裂，终裂片线状披针形或长圆状线形，先端渐尖，全缘，沿脉及边缘具短糙毛；茎上部叶柄基部成宽鞘，叶片渐小，1-2 回羽状全裂。复伞形花序，伞梗 9-18，稍不等长；总苞片 1，披针形，早落；小伞形花序有花 10-20 朵；小总苞片 5-9，线状丝形，不等长；萼齿卵状三角形；花瓣白色，广椭圆状倒心形，基部狭成短爪；花柱基短圆锥形。双悬果扁平，广椭圆形；分生果背棱隆起，稍尖，侧棱有翼，棱槽中具油管 1，合生面具油管 2。花期 8-9 月，果期 9-10 月。

生于林缘、林下及山坡湿草地，海拔约 1000m。

产地：黑龙江省尚志、黑河、伊春、虎林、穆棱、呼玛，吉林省蛟河、抚松、长白、敦化、安图，内蒙古满洲里、牙克石、根河。

分布：中国（黑龙江、吉林、内蒙古），朝鲜半岛，俄罗斯。

茎叶可作牲畜饲料。

种内变化：大全叶山芹［*Ostericum maximowiczii*（Fr. Schmidt ex Maxim.）Kitag. var. *australe* (Kom.) Kitag.］植株高达 150cm，叶终裂片较短而宽，广披针形至卵状披针形。

537 刺尖石防风

Peucedanum elegans Kom.

多年生草本，高 70-80cm。根纺锤形。茎直立，不分枝。基生叶有长柄，3 回羽状全裂，终裂片线状披针形，先端具白色刺尖，全缘；茎生叶较小，基部鞘状抱茎，上部叶叶柄全成宽鞘，抱茎。复伞形花序，主伞大，花序梗较短，侧伞梗长，超过主伞，伞梗 10-20，不等长；总苞片 10，线状披针形，先端锐尖或渐尖，边缘白膜质；小伞形花序有花 20 余朵；小总苞片 7-9，线状披针形；萼齿三角状，早落；花瓣白色或淡红色，具短爪，先端三角形，内卷。双悬果椭圆形或广椭圆形；分生果背棱线状，稍凸起，侧棱有宽翼，棱槽中有油管 1，合生面有油管 2。花期 7-8 月，果期 8-9 月。

生于林下碎石地、山顶岩石间，海拔约 300m。

产地：黑龙江省尚志、伊春，吉林省长白、珲春、安图，辽宁省桓仁。

分布：中国（黑龙江、吉林、辽宁），朝鲜半岛，俄罗斯。

538 石防风

Peucedanum terebinthaceum (Fisch.) Fisch. ex Turcz.

多年生草本，高30-120cm。根圆柱形或近纺锤形。茎直立。基生叶有长柄，叶片2-3回羽状全裂，终裂片披针形，长约1cm，宽2-3mm，全缘或具缺刻状齿牙；茎生叶柄较短，上部叶柄全成宽鞘，抱茎，边缘膜质。复伞形花序，伞梗10-30，不等长；总苞片无或具1-2；小总苞片5-10，线形，与花梗等长；萼齿锐尖，早落；花瓣白色；花柱基圆锥形，花柱果期下弯。双悬果广椭圆形，背腹压扁，双凸面镜状；分生果背棱线形，侧棱有翼，肥厚，棱槽中有油管1，合生面有油管2。花期7-9月，果期9-10月。

生于山坡草地、林下及林缘，海拔800m以下。

产地：黑龙江省哈尔滨、五常、黑河、伊春、密山、宁安、呼玛，吉林省长春、九台、蛟河、临江、珲春、和龙、安图，辽宁省沈阳、辽中、康平、法库、凌源、建平、阜新、西丰、抚顺、新宾、本溪、桓仁、鞍山、岫岩、丹东、凤城、大连、普兰店、庄河、长海、盖州、锦州、凌海、北镇、黑山、葫芦岛、绥中、建昌，内蒙古牙克石、根河、额尔古纳、鄂伦春旗、科尔沁右翼前旗、科尔沁左翼后旗、宁城、喀喇沁旗。

分布：中国（黑龙江、吉林、辽宁、内蒙古、河北），朝鲜半岛，日本，俄罗斯。

根入药，主治感冒咳嗽、支气管炎咳喘及妊娠咳嗽等症。

539 前胡

Porphyroscias decursiva Miq

多年生草本，高 60-100cm。根纺锤形，侧根发达，有香气。茎直立，单一，带紫色，有纵棱。基生叶及茎下部叶有长柄，基部鞘状，叶硬纸质，1-2 回羽状全裂，终裂片长椭圆形，基部楔形，顶端裂片广楔形，2 深裂，先端急尖或渐尖，基部下延成翼，边缘及翼具尖锯齿，齿缘及齿尖为白色软骨质，表面绿色，背面苍白色，中上部叶柄渐短，基部鞘状，叶片向上渐小，裂片短而狭；最上部叶柄成宽鞘，向下反折，带紫色，边缘膜质，叶裂片极小，边缘具长锯齿。复伞形花序顶生，伞梗 10-20；总苞片 1，囊鞘状，向下反折，带紫色；小伞形花序有花 20 余朵；小总苞片 3-7，线形或线状披针形，不等长；萼齿线状锥形或三角状锥形；花瓣暗紫色，椭圆状披针形；雄蕊暗紫色。双悬果广椭圆形，背腹扁平；分生果背棱肋状，侧棱具狭翼，棱槽中有油管 1-3，合生面有油管 4 或 6。花期 8-9 月，果期 10-11 月。

生于山坡林缘、路旁及半阴性的山坡草地。

产地：吉林省安图，辽宁省凤城、庄河。

分布：中国（吉林、辽宁、河北、陕西、安徽、江苏、浙江、河南、湖北、江西、广东、广西、四川、台湾），朝鲜半岛，日本，俄罗斯。

根入药，有解热祛痰之功效，可治感冒咳嗽、支气管炎及疖肿等症。

540 变豆菜 山芹菜 鸭巴芹

Sanicula chinensis Bunge

多年生草本，高50-80cm。根状茎短，须根多数；茎直立，具纵棱，上部叉状分枝。基生叶柄长，基部鞘状，叶片掌状3全裂或5裂，中裂片倒卵形，基部近楔形，侧裂片广椭圆状倒卵形至歪卵形，边缘具不整齐的重锯齿或缺刻状重齿牙，齿端具刺尖；茎生叶柄渐短或近无柄，叶片渐小，3全裂或3深裂。花序2-3回叉状分枝，侧枝长，中间分枝短，呈二歧聚伞状；总苞片叶状，3深裂或近羽状分裂；小伞形花序2-3，具花5-6（-9）朵；小总苞片8-10；雄花2-3（-6）朵，早落；两性花3-4朵；萼齿线状披针形，直立；花瓣淡绿色，倒卵形，先端内卷，雄蕊比花瓣短；子房密被钩状刺，花柱基半球形，花柱直立。双悬果卵圆形，萼齿宿存，果皮密被开展硬刺，先端钩状；分生果背面油管不明显，合生面有油管2。花期（6-）7月，果期8-9月。

生于阴湿的山坡路旁、杂木林下及溪流旁。

产地：吉林省九台、吉林、安图，辽宁省沈阳、法库、开原、西丰、抚顺、清原、本溪、桓仁、鞍山、丹东、凤城、宽甸、瓦房店、普兰店、庄河，内蒙古科尔沁左翼后旗。

分布：中国（全国广布），朝鲜半岛，日本，俄罗斯。

幼苗为春季山菜。果实可提取芳香油。全草入药，有收敛、滋补之功效，外用有伤口止血之功效。

541 紫花变豆菜 鸡爪芹 红花变豆菜

Sanicula rubriflora Fr. Schmidt

多年生草本，高 30-60cm。根状茎斜生，须根多数；茎直立，单一，具细棱。基生叶柄长，基部鞘状，叶片掌状 3 全裂，中裂片广倒卵状楔形，先端 3 浅裂，侧裂片不对称，2 裂，稀不裂，小裂片先端 3 浅裂，先端具刺尖，边缘具不整齐重锯齿。花序三出，中间伞梗长于两侧伞梗，自叶状总苞片中间抽出；小伞形花序多花集成头状；小总苞片 6-8，不等长，线状倒披针形或线形，全缘或上缘具 1-2 锯齿；雄花 15-20 朵；萼齿长卵形至卵状披针形，花瓣紫红色，倒卵形，先端内卷，基部渐狭，雄蕊花丝长，先端内曲，退化的花柱基扁平；两性花 4-7 朵，萼齿卵状披针形至披针形，子房被钩状刺，花柱基碟伏，花柱长，果期反折。双悬果卵圆形，基部具小瘤状突起，中上部密被开展的钩状皮刺，先端钩状；分生果背面油管不明显或油管有 1，合生面有油管 2。花期 5-6 月，果期 6-7 月。

生于杂木林林缘、灌丛、山坡草地及溪流旁，海拔 1200m 以下。

产地：黑龙江省哈尔滨、尚志、伊春、嘉荫、宝清，吉林省九台、吉林、蛟河、桦甸、通化、柳河、临江、抚松、珲春、安图，辽宁省开原、西丰、抚顺、本溪、桓仁、鞍山、岫岩、凤城、东港、庄河。

分布：中国（黑龙江、吉林、辽宁），朝鲜半岛，日本，俄罗斯。

幼苗为春季山菜。根入药，有利尿之功效。

542 防风 北防风 关防风

Saposhnikovia divaricata (Turcz.) Schischk.

多年生草本，高 30-80cm。根粗壮，近圆柱形。茎单一，有细棱，二歧分枝，分枝斜升。基生叶叶柄长，基部鞘状，稍抱茎，叶片 2 回羽状全裂，裂片基部楔形，裂片具缺刻 2-3，形成小裂片 3-4，先端尖锐；茎生叶较小，上部叶简化，叶柄全成宽鞘。复伞形花序多数，形成聚伞状圆锥花序，伞梗 5-10，不等长；无总苞片；小伞形花序具花 4-9 朵，部分结实；小总苞片 4-6，线形至披针形；萼齿三角形；花瓣白色。双悬果长卵形；分生果背棱隆起，侧棱宽厚但不成翼，棱槽内有油管 1，合生面有油管 2。花期 8-9 月，果期 9-10 月。

生于草原、多石砾山坡，海拔 800m 以下。

产地：黑龙江省哈尔滨、齐齐哈尔、富裕、黑河、嫩江、大庆、密山、宁安、安达、呼玛，吉林省九台、镇赉、前郭尔罗斯、通化、靖宇、汪清，辽宁省沈阳、新民、辽中、康平、法库、朝阳、凌源、建平、阜新、彰武、铁岭、开原、西丰、抚顺、新宾、本溪、辽阳、鞍山、海城、台安、岫岩、大连、瓦房店、普兰店、庄河、营口、北镇、黑山、义县、葫芦岛、建昌，内蒙古海拉尔、满洲里、牙克石、额尔古纳、新巴尔虎右旗、鄂伦春旗、科尔沁右翼前旗、扎鲁特旗、科尔沁左翼后旗、巴林右旗、巴林左旗、克什克腾旗、喀喇沁旗。

分布：中国（黑龙江、吉林、辽宁、内蒙古、河北、山西、陕西、甘肃、宁夏、山东），朝鲜半岛，蒙古，俄罗斯。

为东北地区著名药材。根入药，有发汗、祛痰、祛风、发表及镇痛之功效。

543 泽芹

Sium suave Walt.

多年生草本，高 50-100cm。茎直立，中空，稍分枝，具明显的棱，基部节上生根。浸水的植株常在茎基部节上生沉水叶，2 回羽状全裂，终裂片细线形；基生叶柄具横隔，叶片羽状全裂；茎下部叶有长柄，基部鞘状，抱茎，叶片羽状全裂，裂片 5-9 对，线状披针形至披针形，长 4-10（-15）cm，宽 3-10（-15）mm，先端尖，基部圆楔形，边缘具狭尖锯齿；茎上部叶较小，叶柄短至无柄，裂片狭小，线状披针形。复伞形花序径 4-6cm，具花 20 朵；总苞片 5-8，线形或披针形；小苞片 5-8，线形或近披针形，边缘白膜质；萼齿长卵形至线形或短齿状；花瓣白色；花柱基垫状，花柱 2。双悬果广椭圆形，两侧稍压扁；分生果具钝翼，木栓质，棱槽有油管 1-3，合生面有油管 2-6。花期 7-8（-9）月，果期（8-）9-10 月。

生于沼泽、湿草甸、池沼旁及河边水湿地，海拔 700m 以下。

产地：黑龙江省哈尔滨、伊春、萝北、密山、呼玛，吉林省蛟河、敦化、珲春、和龙、汪清，辽宁省沈阳、法库、彰武、铁岭、新宾、北镇、葫芦岛，内蒙古海拉尔、额尔古纳、鄂伦春旗、乌兰浩特、科尔沁右翼前旗、科尔沁左翼后旗。

分布：中国（黑龙江、吉林、辽宁、内蒙古、河北、山西、陕西、安徽），朝鲜半岛，日本，俄罗斯；北美洲。

用作水景园中的造景材料。

544 大叶芹 假茴芹 山芹

Spuriopimpinella brachycarpa (Kom.) Kitag.

多年生草本，高 50-100cm。茎直立，节部密被毛。基生叶早枯；茎生叶柄基部狭鞘状，抱茎，边缘白膜质，叶 1-2 回三出复叶，小叶片广菱形或菱状卵形，先端短尾状渐尖，基部楔形，边缘具钝锯齿，表面无毛或沿脉疏被短糙毛，背面沿脉及边缘被短毛；最上部叶柄全成宽鞘。复伞形花序顶生，单一，伞梗 8-12；无总苞片或总苞片 1-2；小伞形花序有花 10 余朵；小总苞片 6-8，线形；萼齿披针形或广披针形；花瓣白色，倒卵形。双悬果近球形，两侧稍扁，果棱细丝状，油管多数，细小，环绕在果皮内。花期 7-8 月，果期 8-9 月。

生于山坡草地、沟谷、林缘及林下，海拔 1200m 以下。

产地：吉林省通化、临江、抚松、长白、和龙、安图，辽宁省西丰、清原、本溪、桓仁、鞍山、岫岩、凤城、宽甸、庄河，内蒙古科尔沁左翼后旗。

分布：中国（吉林、辽宁、内蒙古、河北），朝鲜半岛，俄罗斯。

幼苗可作春季野菜。根入药，主治风湿痒痛、腰膝酸痛、感冒头痛及痈疮肿痛等症。

545 窃衣

Torilis japonica (Houtt.) DC.

一年生草本，高 30-100cm。茎直立，上部分枝，伏生短硬毛。基生叶花期早枯；茎生叶有长柄，基部鞘状，抱茎，叶片 2-3 回羽状全裂，终裂片卵状长圆形或长圆形，有时具 1-2 缺刻，叶柄、叶轴及叶两面伏被短刺毛；茎上部叶简化，最上部叶 3 全裂。复伞形花序有长梗，伞梗 4-6；总苞片 5-8，线形；小伞形花序具花 4-12 朵；小总苞片 6-8，线状锥形；萼齿三角状披针形；花瓣白色；花柱基圆锥形。双悬果卵形，密被钩状刺；分生果棱槽有油管 1，合生有油管 2。种子腹面凹陷。花期 7-8 月，果期 8-9 月。

生于山坡林下、路旁、河边及空旷草地，海拔 1200m 以下。

产地：吉林省九台、吉林、集安、通化、临江、靖宇、长白、和龙、安图，辽宁省沈阳、阜新、西丰、新宾、清原、本溪、桓仁、辽阳、鞍山、海城、凤城、大连、瓦房店、庄河、长海，内蒙古科尔沁左翼后旗。

分布：中国（全国广布），朝鲜半岛，日本，俄罗斯，土耳其；欧洲。

果实或全草入药，有杀虫止泻、收湿止痒之功效。

546 喜冬草 梅笠草

Chimaphila japonica Miq.

常绿半灌木，高 10-15cm。地下茎细长，横走；茎直立，单一，基部分枝。叶对生，革质，长圆状披针形，长 2-3.5cm，宽 5-11mm，先端急尖，基部钝圆，无毛，边缘有疏锯齿；叶柄短。花序轴密生乳头状突起，中上部有鳞片状叶 1-2，每花梗上着花 1-2 朵；花萼 5 裂，裂片卵形，膜质；花瓣 5，倒卵圆形；雄蕊 10，花丝短，中下部明显加宽，边缘有流苏状齿，花药有 2 短管，顶孔开裂；子房扁球形，花柱短，柱头头状，5 浅裂；花盘不裂。蒴果扁球形，径约 5mm。花期 7 月，果期 8-9 月。

生于林下，海拔 900m 以下。

产地：吉林省安图，辽宁省清原、桓仁、鞍山、宽甸。

分布：中国（吉林、辽宁、山西、陕西、安徽、湖北、四川、贵州、云南、西藏、台湾），朝鲜半岛，日本，俄罗斯。

547 兴安鹿蹄草

Pyrola dahurica (H. Andr.) Kom

多年生常绿草本，高 8-30cm。根状茎细长，横走。叶 3-6，簇生于花葶基部，革质，卵圆形或近卵形，长 2.5-5cm，宽 2-4.5cm，两端圆形，稀钝，边缘有不明显的稀疏圆腺齿，表面暗绿色，沿脉色淡，背面色淡；叶柄约与叶片等长或近等长。花葶具鳞片状叶 1-2(-3)，总状花序有花 6-20 朵；花梗短；苞片披针形；花萼 5 裂，裂片狭披针形；花瓣 5，白色，倒卵圆形；雄蕊 10，花药孔裂，顶孔管状；子房扁球形，花柱较长，斜上，柱头下方环状加粗。蒴果扁球形。花期 7 月，果期 8-9 月。

生于林下、林缘及灌丛，海拔 900m 以下。

产地：黑龙江省尚志、黑河、嫩江、伊春、宝清、呼玛，吉林省通化、柳河、临江、抚松、靖宇、长白、珲春、安图，辽宁省本溪、桓仁、鞍山、凤城，内蒙古牙克石、额尔古纳、鄂伦春旗、阿尔山、科尔沁右翼前旗、克什克腾旗、喀喇沁旗。

分布：中国（黑龙江、吉林、辽宁、内蒙古），朝鲜半岛，俄罗斯。

548 红花鹿蹄草

Pyrola incarnata Fisch. ex DC.

多年生常绿草本，高达25cm。根状茎细长，横走。叶簇生于花葶基部，薄革质，卵状椭圆形或近圆形，长、宽2-5cm，先端圆，基部圆形或广楔形，近全缘，表面暗绿色，有光泽；叶柄长3-7cm。花葶细长，总状花序顶生，中下部有鳞片状叶1-3；花梗长5-10mm；苞片披针形；花萼5深裂，裂片披针形；花瓣5，深红色至粉红色；雄蕊10，比花瓣短，顶孔管状；子房扁球形，花柱长，斜上，柱头稍膨大。蒴果扁球形。花期6-7月，果期8月。

生于林下，海拔1400m以下。

产地：黑龙江省尚志、黑河、嫩江、伊春、嘉荫、呼玛，吉林省集安、安图，辽宁省鞍山、宽甸，内蒙古牙克石、根河、额尔古纳、陈巴尔虎旗、鄂伦春旗、阿尔山、克什克腾旗、喀喇沁旗。

分布：中国（黑龙江、吉林、辽宁、内蒙古、河北、山西、河南、新疆），朝鲜半岛，日本，蒙古，俄罗斯。

549 肾叶鹿蹄草

Pyrola renifolia Maxim.

多年生常绿草本，高 10-25cm。根状茎细长，横走。叶 2-4，簇生于花葶基部，叶薄革质，肾状圆形，长 1.5-3.5cm，宽 2-4cm，先端宽圆形，基部深心形，表面暗绿色，有光泽，沿脉色淡，边缘有不明显的疏腺锯齿；叶柄长。花葶细长，有花 3-9 朵；苞片披针形，膜质；花梗较短，果期伸长；花萼 5 裂，裂片广三角形；花瓣 5，白色或微带绿色；雄蕊约与花瓣等长，花药孔裂，顶孔管状；子房扁球形，花柱长，基部外倾，上部斜上，明显外露，径约 5mm。蒴果扁球形，宿存花柱长。花期 6-7 月，果期 8 月。

生于林下，海拔 1500m 以下。

产地：吉林省集安、临江、抚松、长白、敦化、珲春、汪清、安图，辽宁省宽甸、大连。

分布：中国（吉林、辽宁、河北），朝鲜半岛，日本，俄罗斯。

550 黑果天栌

Arctous japonicus Nakai

矮小灌木，高仅3-8cm。匍匐茎长，横走，多分枝，暗褐色。芽卵形。叶革质，倒卵形至广倒卵形，先端钝圆或圆，基部狭楔形下延至柄，与叶柄无明显的界限，连柄长3.5-6cm，宽1.5-2cm，边缘有钝圆齿，表面深绿色，网脉纹凹陷极明显，背面灰绿色，网脉突起，两面无毛。总状花序，有花2-5朵；苞片广披针形，有缘毛；花萼小，5裂；花冠坛状，淡绿黄色；雄蕊10，花丝下部有绒毛，花药有2尖距。浆果状核果，初红色，成熟后黑紫色。花期7月，果熟期8月。

生于高山山坡，海拔约1400m。

产地：黑龙江省呼玛。

分布：中国（黑龙江），日本，俄罗斯；北美洲。果可食，因数量很少，故利用价值不大。

551 甸杜

Chamaedaphne calyculata (L.) Moench

小灌木，高 17-50cm。茎直立，少分枝。小枝黄褐色，二年生枝皮成纤维状剥落，老枝紫褐色，有光泽。芽小，黄褐色。叶互生，革质，长圆形、长圆状倒披针形或狭椭圆形，长 1.5-4cm，宽 6-13mm，先端钝圆，基部楔形，全缘或有不明显的圆锯齿，表面绿色，有皱纹，背面灰绿色，两面被蜡质糠秕状盾形鳞片；叶柄极短。总状花序顶生，苞片长圆形，花单生于苞腋，稍下垂，偏向一侧；萼片 5；花冠近钟形，白色，5 浅裂，裂片卵状三角形；雄蕊 10，花丝基部膨大，花药狭披针形，顶孔开裂；花柱圆柱形。蒴果扁球形，5 室，室背开裂。花期 6 月，果熟期 7-8 月。

生于苔藓类湿地、针叶林下，海拔 400-600m。

产地：黑龙江省黑河、伊春、嘉荫、呼玛，吉林省靖宇，内蒙古根河。

分布：中国（黑龙江、吉林、内蒙古），朝鲜半岛，日本，俄罗斯；欧洲，北美洲。

552 细叶杜香 杜香

Ledum palustre L.

常绿小灌木，高达 50cm。茎直立或下部俯卧，多分枝。枝灰褐色，幼枝黄褐色，密被锈褐色或白色毛。芽卵形。叶有强烈香味，革质，狭披针形，先端短渐尖，基部狭楔形，长（1.5-）2-4cm，宽 1.5-3mm，表面深绿色，有皱纹，背面被锈褐色和白色绒毛及腺鳞，中脉凸起，全缘，极反卷。伞房花序生于去年枝端；花梗细，密被锈褐色绒毛；花多数，白色；萼片 5，圆形，宿存；花冠 5 深裂，裂片长卵形；雄蕊 10；子房狭圆锥形。蒴果卵形，被褐色细毛，5 室，自下向上开裂，花柱宿存。花期 6-7 月，果熟期 7-8 月。

生于针叶林或针阔混交林下、苔藓类湿地，海拔 1500m 以下。

产地：黑龙江省伊春、呼玛，吉林省柳河、临江、抚松、靖宇、长白、敦化、和龙、安图，内蒙古牙克石、根河、额尔古纳、鄂伦春旗、阿尔山、科尔沁右翼前旗。

分布：中国（黑龙江、吉林、内蒙古），朝鲜半岛，日本，俄罗斯；欧洲，北美洲。

含有丰富的挥发油，可作香料或供药用，为重要的芳香植物，应进一步开发利用。

种内变化：宽叶杜香（*Ledum palustre* L. var. *dilatatum* Wahlenb.）叶较宽，长圆状披针形或长椭圆形，长 2.5-4.5（-8）cm，宽 5-15mm。

553 毛蒿豆 小果红莓苔子

Oxycoccus microcarpus Turcz. ex Rupr.

小灌木。茎匍匐，非常细小，大部埋在藓类植物中，仅上部露出，细线状，径不及 0.5mm。芽小，褐色，不明显。叶稍革质，卵状椭圆形，长 3-6mm，宽 1.5-2.5mm，先端锐尖，基部近圆形，全缘，稍反卷，表面暗绿色，背面稍带白色，中脉明显；叶柄短或近无柄。花单生于枝端；花梗细长，先端下垂，基部有鳞片，中部以下小苞片 2；萼片 4，宿存；花冠淡红色，4 深裂，裂片反卷；雄蕊 8，花丝分离，花药长，顶孔开裂；子房 4 室，花柱细长。浆果小球形，红色，径约 6mm，花柱宿存。花期 6-7 月，果期 7-8 月。

生于苔藓类湿地，海拔约 400m。

产地：黑龙江省呼玛，内蒙古根河、额尔古纳。

分布：中国（黑龙江、内蒙古），朝鲜半岛，日本，蒙古，俄罗斯；欧洲，北美洲。

果微酸，可食，亦可作观赏用。

554 牛皮杜鹃

Rhododendron chrysanthum Pall.

常绿小灌木，高 10-25（-100）cm。枝粗壮，伏生，侧枝斜上，老枝灰褐色，有多数褐色披针形的鳞片状叶，下部脱落。芽卵形，被褐色绒毛，宿存。叶集生于枝上部，革质，倒卵状长圆形、狭椭圆形，长 3-6（-8）cm，宽 1-2.5（-4）cm，先端钝，基部楔形，全缘，常反卷，表面绿色，皱纹明显，背面色淡；叶柄短。伞状伞房花序生于枝端，有花 4-7 朵，基部有多数被灰褐色绒毛叶状苞片；花梗长，花后伸长；萼片 5，紫褐色；花冠漏斗状，淡黄色或黄色，5 裂，裂片广倒卵形；雄蕊 10；子房长圆形，被锈褐色长柔毛。蒴果长圆形，暗褐色，花柱宿存或脱落。花期 6 月至 7 月上旬，果期 8 月。

生于高山冻原、岳桦林和云冷杉林下，海拔 1200-2500m。

产地：黑龙江省尚志，吉林省抚松、长白、安图，辽宁省桓仁。

分布：中国（黑龙江、吉林、辽宁），朝鲜半岛，日本，蒙古，俄罗斯。

花大美丽，供观赏。嫩叶可代茶用，称“牛皮茶”。全株含鞣质，可提制栲胶。

555 兴安杜鹃 映山红

Rhododendron dauricum L.

半常绿灌木，高 1-2m。树皮多淡灰色，多分枝。小枝细而弯曲，灰色，当年生枝褐色，被毛及鳞片。芽卵形或长卵形。叶近革质，椭圆形至卵状椭圆形，长（1-）2-4（-5）cm，宽 1-1.5cm，先端钝或钝尖，基部宽楔形，全缘，表面暗绿色，散生白色腺鳞，背面淡绿色或淡褐色，被腺鳞，两面无毛；叶有短柄。花先叶开放，1-4 朵生于枝端；花梗短；萼片 5；花瓣 5，花冠碟形至漏斗形，红色或紫红色，5 裂；雄蕊 10，花丝基部被柔毛，花药倒卵形，红紫色；花柱长。蒴果长圆形，灰褐色，先端开裂。花期 5-6 月，果期 7 月。

生于山坡灌丛、石砬子上，海拔 1100m 以下。

产地：黑龙江省哈尔滨、尚志、五常、黑河、伊春、嘉荫、萝北、集贤、饶河、鸡西、虎林、密山、鸡东、绥芬河、呼玛，吉林省蛟河、集安、临江、抚松、珲春、和龙、汪清、安图，辽宁省北票，内蒙古满洲里、扎兰屯、牙克石、根河、额尔古纳、鄂伦春旗、阿尔山、科尔沁右翼前旗。

分布：中国（黑龙江、吉林、辽宁、内蒙古），朝鲜半岛，日本，蒙古，俄罗斯。

可作观赏植物。

556 照白杜鹃 照山白

Rhododendron micranthum Turcz.

常绿灌木，高 1-2m。树皮带黑灰色，剥落后呈灰褐色，多分枝。小枝褐色，密被短柔毛和圆形腺鳞。花芽卵圆形，长约 1cm，被有褐色广卵形的鳞片，边缘有白缘毛。叶革质，互生，多生于枝的上部，长圆形或倒披针状椭圆形至倒披针形，长 2-4cm，宽 1-1.5cm，先端钝或钝尖，基部狭楔形，近全缘，稍反卷，稍被腺鳞，背面色淡，密被腺鳞；叶柄短。总状花序生于上年枝端，花多数；花梗密被柔毛；花萼 5 裂，裂片三角形；花冠白色，5 深裂，裂片长圆形；雄蕊 10；子房卵形，5 室，花柱比花瓣短。蒴果长圆形，疏被腺鳞，先端开裂，花柱宿存。花期 6-8 月，果期 9 月。

生于山坡灌丛、山脊石砬子上，海拔 700m 以下。

产地：辽宁省朝阳、北票、凌源、建平、喀左、本溪、鞍山、海城、岫岩、丹东、凤城、大连、普兰店、庄河、营口、盖州、北镇、义县、兴城、绥中、建昌，内蒙古科尔沁右翼前旗、扎鲁特旗、科尔沁左翼后旗、宁城、克什克腾旗、翁牛特旗、喀喇沁旗。

分布：中国（辽宁、内蒙古、河北、山西、陕西、甘肃、山东、河南、湖北、湖南、四川），朝鲜半岛。

可作观赏植物。花、叶可提取芳香油。叶有杀虫功效，可制土农药。牲畜误食，易中毒死亡。

557 迎红杜鹃

Rhododendron mucronulatum Turcz.

半常绿灌木，高 1-2m。树皮浅灰色，稍开裂，多分枝。小枝较粗，鲜时带绿色，干后褐色。花芽椭圆形。叶纸质，互生，狭椭圆形至椭圆形，长 4-6.5（-8）cm，宽 1.5-3cm，先端短渐尖，基部楔形，全缘，表面绿色，散生白色腺鳞，背面色浅，被褐色腺鳞，幼叶两面密被腺鳞；叶柄短。花先叶开放，1-3 朵生于去年枝端；近无梗，被白色腺鳞；花萼裂片 5，有白缘毛；花冠漏斗状，淡紫红色；雄蕊 10；子房 5 室，花柱比花丝与花冠长。蒴果短圆柱形，暗褐色，密被褐色腺鳞，花柱宿存；果梗短。花期 4 月下旬至 5 月中旬，果期 6-7 月。

生于山坡灌丛、石砬子上，海拔 1000m 以下。

产地：黑龙江省宁安，吉林省临江，辽宁省沈阳、北票、阜新、西丰、抚顺、清原、本溪、桓仁、鞍山、岫岩、丹东、凤城、宽甸、大连、瓦房店、庄河、盖州、北镇、义县、绥中、建昌，内蒙古鄂温克旗、扎鲁特旗、宁城、翁牛特旗、喀喇沁旗。

分布：中国（黑龙江、吉林、辽宁、内蒙古、河北、山东、江苏），朝鲜半岛，俄罗斯。

可作观赏植物。枝、叶、花及果均可提取芳香油。叶入药，有解表、清肺及止咳之功效。

558 大字杜鹃

Rhododendron schlippenbachii Maxim.

落叶灌木，高 1-2m。树皮灰黑色，剥裂，分枝多。小枝灰褐色，节间长，幼枝密被长毛和腺毛。芽长卵形。叶纸质，常着生在枝端，多（4-）5 片近轮生状，倒卵形，长 5-6cm，宽 3-5cm，大者达 8-9cm，先端钝或微凹，中间微凸尖，基部楔形，全缘，表面绿色，疏被短粗毛，背面色淡；叶近无柄。伞形花序，有花 2-5 朵，先叶开放或与叶同时开放；花梗具腺毛；萼片 5，边缘具腺毛；花冠广钟形，粉红色，稀近白色；裂片倒卵形或椭圆形，内有红紫色斑点；雄蕊 10，5 长 5 短，花药长圆形，顶孔开裂；子房卵形，被锈褐色腺毛，花柱中下部有腺毛。蒴果卵形，暗褐色，被褐色腺毛，5 室，先端开裂；果梗密被锈褐色腺毛。花期 5-6 月，果期 7 月。

生于山坡岩石间、山顶林下，海拔 1000m 以下。

产地：辽宁省铁岭、本溪、鞍山、岫岩、丹东、凤城、宽甸、庄河、营口、绥中。

分布：中国（辽宁），朝鲜半岛，俄罗斯。

559 朝鲜越桔

Vaccinium koreanum Nakai

灌木，高30-50cm。树皮灰白色。小枝灰色，当年生枝绿色，常散生黑色小斑点。芽狭椭圆形，先端微尖。叶纸质，椭圆形，长4.5-6cm，宽1.5-2.5cm，先端急尖至短渐尖，基部近圆形或楔形，边缘有明显细锯齿，表面绿色，夏季常呈红色或有红斑，背面色浅，近基部处毛较多；叶柄极短。总状花序，有花2-3朵，生于枝端；花萼5裂，裂片广三角形；花冠钟形，粉红色。浆果椭圆形或长圆形，红色，味酸，萼裂片宿存。果期9月。

生于山顶石砬子上，海拔1000m以下。

产地：辽宁省凤城、宽甸。

分布：中国（辽宁），朝鲜半岛。

560 笃斯越桔 笃斯

Vaccinium uliginosum L.

小灌木，高(20-)30-40cm，多分枝。枝暗紫褐色，多弯曲。叶倒卵形或椭圆形至长卵形，长1-2.5cm，宽8-15mm，先端钝或微凹，基部广楔形，全缘，表面绿色，背面灰绿色；叶柄短。花1-3朵，生于上年枝上；花萼4-5裂；花冠绿白色，壶形，裂齿4-5；雄蕊8-10，花丝与花药背部相接处有1对芒状长角，花药孔裂；子房下位，4-5室。浆果近球形或椭圆形，黑紫色，花萼及花柱宿存。花期6月，果期7月。

生于岳桦林下湿草地、高山冻原，海拔1800m以下。

产地：黑龙江省黑河、伊春、嘉荫、萝北、呼玛，吉林省抚松、靖宇、长白、和龙、汪清、安图，辽宁省桓仁，内蒙古牙克石、根河、额尔古纳、阿尔山。

分布：中国（黑龙江、吉林、辽宁、内蒙古、新疆），朝鲜半岛，日本，蒙古，俄罗斯；欧洲，北美洲。

果实可食，也可酿酒。

561 越桔 牙疙瘩

Vaccinium vitis-idaea L.

匍匐小灌木，高 7-15cm。地下茎长。小枝细，灰褐色，被毛。芽椭圆形，淡褐色。叶革质，倒卵形或椭圆形，长1-2cm，宽 8-10mm，先端钝或微凹，基部楔形，表面暗绿色，有光泽，背面色淡，散生腺点，边缘锯齿不明显；叶柄极短。总状花序，有花 2-8 朵，生于枝端；苞片鳞片状，红色，小苞片 2，卵形，早落；花序轴和花梗密生细毛；花萼 4 裂，裂片广卵形；花冠钟形，白色或淡红色，4 裂，裂片广卵形；雄蕊 8。浆果球形，红色，味偏酸。花期 6-7 月，果期 8 月。

生于高山草甸、疏林下，海拔 2400m 以下。

产地：黑龙江省尚志、伊春、呼玛、漠河，吉林省抚松、长白、和龙、安图，辽宁省宽甸，内蒙古牙克石、根河、额尔古纳、鄂伦春旗、阿尔山、科尔沁右翼前旗。

分布：中国（黑龙江、吉林、辽宁、内蒙古、陕西、新疆），朝鲜半岛，日本，蒙古，俄罗斯；欧洲，北美洲。

可作观赏植物。果实可酿酒、制果酱。可入药，主治尿道疾患等症。

562 东亚岩高兰 东北岩高兰

Empetrum nigrum L. var. **japonicum** K. Koch

常绿匍匐状小灌木，高20-50cm。分枝多稠密，红褐色，幼枝被白色短卷毛和黄色腺点。芽卵圆形，黄绿色。叶互生，线形，长3-5mm，宽1-1.5mm，先端钝，边缘稍反卷，表面无毛，有光泽，幼叶边缘疏被腺状缘毛；叶无柄或近无柄。花小，单性或两性，雌雄异株或同株，腋生；雄花具短梗，苞片4，鳞片状，卵形，萼片6，外层卵形，黄绿色，内层花瓣状，长倒卵形，先端有锯齿，紫红色，雄蕊3，子房退化；雌花近无梗，苞片及萼片同雄花，雄蕊退化，子房上位，近球形，6-9室，花柱短。浆果状核果球形，黑色。花期6-7月，果熟期7-8月。

生于山顶岩石间、针叶林下及冻土上，海拔1300-2100m。

产地：黑龙江省呼玛，吉林省安图，内蒙古根河、额尔古纳、阿尔山。

分布：中国（黑龙江、吉林、内蒙古），朝鲜半岛，日本，蒙古，俄罗斯。

果味甜酸，可食，又可入药，但因数量不多，又不易繁殖，故利用价值不大。

563 雪山点地梅

Androsace septentrionalis L.

一年生草本，高 8-25（-30）cm。基生叶莲座状，近革质，倒披针形至线状倒披针形或长圆状披针形，长 5-25mm，宽 1.5-5mm，先端突尖，基部渐狭，中部以上疏具齿牙或近全缘，表面及边缘被短毛和叉状毛，背面近无毛；叶无柄。花葶 1 至多数，被叉状毛和短毛；苞片钻形；花梗粗壮，果期伸长，被短腺毛；花萼钟形，萼齿狭三角形，先端尖；花冠白色，高脚碟状，喉部稍紧缩，裂片长圆形。蒴果近球形。花期 6 月，果期 7 月。

生于砂质地、岩石缝间，海拔约 800m。

产地：黑龙江省呼玛，内蒙古海拉尔、扎兰屯、牙克石、额尔古纳、鄂伦春旗、鄂温克旗、阿尔山、科尔沁右翼前旗、扎赉特旗、巴林右旗、克什克腾旗。

分布：中国（黑龙江、内蒙古、河北、山西、新疆），日本，蒙古，俄罗斯，土耳其；中亚，欧洲，北美洲。

564 点地梅

Androsace umbellata (Lour.) Merr.

一年生或二年生草本，高 5-15 (-20) cm，全株被细柔毛。须根纤细。基生叶丛生，叶质稍厚，近圆形或卵圆形，先端钝圆，基部微凹或呈不明显截形，边缘有多数三角状钝齿牙；叶柄长。花葶直立，伞形花序，有花 4-10 朵；苞片卵形至披针形；花梗纤细，花后伸长，开展，混生腺毛；花萼杯状，5 深裂，裂片卵形，长 4-5mm，呈星状水平展开，具 3-6 条明显纵脉；花冠白色、淡粉白色或淡紫白色，筒状，喉部黄色，5 裂，裂片长圆形至倒卵状，明显超出花冠；雄蕊生于花冠筒中部，长约 1.5mm；子房球形，花柱极短。蒴果近球形，稍扁，5 瓣裂。花期 4-5 月，果期 6 月。

生于林缘、疏林下及向阳草地，海拔约 400m。

产地：黑龙江省哈尔滨、伊春、呼玛，吉林省长春、集安、通化、辉南、柳河、靖宇、长白，辽宁省沈阳、清原、本溪、桓仁、鞍山、台安、岫岩、丹东、凤城、东港、宽甸、大连、庄河、长海、盖州、北镇、兴城、绥中、建昌，内蒙古扎兰屯、乌兰浩特、科尔沁右翼前旗、扎赉特旗、科尔沁左翼后旗。

分布：中国（全国广布），朝鲜半岛，日本，俄罗斯，缅甸，印度，越南，菲律宾。

全草入药，有清热解毒、消肿止痛之功效。

565 狼尾花 狼尾珍珠菜

Lysimachia barystachys Bunge

多年生草本，高 35-70cm。根细，多分枝。根状茎横走；茎直立，单一，有时有短分枝，上部被柔毛。叶互生，长圆状披针形、披针形至线状披针形，长 4-11cm，宽（4-）6-20mm，先端尖，基部渐狭，边缘稍反卷，表面无腺点或少布暗红色斑点，两面及边缘疏被柔毛；无柄或近无柄。总状花序顶生，花密集，常向一侧弯曲呈狼尾状，果期伸直，花序轴及花梗被柔毛；苞片线状钻形；花萼近钟形，被柔毛，边缘膜质，外缘小，流苏状；花冠白色，5（-6-7）深裂，裂片长圆形或卵状长圆形；雄蕊 5（-6-7）；子房近球形。蒴果近球形。花期 6 月下旬至 7 月，果期 9 月。

生于草甸、沙地、路旁、灌丛间及林缘，海拔 600m 以下。

产地：黑龙江省哈尔滨、富裕、克山、黑河、孙吴、伊春、鹤岗、萝北、集贤、密山、宁安、安达，吉林省九台、白城、通榆、前郭尔罗斯、吉林、集安、通化、临江、抚松、靖宇、长白、珲春、和龙、汪清，辽宁省沈阳、凌源、建平、彰武、铁岭、西丰、抚顺、新宾、清原、本溪、桓仁、鞍山、岫岩、丹东、凤城、宽甸、大连、庄河、盖州、锦州、北镇、义县、葫芦岛、绥中、建昌，内蒙古海拉尔、根河、鄂伦春旗、鄂温克旗、突泉、科尔沁右翼前旗、科尔沁右翼中旗、扎赉特旗、扎鲁特旗、科尔沁左翼后旗、喀喇沁旗。

分布：中国（黑龙江、吉林、辽宁、内蒙古、河北、山西、陕西、甘肃、山东、江苏、安徽、浙江、河南、湖北、四川、贵州、云南），朝鲜半岛，日本，俄罗斯。

花艳丽，供栽培观赏。根茎含鞣质，可提制栲胶。全草入药，有活血调经、散瘀消肿、解毒生肌、利水及降压之功效。

566 珍珠菜

Lysimachia clethroides Duby

多年生草本，高 50-100cm。主根粗长。根状茎细长，横走；茎直立，单一，近无毛或上部疏被柔毛。叶集中于茎中上部，卵状椭圆形、椭圆形至广披针形，长 6-16cm，宽 2-5.5cm，先端渐尖至短尖，基部渐狭成柄，全缘，表面绿色，有黑色腺状斑点，背面色淡，两面近无毛或疏被黄色柔毛。总状花序顶生，花期常弯曲，花密集，果期渐伸长，达 25cm；花梗短；苞片钻状线形；花萼近钟形，5 裂，裂片卵状披针形或披针形，中部有黑色条纹，边缘膜质，外缘流苏状；花冠白色，5 深裂，裂片长圆状倒卵形；雄蕊 5；花柱粗。蒴果卵球形，5 瓣裂。花期 7 月，果期 8-9 月。

生于杂木林下、林缘、山坡草地、路旁及沟谷。

产地：黑龙江省伊春，吉林省辉南、柳河、靖宇、长白、安图，辽宁省法库、西丰、新宾、清原、本溪、桓仁、鞍山、岫岩、凤城、宽甸、庄河、长海。

分布：中国（黑龙江、吉林、辽宁、河北、山西、陕西、山东、江苏、河南、湖北、湖南、广东、贵州），朝鲜半岛，日本，俄罗斯。

种子含脂肪油，可制肥皂。叶为可食性野菜或为猪饲料。全草入药，有清热凉血、调经及解毒之功效。

567 黄连花 黄花珍珠菜

Lysimachia davurica Ledeb.

多年生草本，高 30-100cm。根状茎横走，较粗长；茎直立，不分枝或偶有短分枝，上被短腺毛。叶对生或 3-4 轮生，线状披针形、长圆状披针形、披针形至长圆状卵形，长 4-12cm，宽 4-40mm，先端尖至渐尖，基部楔形至圆形，边缘反卷，两面散生黑色腺点，沿中脉疏被短腺毛；叶柄极短。圆锥花序顶生，花多数，花序轴和花梗密被锈色腺毛；苞片 1，线状披针形，疏被腺毛；花萼 5 深裂，裂片狭卵状披针形，先端锐尖，边缘内侧被黑褐色腺带及腺毛；花冠黄色，5 深裂，裂片长圆形或椭圆形；雄蕊 5；子房球形。蒴果球形，5 裂。花期 7-8 月，果期 9 月。

生于草甸、湿地、灌丛、林缘及路旁，海拔 1200m 以下。

产地：黑龙江省哈尔滨、尚志、黑河、北安、大庆、杜尔伯特、伊春、萝北、集贤、饶河、虎林、密山、安达、呼玛、塔河，吉林省白城、大安、通榆、蛟河、梅河口、集安、辉南、临江、抚松、靖宇、长白、敦化、珲春、和龙、汪清、安图，辽宁省康平、彰武、铁岭、抚顺、新宾、清原、本溪、桓仁、鞍山、海城、岫岩、丹东、凤城、东港、宽甸、大连，内蒙古海拉尔、扎兰屯、牙克石、根河、额尔古纳、鄂伦春旗、鄂温克旗、乌兰浩特、科尔沁右翼前旗、科尔沁右翼中旗、扎赉特旗、扎鲁特旗、科尔沁左翼后旗、赤峰、宁城、阿鲁科尔沁旗、克什克腾旗、喀喇沁旗。

分布：中国（黑龙江、吉林、辽宁、内蒙古、河北、山西、山东、江苏、浙江、湖北、四川、云南），朝鲜半岛，日本，蒙古，俄罗斯。

全草入药，有镇静、降压之功效。

568 狭叶珍珠菜

Lysimachia pentapetala Bunge

一年生草本，高 20-60cm。根多数，淡褐色。茎直立，多分枝，被短腺毛。叶线形至披针状线形，长 2-7cm，宽 2-8mm，先端渐尖，基部楔形，背面有时具红褐色斑点；叶柄短。总状花序顶生，初时花密集呈头状，后渐伸长；花梗细；花萼钟形，5 裂，裂片披针形，边缘膜质；花冠白色，带蔷薇色纹，5 深裂，裂片近匙形，中下部渐狭成爪，先端钝；雄蕊 5。蒴果近球形，5 瓣裂。花期 7-8 月，果期 9 月。

生于山坡路旁及湿草地，海拔约 200m。

产地：辽宁省朝阳、凌源、本溪、大连、瓦房店、庄河、盖州、绥中。

分布：中国（辽宁、河北、陕西、甘肃、山东、安徽、湖北），朝鲜半岛。

可入药，有解毒散瘀、活血调经之功效。

569 球尾花 球尾珍珠菜

Lysimachia thyrsiflora L.

多年生草本，高10-55cm，全株有红黑色腺点。根状茎粗壮，横走，须根多数；茎直立，单一，下部紫红色，节上具对生鳞片状叶，上部被淡褐色长绵毛。叶对生，披针形至长圆状披针形，长3.5-10cm，宽（0.4-）1-2.5cm，先端渐尖，基部渐狭近楔形，全缘，反卷，表面绿色，背面色淡，沿脉被褐色绵毛；叶无柄。总状花序生于茎中部叶腋，花序梗被淡褐色绵毛，花多数，密集呈头状；花短；苞片1；花萼6深裂，裂片披针形至狭卵形，先端钝，有红黑色斑点；花冠淡黄色，6深裂，裂片广线形，先端钝，有红黑色斑点，裂片间有小鳞片；雄蕊6；子房球形，花柱细长。蒴果广椭圆形，5瓣裂。花期6-7月，果期7-8月。

生于水边湿草地及沼泽，海拔800m以下。

产地：黑龙江省尚志、黑河、伊春、萝北、富锦、密山，吉林省临江、靖宇、汪清、安图，辽宁省沈阳、彰武，内蒙古海拉尔、牙克石、根河、额尔古纳、鄂伦春旗、鄂温克旗、阿尔山、扎赉特旗、科尔沁左翼后旗。

分布：中国（黑龙江、吉林、辽宁、内蒙古、山西、云南），朝鲜半岛，日本，蒙古，俄罗斯；中亚，欧洲，北美洲。

570 箭报春

Primula fistulosa Turkev.

多年生草本，高（3-）5-18（-20）cm。叶基生，密集丛生，质较薄，长圆状倒披针形至长圆形，长 2-6（-13）cm，宽 0.5-1.5（-2.5）cm，基部下延成翼状柄，先端渐尖，边缘具不整齐的浅齿，两面疏被短毛。花葶粗壮，中空，顶部（花序下）缢缩，具细棱，顶部通常被短毛，球状伞形花序，花多数；苞片多数，基部浅囊状，先端尖；花萼杯状或钟状，裂片长约 3mm，外面被短毛；花冠筒瓶状，蔷薇色或带红紫色，5 裂，裂片 2 深裂；子房近球形。蒴果球形。花期 5-6 月，果期 6-7 月。

生于富含腐殖质的砂质草地。

产地：黑龙江省哈尔滨、北安，内蒙古扎兰屯、牙克石、科尔沁右翼前旗、赤峰。

分布：中国（黑龙江、内蒙古），蒙古，俄罗斯。

571 樱草 樱草报春 翠南报春

Primula sieboldii E. Morren

多年生草本，高 12-25（-30）cm，全株被毡毛。根状茎短，横走。叶基生，卵状长圆形至长圆形，长 4-10cm，宽（2-）3-6cm，先端钝圆，基部心形或圆形，边缘具不整齐的圆缺刻，两面沿脉及边缘被毡毛；叶柄长，具狭翼。花葶疏被毡毛，伞形花序，有花 5-15 朵；苞片线状披针形；花梗长 1-3cm；花萼钟形，5 裂，裂片三角状披针形，稍开展，被短腺毛；花冠紫红色至淡红色，高脚碟状，5 裂，裂片倒心形，先端 2 裂；雄蕊 5；子房球形。蒴果圆筒形至椭圆形。花期 5 月，果期 6 月。

生于山坡林缘、林下阴湿处，海拔 700m 以下。

产地：黑龙江省哈尔滨、尚志、黑河、伊春、嘉荫、萝北、密山，吉林省蛟河、集安、柳河、临江、靖宇、长白、安图，辽宁省开原、新宾、本溪、桓仁、丹东、凤城、宽甸、庄河，内蒙古牙克石、额尔古纳、鄂伦春旗、科尔沁右翼前旗、科尔沁左翼后旗。

分布：中国（黑龙江、吉林、辽宁、内蒙古），朝鲜半岛，日本，俄罗斯。

用作观赏植物。全草或根入药，有止咳、化痰及平喘之功能。

572 七瓣莲

Trientalis europaea L.

多年生草本，高 5-24cm。须根多数。根状茎横走；茎直立，较细弱。茎生叶小，1-4，互生，茎顶叶 5-7 集生成轮生状，叶较大，广披针形、椭圆状披针形、椭圆形至狭倒卵形，长 1.5-6cm，宽 0.6-3cm，先端钝尖，基部楔形至广楔形，全缘或具浅疏锯齿；叶柄极短或近无柄。花 1-2 朵，生于茎顶叶腋；花梗近无毛或常被腺毛；花萼钟状，7 深裂，裂片线状披针形，先端渐尖；花冠白色，7 裂，裂片卵状倒披针形；雄蕊着生于花冠基部；子房球形，花柱长。蒴果近球形，5 瓣裂，花萼宿存。花期 5-6 月，果期 7 月。

生于落叶松林及针阔混交林下，海拔 700-1500m。

产地：黑龙江省尚志、伊春、饶河、海林、呼玛，吉林省通化、临江、抚松、长白、安图，辽宁省桓仁、宽甸，内蒙古牙克石、额尔古纳、鄂伦春旗、科尔沁左翼后旗、喀喇沁旗。

分布：中国（黑龙江、吉林、辽宁、内蒙古、河北），朝鲜半岛，日本，蒙古，俄罗斯；欧洲，北美洲。

用作观赏植物。

573 二色补血草

Limonium bicolor (Bunge) O. Kuntze

多年生草本，高 20-60cm。直根。基生叶莲座状，匙形或倒披针形，长 5-11（-17）cm，宽 8-20mm，先端钝圆，具短尖，基部渐狭成宽柄。花葶单一或多数，开展，中部以上多分枝，不育枝多数，花序为由密聚伞花序组成的圆锥花序，每一小穗含花 2 朵；苞片卵圆形，边缘宽膜质；花萼白色、稍带黄色或粉色，萼筒漏斗形，有棕色条棱 5，中部以下具长硬毛，先端 5 浅裂；花瓣黄色，基部合生；雄蕊 5；子房狭倒卵形，花柱 5，离生，无毛，柱头丝状。果实具 5 棱。花果期 6-9 月。

生于山坡草地、沙丘边缘，海拔约 600m。

产地：黑龙江省哈尔滨、安达、肇东，吉林省通榆，辽宁省彰武，内蒙古海拉尔、新巴尔虎右旗、新巴尔虎左旗、扎赉特旗、扎鲁特旗、科尔沁左翼中旗、科尔沁左翼后旗、巴林右旗、克什克腾旗、翁牛特旗。

分布：中国（黑龙江、吉林、辽宁、内蒙古、河北、山西、陕西、甘肃、山东、江苏、河南），蒙古。

574 玉铃花 玉铃 野茉莉

Styrax obassia Sieb. et Zucc.

落叶小乔木，高 2-5m。树皮暗灰褐色，剥裂。一年生枝栗褐色，有光泽。芽长圆状卵形，先端锐尖，扁平，副芽小，密被黄褐色星状毛。叶螺旋状互生，二型，小枝下部叶较小，对生，上部叶大，互生，椭圆形至广倒卵形，长 10-16cm，宽 7-14cm，先端突尖，基部圆形，边缘中部以上疏生小齿，表面沿脉被星状毛，背面灰白色，密被星状毛；叶柄基部成鞘状，包着冬芽，具锈色星状毛。总状花序顶生或腋生，具花 10 余朵；花下垂；花梗长约 5mm，密被短柔毛；花萼钟形，密被星状毛，萼齿 4-5；花冠白色，5 深裂，裂片长圆形；雄蕊 10，花丝线形，花药黄色，先端弯曲；花柱单一，柱头头状。核果卵形或卵状球形，带灰绿色，先端锐尖，花萼宿存，密被短毛，外果皮不规则开裂。花期 5-6 月，果期 8 月。

生于杂木林下，海拔约 700m。

产地：吉林省集安，辽宁省本溪、桓仁、岫岩、丹东、凤城、宽甸、庄河。

分布：中国（吉林、辽宁、山东、浙江、安徽、江西、湖北），朝鲜半岛、日本。

花芳香美丽，用作庭院、公园绿化树种。木材可作家具、雕刻等细木工用材。种子可榨油，供制肥皂及润滑油。花可提取芳香油。果实入药，有杀虫消积之功效。

575 白檀 白檀山矾 茶叶花

Symplocos paniculata (Thunb.) Miq.

落叶灌木或乔木，高达10m以上。树皮灰色，不规则条裂。一年生枝被白色柔毛，老枝无毛。芽小，腋生，褐色。叶纸质，卵状椭圆形、椭圆形或倒卵状椭圆形，长3-10cm，宽2-5cm，先端渐尖或短渐尖，基部楔形、广楔形或圆形，边缘具内曲锐尖锯齿，表面绿色，背面色淡，沿脉疏被柔毛；叶柄短，被柔毛。圆锥花序顶生或侧生，长4-8cm，宽2-3cm；花黄白色，有香味；花梗长；花萼5裂，卵形；花瓣5深裂；雄蕊约30，不等长，花丝基部合生成5体；子房下位，2室。核果卵状球形，蓝褐色，偏斜，花萼宿存。花期5月，果期8月。

生于山坡疏林下、灌丛间、沟谷、溪流旁、河边及耕地旁，海拔约300m。

产地：吉林省集安，辽宁省本溪、桓仁、鞍山、海城、岫岩、丹东、凤城、宽甸、大连、庄河、绥中。

分布：中国（吉林、辽宁、华北、华中、华南、西南、台湾），朝鲜半岛，日本，印度。

树姿美观，花芳香，用作观赏植物。木材可作细木工及建筑用材。种子可榨油，供制油漆、肥皂等。全株入药，有消炎软坚、调气及散风解毒之功效。